喻老

线性代数辅导讲义

基础强化一本通

编著：喻懋文

天津大学出版社
TIANJIN UNIVERSITY PRESS

图书在版编目(CIP)数据

线性代数辅导讲义：基础强化一本通 / 喻懋文编著
. -- 天津：天津大学出版社，2024.3
经验超市考研数学系列
ISBN 978-7-5618-7685-5

Ⅰ. ①线… Ⅱ. ①喻… Ⅲ. ①线性代数–研究生–入学考试–自学参考资料 Ⅳ. ① O151.2
中国国家版本馆 CIP 数据核字 (2024) 第 055134 号

XIANXING DAISHU FUDAO JIANGYI：
JICHU QIANGHUA YIBENTONG

出版发行 天津大学出版社
地　　址 天津市卫津路92号天津大学内(邮编:300072)
电　　话 发行部: 022-27403647
网　　址 www.tjupress.com.cn
印　　刷 清淞永业（天津）印刷有限公司
经　　销 全国各地新华书店
开　　本 787mm × 1092mm　1/16
印　　张 16
字　　数 340千
版　　次 2024年3月第1版
印　　次 2024年3月第1次
定　　价 70.00元

序言

本书是专门针对全国硕士研究生招生考试中公共课数学中的线性代数部分内容所编写的教辅材料，数学一、数学二、数学三均可使用．

从 2024 年的考研数学真题来看，线性代数的考察难度比往年相比有了一个明显的提升，并且更注重基础知识的考察，希望同学们抱着更踏实的心态学好线性代数．本书分为“基础篇”和“强化篇”，“基础篇”用了较大篇幅对线性代数的基础知识进行了细致讲解，旨在帮同学们搭建起整个考研线性代数的知识框架；“强化篇”主要编写了大量综合性例题，旨在让同学们掌握线性代数的常考题型．

一、基础篇

基础篇共六章，特点是“细”“全”且“零基础适用”，就算是第一次学习线性代数，在学习本书的基础篇时也可以理解．复习考研数学一定要重视一个科目基础知识的搭建，“基础不牢，地动山摇”，因此在基础篇的编写中，针对概念定义、定理、相关推论、相关知识点的联系都进行了详细的讲解，并且基本做到了将大纲里要求的线性代数考点“雨露均沾”，在基础学习时不要“跳考点”“漏考点”．

二、强化篇

本书强化篇首先是对每章的基础知识进行简单的回顾，其次是在例题的选择上，相对于基础篇有了一个明显的难度提升，题目也更具有综合性，有不少例题是根据真题改编．基础篇主要是通过例题来帮助理解知识点，强化篇更多是通过例题来对知识点的融会贯通进行考察以及对计算能力进行考察．在学习本书强化篇后，可以直接上手冲刺阶段的模拟卷及真题．

当然，本书首次出版，一定会存在不足，恳请同学们根据自己的使用情况进行批评指正！最后，祝福学子们在考研数学中取得满意的成绩！

喻懋文

2024 年 1 月于成都

目录

CONTENTE

基础篇

第一章　矩阵与行列式……………………………………………… 2

第二章　矩阵与行列式（续）………………………………………… 20

第三章　向量…………………………………………………………… 35

第四章　线性方程组…………………………………………………… 55

第五章　特征值与特征向量…………………………………………… 77

第六章　二次型………………………………………………………… 93

强化篇

矩阵与行列式知识回顾…………………………………………… 112

第一章　矩阵………………………………………………………… 129

第二章　行列式技巧拓展…………………………………………… 138

第三章　矩阵专题总结……………………………………………… 147

第四章　向量………………………………………………………… 161

第五章　线性方程组………………………………………………… 179

第六章　特征值与特征向量………………………………………… 205

第七章　二次型……………………………………………………… 223

基础篇

第一章　矩阵与行列式

第一节　矩阵基础

一、定义

由$m\times n$个数排成m行n列的数表$\begin{pmatrix} a_{11} & a_{12} & \cdots & a_{1n} \\ a_{21} & a_{22} & \cdots & a_{2n} \\ \vdots & \vdots & & \vdots \\ a_{m1} & a_{m2} & \cdots & a_{mn} \end{pmatrix}$称为一个$m$行$n$列矩阵，简称矩阵，这$m\times n$个数称为矩阵的元素，$a_{ij}$表示位于其第$i$行第$j$列的元素．通常用大写字母$\boldsymbol{A},\boldsymbol{B},\cdots$或者$(a_{ij}),(b_{ij}),\cdots$或$[a_{ij}],[b_{ij}],\cdots$表示矩阵，也可写成$\boldsymbol{A}_{m\times n}$或$\boldsymbol{A}=(a_{ij})_{m\times n}$或$\boldsymbol{A}=[a_{ij}]_{m\times n}$．

例　请写出下列矩阵的行数与列数．

$$\begin{pmatrix} 1 & 2 \\ 0 & -1 \\ 3 & 5 \end{pmatrix}\quad \begin{pmatrix} 1 & 0 & -1 & 2 \\ 4 & 3 & 0 & 0 \end{pmatrix}\quad \begin{pmatrix} 1 & 2 & 0 \\ 2 & 2 & 3 \\ 0 & 0 & 0 \end{pmatrix}$$

二、类型

（1）元素全为0的矩阵称为零矩阵，记作$\boldsymbol{O}_{m\times n}$或$\boldsymbol{O}$．

（2）当$m=n$时，称矩阵$\boldsymbol{A}_{n\times n}=\begin{pmatrix} a_{11} & a_{12} & \cdots & a_{1n} \\ a_{21} & a_{22} & \cdots & a_{2n} \\ \vdots & \vdots & & \vdots \\ a_{n1} & a_{n2} & \cdots & a_{nn} \end{pmatrix}$为$n$阶矩阵或$n$阶方阵，其中，$a_{11},a_{22},\cdots,a_{nn}$称为主对角线元素．比较常见的方阵有如下几种：

①上三角矩阵（$a_{ij}=0,i>j$）与下三角矩阵（$a_{ij}=0,i<j$），形如

$$\begin{pmatrix} a_{11} & a_{12} & \cdots & a_{1n} \\ 0 & a_{22} & \cdots & a_{2n} \\ \vdots & \vdots & & \vdots \\ 0 & 0 & \cdots & a_{nn} \end{pmatrix};\begin{pmatrix} a_{11} & 0 & \cdots & 0 \\ a_{21} & a_{22} & \cdots & 0 \\ \vdots & \vdots & & \vdots \\ a_{n1} & a_{n2} & \cdots & a_{nn} \end{pmatrix}.$$

②对角矩阵（$a_{ij}=0,\ i\neq j$），形如$\begin{pmatrix} a_{11} & 0 & \cdots & 0 \\ 0 & a_{22} & \cdots & 0 \\ \vdots & \vdots & & \vdots \\ 0 & 0 & \cdots & a_{nn} \end{pmatrix}$（习惯性写作$\boldsymbol{\Lambda}$），记作$\mathrm{diag}(a_{11},a_{22},\cdots,a_{nn})$，

其中数量阵为$\begin{pmatrix} k & 0 & \cdots & 0 \\ 0 & k & \cdots & 0 \\ \vdots & \vdots & & \vdots \\ 0 & 0 & \cdots & k \end{pmatrix}$；单位阵（常记为$\boldsymbol{E}$）为$\begin{pmatrix} 1 & 0 & \cdots & 0 \\ 0 & 1 & \cdots & 0 \\ \vdots & \vdots & & \vdots \\ 0 & 0 & \cdots & 1 \end{pmatrix}$.

③对称矩阵为$a_{ij}=a_{ji}$（关于主对角线对称的元素相等），反对称矩阵为$a_{ij}=-a_{ji}$（关于主对角线对称的元素互为相反数）.

例　请说出下列矩阵的类型.

$$\begin{pmatrix} 0 & 0 & 0 \\ 0 & 0 & 0 \end{pmatrix} \quad \begin{pmatrix} 1 & 8 & 3 \\ 6 & -1 & 2 \\ 5 & 0 & 4 \end{pmatrix} \quad \begin{pmatrix} 1 & 0 & 2 \\ 0 & -1 & 2 \\ 0 & 0 & 3 \end{pmatrix} \quad \begin{pmatrix} 1 & 0 & 0 & 0 \\ 2 & -1 & 0 & 0 \\ -2 & 5 & 3 & 0 \\ 1 & 0 & 8 & 5 \end{pmatrix} \quad \begin{pmatrix} 1 & 0 & 0 \\ 0 & 2 & 0 \\ 0 & 0 & -3 \end{pmatrix}$$

$$\begin{pmatrix} 2 & 0 \\ 0 & 2 \end{pmatrix} \quad \begin{pmatrix} 1 & 0 & 0 \\ 0 & 1 & 0 \\ 0 & 0 & 1 \end{pmatrix} \quad \begin{pmatrix} 2 & -4 & 5 \\ -4 & -1 & 0 \\ 5 & 0 & 3 \end{pmatrix} \quad \begin{pmatrix} 0 & -1 & 3 & -7 \\ 1 & 0 & -4 & 6 \\ -3 & 4 & 0 & -8 \\ 7 & -6 & 8 & 0 \end{pmatrix}$$

（3）如果一个矩阵每个非零行的非零首元都出现在上一行非零首元的右边，同时没有一个非零行出现在零行之下，则称这种矩阵为行阶梯形矩阵. 如果行阶梯形矩阵的每一个非零行的非零首元都是1，且非零首元所在的列的其余元素都为0，则称这种矩阵为简化行阶梯形，也叫行最简形矩阵.

例　$\boldsymbol{A}=\begin{pmatrix} 1 & 3 & 0 & -1 \\ 0 & 2 & 1 & 0 \\ 0 & 0 & 0 & -2 \\ 0 & 0 & 0 & 0 \end{pmatrix}$　　$\boldsymbol{B}=\begin{pmatrix} 1 & 2 & 0 & 0 & 2 \\ 0 & 0 & 1 & 0 & -1 \\ 0 & 0 & 0 & 1 & 0 \\ 0 & 0 & 0 & 0 & 0 \end{pmatrix}$

列阶梯形概念类似，今后课程中如无特别说明，则所有提到的“阶梯形”均指行阶梯形.

三、矩阵的运算

1. 运算本身

（1）相等：$\boldsymbol{A}=(a_{ij}),\boldsymbol{B}=(b_{ij})$都是$m\times n$矩阵，且对应元素相等，即$a_{ij}=b_{ij}$，则称矩阵$\boldsymbol{A}$和$\boldsymbol{B}$相等，记为$\boldsymbol{A}=\boldsymbol{B}$.

（2）相加（减）：$\boldsymbol{A}=(a_{ij}),\boldsymbol{B}=(b_{ij})$都是$m\times n$矩阵，则称$m\times n$矩阵$\boldsymbol{C}=(c_{ij})=(a_{ij}\pm b_{ij})$为矩阵$\boldsymbol{A}$和$\boldsymbol{B}$之和（差），记为$\boldsymbol{C}=\boldsymbol{A}\pm\boldsymbol{B}$，即$\boldsymbol{A}_{m\times n}\pm\boldsymbol{B}_{m\times n}=\boldsymbol{C}_{m\times n},(c_{ij}=a_{ij}\pm b_{ij})$，同类型的矩阵对应元素相加减.

（3）数乘：设$m\times n$矩阵$\boldsymbol{A}_{m\times n}=(a_{ij})$，$k$是任意常数，则$m\times n$矩阵$(ka_{ij})$称为常数$k$与矩阵$\boldsymbol{A}$的数乘，记为$k\boldsymbol{A}_{m\times n}$，即：每个元素都乘以$k$.（显然数量阵$=kE$）

（4）转置：将$m\times n$矩阵$\boldsymbol{A}$的行与列互换得到的$n\times m$矩阵称为矩阵$\boldsymbol{A}$的转置，记为$\underset{m\times n}{\boldsymbol{A}^{\mathrm{T}}}$，即$\underset{m\times n}{\boldsymbol{A}^{\mathrm{T}}}=\boldsymbol{B}_{n\times m}$，即：行变成列，列变成行.

（5）乘法：设$\boldsymbol{A}_{m\times n}=(a_{ij})$是$m\times n$矩阵，$\boldsymbol{B}=(b_{ij})$是$n\times s$矩阵，那么$m\times s$矩阵$\boldsymbol{C}=(c_{ij})$，其中

$c_{ij}=a_{i1}b_{1j}+a_{i2}b_{2j}+\cdots+a_{in}b_{nj}=\sum_{k=1}^{n}a_{ik}b_{kj}$称为矩阵$\boldsymbol{A},\boldsymbol{B}$的乘积，记为$\boldsymbol{A}_{m\times n}\boldsymbol{B}_{n\times s}=\boldsymbol{C}_{m\times s}$.

【注】（1）$\boldsymbol{A}$的列数必须等于$\boldsymbol{B}$的行数，才能相乘．如：$\boldsymbol{A}_{m\times n}\boldsymbol{B}_{n\times s}$；

推论： 只有方阵$\boldsymbol{A}_{n\times n}$才能说$\boldsymbol{A}^k$，称为$\boldsymbol{A}$的$k$次幂．

（2）乘积$\boldsymbol{C}$的行数等于$\boldsymbol{A}$的行数，$\boldsymbol{C}$的列数等于$\boldsymbol{B}$的列数；

（3）乘积$\boldsymbol{C}$的第i行第j列元素等于$\boldsymbol{A}$的第i行元素与$\boldsymbol{B}$的第j列元素对应乘积之和，即

$c_{ij}=a_{i1}b_{1j}+a_{i2}b_{2j}+\cdots+a_{in}b_{nj}$．所示如下：

$$i\begin{bmatrix}\cdots&\cdots&\cdots&\cdots\\ a_{i1}&a_{i2}&\cdots&a_{in}\\ \cdots&\cdots&\cdots&\cdots\end{bmatrix}\underset{j}{\begin{bmatrix}\vdots&b_{1j}&\vdots\\ \cdots&b_{2j}&\cdots\\ \vdots&b_{nj}&\vdots\end{bmatrix}}=i\underset{j}{\begin{bmatrix}&\vdots&\\ \cdots&c_{ij}&\cdots\\ &\vdots&\end{bmatrix}}$$

$$m\times n\qquad n\times s\qquad m\times s$$

推论： 如果$\boldsymbol{A}$的某行元素全为0，则$\boldsymbol{C}$的对应行元素也全为0；如果$\boldsymbol{B}$的某列元素全为0，则$\boldsymbol{C}$的对应列元素也全为0．显然，$\boldsymbol{AO}=\boldsymbol{O},\boldsymbol{OA}=\boldsymbol{O}$.

例1 设$\boldsymbol{A}=\begin{pmatrix}3&-1&2\\1&5&7\end{pmatrix},\boldsymbol{B}=\begin{pmatrix}7&5&-4\\5&1&9\end{pmatrix}$，且$\boldsymbol{A}+2\boldsymbol{X}=\boldsymbol{B}$，求$\boldsymbol{X}$.

【答案】$\begin{pmatrix}2&3&-3\\2&-2&1\end{pmatrix}$.

解析 $\boldsymbol{X}=\dfrac{1}{2}(\boldsymbol{B}-\boldsymbol{A})=\dfrac{1}{2}\begin{pmatrix}4&6&-6\\4&-4&2\end{pmatrix}=\begin{pmatrix}2&3&-3\\2&-2&1\end{pmatrix}$.

例2 设$\boldsymbol{A}=\begin{pmatrix}1&2&3\\3&2&1\end{pmatrix}$，求$\boldsymbol{A}^{\mathrm{T}}$；　　设$\boldsymbol{B}=\begin{pmatrix}1&0&2\\4&-1&6\\5&7&3\end{pmatrix}$，求$\boldsymbol{B}^{\mathrm{T}}$.

【答案】$\boldsymbol{A}^{\mathrm{T}}=\begin{pmatrix}1&3\\2&2\\3&1\end{pmatrix}$.　　$\boldsymbol{B}^{\mathrm{T}}=\begin{pmatrix}1&4&5\\0&-1&7\\2&6&3\end{pmatrix}$.

【注】对称矩阵也可表示为：$\boldsymbol{A}^{\mathrm{T}}_{n\times n}=\boldsymbol{A}_{n\times n}$；反对称矩阵：$\boldsymbol{A}^{\mathrm{T}}_{n\times n}=-\boldsymbol{A}_{n\times n}$.

例3 设$\boldsymbol{A}=\begin{pmatrix}1&2&3\\3&2&1\end{pmatrix},\boldsymbol{B}=\begin{pmatrix}1&3\\3&1\\2&2\end{pmatrix}$，求$\boldsymbol{AB}$.

【答案】$\boldsymbol{AB}=\begin{pmatrix}13&11\\11&13\end{pmatrix}$.

2. 关于运算的性质

（1）相对简单的性质

$A+B=B+A$　　$A+(B+C)=(A+B)+C$　　$A+O=A$　　$A-A=O$　　$1A=A$　　$0A=O$

$k(A+B)=kA+kB$　　$(k+l)A=kA+lA$　　$k(lA)=(kl)A=l(kA)$　　$OA=O,\ AO=O$

$(A^{T})^{T}=A$　　$(kA)^{T}=kA^{T}$　　$(A+B)^{T}=A^{T}+B^{T}$

（2）复杂一点的性质

①结合律：$(AB)C=A(BC)$；

②数乘结合律：$k(AB)=(kA)B=A(kB)$；（常数可在相乘矩阵之间“穿梭”）

③分配律：$\begin{cases} A(B+C)=AB+AC \\ \\ (A+B)C=AC+BC \end{cases}$；

④矩阵乘法一般没有交换律，即一般$AB\neq BA$，如果$AB=BA$，称A与B可交换；

⑤$(AB)^{T}=B^{T}A^{T}$；

⑥$EA=A, AE=A$.（A为任意矩阵，不一定是方阵；当然如果A是方阵，则有$EA=AE=A$）

例 4　设$A=\begin{pmatrix}0&1\\1&0\end{pmatrix}, B=\begin{pmatrix}1&2\\3&4\end{pmatrix}$，求$AB$与$BA$.

【答案】$AB=\begin{pmatrix}3&4\\1&2\end{pmatrix}$;　　$BA=\begin{pmatrix}2&1\\4&3\end{pmatrix}$.

例 5　对于两个同阶方阵A与B，请问$(A\pm B)^2$是否$=A^2\pm 2AB+B^2$；A^2-B^2是否等于$(A-B)(A+B)$?

【答案】不一定.

【注】只有当矩阵A与B可交换时，中学的多项式公式才能成立.

推论：对任意方阵A，由于$AE=EA=A$，即单位阵E与任意方阵可交换，而在矩阵多项式$f(A)$中，由于只有方阵与单位阵E，因而中学的多项式公式均成立，即一般有$(A\pm B)^2\neq A^2\pm 2AB+B^2$，但$(A\pm E)^2$一定$=A^2\pm 2A+E$.

定义：矩阵多项式$f(A)$

设$f(x)=a_kx^k+a_{k-1}x^{k-1}+\cdots+a_1x+a_0$是$x$的$k$次多项式，$A$是$n$阶方阵，则称

$f(A)=a_kA^k+a_{k-1}A^{k-1}+\cdots+a_1A+a_0E$（注意有$E$）为方阵$A$的$k$次多项式.

例 6　已知$\begin{pmatrix}0&1&0\\0&0&1\\0&0&0\end{pmatrix}^3=O$，矩阵$A=\begin{pmatrix}1&1&0\\0&1&1\\0&0&1\end{pmatrix}$，求$A^{100}$.

【答案】$\begin{pmatrix}1&100&4\,950\\0&1&100\\0&0&1\end{pmatrix}$.

解析 $A=E+B$，其中$B=\begin{pmatrix}0&1&0\\0&0&1\\0&0&0\end{pmatrix}$，$B^2=\begin{pmatrix}0&0&1\\0&0&0\\0&0&0\end{pmatrix}$，$B^3=O$，

$$A^{100}=(E+B)^{100}=C_{100}^0E+C_{100}^1B+C_{100}^2B^2=E+100B+4\,950B^2=\begin{pmatrix}1&100&4\,950\\0&1&100\\0&0&1\end{pmatrix}.$$

例 7 请验证关于对角矩阵的结论，以 3 阶为例，n阶类似.

$$\Lambda_1\Lambda_2=\begin{pmatrix}a_1&0&0\\0&a_2&0\\0&0&a_3\end{pmatrix}\begin{pmatrix}b_1&0&0\\0&b_2&0\\0&0&b_3\end{pmatrix}=\begin{pmatrix}a_1b_1&0&0\\0&a_2b_2&0\\0&0&a_3b_3\end{pmatrix}$$，显然$\Lambda_1\Lambda_2=\Lambda_2\Lambda_1$.

$$\begin{pmatrix}a_1&0&0\\0&a_2&0\\0&0&a_3\end{pmatrix}^n=\begin{pmatrix}a_1^n&0&0\\0&a_2^n&0\\0&0&a_3^n\end{pmatrix}$$.（本例有结论性，今后可以直接用）

例 8 （1）已知$\alpha=\begin{pmatrix}1\\2\\3\end{pmatrix}$，$\beta=(3,2,1)$，求$\beta\alpha$与$\alpha\beta$，并求$(\alpha\beta)^n$.

（2）设$A=\begin{pmatrix}2&4&6\\-3&-6&-9\\1&2&3\end{pmatrix}$，请计算$A^{100}$.

（本例有结论性，需熟悉其手法）

【答案】（1）$\beta\alpha=10$；$\alpha\beta=\begin{pmatrix}3&2&1\\6&4&2\\9&6&3\end{pmatrix}$；$(\alpha\beta)^n=10^{n-1}\alpha\beta$.　　（2）$-A$.

解析 （1）$\beta\alpha=3+4+3=10$，$\alpha\beta=\begin{pmatrix}3&2&1\\6&4&2\\9&6&3\end{pmatrix}$.

$(\alpha\beta)^2=\alpha\beta\alpha\beta=\alpha(\beta\alpha)\beta=\alpha(10)\beta=10\alpha\beta$，同理可得$(\alpha\beta)^n=10^{n-1}\alpha\beta$.

（2）$A=\begin{pmatrix}2\\-3\\1\end{pmatrix}(1,2,3)$，从而$A^2=\begin{pmatrix}2\\-3\\1\end{pmatrix}(1,2,3)\begin{pmatrix}2\\-3\\1\end{pmatrix}(1,2,3)=-A$，故可得：

$A^{100}=(-1)^{99}A=-A$.

3. 没有除法

$AB=O\nRightarrow A=O$或$B=O$；

$AB=AC$且$A\neq O\nRightarrow B=C$；$BA=CA$且$A\neq O\nRightarrow B=C$.

例 9 设$A=\begin{pmatrix}1&1\\2&2\end{pmatrix}$，$B=\begin{pmatrix}1&-3\\-1&3\end{pmatrix}$，求$AB$；设$A=\begin{pmatrix}1&1\\-1&-1\end{pmatrix}$，求$A^2$.

【答案】$AB=\begin{pmatrix}0&0\\0&0\end{pmatrix}$； $A^2=\begin{pmatrix}0&0\\0&0\end{pmatrix}$.

解析 利用矩阵的乘法法则即可.

四、逆矩阵

1. 定义

设A是n阶方阵，如果存在n阶方阵B，使得$AB=BA=E$，则称A可逆，且矩阵B为A的逆矩阵，记为$B=A^{-1}$；如果不存在这样的矩阵B，则称A不可逆. 即A是可逆矩阵：A^{-1}存在且$AA^{-1}=A^{-1}A=E$.
可逆矩阵也叫非奇异矩阵，不可逆矩阵也叫奇异矩阵.

【注】（1）乘以某个矩阵的逆矩阵，类似于常数运算中除以某个非零常数(逆矩阵充当除法的角色)；
（2）逆矩阵概念只针对方阵，如果不是方阵，则没有讨论的资格.

【定理1】如果方阵A可逆，则它的逆矩阵是唯一的.
【定理2】对于同阶方阵A与B，只需要$AB=E$或$BA=E$就可以证明A与B互为逆矩阵.（不需要证明$AB=BA$，即$AB=E\Leftrightarrow BA=E$）

例1 已知方阵A与B同阶，且$AB=O$，B可逆，能否推出$A=O$？同理，如果已知$AB=AC$，且A可逆，能否推出$B=C$？

（但是千万不要把A^{-1}理解为$\frac{1}{A}$，矩阵没有除法）

【答案】能；能.

解析 （1）如果B可逆，则存在B^{-1}使得$BB^{-1}=E$，从而可以对$AB=O$左右同时右乘B^{-1}，得到$ABB^{-1}=OB^{-1}$，即$AE=O$，故$A=O$.
（2）类似的，如果A可逆，则存在A^{-1}使得$A^{-1}A=E$，从而可以对$AB=AC$左右同时左乘A^{-1}，得到$A^{-1}AB=A^{-1}AC$，即$EB=EC$，故$B=C$.

例2 请验证矩阵$A=\begin{pmatrix}1&3\\1&2\end{pmatrix}$与矩阵$B=\begin{pmatrix}-2&3\\1&-1\end{pmatrix}$互为逆矩阵.

【答案】$AB=\begin{pmatrix}1&0\\0&1\end{pmatrix}$或$BA=\begin{pmatrix}1&0\\0&1\end{pmatrix}$.

【注】显然：O不可逆，E可逆且$E^{-1}=E$.

例3 请验证结论：设$a_i\neq 0\,(i=1,2,3)$，则：下列矩阵均可逆，且

$$\begin{pmatrix}a_1&&\\&a_2&\\&&a_3\end{pmatrix}^{-1}=\begin{pmatrix}\frac{1}{a_1}&&\\&\frac{1}{a_2}&\\&&\frac{1}{a_3}\end{pmatrix};\quad \begin{pmatrix}&&a_3\\&a_2&\\a_1&&\end{pmatrix}^{-1}=\begin{pmatrix}&&\frac{1}{a_1}\\&\frac{1}{a_2}&\\\frac{1}{a_3}&&\end{pmatrix}.$$

（本例具有结论性，今后可直接用，n阶类似）

例 4 （1）已知方阵$\boldsymbol{A}$满足$\boldsymbol{A}^2=2\boldsymbol{E}$，请证明：$\boldsymbol{E}-\boldsymbol{A}$可逆，并求其逆矩阵；

（2）若$\boldsymbol{A}^3=\boldsymbol{O}$，证明：$\boldsymbol{A}-2\boldsymbol{E}$可逆，并求其逆矩阵；

（3）若$\boldsymbol{A}^2=2\boldsymbol{A}$，证明：$\boldsymbol{A}+3\boldsymbol{E}$可逆，并求其逆矩阵．

【答案】（1）$(-\boldsymbol{E}-\boldsymbol{A})$.（2）$-\frac{1}{8}(\boldsymbol{A}^2+2\boldsymbol{A}+4\boldsymbol{E})$.（3）$\frac{1}{15}(5\boldsymbol{E}-\boldsymbol{A})$.

解析 （1）$\boldsymbol{A}^2-\boldsymbol{E}=\boldsymbol{E}\Rightarrow(\boldsymbol{A}-\boldsymbol{E})(\boldsymbol{A}+\boldsymbol{E})=\boldsymbol{E}\Rightarrow(\boldsymbol{E}-\boldsymbol{A})(-\boldsymbol{E}-\boldsymbol{A})=\boldsymbol{E}$，所以$(\boldsymbol{E}-\boldsymbol{A})^{-1}=(-\boldsymbol{E}-\boldsymbol{A})$.

（2）$\boldsymbol{A}^3-8\boldsymbol{E}=-8\boldsymbol{E}\Rightarrow(\boldsymbol{A}-2\boldsymbol{E})(\boldsymbol{A}^2+2\boldsymbol{A}+4\boldsymbol{E})=-8\boldsymbol{E}$，所以$(\boldsymbol{A}-2\boldsymbol{E})^{-1}=-\frac{1}{8}(\boldsymbol{A}^2+2\boldsymbol{A}+4\boldsymbol{E})$.

（3）$\boldsymbol{A}^2-2\boldsymbol{A}=\boldsymbol{O}\Rightarrow\boldsymbol{A}^2-2\boldsymbol{A}-15\boldsymbol{E}=-15\boldsymbol{E}\Rightarrow(\boldsymbol{A}+3\boldsymbol{E})(\boldsymbol{A}-5\boldsymbol{E})=-15\boldsymbol{E}$，所以

$(\boldsymbol{A}+3\boldsymbol{E})^{-1}=\frac{1}{15}(5\boldsymbol{E}-\boldsymbol{A})$.

例 5 设$\boldsymbol{A},\boldsymbol{B}$均为$n$阶方阵，且$\boldsymbol{AB}=\boldsymbol{A}+\boldsymbol{B}$，证明：$\boldsymbol{A}-\boldsymbol{E}$可逆．

证明 $\boldsymbol{AB}=\boldsymbol{A}+\boldsymbol{B}\Rightarrow\boldsymbol{AB}-\boldsymbol{A}=\boldsymbol{B}\Rightarrow\boldsymbol{A}(\boldsymbol{B}-\boldsymbol{E})=\boldsymbol{B}\Rightarrow\boldsymbol{A}(\boldsymbol{B}-\boldsymbol{E})-\boldsymbol{E}=\boldsymbol{B}-\boldsymbol{E}$

$\Rightarrow\boldsymbol{A}(\boldsymbol{B}-\boldsymbol{E})-(\boldsymbol{B}-\boldsymbol{E})=\boldsymbol{E}\Rightarrow(\boldsymbol{A}-\boldsymbol{E})(\boldsymbol{B}-\boldsymbol{E})=\boldsymbol{E}$.从而$\boldsymbol{A}-\boldsymbol{E}$可逆，且$(\boldsymbol{A}-\boldsymbol{E})^{-1}=\boldsymbol{B}-\boldsymbol{E}$.

例 6 设n阶方阵$\boldsymbol{A}$满足$\boldsymbol{A}^2-3\boldsymbol{A}+2\boldsymbol{E}=\boldsymbol{O}$，

（1）证明$\boldsymbol{A}$，$\boldsymbol{A}+2\boldsymbol{E}$可逆并求$\boldsymbol{A}^{-1}$及$(\boldsymbol{A}+2\boldsymbol{E})^{-1}$；

（2）当$\boldsymbol{A}\neq\boldsymbol{E}$时，判断$\boldsymbol{A}-2\boldsymbol{E}$是否可逆，并说明理由．

【答案】（1）$\boldsymbol{A}^{-1}=\frac{1}{2}(3\boldsymbol{E}-\boldsymbol{A})$　$(\boldsymbol{A}+2\boldsymbol{E})^{-1}=\frac{1}{12}(5\boldsymbol{E}-\boldsymbol{A})$.（2）不可逆．

解析 （1）由于$\boldsymbol{A}^2-3\boldsymbol{A}+2\boldsymbol{E}=\boldsymbol{O}$，所以$\boldsymbol{A}\cdot\frac{1}{2}(3\boldsymbol{E}-\boldsymbol{A})=\boldsymbol{E}$，故$\boldsymbol{A}$可逆，

并且$\boldsymbol{A}^{-1}=\frac{1}{2}(3\boldsymbol{E}-\boldsymbol{A})$；同理$\boldsymbol{A}^2-3\boldsymbol{A}+2\boldsymbol{E}=\boldsymbol{O}$，可得$\boldsymbol{A}^2-3\boldsymbol{A}-10\boldsymbol{E}=-12\boldsymbol{E}$，则有

$(\boldsymbol{A}+2\boldsymbol{E})(\boldsymbol{A}-5\boldsymbol{E})=-12\boldsymbol{E}$，$(\boldsymbol{A}+2\boldsymbol{E})\cdot\frac{1}{12}(5\boldsymbol{E}-\boldsymbol{A})=\boldsymbol{E}$，故$\boldsymbol{A}+2\boldsymbol{E}$可逆，

并且$(\boldsymbol{A}+2\boldsymbol{E})^{-1}=\frac{1}{12}(5\boldsymbol{E}-\boldsymbol{A})$.

（2）同理$\boldsymbol{A}^2-3\boldsymbol{A}+2\boldsymbol{E}=\boldsymbol{O}$，可得$(\boldsymbol{A}-2\boldsymbol{E})(\boldsymbol{A}-\boldsymbol{E})=\boldsymbol{O}$，如果$\boldsymbol{A}-2\boldsymbol{E}$可逆，定有$\boldsymbol{A}-\boldsymbol{E}=\boldsymbol{O}\Leftrightarrow\boldsymbol{A}=\boldsymbol{E}$，与题设矛盾，故$\boldsymbol{A}-2\boldsymbol{E}$不可逆．

2. 可逆矩阵的性质

如果n阶阵$\boldsymbol{A}$可逆，则：

$$(\boldsymbol{A}^{-1})^{-1}=\boldsymbol{A}\qquad(k\boldsymbol{A})^{-1}=\frac{1}{k}\boldsymbol{A}^{-1}(k\neq0)\qquad(\boldsymbol{AB})^{-1}=\boldsymbol{B}^{-1}\boldsymbol{A}^{-1}\qquad(\boldsymbol{A}^{\mathrm{T}})^{-1}=(\boldsymbol{A}^{-1})^{\mathrm{T}}$$

$$(\boldsymbol{A}^{\mathrm{T}})^{\mathrm{T}}=\boldsymbol{A}\qquad(k\boldsymbol{A})^{\mathrm{T}}=k\boldsymbol{A}^{\mathrm{T}}\qquad(\boldsymbol{AB})^{\mathrm{T}}=\boldsymbol{B}^{\mathrm{T}}\boldsymbol{A}^{\mathrm{T}}\qquad(\boldsymbol{A}+\boldsymbol{B})^{\mathrm{T}}=\boldsymbol{A}^{\mathrm{T}}+\boldsymbol{B}^{\mathrm{T}}$$

【注】没有这样的性质：$(\boldsymbol{A}+\boldsymbol{B})^{-1}=\boldsymbol{A}^{-1}+\boldsymbol{B}^{-1}$.

例 7 设$\boldsymbol{A}$、$\boldsymbol{B}$及$\boldsymbol{A}+\boldsymbol{B}$都为$n$阶可逆矩阵，请证明：$\boldsymbol{A}(\boldsymbol{A}+\boldsymbol{B})^{-1}\boldsymbol{B}=\boldsymbol{B}(\boldsymbol{A}+\boldsymbol{B})^{-1}\boldsymbol{A}$.

解析 【证明 1】由于$\left[\boldsymbol{A}(\boldsymbol{A}+\boldsymbol{B})^{-1}\boldsymbol{B}\right]^{-1}=\boldsymbol{B}^{-1}(\boldsymbol{A}+\boldsymbol{B})\boldsymbol{A}^{-1}=\boldsymbol{B}^{-1}\boldsymbol{A}\boldsymbol{A}^{-1}+\boldsymbol{B}^{-1}\boldsymbol{B}\boldsymbol{A}^{-1}=\boldsymbol{B}^{-1}+\boldsymbol{A}^{-1}$，而$\left[\boldsymbol{B}(\boldsymbol{A}+\boldsymbol{B})^{-1}\boldsymbol{A}\right]^{-1}=\boldsymbol{A}^{-1}(\boldsymbol{A}+\boldsymbol{B})\boldsymbol{B}^{-1}=\boldsymbol{A}^{-1}\boldsymbol{A}\boldsymbol{B}^{-1}+\boldsymbol{A}^{-1}\boldsymbol{B}\boldsymbol{B}^{-1}=\boldsymbol{B}^{-1}+\boldsymbol{A}^{-1}$，即它们的逆是相同的，根据逆的唯一性，则有$\boldsymbol{A}(\boldsymbol{A}+\boldsymbol{B})^{-1}\boldsymbol{B}=\boldsymbol{B}(\boldsymbol{A}+\boldsymbol{B})^{-1}\boldsymbol{A}$.

【证明 2】由于$\boldsymbol{A}$、$\boldsymbol{B}$可逆，因而$(\boldsymbol{A}+\boldsymbol{B})=\boldsymbol{B}(\boldsymbol{B}^{-1}\boldsymbol{A}+\boldsymbol{E})=\boldsymbol{B}(\boldsymbol{B}^{-1}+\boldsymbol{A}^{-1})\boldsymbol{A}$，从而$(\boldsymbol{A}+\boldsymbol{B})^{-1}=\boldsymbol{A}^{-1}(\boldsymbol{B}^{-1}+\boldsymbol{A}^{-1})^{-1}\boldsymbol{B}^{-1}$，则$\boldsymbol{A}(\boldsymbol{A}+\boldsymbol{B})^{-1}\boldsymbol{B}=\boldsymbol{A}\boldsymbol{A}^{-1}(\boldsymbol{B}^{-1}+\boldsymbol{A}^{-1})^{-1}\boldsymbol{B}^{-1}\boldsymbol{B}=(\boldsymbol{B}^{-1}+\boldsymbol{A}^{-1})^{-1}$；

同理类似：$(\boldsymbol{A}+\boldsymbol{B})=\boldsymbol{A}(\boldsymbol{E}+\boldsymbol{A}^{-1}\boldsymbol{B})=\boldsymbol{A}(\boldsymbol{B}^{-1}+\boldsymbol{A}^{-1})\boldsymbol{B}$，从而$(\boldsymbol{A}+\boldsymbol{B})^{-1}=\boldsymbol{B}^{-1}(\boldsymbol{B}^{-1}+\boldsymbol{A}^{-1})^{-1}\boldsymbol{A}^{-1}$，即$\boldsymbol{B}(\boldsymbol{A}+\boldsymbol{B})^{-1}\boldsymbol{A}=\boldsymbol{B}\boldsymbol{B}^{-1}(\boldsymbol{B}^{-1}+\boldsymbol{A}^{-1})^{-1}\boldsymbol{A}^{-1}\boldsymbol{A}=(\boldsymbol{B}^{-1}+\boldsymbol{A}^{-1})^{-1}$，则有$\boldsymbol{A}(\boldsymbol{A}+\boldsymbol{B})^{-1}\boldsymbol{B}=\boldsymbol{B}(\boldsymbol{A}+\boldsymbol{B})^{-1}\boldsymbol{A}$.

例 8 请判断矩阵$\boldsymbol{A}=\begin{pmatrix}1&0\\2&1\end{pmatrix}$是否可逆，如果不可逆请说明理由，如果可逆，请求出$\boldsymbol{A}^{-1}$；并说明如果$\boldsymbol{A}=\begin{pmatrix}0&0\\2&1\end{pmatrix}$，情况又如何.

【答案】$\boldsymbol{A}$可逆，且$\boldsymbol{A}^{-1}=\begin{pmatrix}1&0\\-2&1\end{pmatrix}$；如果$\boldsymbol{A}=\begin{pmatrix}0&0\\2&1\end{pmatrix}$，它不可逆.

解析 对任意矩阵$\boldsymbol{B}=\begin{pmatrix}a&b\\c&d\end{pmatrix}$，有$\boldsymbol{A}\boldsymbol{B}=\begin{pmatrix}1&0\\2&1\end{pmatrix}\begin{pmatrix}a&b\\c&d\end{pmatrix}=\begin{pmatrix}a&b\\2a+c&2b+d\end{pmatrix}$，

令其$=\begin{pmatrix}1&0\\0&1\end{pmatrix}\Leftrightarrow\begin{cases}a=1\\b=0\\2a+c=0\\2b+d=1\end{cases}$，有解，解为$a=1,b=0,c=-2,d=1$，故$\boldsymbol{A}$可逆，且$\boldsymbol{A}^{-1}=\begin{pmatrix}1&0\\-2&1\end{pmatrix}$. 如果$\boldsymbol{A}=\begin{pmatrix}0&0\\2&1\end{pmatrix}$，则对任意矩阵$\boldsymbol{B}=\begin{pmatrix}a&b\\c&d\end{pmatrix}$，有$\boldsymbol{A}\boldsymbol{B}=\begin{pmatrix}0&0\\2&1\end{pmatrix}\begin{pmatrix}a&b\\c&d\end{pmatrix}=\begin{pmatrix}0&0\\2a+c&2b+d\end{pmatrix}\neq\begin{pmatrix}1&0\\0&1\end{pmatrix}$，故它不可逆.

第二节 行列式

一、定义

设$\boldsymbol{A}$为一个n阶方阵，$\boldsymbol{A}$的行列式$\det\boldsymbol{A}=\begin{vmatrix}a_{11}&a_{12}&\cdots&a_{1n}\\a_{21}&a_{22}&\cdots&a_{2n}\\\vdots&\vdots&&\vdots\\a_{n1}&a_{n2}&\cdots&a_{nn}\end{vmatrix}$是由$\boldsymbol{A}$确定的一个常数：

$$\det \boldsymbol{A}=\begin{vmatrix} a_{11} & a_{12} & \cdots & a_{1n} \\ a_{21} & a_{22} & \cdots & a_{2n} \\ \vdots & \vdots & & \vdots \\ a_{n1} & a_{n2} & \cdots & a_{nn} \end{vmatrix}=\sum(-1)^{\tau(j_1 j_2 \cdots j_n)} a_{1j_1} a_{2j_2} \cdots a_{nj_n}.$$

其中$j_1 j_2 \cdots j_n$表示自然数$1,2,\cdots,n$的一个排列；$\tau(j_1 j_2 \cdots j_n)$表示这个排列中的逆序总数.

逆序：一个排列中如果有两个数的先后顺序与大小顺序相反，则称为一个逆序.

例：自然数1,2,3,4的一个排序4312，其逆序有43,41,42,31,32，因而逆序数是5.

【注】（1）此定义从来没有考过，因而只做了解；
（2）行列式只针对方阵，其他类型矩阵没有讨论的资格；
（3）行列式最终是个常数，即$|\boldsymbol{A}|=c$.

二、计算

1. 简单的需要背的结论

（1）$\det a=|a|=a$即常数的行列式为它自己.（不要理解为绝对值）

（2）$\begin{vmatrix} a_{11} & a_{12} \\ a_{21} & a_{22} \end{vmatrix}=a_{11}a_{22}-a_{21}a_{12}$.

（3）$\begin{vmatrix} a_{11} & a_{12} & a_{13} \\ a_{21} & a_{22} & a_{23} \\ a_{31} & a_{32} & a_{33} \end{vmatrix}=a_{11}a_{22}a_{33}+a_{21}a_{32}a_{13}+a_{31}a_{12}a_{23}-a_{13}a_{22}a_{31}-a_{11}a_{23}a_{32}-a_{12}a_{21}a_{33}$.

（高阶的没有类似三阶的规律）

（4）$\begin{vmatrix} a_{11} & a_{12} & \cdots & a_{1n} \\ 0 & a_{22} & \cdots & a_{2n} \\ \vdots & \vdots & & \vdots \\ 0 & 0 & \cdots & a_{nn} \end{vmatrix}=\begin{vmatrix} a_{11} & 0 & \cdots & 0 \\ a_{21} & a_{22} & \cdots & 0 \\ \vdots & \vdots & & \vdots \\ a_{n1} & a_{n2} & \cdots & a_{nn} \end{vmatrix}=\begin{vmatrix} a_{11} & 0 & \cdots & 0 \\ 0 & a_{22} & \cdots & 0 \\ \vdots & \vdots & & \vdots \\ 0 & 0 & \cdots & a_{nn} \end{vmatrix}=a_{11}a_{22}\cdots a_{nn}$.

2. 设方阵$\boldsymbol{A}$交换两行或两列得到矩阵$\boldsymbol{B}$，则$|\boldsymbol{B}|=-|\boldsymbol{A}|$. 即：交换两行（列），行列式变号.

【注】如果一个行列式某两行（列）完全相等，则行列式为零.

3. 设方阵$\boldsymbol{A}$某行（列）乘以k倍得到矩阵$\boldsymbol{B}$，则$|\boldsymbol{B}|=k|\boldsymbol{A}|$.

即：对某个行列式乘以常数，其效果相当于把常数乘到行列式的某一行或某一列.

$$\begin{vmatrix} a_{11} & a_{12} & \cdots & a_{1n} \\ \vdots & \vdots & & \vdots \\ ka_{i1} & ka_{i2} & & ka_{in} \\ & \vdots & & \vdots \\ a_{n1} & a_{n2} & \cdots & a_{nn} \end{vmatrix}=\begin{vmatrix} a_{11} & \cdots & ka_{1j} & \cdots & a_{1n} \\ a_{21} & \cdots & ka_{2j} & \cdots & a_{2n} \\ & & \vdots & & \\ a_{n1} & \cdots & ka_{nj} & & a_{nn} \end{vmatrix}=k\begin{vmatrix} a_{11} & a_{12} & \cdots & a_{1n} \\ \vdots & \vdots & & \vdots \\ & & & \\ a_{n1} & a_{n2} & \cdots & a_{nn} \end{vmatrix}.$$

注意：这里的k可以为0.

【注】(1)如果某行或者某列的元素全为0,则行列式为0;
(2)如果一个行列式某两行(列)对应成比例,则行列式为0.

4. 如果把方阵$\boldsymbol{A}$的某行(列)的k倍加到另外一行(列)得到矩阵$\boldsymbol{B}$,则$|\boldsymbol{B}|=|\boldsymbol{A}|$.

5. 设$\boldsymbol{A}$与$\boldsymbol{B}$为同阶方阵,则$|\boldsymbol{AB}|=|\boldsymbol{A}||\boldsymbol{B}|$;$|\boldsymbol{A}^{\mathrm{T}}|=|\boldsymbol{A}|$.

【注】一定要是"同阶方阵"才有这个性质.
(例如:$|\boldsymbol{A}_{m\times n}\boldsymbol{B}_{n\times m}|$不能拆,而$|a\boldsymbol{A}_{n\times n}|=a^n|\boldsymbol{A}|$)

6. 拆行(列)

$$\begin{vmatrix} a_{11} & a_{12} & \cdots & a_{1n} \\ \vdots & \vdots & & \vdots \\ a_{i1}+b_{i1} & a_{i2}+b_{i2} & \cdots & a_{in}+b_{in} \\ \vdots & \vdots & & \vdots \\ a_{n1} & a_{n2} & \cdots & a_{nn} \end{vmatrix}=\begin{vmatrix} a_{11} & a_{12} & \cdots & a_{1n} \\ \vdots & \vdots & & \vdots \\ a_{i1} & a_{i2} & \cdots & a_{in} \\ \vdots & \vdots & & \vdots \\ a_{n1} & a_{n2} & \cdots & a_{nn} \end{vmatrix}+\begin{vmatrix} a_{11} & a_{12} & \cdots & a_{1n} \\ \vdots & \vdots & & \vdots \\ b_{i1} & b_{i2} & \cdots & b_{in} \\ \vdots & \vdots & & \vdots \\ a_{n1} & a_{n2} & \cdots & a_{nn} \end{vmatrix}.$$

(拆列类似)

【注】拆某行(列)的时候,其他行(列)不变.

例1 请计算下列行列式

$$D=\begin{vmatrix} 1 & 1 & -1 & 3 \\ -1 & -1 & 2 & 1 \\ 2 & 5 & 2 & 4 \\ \frac{1}{2} & 1 & \frac{3}{2} & 1 \end{vmatrix};D=\begin{vmatrix} 1 & -1 & 1 & -1+x \\ 1 & -1 & 1+x & -1 \\ 1 & -1+x & 1 & -1 \\ 1+x & -1 & 1 & -1 \end{vmatrix}.$$

【答案】(1)$\dfrac{33}{2}$.　　(2)x^4.

解析 (1)$D=\begin{vmatrix} 1 & 1 & -1 & 3 \\ 0 & 0 & 1 & 4 \\ 0 & 3 & 4 & -2 \\ 0 & \frac{1}{2} & 2 & -\frac{1}{2} \end{vmatrix}=\dfrac{1}{2}\begin{vmatrix} 1 & 1 & -1 & 3 \\ 0 & 0 & 1 & 4 \\ 0 & 3 & 4 & -2 \\ 0 & 1 & 4 & -1 \end{vmatrix}=-\dfrac{1}{2}\begin{vmatrix} 1 & 1 & -1 & 3 \\ 0 & 1 & 4 & -1 \\ 0 & 3 & 4 & -2 \\ 0 & 0 & 1 & 4 \end{vmatrix}$

$$=-\frac{1}{2}\begin{vmatrix} 1 & 1 & -1 & 3 \\ 0 & 1 & 4 & -1 \\ 0 & 0 & -8 & 1 \\ 0 & 0 & 1 & 4 \end{vmatrix}=-\frac{1}{2}\begin{vmatrix} 1 & 1 & -1 & 3 \\ 0 & 1 & 4 & -1 \\ 0 & 0 & 0 & 33 \\ 0 & 0 & 1 & 4 \end{vmatrix}=\frac{1}{2}\begin{vmatrix} 1 & 1 & -1 & 3 \\ 0 & 1 & 2 & -1 \\ 0 & 0 & 1 & 4 \\ 0 & 0 & 0 & 33 \end{vmatrix}=\frac{33}{2};$$

（2）$D=\begin{vmatrix} x & -1 & 1 & -1+x \\ x & -1 & 1+x & -1 \\ x & -1+x & 1 & -1 \\ x & -1 & 1 & -1 \end{vmatrix}=x\begin{vmatrix} 1 & -1 & 1 & -1+x \\ 1 & -1 & 1+x & -1 \\ 1 & -1+x & 1 & -1 \\ 1 & -1 & 1 & -1 \end{vmatrix}=x\begin{vmatrix} 1 & 0 & 0 & x \\ 1 & 0 & x & 0 \\ 1 & x & 0 & 0 \\ 1 & 0 & 0 & 0 \end{vmatrix}=x\begin{vmatrix} 0 & 0 & 0 & x \\ 0 & 0 & x & 0 \\ 0 & x & 0 & 0 \\ 1 & 0 & 0 & 0 \end{vmatrix}$

$=x\begin{vmatrix} 1 & 0 & 0 & 0 \\ 0 & x & 0 & 0 \\ 0 & 0 & x & 0 \\ 0 & 0 & 0 & x \end{vmatrix}=x^4$.

例 2 设$\boldsymbol{A}$为奇数阶反对称矩阵（$\boldsymbol{A}^{\mathrm{T}}=-\boldsymbol{A}$），请证明：$|\boldsymbol{A}|=0$.

证明 因为$\boldsymbol{A}^{\mathrm{T}}=-\boldsymbol{A}$，所以$|\boldsymbol{A}^{\mathrm{T}}|=|-\boldsymbol{A}|\Leftrightarrow|\boldsymbol{A}|=(-1)^n|\boldsymbol{A}|=-|\boldsymbol{A}|$（$n$为奇数）

即$|\boldsymbol{A}|=-|\boldsymbol{A}|\Leftrightarrow 2|\boldsymbol{A}|=0\Rightarrow|\boldsymbol{A}|=0.$

例 3 请证明$\begin{vmatrix} a_1+b_1 & b_1+c_1 & c_1+a_1 \\ a_2+b_2 & b_2+c_2 & c_2+a_2 \\ a_3+b_3 & b_3+c_3 & c_3+a_3 \end{vmatrix}=2\begin{vmatrix} a_1 & b_1 & c_1 \\ a_2 & b_2 & c_2 \\ a_3 & b_3 & c_3 \end{vmatrix}$.

证明 $\begin{vmatrix} a_1+b_1 & b_1+c_1 & c_1+a_1 \\ a_2+b_2 & b_2+c_2 & c_2+a_2 \\ a_3+b_3 & b_3+c_3 & c_3+a_3 \end{vmatrix}=\begin{vmatrix} a_1 & b_1+c_1 & c_1+a_1 \\ a_2 & b_2+c_2 & c_2+a_2 \\ a_3 & b_3+c_3 & c_3+a_3 \end{vmatrix}+\begin{vmatrix} b_1 & b_1+c_1 & c_1+a_1 \\ b_2 & b_2+c_2 & c_2+a_2 \\ b_3 & b_3+c_3 & c_3+a_3 \end{vmatrix}$

$=\begin{vmatrix} a_1 & b_1 & c_1 \\ a_2 & b_2 & c_2 \\ a_3 & b_3 & c_3 \end{vmatrix}+\begin{vmatrix} b_1 & c_1 & a_1 \\ b_2 & c_2 & a_2 \\ b_3 & c_3 & a_3 \end{vmatrix}=2\begin{vmatrix} a_1 & b_1 & c_1 \\ a_2 & b_2 & c_2 \\ a_3 & b_3 & c_3 \end{vmatrix}$.

例 4 请证明$\begin{vmatrix} 0 & & a_n \\ \vdots & \iddots & \\ a_1 & & 0 \end{vmatrix}=\begin{vmatrix} \vdots & & a_n \\ \vdots & \iddots & \\ a_1 & & 0 \end{vmatrix}=\begin{vmatrix} 0 & & a_n \\ \vdots & \iddots & \\ a_1 & & \end{vmatrix}=(-1)^{\frac{n(n-1)}{2}}a_1\cdots a_n$.（背）

（本例有结论性，今后可直接用）

证明 可对行列式做初等行变换，先把最后一行逐行挪动到第一行（即最后一行先与倒数第二行互换，然后再与倒数第三行互换……以此类推，直到把它换到第一行为止），此时一共做了$n-1$次的交换，所以会有因数$(-1)^{n-1}$；然后，再把新的最后一行用同样的方法挪动到第二行，此时一共做了$n-2$次的交换，所以又会有因数$(-1)^{n-2}$；重复这个操作，直到行列式化为上三角（下三角，对角）行列式为止.

例 5 请求行列式$D=\begin{vmatrix} x & a & a & a \\ a & x & a & a \\ a & a & x & a \\ a & a & a & x \end{vmatrix}$.（本例非常常见，需要熟悉其手法）

【答案】$(3a+x)(x-a)^3$.

解析 $D=(3a+x)\begin{vmatrix}1&1&1&1\\a&x&a&a\\a&a&x&a\\a&a&a&x\end{vmatrix}=(3a+x)\begin{vmatrix}1&1&1&1\\0&x-a&0&0\\0&0&x-a&0\\0&0&0&x-a\end{vmatrix}=(3a+x)(x-a)^3$.

例 6 请求爪形行列式 $\begin{vmatrix}a_1&1&\cdots&1\\1&a_2&0&\vdots\\\vdots&\vdots&\ddots&0\\1&0&\cdots&a_n\end{vmatrix}(a_i\neq 0)(i=2,3,\cdots,n)$.

（本例有结论性，需要熟悉其手法）

【答案】$\left(a_1-\frac{1}{a_2}-\frac{1}{a_3}-\cdots-\frac{1}{a_n}\right)a_2a_3\cdots a_n$.

解析 $D=\begin{vmatrix}a_1-\frac{1}{a_2}-\frac{1}{a_3}-\cdots\frac{1}{a_n}&1&\cdots&1\\0&a_2&\cdots&0\\\vdots&\vdots&\ddots&\vdots\\0&0&\cdots&a_n\end{vmatrix}=\left(a_1-\frac{1}{a_2}-\frac{1}{a_3}-\cdots-\frac{1}{a_n}\right)(a_2a_3\cdots a_n)$.

7. 范德蒙行列式

$$\begin{vmatrix}1&1&1&\cdots&1\\a_1&a_2&a_3&\cdots&a_n\\a_1^2&a_2^2&a_3^2&\cdots&a_n^2\\\vdots&\vdots&&&\vdots\\a_1^{n-1}&&&&a_n^{n-1}\end{vmatrix}=\begin{vmatrix}1&a_1&a_1^2&\cdots&a_1^{n-1}\\1&a_2&a_2^2&\cdots&a_2^{n-1}\\1&a_3&a_3^2&\cdots&a_3^{n-1}\\\vdots&\vdots&&&\vdots\\1&a_n&&&a_n^{n-1}\end{vmatrix}=\begin{matrix}(a_n-a_{n-1})(a_n-a_{n-2})\cdots(a_n-a_1)\\\cdot(a_{n-1}-a_{n-2})\cdots(a_{n-1}-a_1)\\\cdots\\\cdot(a_2-a_1).\end{matrix}$$

例 7 行列式 $D=\begin{vmatrix}1&1&1&1\\-2&3&2&-1\\4&9&4&1\\-8&27&8&-1\end{vmatrix}$.

【答案】-240.

解析 由范德蒙公式 $D=(-1-2)(-1-3)(-1+2)(2-3)(2+2)(3+2)=(-3)(-4)(1)(-1)(4)(5)$
$=-240$.

例 8 方程 $D=\begin{vmatrix}1&1&1&1\\1&-2&2&x\\1&4&4&x^2\\1&-8&8&x^3\end{vmatrix}=0$ 的根的个数为（　　）

【答案】3.

解析 由范德蒙行列式公式，$D=(x-2)(x+2)(x-1)(2+2)(2-1)(-2-1)$，
从而方程为 $-12(x-2)(x+2)(x-1)=0$，因此有 3 个根．

例 9 求下列两个行列式

$$D=\begin{vmatrix} a & b & c \\ a^2 & b^2 & c^2 \\ b+c & a+c & a+b \end{vmatrix};\quad D=\begin{vmatrix} 1 & 1 & 1 & 1 \\ 2 & 2^2 & 2^3 & 2^4 \\ 3 & 3^2 & 3^3 & 3^4 \\ 4 & 4^2 & 4^3 & 4^4 \end{vmatrix}.$$

【答案】（1）$(a+b+c)(c-b)(c-a)(b-a)$.　（2）$1!2!3!4!$.

解析　（1）把行列式的第 1 行加到第 3 行，

$$D=\begin{vmatrix} a & b & c \\ a^2 & b^2 & c^2 \\ a+b+c & a+b+c & a+b+c \end{vmatrix}=(a+b+c)\begin{vmatrix} a & b & c \\ a^2 & b^2 & c^2 \\ 1 & 1 & 1 \end{vmatrix}=(a+b+c)\begin{vmatrix} 1 & 1 & 1 \\ a & b & c \\ a^2 & b^2 & c^2 \end{vmatrix}=$$

$(a+b+c)(c-b)(c-a)(b-a)$;

（2）行列式第 2 行提个 2, 第 3 行提个 3, 第 4 行提个 4 出来，有

$$D=2\cdot3\cdot4\begin{vmatrix} 1 & 1 & 1 & 1 \\ 1 & 2 & 2^2 & 2^3 \\ 1 & 3 & 3^2 & 3^3 \\ 1 & 4 & 4^2 & 4^3 \end{vmatrix}=2\cdot3\cdot4(4-3)(4-2)(4-1)(3-2)(3-1)(2-1)=$$

$(2\cdot3\cdot4)(1\cdot2\cdot3)(1\cdot2)\cdot1=1!2!3!4!$.

8. 按行（列）展开

（1）相关知识：余子式与代数余子式

余子式：n阶行列式$|\boldsymbol{A}|$中划去元素a_{ij}所在的第i行与第j列后所得的$n-1$阶行列式，即

$$\begin{vmatrix} a_{11} & \cdots & a_{1,j-1} & a_{1,j+1} & \cdots & a_{1n} \\ \vdots & & \vdots & \vdots & & \vdots \\ a_{i-1,1} & \cdots & a_{i-1,j-1} & a_{i-1,j+1} & \cdots & a_{i-1,n} \\ a_{i+1,1} & \cdots & a_{i+1,j-1} & a_{i+1,j+1} & \cdots & a_{i+1,n} \\ \vdots & & \vdots & \vdots & & \vdots \\ a_{n1} & \cdots & a_{n,j-1} & a_{n,j+1} & \cdots & a_{nn} \end{vmatrix}$$，称为a_{ij}的余子式M_{ij}.

a_{ij}的代数余子式：$A_{ij}=(-1)^{i+j}M_{ij}$.

【注】余子式与代数余子式都是常数.

（2）定理

【定理 1】n阶行列式$D=\begin{vmatrix} a_{11} & a_{12} & \cdots & a_{1n} \\ a_{21} & a_{22} & \cdots & a_{2n} \\ \vdots & \vdots & & \vdots \\ a_{n1} & a_{n2} & \cdots & a_{nn} \end{vmatrix}$等于它任意一行元素乘以其对应的代数余子式之和，

也等于它任意一列的元素乘以其对应的代数余子式之和，

即：$D=a_{i1}A_{i1}+a_{i2}A_{i2}+\cdots+a_{in}A_{in}=a_{1j}A_{1j}+a_{2j}A_{2j}\cdots+a_{nj}A_{nj}$，此为按照某一行或者某一列展开．

【定理 2】n阶行列式$D=\begin{vmatrix}a_{11}&a_{12}&\cdots&a_{1n}\\a_{21}&a_{22}&\cdots&a_{2n}\\\vdots&\vdots&&\vdots\\a_{n1}&a_{n2}&\cdots&a_{nn}\end{vmatrix}$，对于任意实数$b_1,b_2,\cdots,b_n$，有：

$$b_1A_{i1}+b_2A_{i2}+\cdots b_nA_{in}=\text{用}b_1,b_2,\cdots,b_n\text{取代原行列式第}i\text{行}=\begin{vmatrix}a_{11}&a_{12}&\cdots&a_{1n}\\\vdots&\vdots&&\vdots\\b_1&b_2&\cdots&b_n\\&\vdots&&\vdots\\a_{n1}&a_{n2}&\cdots&a_{nn}\end{vmatrix};$$

$$b_1A_{1j}+b_2A_{2j}\cdots+b_nA_{nj}=\text{用}b_1,b_2,\cdots,b_n\text{取代原行列式第}j\text{列}=\begin{vmatrix}a_{11}&\cdots&b_1&\cdots&a_{1n}\\a_{21}&\cdots&b_2&\cdots&a_{2n}\\\vdots&&\vdots&&\vdots\\a_{n1}&\cdots&b_n&\cdots&a_{nn}\end{vmatrix}.$$

【注】某一行的元素与另外一行的代数余子式的乘积之和为零；
某一列的元素与另外一列的代数余子式的乘积之和为零，
即：$i\neq j$时，$a_{i1}A_{j1}+a_{i2}A_{j2}+\cdots a_{in}A_{jn}=0$；
$j\neq k$时，$a_{1j}A_{1k}+a_{2j}A_{2k}\cdots+a_{nj}A_{nk}=0$．

例 10 请计算下列行列式

（1）$\begin{vmatrix}2&0&0&4\\7&1&0&5\\2&6&1&0\\8&4&3&5\end{vmatrix}$　（2）$\begin{vmatrix}a&b&0&0&0\\0&a&b&0&0\\0&0&a&b&0\\0&0&0&a&b\\b&0&0&0&a\end{vmatrix}$　（3）$\begin{vmatrix}0&0&\cdots&0&1&0\\0&0&\cdots&2&0&0\\\vdots&\vdots&&\vdots&\vdots&\vdots\\0&8&\cdots&0&0&0\\9&0&\cdots&0&0&0\\0&0&\cdots&0&0&10\end{vmatrix}$

【答案】（1）-250.　（2）a^5+b^5.　（3）$10!$.

解析

（1）按第一行展开，$D=\begin{vmatrix}2&0&0&4\\7&1&0&5\\2&6&1&0\\8&4&3&5\end{vmatrix}=2\begin{vmatrix}1&0&5\\6&1&0\\4&3&5\end{vmatrix}-4\begin{vmatrix}7&1&0\\2&6&1\\8&4&3\end{vmatrix}=2\begin{vmatrix}1&0&5\\6&1&0\\3&3&0\end{vmatrix}-4\begin{vmatrix}7&1&0\\2&6&1\\2&-14&0\end{vmatrix}$

$=10\begin{vmatrix}6&1\\3&3\end{vmatrix}+4\begin{vmatrix}7&1\\2&-14\end{vmatrix}=30\begin{vmatrix}6&1\\1&1\end{vmatrix}+8\begin{vmatrix}7&1\\1&-7\end{vmatrix}=30\cdot5+8\cdot(-50)=-250.$

或$D=\begin{vmatrix}2&0&0&4\\7&1&0&5\\2&6&1&0\\2&-14&0&5\end{vmatrix}$按第三列展开, $D=\begin{vmatrix}2&0&4\\7&1&5\\2&-14&5\end{vmatrix}=\begin{vmatrix}2&0&0\\7&1&-9\\2&-14&1\end{vmatrix}=2\begin{vmatrix}1&-9\\-14&1\end{vmatrix}=2\cdot(-125)$

$=-250.$

（2）按第一列展开, $D_5=a\begin{vmatrix}a&b&0&0\\0&a&b&0\\0&0&a&b\\0&0&0&a\end{vmatrix}+(-1)^{5+1}b\begin{vmatrix}b&0&0&0\\a&b&0&0\\0&a&b&0\\0&0&a&b\end{vmatrix}=a^5+b^5.$

（类似n阶的都可以得到：$D_n=a^n+(-1)^{n+1}b^n$）

（3）按照最后一行或列展开, 有$D=10\begin{vmatrix}&&&1\\&&2&\\&\cdots&&\\&8&&\\9&&&\end{vmatrix}=10\cdot(-1)^{\frac{9\cdot 8}{2}}\cdot 9!=10!.$

例 11 求行列式$D_4=\begin{vmatrix}5x&1&2&3\\x&x&1&2\\1&2&x&3\\x&1&2&2x\end{vmatrix}$的展开式中$x^3$和$x^4$的系数.

【答案】x^3的系数为 -5, x^4的系数为 10.

解析 $D_4=\begin{vmatrix}5x&1&2&3\\x&x&1&2\\1&2&x&3\\x&1&2&2x\end{vmatrix}$（按第一行展开）

$=5x\begin{vmatrix}x&1&2\\2&x&3\\1&2&2x\end{vmatrix}-\begin{vmatrix}x&1&2\\1&x&3\\x&2&2x\end{vmatrix}+2\begin{vmatrix}x&x&2\\1&2&3\\x&1&2x\end{vmatrix}-3\begin{vmatrix}x&x&1\\1&2&x\\x&1&2\end{vmatrix}$, 根据 3 阶行列式的运算规律, 仅有

$5x\begin{vmatrix}x&1&2\\2&x&3\\1&2&2x\end{vmatrix}$中会出现$10x^4$；而仅在$-\begin{vmatrix}x&1&2\\1&x&3\\x&2&2x\end{vmatrix}$与$-3\begin{vmatrix}x&x&1\\1&2&x\\x&1&2\end{vmatrix}$中会出现$-2x^3$与$-3x^3$, 从而代入得到答案.

例 12 设$|\boldsymbol{A}|=\begin{vmatrix}1&0&1&0\\0&2&0&2\\1&1&3&0\\2&3&0&0\end{vmatrix}$, 计算下列式子：

$A_{11}+A_{21}+A_{31}+A_{41}=$___；$2A_{41}+3A_{43}+A_{44}=$___；$A_{31}+A_{32}+A_{33}+M_{34}=$___.

【答案】（1）-14.　　（2）6.　　（3）-8.

解析 由行列式定理2

$$(1)=\begin{vmatrix}1&0&1&0\\1&2&0&2\\1&1&3&0\\1&3&0&0\end{vmatrix}=2\begin{vmatrix}1&0&1\\1&1&3\\1&3&0\end{vmatrix}=2\begin{vmatrix}1&0&0\\1&1&2\\1&3&-1\end{vmatrix}=2\begin{vmatrix}1&2\\3&-1\end{vmatrix}=-14.$$

$$(2)=\begin{vmatrix}1&0&1&0\\0&2&0&2\\1&1&3&0\\2&0&3&1\end{vmatrix}=\begin{vmatrix}1&0&0&0\\0&2&0&2\\1&1&2&0\\2&0&1&1\end{vmatrix}=\begin{vmatrix}2&0&2\\1&2&0\\0&1&1\end{vmatrix}=\begin{vmatrix}2&0&0\\1&2&-1\\0&1&1\end{vmatrix}=2\begin{vmatrix}2&-1\\1&1\end{vmatrix}=6.$$

$$(3)\ A_{31}+A_{32}+A_{33}+M_{34}=A_{31}+A_{32}+A_{33}-A_{34}=\begin{vmatrix}1&0&1&0\\0&2&0&2\\1&1&1&-1\\2&3&0&0\end{vmatrix}$$

$$=\begin{vmatrix}1&0&0&0\\0&2&0&2\\1&1&0&-1\\2&3&-2&0\end{vmatrix}=\begin{vmatrix}2&0&2\\1&0&-1\\3&-2&0\end{vmatrix}=2\begin{vmatrix}2&2\\1&-1\end{vmatrix}=4\begin{vmatrix}1&1\\1&-1\end{vmatrix}=-8.$$

例 13 设3阶矩阵$\boldsymbol{A}=\begin{pmatrix}a_{11}&a_{12}&a_{13}\\a_{21}&a_{22}&a_{23}\\a_{31}&a_{32}&a_{33}\end{pmatrix}$，另有一个矩阵$\boldsymbol{A}^*=\begin{pmatrix}A_{11}&A_{12}&A_{13}\\A_{21}&A_{22}&A_{23}\\A_{31}&A_{32}&A_{33}\end{pmatrix}^{\mathrm{T}}=\begin{pmatrix}A_{11}&A_{21}&A_{31}\\A_{12}&A_{22}&A_{32}\\A_{13}&A_{23}&A_{33}\end{pmatrix}$，请证明：$\boldsymbol{AA}^*=\boldsymbol{A}^*\boldsymbol{A}=|\boldsymbol{A}|\boldsymbol{E}$.

（此题中$\boldsymbol{A}^*$的即为后面要学习的伴随矩阵）

证明 $$\boldsymbol{AA}^*=\begin{pmatrix}a_{11}&a_{12}&a_{13}\\a_{21}&a_{22}&a_{23}\\a_{31}&a_{32}&a_{33}\end{pmatrix}\begin{pmatrix}A_{11}&A_{21}&A_{31}\\A_{12}&A_{22}&A_{32}\\A_{13}&A_{23}&A_{33}\end{pmatrix}=\begin{pmatrix}c_{11}&c_{12}&c_{13}\\c_{21}&c_{22}&c_{23}\\c_{31}&c_{32}&c_{33}\end{pmatrix}$$

其中$c_{ij}=a_{i1}A_{j1}+a_{i2}A_{j2}+a_{i3}A_{j3}\,(i,j=1,2,3)$，因而由行列式按照行展开定理可得$c_{ij}=\begin{cases}|A|,i=j\\0,i\neq j\end{cases}$，则

$$\begin{pmatrix}c_{11}&c_{12}&c_{13}\\c_{21}&c_{22}&c_{23}\\c_{31}&c_{32}&c_{33}\end{pmatrix}=\begin{pmatrix}|\boldsymbol{A}|&0&0\\0&|\boldsymbol{A}|&0\\0&0&|\boldsymbol{A}|\end{pmatrix}=|\boldsymbol{A}|\boldsymbol{E}.$$

类似可证$\boldsymbol{A}^*\boldsymbol{A}=|\boldsymbol{A}|\boldsymbol{E}$.（通过矩阵与行列式运算法则可得）

喻老线代章节笔记

第一节　矩阵（续）

一、矩阵的逆（续）

1. 伴随矩阵A^*

（1）定义：对方阵$A=\begin{pmatrix} a_{11} & a_{12} & \cdots & a_{1n} \\ a_{21} & \cdots & & a_{2n} \\ & & & \\ a_{n1} & & \cdots & a_{nn} \end{pmatrix}$，称矩阵$A^*=\begin{pmatrix} A_{11} & A_{21} & \cdots & A_{n1} \\ A_{12} & & \cdots & \\ \vdots & & & \\ A_{1n} & A_{2n} & \cdots & A_{nn} \end{pmatrix}$为其伴随矩阵，其中$A_{ij}$为$a_{ij}$的代数余子式，即用$a_{ij}$的代数余子式$A_{ij}$取代它然后做转置．

（2）重要结论：$AA^*=A^*A=|A|E$．

2. 判断可逆

【定理 1】方阵$A_{n\times n}$可逆的充要条件是$|A|\neq 0$．

（换言之：$|A|=0\Leftrightarrow A$不可逆）

3. 求矩阵的逆

（1）利用定义．（可见第 9 页【例 8】）

（2）利用伴随矩阵：显然，当$|A|\neq 0$时，$A^{-1}=\dfrac{A^*}{|A|}$．

（3）初等变换与初等矩阵．

①概念

初等变换：对任一$m\times n$矩阵，下面三种变换：

i：交换矩阵的某两行（列）的位置；

ii：用一非零常数k乘以矩阵的某一行（列）；

iii：把某行（列）的k倍加到另外一行（列）．

称为矩阵的初等行（列）变换，统称初等变换．

【注】（1）初等变换针对的是所有类型的矩阵，不仅仅限于方阵；

（2）与行列式的性质做对比：

对变换 1，交换两行或两列，如果不是行列式，则不会产生负号；

对变换 2，常数$k\neq 0$，而行列式中相对应的性质，k可以为0．

初等矩阵：单位阵做一次初等变换得到的矩阵，分别记为：

$E_{i,j}$：交换i,j行或列；

$E_i(k)$：第i行或者第i列乘以常数k（$k\neq 0$）；

$E_{i,j}(k)$：用第i行的k倍加到第j行，或者用第j列的k倍加到第i列．

例 1 以三阶为例：

$E_{1,2}=\begin{pmatrix}0&1&0\\1&0&0\\0&0&1\end{pmatrix}$ 单位阵E的 1,2 两行交换 .（或 1,2 两列交换）

$E_3(-2)=\begin{pmatrix}1&0&0\\0&1&0\\0&0&-2\end{pmatrix}$ 单位阵E的第 3 行乘以 –2.（或者第 3 列乘以 –2）

$E_{12}(3)=\begin{pmatrix}1&0&0\\3&1&0\\0&0&1\end{pmatrix}$ E的第 1 行的 3 倍加到第 2 行 .（或者第 2 列的 3 倍加到第 1 列）

②理论依据：“左行右列”.

【定理 2】对一个$m\times n$矩阵A做一次初等行变换，相当于在A的左边乘以相应的$m\times m$初等矩阵；对A做一次初等列变换，相当于在A的右边乘以相应的$n\times n$初等矩阵 .

【定理 3】初等矩阵均可逆，且$E_{ij}^{-1}=E_{ij}$;$E_i^{-1}(k)=E_i\left(\frac{1}{k}\right)$;$E_{ij}^{-1}(k)=E_{ij}(-k)$.

（扩展：$E_{ij}^{\mathrm{T}}=E_{ij},E_i^{\mathrm{T}}(k)=E_i(k),E_{ij}^{\mathrm{T}}(k)=E_{ji}(k)$）

【定理 4】任意可逆矩阵都可以分解成初等矩阵的乘积 .

③方法　　如果$A_{n\times n}$可逆，则其逆矩阵A^{-1}的求法可以如下：

$$(A\vdots E)\xrightarrow{\text{初等行变换}}(E\vdots A^{-1})\qquad 或\qquad \begin{pmatrix}A\\E\end{pmatrix}\xrightarrow{\text{初等列变换}}\begin{pmatrix}E\\A^{-1}\end{pmatrix}.$$

【注】行变换、列变换只能选择一种，不能同时做 .

例 2 设$A=\begin{pmatrix}1&2&2\\1&0&3\\2&3&4\end{pmatrix}$，证明$A$可逆，并求$A^{-1}$.

【答案】$A^{-1}=\begin{pmatrix}-9&-2&6\\2&0&-1\\3&1&-2\end{pmatrix}$.

解析 由于$|A|=\begin{vmatrix}1&2&2\\1&0&3\\2&3&4\end{vmatrix}=\begin{vmatrix}1&2&-1\\1&0&0\\2&3&-2\end{vmatrix}=-\begin{vmatrix}2&-1\\3&-2\end{vmatrix}=1\neq0$，故$A$可逆 .

由初等行变换$(A|E)=\left(\begin{array}{ccc|ccc}1&2&2&1&0&0\\1&0&3&0&1&0\\2&3&4&0&0&1\end{array}\right)\to\left(\begin{array}{ccc|ccc}1&2&2&1&0&0\\0&-2&1&-1&1&0\\0&-1&0&-2&0&1\end{array}\right)\to\left(\begin{array}{ccc|ccc}1&2&2&1&0&0\\0&0&1&3&1&-2\\0&-1&0&-2&0&1\end{array}\right)$

$\to\left(\begin{array}{ccc|ccc}1&0&0&-9&-2&6\\0&0&1&3&1&-2\\0&-1&0&-2&0&1\end{array}\right)\to\left(\begin{array}{ccc|ccc}1&0&0&-9&-2&6\\0&1&0&2&0&-1\\0&0&1&3&1&-2\end{array}\right)$，故$A^{-1}=\begin{pmatrix}-9&-2&6\\2&0&-1\\3&1&-2\end{pmatrix}$.

例 3 设$A=\begin{pmatrix}1&2\\3&4\end{pmatrix}$，$P=\begin{pmatrix}0&1\\1&0\end{pmatrix}$，证明$P^{2005}AP^{2004}=$______.

【答案】$\begin{pmatrix}3&4\\1&2\end{pmatrix}$.

解析 显然$P=E_{12}$，根据“左行右列”理论，$P^{2005}AP^{2004}$的结果为对矩阵A做了 2005 次交换 1,2 行的变换，做了 2004 次交换 1,2 列的变换，最终相当于只交换了 1,2 行，从而得到$\begin{pmatrix}3&4\\1&2\end{pmatrix}$.

例 4 $A=\begin{pmatrix}a_{11}&a_{12}&a_{13}\\a_{21}&a_{22}&a_{23}\\a_{31}&a_{32}&a_{33}\end{pmatrix}$，$B=\begin{pmatrix}a_{21}&a_{22}&a_{23}\\a_{11}&a_{12}&a_{13}\\a_{31}+a_{11}&a_{32}+a_{12}&a_{33}+a_{13}\end{pmatrix}$，$P_1=\begin{pmatrix}0&1&0\\1&0&0\\0&0&1\end{pmatrix}$，$P_2=\begin{pmatrix}1&0&0\\0&1&0\\1&0&1\end{pmatrix}$，

则必有（　　）.

$(A)\ AP_1P_2=B$　　$(B)\ AP_2P_1=B$　　$(C)\ P_1P_2A=B$　　$(D)\ P_2P_1A=B$

【答案】(C).

解析 显然$P_1=E_{12}$，$P_2=E_{13}(1)$，而矩阵B明显可以看做矩阵A通过把第 1 行的 1 倍加到第 3 行后，再交换 1,2 行得到；根据“左行右列”理论，从而有关系$E_{12}E_{13}(1)\ A=P_1P_2A=B$，故选$(C)$.

例 5 设$A=\begin{pmatrix}1&0&0\\0&0&1\\0&1&0\end{pmatrix}$，$B=\begin{pmatrix}3&0&0\\0&2&0\\0&0&1\end{pmatrix}$，$C=\begin{pmatrix}1&0&0\\0&1&0\\1&0&1\end{pmatrix}$，则$(ABC)^{-1}=$____.

【答案】$\begin{pmatrix}\frac{1}{3}&0&0\\0&0&\frac{1}{2}\\-\frac{1}{3}&1&0\end{pmatrix}$.

解析 显然$A=E_{23}$，$C=E_{13}(1)$，从而$(ABC)^{-1}=C^{-1}B^{-1}A^{-1}=E_{13}(-1)\begin{pmatrix}\frac{1}{3}&0&0\\0&\frac{1}{2}&0\\0&0&1\end{pmatrix}E_{23}=\begin{pmatrix}\frac{1}{3}&0&0\\0&0&\frac{1}{2}\\-\frac{1}{3}&1&0\end{pmatrix}$.

（当然，也可以算出$ABC=\begin{pmatrix}3&0&0\\1&0&1\\0&2&0\end{pmatrix}$而后求其逆）

数学上，如果对任意矩阵$A_{m\times n}$做初等行变换，往往写为左乘了一个可逆矩阵$P_{m\times m}$；如果对$A_{m\times n}$做初等列变换，往往写成右乘可逆矩阵$Q_{n\times n}$，而对 A 做初等变换就可以写成PAQ.

定义：如果矩阵$A_{m\times n}$通过初等变换变为矩阵$B_{m\times n}$，即$PAQ=B$，则称矩阵$A_{m\times n}$与矩阵$B_{m\times n}$等价，记为$A\cong B$.

二、矩阵分块

1. 何为分块

用横线与竖线把$A_{m\times n}$矩阵分成多个小矩阵.

2. 需要遵循法则

“分法随意,运算合规”：即分块的时候随意分割,但是涉及到运算的时候,无论是大矩阵的层面还是小矩阵的层面,都要符合运算规律,比如：

$$\begin{pmatrix} A_1 & A_2 \\ A_3 & A_4 \end{pmatrix} + \begin{pmatrix} B_1 & B_2 \\ B_3 & B_4 \end{pmatrix} = \begin{pmatrix} A_1+B_1 & A_2+B_2 \\ A_3+B_3 & A_4+B_4 \end{pmatrix};$$

$$\begin{pmatrix} A & B \\ C & D \end{pmatrix} \times \begin{pmatrix} X & Y \\ Z & W \end{pmatrix} = \begin{pmatrix} AX+BZ & AY+BW \\ CX+DZ & CY+DW \end{pmatrix};$$

显然有公式：$\begin{pmatrix} A & B \\ C & D \end{pmatrix}^{\mathrm{T}} = \begin{pmatrix} A^{\mathrm{T}} & C^{\mathrm{T}} \\ B^{\mathrm{T}} & D^{\mathrm{T}} \end{pmatrix}$.

3. 常见的矩阵分块

（1）列分块：把矩阵每 1 列都分块成小矩阵.

$$A_{m\times n} = \begin{pmatrix} a_{11} & a_{12} & \cdots & a_{1n} \\ a_{21} & a_{22} & \cdots & a_{2n} \\ \vdots & \vdots & & \vdots \\ a_{m1} & a_{m2} & \cdots & a_{mn} \end{pmatrix} = (\alpha_1,\alpha_2,\cdots,\alpha_n).$$

类似：$B_{n\times s} = (\beta_1,\beta_2,\cdots,\beta_s)$　　$C_{m\times s} = (\gamma_1,\gamma_2,\cdots,\gamma_s)$.

例 1　设 4 阶矩阵$A=(\alpha_1,\alpha_2,\alpha_3,\xi)$,$B=(\alpha_1,\alpha_2,\alpha_3,\eta)$,其中$\alpha_1,\alpha_2,\alpha_3,\xi,\eta$为 4 维列向量（$4\times1$型矩阵）,且$|A|=2$,$|B|=3$,求$|A+B|$的值.

【答案】40.

解析　由矩阵分块可得：$|A+B| = |2\alpha_1,2\alpha_2,2\alpha_3,\xi+\eta| = 2^3|\alpha_1,\alpha_2,\alpha_3,\xi+\eta|$

$=8(|\alpha_1,\alpha_2,\alpha_3,\xi|+|\alpha_1,\alpha_2,\alpha_3,\eta|)=8(|A|+|B|)=40$.

列分块最常见的用法：针对$A_{m\times n}B_{n\times s}=C_{m\times s}$.

①对B和C做矩阵列分块（把每一列都分块成小矩阵）,把A看作一个整体,

有$AB=A(\beta_1,\beta_2,\cdots\beta_s)=(A\beta_1,A\beta_2,\cdots A\beta_s)=C=(\gamma_1,\gamma_2,\cdots\gamma_s)$,

即$A\beta_j=\gamma_j\ (j=1,2...,s)$（也就是后面要学到的线性方程组）.

②对A和C做矩阵列分块（把每一列都分块成小矩阵）,而把B每个元素写具体,

有$AB=(\alpha_1,\alpha_2,\cdots\alpha_n)\begin{pmatrix} b_{11} & b_{12} & \cdots & b_{1s} \\ b_{21} & & & b_{2s} \\ \vdots & & \ddots & \\ b_{n1} & b_{n2} & \cdots & b_{ns} \end{pmatrix}=C=(\gamma_1,\gamma_2,\cdots\gamma_s)$,

即$\begin{cases} b_{11}\boldsymbol{\alpha}_1 + b_{21}\boldsymbol{\alpha}_2 + \cdots + b_{n1}\boldsymbol{\alpha}_n = \boldsymbol{\gamma}_1 \\ b_{12}\boldsymbol{\alpha}_1 + b_{22}\boldsymbol{\alpha}_2 + \cdots + b_{n2}\boldsymbol{\alpha}_n = \boldsymbol{\gamma}_2 \\ \vdots \\ b_{1s}\boldsymbol{\alpha}_1 + b_{2s}\boldsymbol{\alpha}_2 + \cdots + b_{ns}\boldsymbol{\alpha}_n = \boldsymbol{\gamma}_s \end{cases}$，$\boldsymbol{\gamma}_j = b_{1j}\boldsymbol{\alpha}_1 + b_{2j}\boldsymbol{\alpha}_2 + \cdots + b_{nj}\boldsymbol{\alpha}_n\,(j=1,2\ldots,s)$.

（也就是后面要学到的：$\boldsymbol{C}$的列向量能被$\boldsymbol{A}$的列向量线性表示）

例 2 设 3 阶矩阵$\boldsymbol{A}=(\boldsymbol{\alpha}_1,\boldsymbol{\alpha}_2,\boldsymbol{\alpha}_3)$，其中$\boldsymbol{\alpha}_1,\boldsymbol{\alpha}_2,\boldsymbol{\alpha}_3$为 3 维列向量（$3\times1$型矩阵），且$|\boldsymbol{A}|=2$，矩阵$\boldsymbol{B}=(\boldsymbol{\alpha}_1-\boldsymbol{\alpha}_2+2\boldsymbol{\alpha}_3, 2\boldsymbol{\alpha}_1+3\boldsymbol{\alpha}_2-5\boldsymbol{\alpha}_3, \boldsymbol{\alpha}_1+2\boldsymbol{\alpha}_2-\boldsymbol{\alpha}_3)$，求$|\boldsymbol{B}-\boldsymbol{A}|$的值.

【答案】10.

解析 由矩阵分块可得：$\boldsymbol{B}-\boldsymbol{A}=(-\boldsymbol{\alpha}_2+2\boldsymbol{\alpha}_3, 2\boldsymbol{\alpha}_1+2\boldsymbol{\alpha}_2-5\boldsymbol{\alpha}_3, \boldsymbol{\alpha}_1+2\boldsymbol{\alpha}_2-2\boldsymbol{\alpha}_3)$

$$=(\boldsymbol{\alpha}_1,\boldsymbol{\alpha}_2,\boldsymbol{\alpha}_3)\begin{pmatrix}0&2&1\\-1&2&2\\2&-5&-2\end{pmatrix}=\boldsymbol{A}\begin{pmatrix}0&2&1\\-1&2&2\\2&-5&-2\end{pmatrix}，从而|\boldsymbol{B}-\boldsymbol{A}|=|\boldsymbol{A}|\begin{vmatrix}0&2&1\\-1&2&2\\2&-5&-2\end{vmatrix}=|\boldsymbol{A}|\begin{vmatrix}0&2&1\\-1&2&2\\0&-1&2\end{vmatrix}$$

$$=|\boldsymbol{A}|(-1)^{2+1}(-1)\begin{vmatrix}2&1\\-1&2\end{vmatrix}=2\times5=10.$$

【注 1】有列分块当然也有行分块：矩阵每 1 行都分块成小矩阵，如：

$$\boldsymbol{A}_{m\times n}=\begin{pmatrix}a_{11}&a_{12}&\cdots&a_{1n}\\a_{21}&a_{22}&\cdots&a_{2n}\\\vdots&\vdots&&\vdots\\a_{m1}&a_{m2}&\cdots&a_{mn}\end{pmatrix}=\begin{pmatrix}\partial_1^{\mathrm T}\\\partial_2^{\mathrm T}\\\vdots\\\partial_m^{\mathrm T}\end{pmatrix}，类似：\boldsymbol{B}=\begin{pmatrix}\boldsymbol{\beta}_1^{\mathrm T}\\\boldsymbol{\beta}_2^{\mathrm T}\\\vdots\\\boldsymbol{\beta}_n^{\mathrm T}\end{pmatrix}\quad \boldsymbol{C}=\begin{pmatrix}\boldsymbol{\gamma}_1^{\mathrm T}\\\boldsymbol{\gamma}_2^{\mathrm T}\\\vdots\\\boldsymbol{\gamma}_m^{\mathrm T}\end{pmatrix}.$$

用法也类似：

$$\boldsymbol{AB}=\begin{pmatrix}\partial_1^{\mathrm T}\\\partial_2^{\mathrm T}\\\vdots\\\partial_m^{\mathrm T}\end{pmatrix}\boldsymbol{B}=\begin{pmatrix}\partial_1^{\mathrm T}\boldsymbol{B}\\\partial_2^{\mathrm T}\boldsymbol{B}\\\vdots\\\partial_m^{\mathrm T}\boldsymbol{B}\end{pmatrix}=\boldsymbol{C}=\begin{pmatrix}\boldsymbol{\gamma}_1^{\mathrm T}\\\boldsymbol{\gamma}_2^{\mathrm T}\\\vdots\\\boldsymbol{\gamma}_m^{\mathrm T}\end{pmatrix}，即\partial_i^{\mathrm T}\boldsymbol{B}=\boldsymbol{\gamma}_i^{\mathrm T}\,(i=1,2\ldots,m)；（使用较少）$$

$$\boldsymbol{AB}=\begin{pmatrix}a_{11}&a_{12}&\cdots&a_{1n}\\a_{21}&&&a_{2n}\\\vdots&&\ddots&\\a_{m1}&a_{m2}&\cdots&a_{mn}\end{pmatrix}\begin{pmatrix}\boldsymbol{\beta}_1^{\mathrm T}\\\boldsymbol{\beta}_2^{\mathrm T}\\\vdots\\\boldsymbol{\beta}_n^{\mathrm T}\end{pmatrix}=\boldsymbol{C}=\begin{pmatrix}\boldsymbol{\gamma}_1^{\mathrm T}\\\boldsymbol{\gamma}_2^{\mathrm T}\\\vdots\\\boldsymbol{\gamma}_m^{\mathrm T}\end{pmatrix}，即\boldsymbol{\gamma}_i^{\mathrm T}=a_{i1}\boldsymbol{\beta}_1^{\mathrm T}+a_{i2}\boldsymbol{\beta}_2^{\mathrm T}+\cdots+a_{in}\boldsymbol{\beta}_n^{\mathrm T}\,(i=1,2\ldots,m).$$

（即后面要学到的 $\boldsymbol{C}$的行向量能被$\boldsymbol{B}$的行向量线性表示）

【注 2】行、列分块同时使用（使用较少）：

对$\boldsymbol{A}$做行分块（每一行都分块成一个小矩阵），对$\boldsymbol{B}$做列分块（每一列都分块成一个小矩阵），

$$有\boldsymbol{AB}=\begin{pmatrix}\partial_1^{\mathrm T}\\\partial_2^{\mathrm T}\\\vdots\\\partial_m^{\mathrm T}\end{pmatrix}(\boldsymbol{\beta}_1,\boldsymbol{\beta}_2,\cdots\boldsymbol{\beta}_s)=\begin{pmatrix}\partial_1^{\mathrm T}\boldsymbol{\beta}_1&\partial_1^{\mathrm T}\boldsymbol{\beta}_2&\cdots&\partial_1^{\mathrm T}\boldsymbol{\beta}_s\\\partial_2^{\mathrm T}\boldsymbol{\beta}_1&\partial_2^{\mathrm T}\boldsymbol{\beta}_2&\cdots&\partial_2^{\mathrm T}\boldsymbol{\beta}_s\\\vdots&&\ddots&\\\partial_m^{\mathrm T}\boldsymbol{\beta}_1&\partial_m^{\mathrm T}\boldsymbol{\beta}_2&\cdots&\partial_m^{\mathrm T}\boldsymbol{\beta}_s\end{pmatrix}.$$

（2）方阵分块：对方阵分块且主对角线（或副对角线）矩阵均为方阵．

①同阶方阵$\boldsymbol{A},\boldsymbol{B}$如果主对角线矩阵均为方阵，则做相同分块即可相乘．

②常用的公式

$$\begin{pmatrix} \boldsymbol{A}_1 & & & \boldsymbol{O} \\ & \boldsymbol{A}_2 & & \\ & & \ddots & \\ \boldsymbol{O} & & & \boldsymbol{A}_n \end{pmatrix}^k = \begin{pmatrix} \boldsymbol{A}_1^k & & & \boldsymbol{O} \\ & \boldsymbol{A}_2^k & & \\ & & \ddots & \\ \boldsymbol{O} & & & \boldsymbol{A}_n^k \end{pmatrix};$$

$$\begin{pmatrix} \boldsymbol{A}_1 & & & \boldsymbol{O} \\ & \boldsymbol{A}_2 & & \\ & & \ddots & \\ \boldsymbol{O} & & & \boldsymbol{A}_n \end{pmatrix}^{-1} = \begin{pmatrix} \boldsymbol{A}_1^{-1} & & & \boldsymbol{O} \\ & \boldsymbol{A}_2^{-1} & & \\ & & \ddots & \\ \boldsymbol{O} & & & \boldsymbol{A}_n^{-1} \end{pmatrix};$$

$$\begin{pmatrix} \boldsymbol{O} & & & \boldsymbol{A}_n \\ & & & \\ & \boldsymbol{A}_2 & \iddots & \\ \boldsymbol{A}_1 & & & \boldsymbol{O} \end{pmatrix}^{-1} = \begin{pmatrix} \boldsymbol{O} & & & \boldsymbol{A}_1^{-1} \\ & & \iddots & \\ & \boldsymbol{A}_{n-1}^{-1} & & \\ \boldsymbol{A}_n^{-1} & & & \boldsymbol{O} \end{pmatrix};$$

$$\begin{vmatrix} \boldsymbol{A}_{m\times m} & \boldsymbol{O} \\ \boldsymbol{O} & \boldsymbol{B}_{n\times n} \end{vmatrix} = \begin{vmatrix} \boldsymbol{A}_{m\times m} & \boldsymbol{O} \\ \boldsymbol{C} & \boldsymbol{B}_{n\times n} \end{vmatrix} = \begin{vmatrix} \boldsymbol{A}_{m\times m} & \boldsymbol{C} \\ \boldsymbol{O} & \boldsymbol{B}_{n\times n} \end{vmatrix} = |\boldsymbol{A}||\boldsymbol{B}|;\text{（拉普拉斯行列式）}$$

$$\begin{vmatrix} \boldsymbol{O} & \boldsymbol{B}_{n\times n} \\ \boldsymbol{A}_{m\times m} & \boldsymbol{O} \end{vmatrix} = \begin{vmatrix} \boldsymbol{O} & \boldsymbol{B}_{n\times n} \\ \boldsymbol{A}_{m\times m} & \boldsymbol{C} \end{vmatrix} = \begin{vmatrix} \boldsymbol{C} & \boldsymbol{B}_{n\times n} \\ \boldsymbol{A}_{m\times m} & \boldsymbol{O} \end{vmatrix} = (-1)^{mn}|\boldsymbol{A}||\boldsymbol{B}|.$$

例 3　已知$\boldsymbol{B},\boldsymbol{D}$均为可逆矩阵，证明$\boldsymbol{A}=\begin{pmatrix} \boldsymbol{B}_{m\times m} & \boldsymbol{O}_{m\times n} \\ \boldsymbol{C}_{n\times m} & \boldsymbol{D}_{n\times n} \end{pmatrix}$可逆，并求：$\boldsymbol{A}^{-1}$.

【答案】$\begin{pmatrix} \boldsymbol{B}^{-1} & \boldsymbol{O} \\ -\boldsymbol{D}^{-1}\boldsymbol{C}\boldsymbol{B}^{-1} & \boldsymbol{D}^{-1} \end{pmatrix}$.

解析　由于$\boldsymbol{B},\boldsymbol{D}$可逆，从而$|\boldsymbol{B}|\neq 0,|\boldsymbol{D}|\neq 0$，$|\boldsymbol{A}|=\begin{vmatrix} \boldsymbol{B}_{m\times m} & \boldsymbol{O}_{m\times n} \\ \boldsymbol{C}_{n\times m} & \boldsymbol{D}_{n\times n} \end{vmatrix}=|\boldsymbol{B}||\boldsymbol{D}|\neq 0$，$\boldsymbol{A}$可逆．

设$\boldsymbol{A}^{-1}=\begin{pmatrix} \boldsymbol{X}_1 & \boldsymbol{X}_2 \\ \boldsymbol{X}_3 & \boldsymbol{X}_4 \end{pmatrix}$，由于有$\boldsymbol{A}\cdot\boldsymbol{A}^{-1}=\begin{pmatrix} \boldsymbol{B} & \boldsymbol{O} \\ \boldsymbol{C} & \boldsymbol{D} \end{pmatrix}\begin{pmatrix} \boldsymbol{X}_1 & \boldsymbol{X}_2 \\ \boldsymbol{X}_3 & \boldsymbol{X}_4 \end{pmatrix}=\begin{pmatrix} \boldsymbol{E}_1 & \boldsymbol{O} \\ \boldsymbol{O} & \boldsymbol{E}_2 \end{pmatrix}$，其中$\boldsymbol{E}_1,\boldsymbol{E}_2$分别为$m$阶与$n$阶单位阵，则$\begin{pmatrix} \boldsymbol{B}\boldsymbol{X}_1 & \boldsymbol{B}\boldsymbol{X}_2 \\ \boldsymbol{C}\boldsymbol{X}_1+\boldsymbol{D}\boldsymbol{X}_3 & \boldsymbol{C}\boldsymbol{X}_2+\boldsymbol{D}\boldsymbol{X}_4 \end{pmatrix}=\begin{pmatrix} \boldsymbol{E}_1 & \boldsymbol{O} \\ \boldsymbol{O} & \boldsymbol{E}_2 \end{pmatrix}\Leftrightarrow\begin{cases} \boldsymbol{B}\boldsymbol{X}_1=\boldsymbol{E}_1\Rightarrow\boldsymbol{X}_1=\boldsymbol{B}^{-1} \\ \boldsymbol{B}\boldsymbol{X}_2=\boldsymbol{O}\Rightarrow\boldsymbol{X}_2=\boldsymbol{O} \\ \boldsymbol{C}\boldsymbol{X}_1+\boldsymbol{D}\boldsymbol{X}_3=\boldsymbol{O}\Rightarrow\boldsymbol{X}_3=-\boldsymbol{D}^{-1}\boldsymbol{C}\boldsymbol{B}^{-1} \\ \boldsymbol{C}\boldsymbol{X}_2+\boldsymbol{D}\boldsymbol{X}_4=\boldsymbol{E}_2\Rightarrow\boldsymbol{X}_4=\boldsymbol{D}^{-1} \end{cases}$，

故$\boldsymbol{A}^{-1}=\begin{pmatrix} \boldsymbol{X}_1 & \boldsymbol{X}_2 \\ \boldsymbol{X}_3 & \boldsymbol{X}_4 \end{pmatrix}=\begin{pmatrix} \boldsymbol{B}^{-1} & \boldsymbol{O} \\ -\boldsymbol{D}^{-1}\boldsymbol{C}\boldsymbol{B}^{-1} & \boldsymbol{D}^{-1} \end{pmatrix}$.

例 4 设$\boldsymbol{A}=\begin{pmatrix}1&2&0&0\\2&3&0&0\\0&0&-1&3\\0&0&2&1\end{pmatrix}$，求$\boldsymbol{A}^{-1}$与$|\boldsymbol{A}|$.

【答案】$\boldsymbol{A}^{-1}=\begin{pmatrix}-3&2&0&0\\2&-1&0&0\\0&0&-\dfrac{1}{7}&\dfrac{3}{7}\\0&0&\dfrac{2}{7}&\dfrac{1}{7}\end{pmatrix}$；　$|\boldsymbol{A}|=7$.

解析 因为$\boldsymbol{A}=\begin{pmatrix}\boldsymbol{A}_1&0\\0&\boldsymbol{A}_2\end{pmatrix}$，所以$|\boldsymbol{A}|=|\boldsymbol{A}_1||\boldsymbol{A}_2|=(-1)(-7)=7\neq0$，$\boldsymbol{A}$可逆，且$\boldsymbol{A}_1$，$\boldsymbol{A}_2$均可逆，故

$$\boldsymbol{A}^{-1}=\begin{pmatrix}\boldsymbol{A}_1^{-1}&\\&\boldsymbol{A}_2^{-1}\end{pmatrix}=\begin{pmatrix}-3&2&0&0\\2&-1&0&0\\0&0&-\dfrac{1}{7}&\dfrac{3}{7}\\0&0&\dfrac{2}{7}&\dfrac{1}{7}\end{pmatrix}.$$

例 5 设$\boldsymbol{A}=\begin{pmatrix}0&a_1&0&\cdots&0&0\\0&0&a_2&\cdots&0&0\\0&0&0&\cdots&0&0\\\vdots&\vdots&\vdots&&\vdots&\vdots\\0&0&0&\cdots&0&a_{n-1}\\a_n&0&0&\cdots&0&0\end{pmatrix}$，其中$a_i\neq0,i=1,2,\cdots,n$，求$\boldsymbol{A}^{-1}$.

【答案】$\boldsymbol{A}=\begin{pmatrix}0&0&0&\cdots&0&\dfrac{1}{a_n}\\\dfrac{1}{a_1}&0&0&\cdots&0&0\\0&\dfrac{1}{a_2}&0&\cdots&0&0\\\vdots&\vdots&\vdots&&\vdots&\vdots\\0&0&0&\cdots&0&0\\0&0&0&\cdots&\dfrac{1}{a_{n-1}}&0\end{pmatrix}$.

解析 根据分块公式即可得.

三、矩阵的秩 $R(\boldsymbol{A}_{m\times n})$

1. 定义与概念

k阶子式：矩阵$\boldsymbol{A}_{m\times n}$中任取$k$行、任取$k$列，其交叉元素形成的$k$阶方阵的行列式称为$\boldsymbol{A}$的一个$k$阶子式.（余子式$M_{ij}$就是一个$n-1$阶子式）

秩的定义：矩阵$A_{m\times n}$中，如果满足：至少存在一个k阶子式不为0，同时所有高于k阶的子式全部等于0，则称这个矩阵的秩为k，记为$R(A)=k$.（也记为$r(A)=k$）

2. 由定义推导的基础结论

（1）$0\leqslant R(A_{m\times n})\leqslant\begin{cases} m \\ n \end{cases}$.

（2）只要$A_{m\times n}$中存任意一个在k阶子式$\neq 0$，则$R(A)\geqslant k$.

【注】只有零矩阵的秩是0，即$R(A)=0 \Leftrightarrow A=O$.

（3）行阶梯形矩阵的秩 = 其非零行数.

（4）初等变换不改变矩阵的秩，即：如果$P_{m\times m}$与$Q_{n\times n}$可逆，$B=PAQ$，则$R(B)=R(A)$，

即$A\cong B\Rightarrow R(A)=R(B)$.

（5）对于方阵$A_{n\times n}$来说：$R(A)=n\Leftrightarrow |A|\neq 0\Leftrightarrow A$可逆.

换言之：$R(A)<n\Leftrightarrow |A|=0\Leftrightarrow A$不可逆.

3. 秩的求法：通过初等变换化为阶梯形.

例 1 请求矩阵$\begin{pmatrix} 3 & 1 & 0 & 2 \\ 1 & -1 & 2 & -1 \\ 1 & 3 & -4 & 4 \end{pmatrix}$的秩.

【答案】2.

解析 $A\to\begin{pmatrix} 1 & -1 & 2 & -1 \\ 1 & 3 & -4 & 4 \\ 3 & 1 & 0 & 2 \end{pmatrix}\to\begin{pmatrix} 1 & -1 & 2 & -1 \\ 0 & 4 & -6 & 5 \\ 0 & 4 & -6 & 5 \end{pmatrix}\to\begin{pmatrix} 1 & -1 & 2 & 1 \\ 0 & 4 & -6 & 5 \\ 0 & 0 & 0 & 0 \end{pmatrix}$，所以$R(A)=2$.

例 2 若矩阵$\begin{pmatrix} 1 & 2 & -1 & 1 \\ 2 & 0 & t & 0 \\ 0 & -4 & 5 & -2 \end{pmatrix}$的秩为2，则$t=$_____.

【答案】3.

解析 $A=\begin{pmatrix} 1 & 2 & -1 & 1 \\ 2 & 0 & t & 0 \\ 0 & -4 & 5 & -2 \end{pmatrix}\to\begin{pmatrix} 1 & 2 & -1 & 1 \\ 0 & -4 & t+2 & -2 \\ 0 & -4 & 5 & -2 \end{pmatrix}\to\begin{pmatrix} 1 & 2 & -1 & 1 \\ 0 & 0 & t-3 & 0 \\ 0 & -4 & 5 & -2 \end{pmatrix}\to\begin{pmatrix} 1 & 2 & -1 & 1 \\ 0 & -4 & 5 & -2 \\ 0 & 0 & t-3 & 0 \end{pmatrix}$，

所以$R(A)=2\Leftrightarrow t=3$.

例 3 已知矩阵$A=\begin{pmatrix} k & 2 & 2 & 2 \\ 2 & k & 2 & 2 \\ 2 & 2 & k & 2 \\ 2 & 2 & 2 & k \end{pmatrix}$且为$R(A)=3$，则$k=$_____.

【答案】-6.

解析 由于$R(A)=3<4$，从而$|A|=(k+6)(k-2)^3=0$，故$k=-6$或$k=2$；

如果$k=2$，则$\boldsymbol{A}=\begin{pmatrix}2&2&2&2\\2&2&2&2\\2&2&2&2\\2&2&2&2\end{pmatrix}$，$R(\boldsymbol{A})=1$，不符合题意，故$k=-6$.

【注】（1）求矩阵的秩的时候，行变换、列变换都可以同时使用；求方阵的逆的时候，行变换、列变换只能使用一种．
（2）任意两个同类型的矩阵等价的充要条件是它们的秩相等．
即对同类型矩阵：$\boldsymbol{A}\cong\boldsymbol{B}\Leftrightarrow R(\boldsymbol{A})=R(\boldsymbol{B})$.

4. 其他难一些的性质．

（1）$R(\boldsymbol{A}\pm\boldsymbol{B})\leqslant R(\boldsymbol{A})+R(\boldsymbol{B})$.

（2）$R(\boldsymbol{AB})\leqslant\begin{cases}R(\boldsymbol{A})\\R(\boldsymbol{B})\end{cases}$.

且当$R(\boldsymbol{A}_{m\times n})=n$时，$R(\boldsymbol{AB})=R(\boldsymbol{B})$；当$R(\boldsymbol{B}_{n\times s})=n$时，$R(\boldsymbol{AB})=R(\boldsymbol{A})$.

（3）$R(\boldsymbol{A}^{\mathrm{T}})=R(\boldsymbol{A})=R(\boldsymbol{A}^{\mathrm{T}}\boldsymbol{A})$.

（4）$R(\boldsymbol{A},\boldsymbol{B})\leqslant R(\boldsymbol{A})+R(\boldsymbol{B})$；$R\begin{pmatrix}\boldsymbol{A}\\\boldsymbol{B}\end{pmatrix}\leqslant R(\boldsymbol{A})+R(\boldsymbol{B})$.（$R(\boldsymbol{A},\boldsymbol{B})$不一定$=R\begin{pmatrix}\boldsymbol{A}\\\boldsymbol{B}\end{pmatrix}$）

（5）如果$\boldsymbol{A}_{m\times n}\boldsymbol{B}_{n\times s}=\boldsymbol{O}_{m\times s}$，则$R(\boldsymbol{A}_{m\times n})+R(\boldsymbol{B}_{n\times s})\leqslant n$.

例 4　$\boldsymbol{A}$为$m\times n$型矩阵，若$\boldsymbol{A}^{\mathrm{T}}\boldsymbol{A}=\boldsymbol{O}$，请证明：$\boldsymbol{A}=\boldsymbol{O}$.

证明　法一：根据秩的性质，由于$R(\boldsymbol{A}^{\mathrm{T}}\boldsymbol{A})=R(\boldsymbol{A})$，所以$R(\boldsymbol{A})=0$，从而$\boldsymbol{A}=\boldsymbol{O}$.

法二：做列分块$\boldsymbol{A}=(\boldsymbol{\alpha}_1,\boldsymbol{\alpha}_2,\cdots,\boldsymbol{\alpha}_n)$，从而$\boldsymbol{A}^{\mathrm{T}}\boldsymbol{A}=\begin{pmatrix}\boldsymbol{\alpha}_1^{\mathrm{T}}\\\boldsymbol{\alpha}_2^{\mathrm{T}}\\\vdots\\\boldsymbol{\alpha}_n^{\mathrm{T}}\end{pmatrix}(\boldsymbol{\alpha}_1,\boldsymbol{\alpha}_2,\cdots\boldsymbol{\alpha}_n)=\begin{pmatrix}\boldsymbol{\alpha}_1^{\mathrm{T}}\boldsymbol{\alpha}_1&\boldsymbol{\alpha}_1^{\mathrm{T}}\boldsymbol{\alpha}_2&\cdots&\boldsymbol{\alpha}_1^{\mathrm{T}}\boldsymbol{\alpha}_n\\\boldsymbol{\alpha}_2^{\mathrm{T}}\boldsymbol{\alpha}_1&\boldsymbol{\alpha}_2^{\mathrm{T}}\boldsymbol{\alpha}_2&\cdots&\boldsymbol{\alpha}_2^{\mathrm{T}}\boldsymbol{\alpha}_n\\\vdots&&\ddots&\\\boldsymbol{\alpha}_n^{\mathrm{T}}\boldsymbol{\alpha}_1&\boldsymbol{\alpha}_n^{\mathrm{T}}\boldsymbol{\alpha}_2&\cdots&\boldsymbol{\alpha}_n^{\mathrm{T}}\boldsymbol{\alpha}_n\end{pmatrix}$.由于$\boldsymbol{A}^{\mathrm{T}}\boldsymbol{A}=\boldsymbol{O}$，因而其对角线元素均$=0$，即$\boldsymbol{\alpha}_i^{\mathrm{T}}\boldsymbol{\alpha}_i=0(i=1,2,.....,n)$，从而$\boldsymbol{\alpha}_i=\boldsymbol{0}(i=1,2,.....,n)$，$\boldsymbol{A}=\boldsymbol{O}$.

例 5　设n阶方阵$\boldsymbol{A}$满足$\boldsymbol{A}^2-3\boldsymbol{A}+2\boldsymbol{E}=\boldsymbol{O}$，当$\boldsymbol{A}\neq\boldsymbol{E}$时，判断$\boldsymbol{A}-2\boldsymbol{E}$是否可逆，并说明理由．
【答案】不可逆．

解析　本例与第 8 页【例 6】第（2）小问完全相同，但现在学习了秩，可以利用秩来证明，过程如下：

由于$\boldsymbol{A}^2-3\boldsymbol{A}+2\boldsymbol{E}=\boldsymbol{O}\Leftrightarrow(\boldsymbol{A}-2\boldsymbol{E})(\boldsymbol{A}-\boldsymbol{E})=\boldsymbol{O}\Rightarrow r(\boldsymbol{A}-2\boldsymbol{E})+r(\boldsymbol{A}-\boldsymbol{E})\leqslant n$，又由于$\boldsymbol{A}\neq\boldsymbol{E}$，因此$\boldsymbol{A}-\boldsymbol{E}\neq\boldsymbol{O}\Leftrightarrow r(\boldsymbol{A}-\boldsymbol{E})\neq0\Leftrightarrow r(\boldsymbol{A}-\boldsymbol{E})\geqslant1$，所以$r(\boldsymbol{A}-2\boldsymbol{E})<n$，$\boldsymbol{A}-2\boldsymbol{E}$不可逆．

第二节　总结与补充

一、转置与逆公式总结

$\left(A^{\mathrm{T}}\right)^{\mathrm{T}}=A$　　$(AB)^{\mathrm{T}}=B^{\mathrm{T}}A^{\mathrm{T}}$　　$(kA)^{\mathrm{T}}=kA^{\mathrm{T}}$　　$\left|A^{\mathrm{T}}\right|=|A|$　　$(A+B)^{\mathrm{T}}=A^{\mathrm{T}}+B^{\mathrm{T}}$

$(A^{-1})^{-1}=A$　　$(AB)^{-1}=B^{-1}A^{-1}$　　$(kA)^{-1}=\frac{1}{k}A^{-1}(k\neq0)$　　$\left|A^{-1}\right|=\frac{1}{|A|}$　　$\left(A^{-1}\right)^{\mathrm{T}}=(A^{\mathrm{T}})^{-1}$

二、方阵 A 的高次幂求法总结

1. 反复求找规律

例 1　已知$A=\begin{pmatrix}1&-1&-1&-1\\-1&1&-1&-1\\-1&-1&1&-1\\-1&-1&-1&1\end{pmatrix}$，求$A^n$与$A^{-1}$．（提示：$A^2=4E$）

【答案】$A^n=\begin{cases}4^kE & n=2k(k=1,2...)\\4^kA & n=2k+1(k=0,1,2...)\end{cases}$，$A^{-1}=\frac{1}{4}A.$

解析　由于$A^2=4E$，从而$A^n=\begin{cases}4^kE & n=2k(k=1,2...)\\4^kA & n=2k+1(k=0,1,2...)\end{cases}$，而$A^{-1}=\frac{1}{4}A$．

例 2　已知$A=\begin{pmatrix}2&0&2\\0&3&0\\2&0&2\end{pmatrix}$，则$A^n$（$n$为正整数）=______．

【答案】$A^n=\begin{pmatrix}2^{2n-1}&0&2^{2n-1}\\0&3^n&0\\2^{2n-1}&0&2^{2n-1}\end{pmatrix}$.

解析　由于$A^2=\begin{pmatrix}2&0&2\\0&3&0\\2&0&2\end{pmatrix}\begin{pmatrix}2&0&2\\0&3&0\\2&0&2\end{pmatrix}=\begin{pmatrix}2^3&0&2^3\\0&3^2&0\\2^3&0&2^3\end{pmatrix}$，

$A^3=A^2A=\begin{pmatrix}2^3&0&2^3\\0&3^2&0\\2^3&0&2^3\end{pmatrix}\begin{pmatrix}2&0&2\\0&3&0\\2&0&2\end{pmatrix}=\begin{pmatrix}2^5&0&2^5\\0&3^3&0\\2^5&0&2^5\end{pmatrix}$，以此类推，有$A^n=\begin{pmatrix}2^{2n-1}&0&2^{2n-1}\\0&3^n&0\\2^{2n-1}&0&2^{2n-1}\end{pmatrix}$.

2. 秩为 1 的方阵，即$R(A)=1\Leftrightarrow A=\alpha\beta^{\mathrm{T}}$，$\alpha,\beta$均$\neq 0$，则$A^2=kA$ 所以$A^n=k^{n-1}A$，其中

$k=\alpha^{\mathrm{T}}\beta=\beta^{\mathrm{T}}\alpha=tr(A)$.

例 3　已知$A=\begin{pmatrix}2&4&6\\-3&-6&-9\\1&2&3\end{pmatrix}$，求$A^{100}$．（已讲）

【答案】$-A$.

解析 $A=\begin{pmatrix}2\\-3\\1\end{pmatrix}(1,2,3)$，从而$A^2=\begin{pmatrix}2\\-3\\1\end{pmatrix}(1,2,3)\begin{pmatrix}2\\-3\\1\end{pmatrix}(1,2,3)=-A$，因而可得：

$A^{100}=(-1)^{99}A=-A.$

3. 主对角线元素全部为 0 的上、下三角n阶矩阵有特点：$B^n=O$.

例 4 已知$A=\begin{pmatrix}1&a&b\\0&1&a\\0&0&1\end{pmatrix}$，求$A^n$.（$n$为>3的正整数）

【答案】$\begin{pmatrix}1&na&\frac{n(n-1)}{2}a^2+nb\\0&1&na\\0&0&1\end{pmatrix}$.

解析 由于$A=\begin{pmatrix}1&0&0\\0&1&0\\0&0&1\end{pmatrix}+\begin{pmatrix}0&a&b\\0&0&a\\0&0&0\end{pmatrix}=E+B$，而$B^2=\begin{pmatrix}0&0&a^2\\0&0&0\\0&0&0\end{pmatrix}$，$B^3=O$，则

$$A^n=(E+B)^n=C_n^0E^n+C_n^1E^{n-1}B+C_n^2E^{n-2}B^2=E+nB+\frac{n(n-1)}{2}B^2.$$

$$=\begin{pmatrix}1&na&\frac{n(n-1)}{2}a^2+nb\\0&1&na\\0&0&1\end{pmatrix}.$$

4. A可对角化：$A=P\Lambda P^{-1}$，则$A^n=P\Lambda^nP^{-1}$.（其中Λ为对角矩阵）

例 5 已知矩阵$P=\begin{pmatrix}-1&-4\\1&1\end{pmatrix}$，$\Lambda=\begin{pmatrix}-1&0\\0&2\end{pmatrix}$，且有$P^{-1}AP=\Lambda$,，求$A^{11}$.

【答案】$\begin{pmatrix}\frac{1+2^{13}}{3}&\frac{4+2^{13}}{3}\\-\frac{1+2^{11}}{3}&-\frac{4+2^{11}}{3}\end{pmatrix}$.

解析 由于$P^{-1}AP=\Lambda$，从而$A=P\Lambda P^{-1}$，则有：

$$A^{11}=P\Lambda^{11}P^{-1}=\begin{pmatrix}-1&-4\\1&1\end{pmatrix}\begin{pmatrix}-1&0\\0&2^{11}\end{pmatrix}\begin{pmatrix}\frac{1}{3}&\frac{4}{3}\\-\frac{1}{3}&-\frac{1}{3}\end{pmatrix}=\begin{pmatrix}1&-2^{13}\\-1&2^{11}\end{pmatrix}\begin{pmatrix}\frac{1}{3}&\frac{4}{3}\\-\frac{1}{3}&-\frac{1}{3}\end{pmatrix}=\begin{pmatrix}\frac{1+2^{13}}{3}&\frac{4+2^{13}}{3}\\-\frac{1+2^{11}}{3}&-\frac{4+2^{11}}{3}\end{pmatrix}.$$

三、伴随矩阵 A^*

$$A^*=\begin{pmatrix}A_{11} & A_{21} & \cdots & A_{n1}\\ A_{12} & & \cdots & \\ \vdots & & & \\ A_{1n} & A_{2n} & \cdots & A_{nn}\end{pmatrix}\qquad AA^*=A^*A=|A|E\qquad R\left(A^*_{n\times n}\right)=\begin{cases}n, & R(A)=n\\ 1, & R(A)=n-1\\ 0, & R(A)<n-1\end{cases}$$

$$|A^*|=|A|^{n-1}\qquad \left(A^*\right)^{\mathrm{T}}=\left(A^{\mathrm{T}}\right)^*\qquad (kA)^*=k^{n-1}A^*\qquad (A^*)^*=|A|^{n-2}A$$

当 A,B 可逆时：$A^*=|A|A^{-1}\qquad \left(A^*\right)^{-1}=\left(A^{-1}\right)^*=\dfrac{1}{|A|}A\qquad (AB)^*=B^*A^*$

例 1　已知方阵 $A_{n\times n}$ 可逆，其行列式为 $|A|$，A^* 为其伴随矩阵，请证明：$|A^*|=|A|^{n-1}$.

证明　$A^*\cdot A=|A|E\Rightarrow|A^*|\cdot|A|=|A|^n\Rightarrow|A^*|=|A|^{n-1}$.

例 2　设 A,B 是 4 阶可逆方阵，$|A|=3,|B|=2$，则 $\left|-A^{\mathrm{T}}B^*\right|=$______.

【答案】24.

解析　$\left|-A^{\mathrm{T}}B^*\right|=(-1)^4\left|A^{\mathrm{T}}\right|\left|B^*\right|=|A||B|^3=3\times8=24.$

例 3　已知 $A^*B=A^{-1}+B$，且 $A=\begin{pmatrix}2&6&0\\0&2&6\\0&0&2\end{pmatrix}$，证明 B 可逆，并求 B.

【答案】$(8E-A)^{-1}=\dfrac{1}{6}\begin{pmatrix}1&1&1\\0&1&1\\0&0&1\end{pmatrix}$.

解析　法一：$A^*B=A^{-1}+B\Rightarrow\left(A^*-E\right)B=A^{-1}\Rightarrow A\left(A^*-E\right)B=E$

$\Rightarrow(|A|E-A)B=(8E-A)B=E$，故 B 可逆，且 $B=(8E-A)^{-1}=\begin{pmatrix}6&-6&0\\0&6&-6\\0&0&6\end{pmatrix}^{-1}=\dfrac{1}{6}\begin{pmatrix}1&1&1\\0&1&1\\0&0&1\end{pmatrix}$.

法二：$A^*B=A^{-1}+B\Rightarrow\left(A^*-E\right)B=A^{-1}\Rightarrow\left|A^*-E\right||B|=\left|A^{-1}\right|\neq0$.故 $\left(A^*-E\right),B$ 可逆，且

$B=\left(A^*-E\right)^{-1}A^{-1}=\left[A\left(A^*-E\right)\right]^{-1}=(8E-A)^{-1}$.

法三：$AA^*B=E+AB\Rightarrow 8B=E+AB\Rightarrow(8E-A)B=E\Rightarrow B=(8E-A)^{-1}$.

例 4　设 $A=\begin{pmatrix}1&2&0\\2&2&0\\3&4&5\end{pmatrix}$，$A^*$ 是 A 的伴随矩阵，则 $\left(A^*\right)^{-1}=$______.

【答案】$-\dfrac{1}{10}A$.

解析 由于$|\boldsymbol{A}|=\begin{vmatrix}1&2&0\\2&2&0\\3&4&5\end{vmatrix}=5\begin{vmatrix}1&2\\2&2\end{vmatrix}=-10$，从而$\left(\boldsymbol{A}^*\right)^{-1}=\dfrac{1}{|\boldsymbol{A}|}\boldsymbol{A}=-\dfrac{1}{10}\boldsymbol{A}$.

例 5 已知 3 阶方阵$\boldsymbol{A}$可逆，且$|\boldsymbol{A}|=2$，求行列式$\left|(2\boldsymbol{A})^{-1}-3\boldsymbol{A}^*\right|$.

【答案】$-\dfrac{11^3}{2^4}$.

解析 因为$\boldsymbol{A}$可逆，且$|\boldsymbol{A}|=2$，所以$\boldsymbol{A}^*=|\boldsymbol{A}|\cdot\boldsymbol{A}^{-1}=2\boldsymbol{A}^{-1}$，

于是得$\left|(2\boldsymbol{A})^{-1}-3\boldsymbol{A}^*\right|=\left|\dfrac{1}{2}\boldsymbol{A}^{-1}-6\boldsymbol{A}^{-1}\right|=\left|-\dfrac{11}{2}\boldsymbol{A}^{-1}\right|=\left(-\dfrac{11}{2}\right)^3\left|\boldsymbol{A}^{-1}\right|=-\dfrac{11^3}{2^4}$.

喻老线代章节笔记

喻老线代章节笔记

第三章 向量

第一节 基础知识

一、定义及基础运算

1. 定义

只含有一行或者一列的矩阵称为向量；

如果只有一行，元素为n个，称为n维行向量；

如果只有一列，元素为n个，称为n维列向量．

2. 运算

相等、加法、数乘、转置、乘法．

例 1 设$\boldsymbol{\alpha}=\begin{pmatrix}1\\2\\-1\end{pmatrix}$，$\boldsymbol{\beta}=\begin{pmatrix}1\\-1\\0\end{pmatrix}$，请计算

$\boldsymbol{\alpha}^{\mathrm{T}}=$_____　　$2\boldsymbol{\alpha}-\boldsymbol{\beta}=$_____　　$\boldsymbol{\alpha}^{\mathrm{T}}\boldsymbol{\beta}=$_____　　$\boldsymbol{\alpha}\boldsymbol{\beta}^{\mathrm{T}}=$______

（行和列的左右顺序不同，结果也因此大不相同）

【答案】$(1,2,-1)$；　$\begin{pmatrix}1\\5\\-2\end{pmatrix}$；　-1；　$\begin{pmatrix}1&-1&0\\2&-2&0\\-1&1&0\end{pmatrix}$.

解析 $\boldsymbol{\alpha}^{\mathrm{T}}=(1,2,-1)$，$2\boldsymbol{\alpha}-\boldsymbol{\beta}=\begin{pmatrix}1\\5\\-2\end{pmatrix}$，$\boldsymbol{\alpha}^{\mathrm{T}}\boldsymbol{\beta}=(1,2,-1)\begin{pmatrix}1\\-1\\0\end{pmatrix}=-1$.

$$\boldsymbol{\alpha}\boldsymbol{\beta}^{\mathrm{T}}=\begin{pmatrix}1\\2\\-1\end{pmatrix}(1,\ -1,\ 0)=\begin{pmatrix}1&-1&0\\2&-2&0\\-1&1&0\end{pmatrix}.$$

例 2 （矩阵章节已讲）设$\boldsymbol{A}=\begin{pmatrix}2&4&6\\-3&-6&-9\\1&2&3\end{pmatrix}$，请计算：

（1）$\boldsymbol{A}$的秩；　　（2）$\boldsymbol{A}^{100}$.

【答案】（1）$R(\boldsymbol{A})=1$.（2）$-\boldsymbol{A}$.

解析 $R(\boldsymbol{A})=1$，$\boldsymbol{A}=\begin{pmatrix}2\\-3\\1\end{pmatrix}(1,\ 2,\ 3)$.

所以$\boldsymbol{A}^2=\begin{pmatrix}2\\-3\\1\end{pmatrix}(1,\ 2,\ 3)\begin{pmatrix}2\\-3\\1\end{pmatrix}(1,\ 2,\ 3)=-\begin{pmatrix}1\\-1\\2\end{pmatrix}(1,\ 2,\ -3)=-\boldsymbol{A}$,

因此得$A^3=(-1)^2A\Rightarrow A^{100}=(-1)^{99}A=-A$.

二、特有的概念

1. 内积

设两个n维列向量$\boldsymbol{\alpha}=(a_1,a_2,\cdots\cdots a_n)^{\mathrm{T}}$，$\boldsymbol{\beta}=(b_1,b_2,\cdots\cdots b_n)^{\mathrm{T}}$，则称

$\boldsymbol{\alpha}^{\mathrm{T}}\boldsymbol{\beta}=\boldsymbol{\beta}^{\mathrm{T}}\boldsymbol{\alpha}=a_1b_1+a_2b_2+\cdots\cdots+a_nb_n$（即其对应元素相乘相加）得到的实数为向量$\boldsymbol{\alpha}$与$\boldsymbol{\beta}$的内积，记为$(\boldsymbol{\alpha},\boldsymbol{\beta})$.（空间解析几何（数 1）中，也称为$\boldsymbol{\alpha}$与$\boldsymbol{\beta}$的点积，记为$\boldsymbol{\alpha}\cdot\boldsymbol{\beta}$）

（1）当$(\boldsymbol{\alpha},\boldsymbol{\beta})=0$时，称向量$\boldsymbol{\alpha}$与$\boldsymbol{\beta}$正交.

（2）长度：$\|\boldsymbol{\alpha}\|=\sqrt{(\boldsymbol{\alpha},\boldsymbol{\alpha})}$，显然$\|\boldsymbol{\alpha}\|\geqslant 0$且$\|\boldsymbol{\alpha}\|=0\Leftrightarrow\boldsymbol{\alpha}=\mathbf{0}$.

（3）单位向量：长度为 1 的向量；非零向量$\boldsymbol{\alpha}$的单位化：$\dfrac{1}{\|\boldsymbol{\alpha}\|}\boldsymbol{\alpha}$.

例 1 设向量$\boldsymbol{\alpha}=\begin{pmatrix}1\\2\\-1\end{pmatrix}$，求其长度，并对其单位化.

【答案】$\sqrt{6}$;　$\dfrac{1}{\sqrt{6}}\begin{pmatrix}1\\2\\-1\end{pmatrix}$.

2. 线性组合

设$\boldsymbol{\alpha}_1,\boldsymbol{\alpha}_2,\ldots\ldots,\boldsymbol{\alpha}_n$均为$m$维的列向量（我们称之为一个向量组），$k_1,k_2,\ldots\ldots k_n$是任意一组实数，则称$k_1\boldsymbol{\alpha}_1+k_2\boldsymbol{\alpha}_2+\ldots\ldots+k_n\boldsymbol{\alpha}_n$为向量组$\boldsymbol{\alpha}_1,\boldsymbol{\alpha}_2,\ldots\ldots\boldsymbol{\alpha}_n$的一个线性组合.（其结果是一个同类型的向量）

3. 线性表示

设$\boldsymbol{\alpha}_1,\boldsymbol{\alpha}_2,\ldots\ldots\boldsymbol{\alpha}_n$均为$m$维的列向量，$\boldsymbol{\beta}$为与之同类型的向量，如果存在实数$k_1,k_2,\ldots\ldots k_n$，使得$\boldsymbol{\beta}=k_1\boldsymbol{\alpha}_1+k_2\boldsymbol{\alpha}_2+\ldots\ldots+k_n\boldsymbol{\alpha}_n$，则称向量$\boldsymbol{\beta}$能够被向量组$\boldsymbol{\alpha}_1,\boldsymbol{\alpha}_2,\ldots\ldots\boldsymbol{\alpha}_n$线性表示，否则称向量$\boldsymbol{\beta}$不能被$\boldsymbol{\alpha}_1,\boldsymbol{\alpha}_2,\ldots\ldots\boldsymbol{\alpha}_n$线性表示.

例 2 设向量$\boldsymbol{\alpha}_1=\begin{pmatrix}1\\0\end{pmatrix},\boldsymbol{\alpha}_2=\begin{pmatrix}2\\1\end{pmatrix},\boldsymbol{\alpha}_3=\begin{pmatrix}1\\-1\end{pmatrix}$，向量$\boldsymbol{\beta}=\begin{pmatrix}3\\2\end{pmatrix}$，请验证：

$\boldsymbol{\beta}=-\boldsymbol{\alpha}_1+2\boldsymbol{\alpha}_2+0\boldsymbol{\alpha}_3=2\boldsymbol{\alpha}_1+\boldsymbol{\alpha}_2-\boldsymbol{\alpha}_3=5\boldsymbol{\alpha}_1+0\boldsymbol{\alpha}_2-2\boldsymbol{\alpha}_3$.

证明 $-\boldsymbol{\alpha}_1+2\boldsymbol{\alpha}_2+0\boldsymbol{\alpha}_3=\begin{pmatrix}-1\\0\end{pmatrix}+\begin{pmatrix}4\\2\end{pmatrix}=\begin{pmatrix}3\\2\end{pmatrix}$，$2\boldsymbol{\alpha}_1+\boldsymbol{\alpha}_2-\boldsymbol{\alpha}_3=\begin{pmatrix}2\\0\end{pmatrix}+\begin{pmatrix}2\\1\end{pmatrix}-\begin{pmatrix}1\\-1\end{pmatrix}=\begin{pmatrix}3\\2\end{pmatrix}$，

$5\boldsymbol{\alpha}_1+0\boldsymbol{\alpha}_2-2\boldsymbol{\alpha}_3=\begin{pmatrix}5\\0\end{pmatrix}-2\begin{pmatrix}1\\-1\end{pmatrix}=\begin{pmatrix}3\\2\end{pmatrix}$.

例 3 设向量$\boldsymbol{\alpha}_1=\begin{pmatrix}1\\0\end{pmatrix},\boldsymbol{\alpha}_2=\begin{pmatrix}2\\1\end{pmatrix}$，向量$\boldsymbol{\beta}=\begin{pmatrix}3\\4\end{pmatrix}$，请证明：向量$\boldsymbol{\beta}$能被$\boldsymbol{\alpha}_1$，$\boldsymbol{\alpha}_2$线性表示，且表示方式唯一.

证明 设$\boldsymbol{\beta}=k_1\boldsymbol{\alpha}_1+k_2\boldsymbol{\alpha}_2$，即$k_1\begin{pmatrix}1\\0\end{pmatrix}+k_2\begin{pmatrix}2\\1\end{pmatrix}=\begin{pmatrix}3\\4\end{pmatrix}$，整理可得$\begin{cases}k_1+2k_2=3\\k_2=4\end{cases}$，解得$k_1=-5,k_2=4$，

从而$\boldsymbol{\beta}$能被$\boldsymbol{\alpha}_1$，$\boldsymbol{\alpha}_2$线性表示，且表示方式唯一：$\boldsymbol{\beta}=-5\boldsymbol{\alpha}_1+4\boldsymbol{\alpha}_2$.

例 4 设向量$\boldsymbol{\alpha}_1=\begin{pmatrix}1\\0\end{pmatrix},\boldsymbol{\alpha}_2=\begin{pmatrix}2\\0\end{pmatrix}$，向量$\boldsymbol{\beta}=\begin{pmatrix}0\\3\end{pmatrix}$，请证明：向量$\boldsymbol{\beta}$不能被$\boldsymbol{\alpha}_1,\boldsymbol{\alpha}_2$线性表示；即无论$k_1,k_2$取何值，$k_1\boldsymbol{\alpha}_1+k_2\boldsymbol{\alpha}_2\neq\boldsymbol{\beta}$.

证明 $k_1\boldsymbol{\alpha}_1+k_2\boldsymbol{\alpha}_2=k_1\begin{pmatrix}1\\0\end{pmatrix}+k_2\begin{pmatrix}2\\0\end{pmatrix}=\begin{pmatrix}k_1+2k_2\\0\end{pmatrix}\neq\begin{pmatrix}0\\3\end{pmatrix}$.

【注】一个向量能不能被另外一组向量组线性表示，什么时候能，什么时候不能；如果能表示，那表示的方式是否唯一，其系数具体是多少，这些都是我们后面要学习的问题.

4. 线性相关与线性无关

设$\boldsymbol{\alpha}_1,\boldsymbol{\alpha}_2,\dots\dots\boldsymbol{\alpha}_n$均为$m$维的列向量，如果存在不全为0的实数$k_1,k_2,\dots\dots k_n$，使得$k_1\boldsymbol{\alpha}_1+k_2\boldsymbol{\alpha}_2+\dots\dots+k_n\boldsymbol{\alpha}_n=\mathbf{0}$，则称向量组$\boldsymbol{\alpha}_1,\boldsymbol{\alpha}_2,\dots\dots\boldsymbol{\alpha}_n$为线性相关的；否则称向量组为线性无关的.（仅当$k_1=k_2=\dots\dots=k_n=0$时，才能使得$k_1\boldsymbol{\alpha}_1+k_2\boldsymbol{\alpha}_2+\dots\dots+k_n\boldsymbol{\alpha}_n=\mathbf{0}$）

【注】所谓向量组的相关无关，即指是否存在非0组合（系数不全为0）$=\mathbf{0}$.
线性无关：只有零组合（系数全是0）才能$=\mathbf{0}$.
线性相关：除了零组合以外，还有其他非零组合（系数不全为0）$=\mathbf{0}$.
（一个向量组何时相关，何时无关的判断定理是后面要学习的问题）

显然，如果向量组$\boldsymbol{\alpha}_1,\boldsymbol{\alpha}_2,\dots\dots\boldsymbol{\alpha}_n$线性无关，则$k_1,k_2,\dots,k_n$中任意$k_i\neq0$，均使得$k_1\boldsymbol{\alpha}_1+k_2\boldsymbol{\alpha}_2+\dots\dots+k_n\boldsymbol{\alpha}_n\neq\mathbf{0}$.

例 5 设向量组$\boldsymbol{\alpha}_1=\begin{pmatrix}1\\2\\3\end{pmatrix},\boldsymbol{\alpha}_2=\begin{pmatrix}2\\3\\4\end{pmatrix},\boldsymbol{\alpha}_3=\begin{pmatrix}0\\0\\0\end{pmatrix}$，证明它们是线性相关的.

（小结论：含有零向量的向量组一定是线性相关的）

证明 因为$0\cdot\boldsymbol{\alpha}_1+0\cdot\boldsymbol{\alpha}_2+\boldsymbol{\alpha}_3=\mathbf{0}$.

例 6 设$\boldsymbol{\alpha}_1=\begin{pmatrix}1\\0\\0\\0\end{pmatrix},\boldsymbol{\alpha}_2=\begin{pmatrix}1\\3\\0\\0\end{pmatrix},\boldsymbol{\alpha}_3=\begin{pmatrix}1\\2\\-1\\0\end{pmatrix}$，证明：它们是线性无关的.

（小结论：这种每个都“错开”的向量组都是线性无关的）

证明 $k_1\boldsymbol{\alpha}_1+k_2\boldsymbol{\alpha}_2+k_3\boldsymbol{\alpha}_3=\mathbf{0}\Leftrightarrow k_1\begin{pmatrix}1\\0\\0\\0\end{pmatrix}+k_2\begin{pmatrix}1\\3\\0\\0\end{pmatrix}+k_3\begin{pmatrix}1\\2\\-1\\0\end{pmatrix}=\begin{pmatrix}0\\0\\0\\0\end{pmatrix}\Leftrightarrow\begin{pmatrix}k_1+k_2+k_3\\3k_2+2k_3\\-k_3\\0\end{pmatrix}=\begin{pmatrix}0\\0\\0\\0\end{pmatrix}$

$$\Leftrightarrow\begin{cases}k_1+k_2+k_3=0\\3k_2+2k_3=0\\-k_3=0\end{cases}\Rightarrow\begin{cases}k_1=0\\k_2=0\\k_3=0\end{cases}$$，故$\boldsymbol{\alpha}_1,\boldsymbol{\alpha}_2,\boldsymbol{\alpha}_3$线性无关．

例 7 请证明：向量组$\boldsymbol{\alpha}_1=\begin{pmatrix}1\\-1\\1\end{pmatrix},\boldsymbol{\alpha}_2=\begin{pmatrix}1\\2\\3\end{pmatrix},\boldsymbol{\alpha}_3=\begin{pmatrix}2\\3\\4\end{pmatrix}$线性无关．

证明 $k_1\boldsymbol{\alpha}_1+k_2\boldsymbol{\alpha}_2+k_3\boldsymbol{\alpha}_3=\mathbf{0}\Leftrightarrow k_1\begin{pmatrix}1\\-1\\1\end{pmatrix}+k_2\begin{pmatrix}1\\2\\3\end{pmatrix}+k_3\begin{pmatrix}2\\3\\4\end{pmatrix}=\begin{pmatrix}0\\0\\0\end{pmatrix}\Leftrightarrow\begin{cases}k_1+k_2+2k_3=0\\-k_1+2k_2+3k_3=0.\\k_1+3k_2+4k_3=0\end{cases}$

利用高斯消元法：$\Leftrightarrow\begin{cases}k_1+k_2+2k_3=0\\k_2+k_3=0\\k_3=0\end{cases}\Leftrightarrow\begin{cases}k_1=0\\k_2=0\\k_3=0\end{cases}$，故$\boldsymbol{\alpha}_1,\boldsymbol{\alpha}_2,\boldsymbol{\alpha}_3$线性无关．

例 8 设$\boldsymbol{A}$为3阶方阵，$\boldsymbol{\alpha}_i$为3维列向量，且$\boldsymbol{\alpha}_1\neq\mathbf{0},\boldsymbol{A}\boldsymbol{\alpha}_1=\mathbf{0},\boldsymbol{A}\boldsymbol{\alpha}_2=\boldsymbol{\alpha}_1,\boldsymbol{A}\boldsymbol{\alpha}_3=\boldsymbol{\alpha}_2$，请证明：$\boldsymbol{\alpha}_1$，$\boldsymbol{\alpha}_2$，$\boldsymbol{\alpha}_3$线性无关．

证明 令$k_1\boldsymbol{\alpha}_1+k_2\boldsymbol{\alpha}_2+k_3\boldsymbol{\alpha}_3=\mathbf{0}$①，

左右同左乘$\boldsymbol{A}$有：$k_1\boldsymbol{A}\boldsymbol{\alpha}_1+k_2\boldsymbol{A}\boldsymbol{\alpha}_2+k_3\boldsymbol{A}\boldsymbol{\alpha}_3=\mathbf{0}$，由于$\boldsymbol{A}\boldsymbol{\alpha}_1=\mathbf{0},\boldsymbol{A}\boldsymbol{\alpha}_2=\boldsymbol{\alpha}_1,\boldsymbol{A}\boldsymbol{\alpha}_3=\boldsymbol{\alpha}_2$，

从而得到：$k_2\boldsymbol{\alpha}_1+k_3\boldsymbol{\alpha}_2=\mathbf{0}$②，

左右同左乘$\boldsymbol{A}$有：$k_2\boldsymbol{A}\boldsymbol{\alpha}_1+k_3\boldsymbol{A}\boldsymbol{\alpha}_2=\mathbf{0}$，同理，得到$k_3\boldsymbol{\alpha}_1=\mathbf{0}$③．

由$\boldsymbol{\alpha}_1\neq\mathbf{0}$，则$k_3=0$，代入②中可得$k_2\boldsymbol{\alpha}_1=\mathbf{0}$，则$k_2=0$，把$k_2=k_3=0$代入①中可得$k_1\boldsymbol{\alpha}_1=\mathbf{0}$，于是得$k_1=0$．

综合可得：$k_1=k_2=k_3=0$，故$\boldsymbol{\alpha}_1$，$\boldsymbol{\alpha}_2$，$\boldsymbol{\alpha}_3$线性无关．

例 9 请证明：对于一个向量$\boldsymbol{\alpha}$来说，线性无关$\Leftrightarrow\boldsymbol{\alpha}\neq\mathbf{0}$；对于两个向量$\boldsymbol{\alpha}_1,\boldsymbol{\alpha}_2$来说，线性相关$\Leftrightarrow$对应成比例，即$\boldsymbol{\alpha}_1=k\boldsymbol{\alpha}_2$或$\boldsymbol{\alpha}_2=k\boldsymbol{\alpha}_1$．

（此题也是两个结论，今后可直接用）

证明 ①充分性：如$\boldsymbol{\alpha}\neq\mathbf{0}$令$k\boldsymbol{\alpha}=\mathbf{0}$，由于$\boldsymbol{\alpha}\neq\mathbf{0}$，因而必有$k=0$，故$\boldsymbol{\alpha}$线性无关；

必要性：如果$\boldsymbol{\alpha}$线性无关，则必有$\boldsymbol{\alpha}\neq\mathbf{0}$．利用反证法，如果$\boldsymbol{\alpha}=\mathbf{0}$，则对任意$k\neq0$，均有$k\boldsymbol{\alpha}=\mathbf{0}$，从而$\boldsymbol{\alpha}$相关，与题设矛盾，故$\boldsymbol{\alpha}\neq\mathbf{0}$．

②必要性：由于$\boldsymbol{\alpha}_1,\boldsymbol{\alpha}_2$相关，从而存在不全为 0 的$k_1,k_2$，使得$k_1\boldsymbol{\alpha}_1+k_2\boldsymbol{\alpha}_2=\mathbf{0}$．由于$k_1,k_2$不全为 0，所以至少有一个$k_i\neq0(i=1,2)$．如果$k_1\neq0$，则$\boldsymbol{\alpha}_1=-\dfrac{k_2}{k_1}\boldsymbol{\alpha}_2$；如果$k_2\neq0$，则$\boldsymbol{\alpha}_2=-\dfrac{k_1}{k_2}\boldsymbol{\alpha}_1$；所以必有$\boldsymbol{\alpha}_1=k\boldsymbol{\alpha}_2$或$\boldsymbol{\alpha}_2=k\boldsymbol{\alpha}_1$，即$\boldsymbol{\alpha}_1,\boldsymbol{\alpha}_2$对应成比例．

充分性：如果$\boldsymbol{\alpha}_1=k\boldsymbol{\alpha}_2$，则$\boldsymbol{\alpha}_1-k\boldsymbol{\alpha}_2=\mathbf{0}$，由于$\boldsymbol{\alpha}_1$前系数为$1\neq0$，从而找到了非零组合$=\mathbf{0}$，故$\boldsymbol{\alpha}_1,\boldsymbol{\alpha}_2$线性相关；$\boldsymbol{\alpha}_2=k\boldsymbol{\alpha}_1$的情况类似．

三、重要定理

【定理 1】部分相关⇒整体相关；整体无关⇒部分无关．

如果m维的列向量组$\boldsymbol{\alpha}_1,\boldsymbol{\alpha}_2,\cdots\cdots\boldsymbol{\alpha}_n$中的部分向量组$\boldsymbol{\alpha}_{i1},\boldsymbol{\alpha}_{i2},\cdots\boldsymbol{\alpha}_{ik}$线性相关，则$\boldsymbol{\alpha}_1,\boldsymbol{\alpha}_2,\cdots\cdots\boldsymbol{\alpha}_n$也是线性相关的；

如果m维的列向量组$\boldsymbol{\alpha}_1,\boldsymbol{\alpha}_2,\cdots\cdots\boldsymbol{\alpha}_n$线性无关，则其中任意部分子向量组也是线性无关的．

【定理 2】本身无关⇒“加长”无关；本身相关⇒“缩短”相关．

如果m维的列向量组$\boldsymbol{\alpha}_1,\boldsymbol{\alpha}_2,\cdots\cdots\boldsymbol{\alpha}_n$线性无关，则其延长向量组（添加维度）$\tilde{\boldsymbol{\alpha}}_1,\tilde{\boldsymbol{\alpha}}_2,\cdots\cdots\tilde{\boldsymbol{\alpha}}_n$也是线性无关的；

如果m维的列向量组$\boldsymbol{\alpha}_1,\boldsymbol{\alpha}_2,\cdots\cdots\boldsymbol{\alpha}_n$线性相关，则其缩短向量组（删除维度）$\tilde{\boldsymbol{\alpha}}_1,\tilde{\boldsymbol{\alpha}}_2,\cdots\cdots\tilde{\boldsymbol{\alpha}}_n$也是线性相关的．

【注】定理 1 说的是个数，定理 2 说的是维度，且均不能倒推．

【定理 3】向量组线性相关⇔其中至少有一个向量能被同组的其余向量表示；
向量组线性无关⇔其中所有向量均不可能被同组的其余向量表示．

【注】线性表示对系数没要求（与线性相关无关不同）；
$\mathbf{0}$向量能被任意向量组线性表示；
任意向量能够被自己所在向量组线性表示．

【定理 4】初等行变换不改变列向量之间的线性关系；初等列变换不改变行向量之间的线性关系．

【定理 5】如果向量$\boldsymbol{\beta}$能够被向量组$\boldsymbol{\alpha}_1,\boldsymbol{\alpha}_2,\cdots\cdots\boldsymbol{\alpha}_n$线性表示，则：$\boldsymbol{\alpha}_1,\boldsymbol{\alpha}_2,\cdots\cdots\boldsymbol{\alpha}_n$线性无关⇔表示方式唯一；$\boldsymbol{\alpha}_1,\boldsymbol{\alpha}_2,\cdots\cdots\boldsymbol{\alpha}_n$线性相关⇔表示方式无穷．

例 1 请判断下列说法是否正确：在m维向量组$\boldsymbol{\alpha}_1,\boldsymbol{\alpha}_2,\cdots\cdots\boldsymbol{\alpha}_s$中：

1. 如果$\boldsymbol{\alpha}_s$能够被前面的$\boldsymbol{\alpha}_1,\boldsymbol{\alpha}_2,\cdots\cdots\boldsymbol{\alpha}_{s-1}$线性表示，则向量组线性相关；

2. 如果$\boldsymbol{\alpha}_s$不能被前面的$\boldsymbol{\alpha}_1,\boldsymbol{\alpha}_2,\cdots\cdots\boldsymbol{\alpha}_{s-1}$线性表示，则向量组线性无关．

【答案】1. 正确．　2. 错误．

解析 1. 只要有向量能被同组其余向量线性表示即能推导线性相关．

2. 只有所有向量都不能被同组其余向量表示的时候，才能推导出线性无关，可列举反例

$$\boldsymbol{\alpha}_1=\begin{pmatrix}0\\0\\0\end{pmatrix},\boldsymbol{\alpha}_2=\begin{pmatrix}0\\0\\0\end{pmatrix},\boldsymbol{\alpha}_3=\begin{pmatrix}0\\1\\0\end{pmatrix}.$$

例 2 设向量组$\boldsymbol{\alpha}_1,\boldsymbol{\alpha}_2,\cdots\cdots\boldsymbol{\alpha}_s$线性相关，请判断下列向量组的相关性：

（1）$\boldsymbol{\alpha}_1,\boldsymbol{\alpha}_2,\cdots\cdots\boldsymbol{\alpha}_s,\ \boldsymbol{\alpha}_{s+1}$；（2）$\boldsymbol{\alpha}_1,\boldsymbol{\alpha}_2,\cdots\cdots\boldsymbol{\alpha}_{s-1}$．并分析：如果$\boldsymbol{\alpha}_1,\boldsymbol{\alpha}_2,\cdots\cdots\boldsymbol{\alpha}_s$线性无关又如何？

【答案】（1）相关．　（2）不一定．

解析 （1）利用结论：部分相关能推整体相关；

（2）整体相关不能推导部分相关，可列举反例：$\begin{pmatrix}1\\0\\0\end{pmatrix},\begin{pmatrix}0\\1\\0\end{pmatrix},\begin{pmatrix}0\\0\\0\end{pmatrix}$，整体上线性相关，但是$\begin{pmatrix}1\\0\\0\end{pmatrix},\begin{pmatrix}0\\1\\0\end{pmatrix}$无关；如果$\boldsymbol{\alpha}_1,\boldsymbol{\alpha}_2,\ldots\ldots\boldsymbol{\alpha}_s$线性无关，那么答案是：（1）不一定．（2）无关．

例 3 请证明：向量组$\boldsymbol{\alpha}_1=\begin{pmatrix}1\\-1\\1\end{pmatrix},\boldsymbol{\alpha}_2=\begin{pmatrix}1\\2\\3\end{pmatrix},\boldsymbol{\alpha}_3=\begin{pmatrix}2\\3\\4\end{pmatrix}$线性无关．

证明 因为$\boldsymbol{\alpha}_1,\boldsymbol{\alpha}_2,\boldsymbol{\alpha}_3$经初等行变换$\to\begin{pmatrix}1\\0\\0\end{pmatrix},\begin{pmatrix}1\\3\\2\end{pmatrix},\begin{pmatrix}2\\5\\2\end{pmatrix}\to\begin{pmatrix}1\\0\\0\end{pmatrix},\begin{pmatrix}1\\0\\1\end{pmatrix},\begin{pmatrix}2\\2\\1\end{pmatrix}\to\begin{pmatrix}1\\0\\0\end{pmatrix},\begin{pmatrix}1\\1\\0\end{pmatrix},\begin{pmatrix}2\\1\\1\end{pmatrix}$后为“错开”的向量组，因而是线性无关的．

例 4 证明：$\boldsymbol{\alpha}_1=\begin{pmatrix}x_1\\1\\2\\x_2\\3\end{pmatrix},\boldsymbol{\alpha}_2=\begin{pmatrix}y_1\\2\\2\\y_2\\1\end{pmatrix},\boldsymbol{\alpha}_3=\begin{pmatrix}z_1\\1\\1\\z_2\\1\end{pmatrix}$线性无关．

证明 $\boldsymbol{\beta}_1=\begin{pmatrix}1\\2\\3\end{pmatrix},\boldsymbol{\beta}_2=\begin{pmatrix}2\\2\\1\end{pmatrix},\boldsymbol{\beta}_3=\begin{pmatrix}1\\1\\1\end{pmatrix}$经初等行变换$\to\begin{pmatrix}1\\0\\0\end{pmatrix},\begin{pmatrix}2\\-2\\-5\end{pmatrix},\begin{pmatrix}1\\-1\\-2\end{pmatrix}\to\begin{pmatrix}1\\0\\0\end{pmatrix},\begin{pmatrix}2\\-2\\-1\end{pmatrix},\begin{pmatrix}1\\-1\\0\end{pmatrix}$

$\to\begin{pmatrix}1\\0\\0\end{pmatrix},\begin{pmatrix}2\\1\\0\end{pmatrix},\begin{pmatrix}1\\0\\1\end{pmatrix}$后为“错开”类型的向量组，故线性无关，而$\boldsymbol{\alpha}_1,\boldsymbol{\alpha}_2,\boldsymbol{\alpha}_3$为其“加长”，也线性无关．

例 5 设向量组$\boldsymbol{\alpha}_1,\boldsymbol{\alpha}_2,\boldsymbol{\alpha}_3$线性无关，$\boldsymbol{\beta}$不能被它们线性表示，请证明：$\boldsymbol{\alpha}_1,\boldsymbol{\alpha}_2,\boldsymbol{\alpha}_3,\boldsymbol{\beta}$也线性无关．

证明 法一：利用定义，令$k_1\boldsymbol{\alpha}_1+k_2\boldsymbol{\alpha}_2+k_3\boldsymbol{\alpha}_3+l\boldsymbol{\beta}=\mathbf{0}$．首先必然$l=0$，否则$\boldsymbol{\beta}=-\frac{k_1}{l}\boldsymbol{\alpha}_1-\frac{k_2}{l}\boldsymbol{\alpha}_2-\frac{k_3}{l}\boldsymbol{\alpha}_3$，此时$\boldsymbol{\beta}$可以被$\boldsymbol{\alpha}_1,\boldsymbol{\alpha}_2,\boldsymbol{\alpha}_3$线性表示，与题设矛盾，故$k_1\boldsymbol{\alpha}_1+k_2\boldsymbol{\alpha}_2+k_3\boldsymbol{\alpha}_3=\mathbf{0}$．

由于$\boldsymbol{\alpha}_1,\boldsymbol{\alpha}_2,\boldsymbol{\alpha}_3$线性无关，则$k_1=k_2=k_3=0$．因此有$k_1=k_2=k_3=l=0$，故$\boldsymbol{\alpha}_1,\boldsymbol{\alpha}_2,\boldsymbol{\alpha}_3,\boldsymbol{\beta}$线性无关．

法二：只需要证明：$\boldsymbol{\alpha}_1,\boldsymbol{\alpha}_2,\boldsymbol{\alpha}_3,\boldsymbol{\beta}$中任意向量均不能被其余向量线性表示即可．首先已知$\boldsymbol{\beta}$不能被$\boldsymbol{\alpha}_1,\boldsymbol{\alpha}_2,\boldsymbol{\alpha}_3$线性表示．接下来证明$\boldsymbol{\alpha}_1$不能$\boldsymbol{\alpha}_2,\boldsymbol{\alpha}_3,\boldsymbol{\beta}$被线性表示，反证法：$\boldsymbol{\alpha}_1$假设能被$\boldsymbol{\alpha}_2,\boldsymbol{\alpha}_3,\boldsymbol{\beta}$线性表示，即$\boldsymbol{\alpha}_1=k_2\boldsymbol{\alpha}_2+k_3\boldsymbol{\alpha}_3+l\boldsymbol{\beta}$，此时必然有$l=0$．（否则$\boldsymbol{\beta}=\frac{1}{l}\boldsymbol{\alpha}_1-\frac{k_2}{l}\boldsymbol{\alpha}_2-\frac{k_3}{l}\boldsymbol{\alpha}_3$，即$\boldsymbol{\beta}$能被$\boldsymbol{\alpha}_1,\boldsymbol{\alpha}_2,\boldsymbol{\alpha}_3$线性表示，与题设矛盾）

因而$\boldsymbol{\alpha}_1=k_2\boldsymbol{\alpha}_2+k_3\boldsymbol{\alpha}_3$，$\boldsymbol{\alpha}_1,\boldsymbol{\alpha}_2,\boldsymbol{\alpha}_3$线性相关，与题设矛盾，从而假设不成立，即$\boldsymbol{\alpha}_1$不能被$\boldsymbol{\alpha}_2,\boldsymbol{\alpha}_3,\boldsymbol{\beta}$线性表示．用类似的方法可证明：$\boldsymbol{\alpha}_2$不能被$\boldsymbol{\alpha}_1,\boldsymbol{\alpha}_3,\boldsymbol{\beta}$线性表示；$\boldsymbol{\alpha}_3$不能被$\boldsymbol{\alpha}_1,\boldsymbol{\alpha}_2,\boldsymbol{\beta}$线性表示．

综合可得，$\boldsymbol{\alpha}_1,\boldsymbol{\alpha}_2,\boldsymbol{\alpha}_3,\boldsymbol{\beta}$中任意向量均不能被其余向量线性表示，故$\boldsymbol{\alpha}_1,\boldsymbol{\alpha}_2,\boldsymbol{\alpha}_3,\boldsymbol{\beta}$线性无关．

【注】向量组$(I)\boldsymbol{\alpha}_1,\boldsymbol{\alpha}_2,\cdots,\boldsymbol{\alpha}_s$线性无关，$\boldsymbol{\beta}$不能被$(I)$线性表示，则向量组$(II)\boldsymbol{\alpha}_1,\boldsymbol{\alpha}_2,\cdots,\boldsymbol{\alpha}_s,\boldsymbol{\beta}$也线性无关.

四、特有的概念（续）

1. 向量组的相互表示：

设如果两个m维向量组$(I)\boldsymbol{\alpha}_1,\boldsymbol{\alpha}_2,....\boldsymbol{\alpha}_s$与$(II)\boldsymbol{\beta}_1,\boldsymbol{\beta}_2,....\boldsymbol{\beta}_t$，如果$(I)$中的每个向量$\boldsymbol{\alpha}_i\ (i=1,2,....s)$都可以被向量组$(II)$表示，则称向量组$(I)$可以被向量组$(II)$线性表示；反之亦然.

如果(I)与(II)可以相互表示，则称(I)与(II)等价.

（注意向量组等价与矩阵等价区别）

2. 向量组的极大线性无关组与秩$R(I)$

设向量组$\boldsymbol{\alpha}_{i1},\boldsymbol{\alpha}_{i2},....\boldsymbol{\alpha}_{ik}$为向量组$(I)\boldsymbol{\alpha}_1,\boldsymbol{\alpha}_2,....\boldsymbol{\alpha}_n$的一个子向量组，且满足两个条件：①线性无关；②$(I)$中任意向量均能被它们线性表示.

则称子向量组$\boldsymbol{\alpha}_{i1},\boldsymbol{\alpha}_{i2},....\boldsymbol{\alpha}_{ik}$是向量组$(I)$的一个极大线性无关组，而其所含向量的个数$k$称为向量组$(I)$的秩，记为$R(I)=k$或$r(I)=k$.

向量组的极大无关组可能不唯一，但是秩一定是唯一的.（证明不需要掌握）

例 设向量组$\boldsymbol{\alpha}_1=\begin{pmatrix}1\\0\end{pmatrix},\boldsymbol{\alpha}_2=\begin{pmatrix}1\\1\end{pmatrix},\boldsymbol{\alpha}_3=\begin{pmatrix}0\\0\end{pmatrix},\boldsymbol{\alpha}_4=\begin{pmatrix}0\\1\end{pmatrix},\boldsymbol{\alpha}_5=\begin{pmatrix}2\\0\end{pmatrix},\boldsymbol{\alpha}_6=\begin{pmatrix}3\\1\end{pmatrix}$

请验证：$\boldsymbol{\alpha}_1,\boldsymbol{\alpha}_2$与$\boldsymbol{\alpha}_4,\boldsymbol{\alpha}_5$都是它的一个极大线性无关组.

证明 $\boldsymbol{\alpha}_1$与$\boldsymbol{\alpha}_2$线性无关，且$\boldsymbol{\alpha}_3=0\cdot\boldsymbol{\alpha}_1+0\cdot\boldsymbol{\alpha}_2$；$\boldsymbol{\alpha}_4=-\boldsymbol{\alpha}_1+\boldsymbol{\alpha}_2$；$\boldsymbol{\alpha}_5=2\boldsymbol{\alpha}_1+0\cdot\boldsymbol{\alpha}_2$，$\boldsymbol{\alpha}_6=2\boldsymbol{\alpha}_1+\boldsymbol{\alpha}_2$，所以$\boldsymbol{\alpha}_1,\boldsymbol{\alpha}_2$是它的一个极大线性无关组.

$\boldsymbol{\alpha}_4$与$\boldsymbol{\alpha}_5$类似，线性无关且$\boldsymbol{\alpha}_1=0\cdot\boldsymbol{\alpha}_4+\frac{1}{2}\cdot\boldsymbol{\alpha}_5$；$\boldsymbol{\alpha}_2=\boldsymbol{\alpha}_4+\frac{1}{2}\boldsymbol{\alpha}_5$；$\boldsymbol{\alpha}_3=0\cdot\boldsymbol{\alpha}_4+0\cdot\boldsymbol{\alpha}_5$，

$\boldsymbol{\alpha}_6=\boldsymbol{\alpha}_4+\frac{3}{2}\boldsymbol{\alpha}_5$，所以$\boldsymbol{\alpha}_4,\boldsymbol{\alpha}_5$是它的一个极大线性无关组.

【注】显然：线性无关向量组的极大线性无关组就是该向量组本身；同一向量组的不同极大无关组之间一定等价；只由零向量组成的向量组不存在极大线性无关组，从而秩为0.

五、重要定理（续）

如何求列向量组的极大无关组与秩：对列向量组做初等行变换，化为阶梯形，横线的条数即为秩，每条横线上取一个紧贴横线处的元素不为0的向量即能组成一个极大线性无关组.

【注】该方法不能保证求出所有的极大无关组.

例 1 有向量组$\boldsymbol{\alpha}_1=\begin{pmatrix}1\\1\\0\end{pmatrix}$，$\boldsymbol{\alpha}_2=\begin{pmatrix}1\\2\\1\end{pmatrix}$，$\boldsymbol{\alpha}_3=\begin{pmatrix}0\\1\\1\end{pmatrix}$，$\boldsymbol{\alpha}_4=\begin{pmatrix}1\\3\\2\end{pmatrix}$，试求它的秩与一个极大线性无关组，并将其余向量用这个极大无关组表示出来．

【答案】$R=2$.

解析 $(\boldsymbol{\alpha}_1,\boldsymbol{\alpha}_2,\boldsymbol{\alpha}_3,\boldsymbol{\alpha}_4)=\begin{pmatrix}1&1&0&1\\1&2&1&3\\0&1&1&2\end{pmatrix}$经初等行变换$\rightarrow\begin{pmatrix}1&1&0&1\\0&1&1&2\\0&1&1&2\end{pmatrix}\rightarrow\begin{pmatrix}1&0&-1&-1\\0&1&1&2\\0&0&0&0\end{pmatrix}$.

因此$\boldsymbol{\alpha}_1,\boldsymbol{\alpha}_2$可为其一个极大无关组，且$\boldsymbol{\alpha}_3=-\boldsymbol{\alpha}_1+\boldsymbol{\alpha}_2,\boldsymbol{\alpha}_4=-\boldsymbol{\alpha}_1+2\boldsymbol{\alpha}_2$．

【定理 1】m维向量组$(I)\,\boldsymbol{\alpha}_1,\boldsymbol{\alpha}_2,.....\boldsymbol{\alpha}_n$的秩$R(I)\leqslant n$，且：

$R(\boldsymbol{\alpha}_1,\boldsymbol{\alpha}_2,.....\boldsymbol{\alpha}_n)=n\Leftrightarrow\boldsymbol{\alpha}_1,\boldsymbol{\alpha}_2,.....\boldsymbol{\alpha}_n$线性无关；

$R(\boldsymbol{\alpha}_1,\boldsymbol{\alpha}_2,.....\boldsymbol{\alpha}_n)<n\Leftrightarrow\boldsymbol{\alpha}_1,\boldsymbol{\alpha}_2,.....\boldsymbol{\alpha}_n$线性相关．

【定理 2】设向量组$(I)\,\boldsymbol{\alpha}_1,\boldsymbol{\alpha}_2,.....\boldsymbol{\alpha}_n$的秩$R(I)=k$，现有同维向量$\boldsymbol{\beta}$，则：

$R(\boldsymbol{\alpha}_1,\boldsymbol{\alpha}_2,.....\boldsymbol{\alpha}_n,\boldsymbol{\beta})=k\Leftrightarrow\boldsymbol{\beta}$能被$(I)$表示；

$R(\boldsymbol{\alpha}_1,\boldsymbol{\alpha}_2,.....\boldsymbol{\alpha}_n,\boldsymbol{\beta})=k+1\Leftrightarrow\boldsymbol{\beta}$不能被$(I)$表示．

【注】如果一向量组(I)中含有k个线性无关的向量，则$R(I)\geqslant k$．

【定理 3】设有两个m维向量组$(I)\,\boldsymbol{\alpha}_1,\boldsymbol{\alpha}_2,....\boldsymbol{\alpha}_s$与$(II)\,\boldsymbol{\beta}_1,\boldsymbol{\beta}_2,....\boldsymbol{\beta}_t$，如果向量组$(I)$可以被向量组$(II)$线性表示，那么$R(I)\leqslant R(II)$，反之亦然．

【注】如果两个向量组(I)与(II)等价，则有$R(I)=R(II)$．

（注意与矩阵等价不同，这个定理不能倒推）

【定理 4】矩阵$\boldsymbol{A}_{m\times n}$的秩$R(\boldsymbol{A}_{m\times n})$=其行向量组的秩=其列向量组的秩．（证明不需要掌握）

【注】对于方阵$\boldsymbol{A}_{n\times n}$，有$|\boldsymbol{A}|\neq 0\Leftrightarrow R(\boldsymbol{A})=n\Leftrightarrow$行、列向量均无关；

$|\boldsymbol{A}|=0\Leftrightarrow R(\boldsymbol{A})<n\Leftrightarrow$行、列向量均相关．

【定理 5】任意m维向量组$(I)\,\boldsymbol{\alpha}_1,\boldsymbol{\alpha}_2,.....\boldsymbol{\alpha}_n$的秩$R(I)\leqslant m$，即$m$维空间秩为$m$．

【注】（1）当$m<n$（个数大于维度）时，任意m维向量组$(I)\,\boldsymbol{\alpha}_1,\boldsymbol{\alpha}_2,.....\boldsymbol{\alpha}_n$线性相关；

（2）当m维向量组(I)的秩为m时，它能表示任意m维的向量；

（3）m维向量组$\boldsymbol{\alpha}_1,\boldsymbol{\alpha}_2,....\boldsymbol{\alpha}_n\,(m<n)$（线性相关）中任意$m$个线性无关的向量一定是其中一个极大线性无关组．

例 2 请判断向量组$\boldsymbol{\alpha}_1=\begin{pmatrix}1\\2\\-1\\4\end{pmatrix},\boldsymbol{\alpha}_2=\begin{pmatrix}0\\-1\\-5\\3\end{pmatrix},\boldsymbol{\alpha}_3=\begin{pmatrix}2\\5\\3\\5\end{pmatrix}$的线性相关性.

【答案】线性相关.

解析 $(\boldsymbol{\alpha}_1,\boldsymbol{\alpha}_2,\boldsymbol{\alpha}_3)=\begin{pmatrix}1&0&2\\2&-1&5\\-1&-5&3\\4&3&5\end{pmatrix}\xrightarrow{\text{经初等行变换}}\begin{pmatrix}1&0&2\\0&-1&1\\0&-5&5\\0&3&-3\end{pmatrix}\to\begin{pmatrix}1&0&2\\0&-1&1\\0&0&0\\0&0&0\end{pmatrix}$.因此向量组秩为 2,故线性相关.

例 3 设有向量组$\boldsymbol{\alpha}_1=\begin{pmatrix}1\\1\\1\end{pmatrix},\boldsymbol{\alpha}_2=\begin{pmatrix}-1\\-1\\-1\end{pmatrix},\boldsymbol{\alpha}_3=\begin{pmatrix}1\\-1\\-2\end{pmatrix}$,问向量$\boldsymbol{\beta}=\begin{pmatrix}-1\\1\\2\end{pmatrix}$可否由它线性表示？如果可以,则表示方式是唯一还是无穷？

【答案】可以,表示方式无穷.

解析 法一：由于$(\boldsymbol{\alpha}_1,\boldsymbol{\alpha}_2,\boldsymbol{\alpha}_3|\boldsymbol{\beta})=\left(\begin{array}{ccc|c}1&-1&1&-1\\1&-1&-1&1\\1&-1&-2&2\end{array}\right)\xrightarrow{\text{经初等行变换}}\left(\begin{array}{ccc|c}1&-1&1&-1\\0&0&-2&2\\0&0&-3&3\end{array}\right)$

$\to\left(\begin{array}{ccc|c}1&-1&1&-1\\0&0&-1&1\\0&0&-1&1\end{array}\right)\to\left(\begin{array}{ccc|c}1&-1&1&-1\\0&0&-1&1\\0&0&0&0\end{array}\right)$.即$r(\boldsymbol{\alpha}_1,\boldsymbol{\alpha}_2,\boldsymbol{\alpha}_3|\boldsymbol{\beta})=r(\boldsymbol{\alpha}_1,\boldsymbol{\alpha}_2,\boldsymbol{\alpha}_3)=2$,从而$\boldsymbol{\beta}$可由$\boldsymbol{\alpha}_1,\boldsymbol{\alpha}_2,\boldsymbol{\alpha}_3$线性表示,且表示方式无穷.

法二: 因为$\boldsymbol{\beta}=-\boldsymbol{\alpha}_3$,故可由$\boldsymbol{\alpha}_1,\boldsymbol{\alpha}_2,\boldsymbol{\alpha}_3$表示,又因为$\boldsymbol{\alpha}_2=-\boldsymbol{\alpha}_1$,故$\boldsymbol{\alpha}_1,\boldsymbol{\alpha}_2$线性相关$\Rightarrow\boldsymbol{\alpha}_1,\boldsymbol{\alpha}_2,\boldsymbol{\alpha}_3$线性相关,所以表示方式无穷.

例 4 设向量组$\boldsymbol{\alpha},\boldsymbol{\beta},\boldsymbol{\gamma}$线性无关,而$\boldsymbol{\alpha},\boldsymbol{\beta},\boldsymbol{\delta}$线性相关,则请问：“$\boldsymbol{\delta}$一定可以由其他三个向量线性表示”这种说法对不对？

【答案】对.

解析 法一: 因为$\boldsymbol{\alpha},\boldsymbol{\beta},\boldsymbol{\gamma}$线性无关$\Rightarrow\boldsymbol{\alpha},\boldsymbol{\beta}$线性无关,由第 40 页【例 5】可知,$\boldsymbol{\delta}$可由$\boldsymbol{\alpha},\boldsymbol{\beta}$表示(如$\boldsymbol{\delta}$不能被$\boldsymbol{\alpha},\boldsymbol{\beta}$表示,那么$\boldsymbol{\alpha},\boldsymbol{\beta},\boldsymbol{\delta}$一定线性无关,而不会是线性相关),从而可知$\boldsymbol{\delta}$可由$\boldsymbol{\alpha},\boldsymbol{\beta},\boldsymbol{\gamma}$表示.

法二：因为$\boldsymbol{\alpha},\boldsymbol{\beta},\boldsymbol{\gamma}$线性无关$\Rightarrow\boldsymbol{\alpha},\boldsymbol{\beta}$线性无关$\Rightarrow R(\boldsymbol{\alpha},\boldsymbol{\beta})=2\Rightarrow R(\boldsymbol{\alpha},\boldsymbol{\beta},\boldsymbol{\delta})\geqslant 2$,又因为$\boldsymbol{\alpha},\boldsymbol{\beta},\boldsymbol{\delta}$线性相关$\Rightarrow R(\boldsymbol{\alpha},\boldsymbol{\beta},\boldsymbol{\delta})\leqslant 2\Rightarrow R(\boldsymbol{\alpha},\boldsymbol{\beta},\boldsymbol{\delta})=2=R(\boldsymbol{\alpha},\boldsymbol{\beta})$,即$\boldsymbol{\delta}$可由$\boldsymbol{\alpha},\boldsymbol{\beta}$表示$\Rightarrow\boldsymbol{\delta}$可由$\boldsymbol{\alpha},\boldsymbol{\beta},\boldsymbol{\gamma}$表示.

例 5 设有向量组$(I)\boldsymbol{\alpha}_1=\begin{pmatrix}1\\1\\1\end{pmatrix},\boldsymbol{\alpha}_2=\begin{pmatrix}-1\\-1\\-1\end{pmatrix}$与$(II)\boldsymbol{\alpha}_3=\begin{pmatrix}1\\-1\\-2\end{pmatrix},\boldsymbol{\alpha}_4=\begin{pmatrix}-1\\1\\2\end{pmatrix}$,问这两组向量组是否等价？

【答案】不等价.

解析 法一：$\left(\begin{array}{cc:cc}1&-1&1&-1\\1&-1&-1&1\\1&-1&-2&2\end{array}\right)\to\left(\begin{array}{cc:cc}1&-1&1&-1\\0&0&-2&2\\0&0&-3&3\end{array}\right)\to\left(\begin{array}{cc:cc}1&-1&1&-1\\0&0&1&-1\\0&0&1&-1\end{array}\right)\to\left(\begin{array}{cc:cc}1&-1&1&-1\\0&0&1&-1\\0&0&0&0\end{array}\right)$，

因而$(II)\boldsymbol{\alpha}_3,\boldsymbol{\alpha}_4$不能被$(I)\boldsymbol{\alpha}_1,\boldsymbol{\alpha}_2$线性表示，两向量组不等价．

法二：$\boldsymbol{\alpha}_2=-\boldsymbol{\alpha}_1,\boldsymbol{\alpha}_4=-\boldsymbol{\alpha}_3$，若$\boldsymbol{\alpha}_3$可由$\boldsymbol{\alpha}_1$与$\boldsymbol{\alpha}_2$表示，即$\boldsymbol{\alpha}_3=k_1\boldsymbol{\alpha}_1+k_2\boldsymbol{\alpha}_2$，必有$\boldsymbol{\alpha}_3=(k_1-k_2)\boldsymbol{\alpha}_1=k\boldsymbol{\alpha}_1$，所以不可能等价．

例 6 设向量组$(I)\boldsymbol{\alpha}_1,\boldsymbol{\alpha}_2,\ldots\ldots,\boldsymbol{\alpha}_t$，$(II)\boldsymbol{\beta}_1,\boldsymbol{\beta}_2,\ldots\ldots,\boldsymbol{\beta}_s$，则下列命题：

①若向量组(I)可由(II)线性表示，且$s<t$，则必有(I)线性相关；

②若向量组(II)可由(I)线性表示，且$s<t$，则必有(I)线性相关；

③若向量组(I)可由(II)线性表示，且(I)线性无关，则必有$s\geqslant t$；

④若向量组(II)可由(I)线性表示，且(I)线性无关，则必有$s\geqslant t$．

正确的是（　　）

(A)①④　　(B)①③　　(C)②③　　(D)②④

【答案】(B).

解析 若向量组(I)可由(II)线性表示，则必有：$R(I)\leqslant R(II)\leqslant s$，在这样的情况下：

如果$s<t$，则必有$R(I)<t$，从而(I)线性相关，①对；

如果(I)线性无关，则$R(I)=t$，从而$t\leqslant s$，所以③对．选(B).

例 7 请利用上面定理证明：$R(\boldsymbol{A}_{m\times n}\boldsymbol{B}_{n\times s})\begin{cases}\leqslant R(\boldsymbol{A})\\\leqslant R(\boldsymbol{B})\end{cases}$.

类似的：$R(\boldsymbol{A}\pm\boldsymbol{B})\leqslant R(\boldsymbol{A})+R(\boldsymbol{B})$；$R(\boldsymbol{A},\boldsymbol{B})\leqslant R(\boldsymbol{A})+R(\boldsymbol{B})$；$R\begin{pmatrix}\boldsymbol{A}\\\boldsymbol{B}\end{pmatrix}\leqslant R(\boldsymbol{A})+R(\boldsymbol{B})$.

证明 矩阵$\boldsymbol{C}=\boldsymbol{AB}$的列向量组可由$\boldsymbol{A}$的列向量组表示，所以$\boldsymbol{C}$的列向量组的秩

$=R(\boldsymbol{C})=R(\boldsymbol{AB})\leqslant\boldsymbol{A}$的列向量组的秩$=R(\boldsymbol{A})$；

同理，矩阵$\boldsymbol{C}=\boldsymbol{AB}$的行向量组可由$\boldsymbol{B}$的行向量组表示，所以$\boldsymbol{C}$的行向量组的秩

$=R(\boldsymbol{C})=R(\boldsymbol{AB})\leqslant\boldsymbol{B}$的行向量组的秩$=R(\boldsymbol{B})$.

类似的方法可证明：

$R(\boldsymbol{A}\pm\boldsymbol{B})\leqslant R(\boldsymbol{A})+R(\boldsymbol{B})$；$R(\boldsymbol{A},\boldsymbol{B})\leqslant R(\boldsymbol{A})+R(\boldsymbol{B})$；$R\begin{pmatrix}\boldsymbol{A}\\\boldsymbol{B}\end{pmatrix}\leqslant R(\boldsymbol{A})+R(\boldsymbol{B})$.

例 8 设m维向量组$(I)\boldsymbol{\alpha}_1,\boldsymbol{\alpha}_2,\cdots,\boldsymbol{\alpha}_n$，$(II)\boldsymbol{\beta}_1,\boldsymbol{\beta}_2,\cdots,\boldsymbol{\beta}_s$，请证明：若$r(I)=r(II)$，且$(II)$可由$(I)$线性表出，则$(I)\cong(II)$.

证明 (I)一定可以被(II)线性表示．反证法：假设(I)不能被(II)线性表示，即存在某个$\boldsymbol{\alpha}_i$不能被(II)表示．把向量组(I)和(II)放在一起，形成新向量组$(III)\boldsymbol{\alpha}_1,\boldsymbol{\alpha}_2,\cdots,\boldsymbol{\alpha}_n,\boldsymbol{\beta}_1,\boldsymbol{\beta}_2,\cdots,\boldsymbol{\beta}_s$，由于$(II)$可由

(I)线性表出，从而$r(III)=r(I)$；但由假设：即存在某个$\boldsymbol{\alpha}_i$不能被(II)表示，从而$r(III)>r(II)$，得到结果：$r(I)>r(II)$，与题设$r(I)=r(II)$矛盾，故假设不成立，所以(I)一定可以被(II)线性表示，$(I)\cong(II)$.

【注】两组向量组如果其中一组能被另外一组线性表示，且秩相等，则两组向量组等价.

例 9 设$\boldsymbol{\alpha}_1,\boldsymbol{\alpha}_2,\boldsymbol{\alpha}_3$线性无关，请证明：

（1）$\boldsymbol{\alpha}_1-\boldsymbol{\alpha}_2,\boldsymbol{\alpha}_2-\boldsymbol{\alpha}_3,\boldsymbol{\alpha}_3-\boldsymbol{\alpha}_1$线性相关；

（2）$\boldsymbol{\alpha}_1+\boldsymbol{\alpha}_2,\boldsymbol{\alpha}_2+\boldsymbol{\alpha}_3,\boldsymbol{\alpha}_3+\boldsymbol{\alpha}_1$线性无关；

（3）并求$\boldsymbol{\alpha}_1-\boldsymbol{\alpha}_2,\boldsymbol{\alpha}_2-\boldsymbol{\alpha}_3,\boldsymbol{\alpha}_3-\boldsymbol{\alpha}_1$的一个最大无关组.

证明 （1）法一：设向量组$(\boldsymbol{\alpha}_1-\boldsymbol{\alpha}_2,\boldsymbol{\alpha}_2-\boldsymbol{\alpha}_3,\boldsymbol{\alpha}_3-\boldsymbol{\alpha}_1)=(\boldsymbol{\beta}_1,\boldsymbol{\beta}_2,\boldsymbol{\beta}_3)$，则

$\boldsymbol{\beta}_1+\boldsymbol{\beta}_2+\boldsymbol{\beta}_3=(\boldsymbol{\alpha}_1-\boldsymbol{\alpha}_2)+(\boldsymbol{\alpha}_2-\boldsymbol{\alpha}_3)+(\boldsymbol{\alpha}_3-\boldsymbol{\alpha}_1)=\boldsymbol{0}$，故向量组线性相关.

法二：由于$(\boldsymbol{\alpha}_1-\boldsymbol{\alpha}_2,\boldsymbol{\alpha}_2-\boldsymbol{\alpha}_3,\boldsymbol{\alpha}_3-\boldsymbol{\alpha}_1)=(\boldsymbol{\alpha}_1,\boldsymbol{\alpha}_2,\boldsymbol{\alpha}_3)\begin{pmatrix}1&0&-1\\-1&1&0\\0&-1&1\end{pmatrix}$，从而

$R(\boldsymbol{\alpha}_1-\boldsymbol{\alpha}_2,\boldsymbol{\alpha}_2-\boldsymbol{\alpha}_3,\boldsymbol{\alpha}_3-\boldsymbol{\alpha}_1)\leqslant R\begin{pmatrix}1&0&-1\\-1&1&0\\0&-1&1\end{pmatrix}$，而$\begin{pmatrix}1&0&-1\\-1&1&0\\0&-1&1\end{pmatrix}\to\begin{pmatrix}1&0&-1\\0&1&-1\\0&-1&1\end{pmatrix}\to\begin{pmatrix}1&0&-1\\0&1&-1\\0&0&0\end{pmatrix}$，

所以$R\begin{pmatrix}1&0&-1\\-1&1&0\\0&-1&1\end{pmatrix}=2$，$R(\boldsymbol{\alpha}_1-\boldsymbol{\alpha}_2,\boldsymbol{\alpha}_2-\boldsymbol{\alpha}_3,\boldsymbol{\alpha}_3-\boldsymbol{\alpha}_1)\leqslant 2$，故$\boldsymbol{\alpha}_1-\boldsymbol{\alpha}_2,\boldsymbol{\alpha}_2-\boldsymbol{\alpha}_3,\boldsymbol{\alpha}_3-\boldsymbol{\alpha}_1$线性相关.

（2）法一：令$k_1(\boldsymbol{\alpha}_1+\boldsymbol{\alpha}_2)+k_2(\boldsymbol{\alpha}_2+\boldsymbol{\alpha}_3)+k_3(\boldsymbol{\alpha}_3+\boldsymbol{\alpha}_1)=\boldsymbol{0}$，整理可得

$(k_1+k_3)\boldsymbol{\alpha}_1+(k_1+k_2)\boldsymbol{\alpha}_2+(k_2+k_3)\boldsymbol{\alpha}_3=\boldsymbol{0}$，由于$\boldsymbol{\alpha}_1,\boldsymbol{\alpha}_2,\boldsymbol{\alpha}_3$线性无关，从而可得$\begin{cases}k_1+k_3=0\\k_1+k_2=0\\k_2+k_3=0\end{cases}$，解得

$k_1=k_2=k_3=0$，故$\boldsymbol{\alpha}_1+\boldsymbol{\alpha}_2,\boldsymbol{\alpha}_2+\boldsymbol{\alpha}_3,\boldsymbol{\alpha}_3+\boldsymbol{\alpha}_1$线性无关.

法二：因为$(\boldsymbol{\alpha}_1+\boldsymbol{\alpha}_2,\boldsymbol{\alpha}_2+\boldsymbol{\alpha}_3,\boldsymbol{\alpha}_3+\boldsymbol{\alpha}_1)=(\boldsymbol{\alpha}_1,\boldsymbol{\alpha}_2,\boldsymbol{\alpha}_3)\begin{pmatrix}1&0&1\\1&1&0\\0&1&1\end{pmatrix}$，即$\boldsymbol{C}=\boldsymbol{AB}$，

因为$\boldsymbol{B}=\begin{pmatrix}1&0&1\\1&1&0\\0&1&1\end{pmatrix}\to\begin{pmatrix}1&0&1\\0&1&-1\\0&1&1\end{pmatrix}\to\begin{pmatrix}1&0&1\\0&1&-1\\0&0&2\end{pmatrix}$，从而$R(\boldsymbol{B})=3$，$\boldsymbol{B}$可逆，故$R(\boldsymbol{C})=R(\boldsymbol{AB})$

$=R(\boldsymbol{A})=3$，可得$\boldsymbol{\alpha}_1+\boldsymbol{\alpha}_2,\boldsymbol{\alpha}_2+\boldsymbol{\alpha}_3,\boldsymbol{\alpha}_3+\boldsymbol{\alpha}_1$线性无关.

（3）利用矩阵分块或者线性无关定义可以证明，$\boldsymbol{\beta}_1,\boldsymbol{\beta}_2,\boldsymbol{\beta}_3$中任意两个向量都线性无关，且由于（1）可知$\boldsymbol{\beta}_1+\boldsymbol{\beta}_2+\boldsymbol{\beta}_3=\boldsymbol{0}$，从而它们（选定的任意两个向量）定可表示剩下的那个向量，故$\boldsymbol{\beta}_1,\boldsymbol{\beta}_2,\boldsymbol{\beta}_3$中

任意两个向量都可作为极大线性无关组.

例 10 设$A_{m\times n}$, $B_{n\times s}$均为非零矩阵，且满足$A_{m\times n}B_{n\times s}=O_{m\times s}$，则必有(　　).

(A) A的列向量线性相关，B的行向量线性相关

(B) A的列向量线性相关，B的列向量线性相关

(C) A的行向量线性相关，B的行向量线性相关

(D) A的行向量线性相关，B的列向量线性相关

【答案】(A).

解析 法一：因为$AB=O$，所以$R(A)+R(B)\leqslant n$，因为$A\neq O$，$B\neq O$，

所以$R(A)\geqslant 1, R(B)\geqslant 1 \Rightarrow R(A)<n, R(B)<n$，选(A).

法二：由于$A_{m\times n}B_{n\times s}=O_{m\times s}$，由矩阵列分块，有$(\alpha_1,\alpha_2,\cdots,\alpha_n)\begin{pmatrix} b_{11} & b_{12} & \cdots & b_{1s} \\ b_{21} & b_{22} & \cdots & b_{2s} \\ \vdots & \vdots & \ddots & \vdots \\ b_{n1} & b_{n2} & \cdots & b_{ns}\end{pmatrix}=(0,0,\cdots,0)$，即

$b_{1j}\alpha_1+b_{2j}\alpha_2+\cdots+b_{nj}\alpha_n=0\,(j=1,2,...,s)$. 由于$B\neq O$，从而存在$b_{ij}\neq 0$，可知$\alpha_1$, α_2, $\cdots$, α_n线性相关.（比如：若$b_{21}\neq 0$，则可通过$b_{11}\alpha_1+b_{21}\alpha_2+\cdots+b_{n1}\alpha_n=0$得$\alpha_1$, α_2, $\cdots$, α_n线性相关）

证明 B 的行向量线性相关类似.

例 11 请问a为何值时，向量组$\alpha_1=\begin{pmatrix}1\\3\\2\end{pmatrix}$, $\alpha_2=\begin{pmatrix}-1\\1\\2\end{pmatrix}$, $\alpha_3=\begin{pmatrix}0\\a\\3\end{pmatrix}$线性相关？$a$何值时，线性无关？

【答案】$a=3$时线性相关；$a\neq 3$时线性无关.

解析 可以通过对向量组做初等行变换来分析秩，

也可以分析$|\alpha_1,\alpha_2,\alpha_3|=\begin{vmatrix}1 & -1 & 0\\ 3 & 1 & a\\ 2 & 2 & 3\end{vmatrix}=\begin{vmatrix}1 & 0 & 0\\ 3 & 4 & a\\ 2 & 4 & 3\end{vmatrix}=4(3-a)$，从而得到答案.

【注】当向量组的维度和个数相等的时候，分析其相关性往往可以考虑其形成方阵的行列式.

补：矩阵等价与向量组等价的区别与联系

1. 区别

矩阵等价

（1）定义：矩阵$A_{m\times n}$通过初等变换变为矩阵$B_{m\times n}$，即$PAQ=B$，记为$A\cong B$.

（2）与秩的关系：$A\cong B\Leftrightarrow R(A_{m\times n})=R(B_{m\times n})$.（充要条件）

向量组等价

（1）定义：同维向量组(I)与(II)可以相互表示.

（2）与秩的关系：(I)与(II)等价$\Rightarrow R(I)=R(II)$.（不能倒推）

2. 联系

$\boldsymbol{AQ}=\boldsymbol{B}$, 其中$\boldsymbol{Q}$可逆$\Leftrightarrow \boldsymbol{A}$与$\boldsymbol{B}$的列向量等价；

$\boldsymbol{PA}=\boldsymbol{B}$, 其中$\boldsymbol{P}$可逆$\Leftrightarrow \boldsymbol{A}$与$\boldsymbol{B}$的行向量等价 .

第二节　综合例题

一、向量组的线性关系

例 1 设$\boldsymbol{\alpha}_1,\boldsymbol{\alpha}_2,\cdots,\boldsymbol{\alpha}_s$是$s$个$n$维向量，下列论断正确的是（　　）.

(A)若$\boldsymbol{\alpha}_s$不能由$\boldsymbol{\alpha}_1,\boldsymbol{\alpha}_2,\cdots,\boldsymbol{\alpha}_{s-1}$线性表出，则向量组$\boldsymbol{\alpha}_1,\boldsymbol{\alpha}_2,\cdots,\boldsymbol{\alpha}_s$线性无关

(B)已知存在不全为零的数$k_1,k_2,\cdots,k_{s-1}$，使得$k_1\boldsymbol{\alpha}_1+k_2\boldsymbol{\alpha}_2+\cdots+k_{s-1}\boldsymbol{\alpha}_{s-1}+0\boldsymbol{\alpha}_s=\mathbf{0}$，则$\boldsymbol{\alpha}_s$不能由$\boldsymbol{\alpha}_1,\boldsymbol{\alpha}_2,\cdots,\boldsymbol{\alpha}_{s-1}$线性表出

(C)若$\boldsymbol{\alpha}_1,\boldsymbol{\alpha}_2,\cdots,\boldsymbol{\alpha}_s$线性相关，则任一向量均可由其余向量线性表出

(D)若$\boldsymbol{\alpha}_1,\boldsymbol{\alpha}_2,\cdots,\boldsymbol{\alpha}_s$线性相关，$\boldsymbol{\alpha}_s$不能由$\boldsymbol{\alpha}_1,\boldsymbol{\alpha}_2,\cdots,\boldsymbol{\alpha}_{s-1}$线性表出，则$\boldsymbol{\alpha}_1,\boldsymbol{\alpha}_2,\cdots,\boldsymbol{\alpha}_{s-1}$线性相关

【答案】(D).

解析 反证法：如果$\boldsymbol{\alpha}_1,\boldsymbol{\alpha}_2,\cdots,\boldsymbol{\alpha}_{s-1}$线性无关，由于$\boldsymbol{\alpha}_s$不能由$\boldsymbol{\alpha}_1,\boldsymbol{\alpha}_2,\cdots,\boldsymbol{\alpha}_{s-1}$线性表出，从而$\boldsymbol{\alpha}_1,\boldsymbol{\alpha}_2,\cdots,\boldsymbol{\alpha}_s$也会线性无关，与题设矛盾，故$\boldsymbol{\alpha}_1,\boldsymbol{\alpha}_2,\cdots,\boldsymbol{\alpha}_{s-1}$线性相关 .

例 2 设向量组$\boldsymbol{\alpha}_1,\boldsymbol{\alpha}_2,\cdots,\boldsymbol{\alpha}_s$的秩为$r(r<s)$，则下列说法错误的是（　　）.

$(A)\boldsymbol{\alpha}_1,\boldsymbol{\alpha}_2,\cdots,\boldsymbol{\alpha}_s$中至少有一个由$r$个向量组成的部分组线性无关

$(B)\boldsymbol{\alpha}_1,\boldsymbol{\alpha}_2,\cdots,\boldsymbol{\alpha}_s$中任何$r$个线性无关向量组成的部分组与$\boldsymbol{\alpha}_1,\boldsymbol{\alpha}_2,\cdots,\boldsymbol{\alpha}_s$是等价向量组

$(C)\boldsymbol{\alpha}_1,\boldsymbol{\alpha}_2,\cdots,\boldsymbol{\alpha}_s$中任何$r$个向量的部分组都线性无关

$(D)\boldsymbol{\alpha}_1,\boldsymbol{\alpha}_2,\cdots,\boldsymbol{\alpha}_s$中任何$r+1$个向量的部分组都线性相关

（此题正确的$(A)(B)(D)$选项均具有结论性）

【答案】(C).

解析 (C)显然是错误的，反例：$\boldsymbol{\alpha}_1=\begin{pmatrix}1\\0\end{pmatrix},\boldsymbol{\alpha}_2=\begin{pmatrix}0\\1\end{pmatrix},\boldsymbol{\alpha}_3=\begin{pmatrix}0\\0\end{pmatrix}$秩为 2, 但是$\boldsymbol{\alpha}_2,\boldsymbol{\alpha}_3$就是线性相关的 .

例 3 已知向量组$\boldsymbol{\alpha}_1,\boldsymbol{\alpha}_2,\boldsymbol{\alpha}_3,\boldsymbol{\alpha}_4$线性相关，向量组$\boldsymbol{\alpha}_2,\boldsymbol{\alpha}_3,\boldsymbol{\alpha}_4,\boldsymbol{\alpha}_5$线性无关 . 证明：（1）$\boldsymbol{\alpha}_1$可以由向量组$\boldsymbol{\alpha}_2,\boldsymbol{\alpha}_3,\boldsymbol{\alpha}_4,\boldsymbol{\alpha}_5$线性表示 .（2）$\boldsymbol{\alpha}_5$不能由向量组$\boldsymbol{\alpha}_1,\boldsymbol{\alpha}_2,\boldsymbol{\alpha}_3,\boldsymbol{\alpha}_4$线性表示 .

证明 （1）由于$\boldsymbol{\alpha}_2,\boldsymbol{\alpha}_3,\boldsymbol{\alpha}_4,\boldsymbol{\alpha}_5$线性无关，从而$\boldsymbol{\alpha}_2,\boldsymbol{\alpha}_3,\boldsymbol{\alpha}_4$线性无关，因此$r(\boldsymbol{\alpha}_2,\boldsymbol{\alpha}_3,\boldsymbol{\alpha}_4)=3$，从而$r(\boldsymbol{\alpha}_1,\boldsymbol{\alpha}_2,\boldsymbol{\alpha}_3,\boldsymbol{\alpha}_4)\geqslant 3$. 而由题意$\boldsymbol{\alpha}_1,\boldsymbol{\alpha}_2,\boldsymbol{\alpha}_3,\boldsymbol{\alpha}_4$线性相关，所以$r(\boldsymbol{\alpha}_1,\boldsymbol{\alpha}_2,\boldsymbol{\alpha}_3,\boldsymbol{\alpha}_4)\leqslant 3$，综合可得$r(\boldsymbol{\alpha}_1,\boldsymbol{\alpha}_2,\boldsymbol{\alpha}_3,\boldsymbol{\alpha}_4)=3$，即$\boldsymbol{\alpha}_1$可以由向量组$\boldsymbol{\alpha}_2,\boldsymbol{\alpha}_3,\boldsymbol{\alpha}_4$线性表示，当然也可由$\boldsymbol{\alpha}_2,\boldsymbol{\alpha}_3,\boldsymbol{\alpha}_4,\boldsymbol{\alpha}_5$线性表示 .

（2）法一：因为$\boldsymbol{\alpha}_2,\boldsymbol{\alpha}_3,\boldsymbol{\alpha}_4,\boldsymbol{\alpha}_5$线性无关，所以$r(\boldsymbol{\alpha}_2,\boldsymbol{\alpha}_3,\boldsymbol{\alpha}_4,\boldsymbol{\alpha}_5)=4$. 且由（1）可知$\boldsymbol{\alpha}_1$可以由向量组$\boldsymbol{\alpha}_2,\boldsymbol{\alpha}_3,\boldsymbol{\alpha}_4,\boldsymbol{\alpha}_5$线性表示，所以$r(\boldsymbol{\alpha}_1,\boldsymbol{\alpha}_2,\boldsymbol{\alpha}_3,\boldsymbol{\alpha}_4,\boldsymbol{\alpha}_5)=r(\boldsymbol{\alpha}_2,\boldsymbol{\alpha}_3,\boldsymbol{\alpha}_4,\boldsymbol{\alpha}_5)=4$，且由（1）可知

$r(\boldsymbol{\alpha}_1,\boldsymbol{\alpha}_2,\boldsymbol{\alpha}_3,\boldsymbol{\alpha}_4)=3$，从而$r(\boldsymbol{\alpha}_1,\boldsymbol{\alpha}_2,\boldsymbol{\alpha}_3,\boldsymbol{\alpha}_4,\boldsymbol{\alpha}_5)=r(\boldsymbol{\alpha}_1,\boldsymbol{\alpha}_2,\boldsymbol{\alpha}_3,\boldsymbol{\alpha}_4)+1$，则$\boldsymbol{\alpha}_5$不能由向量组$\boldsymbol{\alpha}_1,\boldsymbol{\alpha}_2,\boldsymbol{\alpha}_3,\boldsymbol{\alpha}_4$线性表示．

法二：反证法，假设$\boldsymbol{\alpha}_5$可由向量组$\boldsymbol{\alpha}_1,\boldsymbol{\alpha}_2,\boldsymbol{\alpha}_3,\boldsymbol{\alpha}_4$线性表示，即：存在实数$k_1,k_2,k_3,k_4$使得$\boldsymbol{\alpha}_5=k_1\boldsymbol{\alpha}_1+k_2\boldsymbol{\alpha}_2+k_3\boldsymbol{\alpha}_3+k_4\boldsymbol{\alpha}_4$．而由（1）可知$\boldsymbol{\alpha}_1$可以由向量组$\boldsymbol{\alpha}_2,\boldsymbol{\alpha}_3,\boldsymbol{\alpha}_4$线性表示，即存在实数$l_2,l_3,l_4$，使得$\boldsymbol{\alpha}_1=l_2\boldsymbol{\alpha}_2+l_3\boldsymbol{\alpha}_3+l_4\boldsymbol{\alpha}_4$．代入$\boldsymbol{\alpha}_5=k_1\boldsymbol{\alpha}_1+k_2\boldsymbol{\alpha}_2+k_3\boldsymbol{\alpha}_3+k_4\boldsymbol{\alpha}_4$中有$\boldsymbol{\alpha}_5=(k_2+k_1l_2)\boldsymbol{\alpha}_2+(k_3+k_1l_3)\boldsymbol{\alpha}_3+(k_4+k_1l_4)\boldsymbol{\alpha}_4$，即$\boldsymbol{\alpha}_5$可由向量组$\boldsymbol{\alpha}_2,\boldsymbol{\alpha}_3,\boldsymbol{\alpha}_4$线性表示，与题设$\boldsymbol{\alpha}_2,\boldsymbol{\alpha}_3,\boldsymbol{\alpha}_4,\boldsymbol{\alpha}_5$线性无关矛盾，则假设不成立．

例 4 已知向量组$r(\boldsymbol{\alpha}_1,\boldsymbol{\alpha}_2,\boldsymbol{\alpha}_3,\boldsymbol{\alpha}_4)=4$，$r(\boldsymbol{\alpha}_1,\boldsymbol{\alpha}_2,\boldsymbol{\alpha}_3,\boldsymbol{\alpha}_5)=3$，请证明：$r(\boldsymbol{\alpha}_1,\boldsymbol{\alpha}_2,\boldsymbol{\alpha}_3,\boldsymbol{\alpha}_4+\boldsymbol{\alpha}_5)=4$．

证明 法一：由于$r(\boldsymbol{\alpha}_1,\boldsymbol{\alpha}_2,\boldsymbol{\alpha}_3,\boldsymbol{\alpha}_4)=4$，从而$\boldsymbol{\alpha}_1,\boldsymbol{\alpha}_2,\boldsymbol{\alpha}_3,\boldsymbol{\alpha}_4$线性无关，因而$\boldsymbol{\alpha}_1,\boldsymbol{\alpha}_2,\boldsymbol{\alpha}_3$也线性无关，$r(\boldsymbol{\alpha}_1,\boldsymbol{\alpha}_2,\boldsymbol{\alpha}_3)=3$，结合$r(\boldsymbol{\alpha}_1,\boldsymbol{\alpha}_2,\boldsymbol{\alpha}_3,\boldsymbol{\alpha}_5)=3$，可知$\boldsymbol{\alpha}_5$可以被$\boldsymbol{\alpha}_1,\boldsymbol{\alpha}_2,\boldsymbol{\alpha}_3$线性表示出来，即存在实数$k_1,k_2,k_3$，使得$\boldsymbol{\alpha}_5=k_1\boldsymbol{\alpha}_1+k_2\boldsymbol{\alpha}_2+k_3\boldsymbol{\alpha}_3$．

矩阵$(\boldsymbol{\alpha}_1,\boldsymbol{\alpha}_2,\boldsymbol{\alpha}_3,\boldsymbol{\alpha}_4+\boldsymbol{\alpha}_5)=(\boldsymbol{\alpha}_1,\boldsymbol{\alpha}_2,\boldsymbol{\alpha}_3,k_1\boldsymbol{\alpha}_1+k_2\boldsymbol{\alpha}_2+k_3\boldsymbol{\alpha}_3+\boldsymbol{\alpha}_4)=(\boldsymbol{\alpha}_1,\boldsymbol{\alpha}_2,\boldsymbol{\alpha}_3,\boldsymbol{\alpha}_4)\begin{pmatrix}1&0&0&k_1\\0&1&0&k_2\\0&0&1&k_3\\0&0&0&1\end{pmatrix}$.

由于$\begin{pmatrix}1&0&0&k_1\\0&1&0&k_2\\0&0&1&k_3\\0&0&0&1\end{pmatrix}$可逆，则$r(\boldsymbol{\alpha}_1,\boldsymbol{\alpha}_2,\boldsymbol{\alpha}_3,\boldsymbol{\alpha}_4+\boldsymbol{\alpha}_5)=r(\boldsymbol{\alpha}_1,\boldsymbol{\alpha}_2,\boldsymbol{\alpha}_3,\boldsymbol{\alpha}_4)=4.$

法二：与法一类似，可得$\boldsymbol{\alpha}_1,\boldsymbol{\alpha}_2,\boldsymbol{\alpha}_3$也线性无关，存在实数$k_1,k_2,k_3$使得$\boldsymbol{\alpha}_5=k_1\boldsymbol{\alpha}_1+k_2\boldsymbol{\alpha}_2+\boldsymbol{\alpha}_3k_3$．

现在证明：$\boldsymbol{\alpha}_4+\boldsymbol{\alpha}_5$不能被$\boldsymbol{\alpha}_1,\boldsymbol{\alpha}_2,\boldsymbol{\alpha}_3$线性表示．反证法：假设$\boldsymbol{\alpha}_4+\boldsymbol{\alpha}_5$可以被$\boldsymbol{\alpha}_1,\boldsymbol{\alpha}_2,\boldsymbol{\alpha}_3$线性表示，即存在$l_1,l_2,l_3$，使得$\boldsymbol{\alpha}_4+\boldsymbol{\alpha}_5=l_1\boldsymbol{\alpha}_1+l_2\boldsymbol{\alpha}_2+l_3\boldsymbol{\alpha}_3$，把$\boldsymbol{\alpha}_5=k_1\boldsymbol{\alpha}_1+k_2\boldsymbol{\alpha}_2+k_3\boldsymbol{\alpha}_3$代入可得$\boldsymbol{\alpha}_4=(l_1-k_1)\boldsymbol{\alpha}_1+(l_2-k_2)\boldsymbol{\alpha}_2+(l_3-k_3)\boldsymbol{\alpha}_3$，即$\boldsymbol{\alpha}_4$可以由$\boldsymbol{\alpha}_1,\boldsymbol{\alpha}_2,\boldsymbol{\alpha}_3$线性表示，与题设$r(\boldsymbol{\alpha}_1,\boldsymbol{\alpha}_2,\boldsymbol{\alpha}_3,\boldsymbol{\alpha}_4)=4$（$\boldsymbol{\alpha}_1,\boldsymbol{\alpha}_2,\boldsymbol{\alpha}_3,\boldsymbol{\alpha}_4$线性无关）矛盾，从而假设不成立，即$\boldsymbol{\alpha}_4+\boldsymbol{\alpha}_5$不能被$\boldsymbol{\alpha}_1,\boldsymbol{\alpha}_2,\boldsymbol{\alpha}_3$线性表示，故$r(\boldsymbol{\alpha}_1,\boldsymbol{\alpha}_2,\boldsymbol{\alpha}_3,\boldsymbol{\alpha}_4+\boldsymbol{\alpha}_5)=r(\boldsymbol{\alpha}_1,\boldsymbol{\alpha}_2,\boldsymbol{\alpha}_3)+1=4$．

例 5 分析下列命题，则（　　）

①若向量组$\boldsymbol{\alpha}_1,\boldsymbol{\alpha}_2,\boldsymbol{\alpha}_3$可以由向量组$\boldsymbol{\beta}_1,\boldsymbol{\beta}_2$线性表示，则向量组$\boldsymbol{\alpha}_1,\boldsymbol{\alpha}_2,\boldsymbol{\alpha}_3$线性相关．

②若n维基本单位向量组（向量长度均为 1 且线性无关）$\boldsymbol{\varepsilon}_1,\boldsymbol{\varepsilon}_2,\cdots,\boldsymbol{\varepsilon}_n$可以由同维向量组$\boldsymbol{\alpha}_1,\boldsymbol{\alpha}_2,\cdots,\boldsymbol{\alpha}_m$线性表示，那么$m\geqslant n$．

③若n维向量组$r(\boldsymbol{\alpha}_1,\boldsymbol{\alpha}_2,\cdots,\boldsymbol{\alpha}_m)>r(\boldsymbol{\beta}_1,\boldsymbol{\beta}_2,\cdots,\boldsymbol{\beta}_s)$，则向量组$\boldsymbol{\beta}_1,\boldsymbol{\beta}_2,\cdots,\boldsymbol{\beta}_s$可以由向量组$\boldsymbol{\alpha}_1,\boldsymbol{\alpha}_2,\cdots,\boldsymbol{\alpha}_m$线性表示．

④若向量组$\boldsymbol{\alpha}_1,\boldsymbol{\alpha}_2,\boldsymbol{\alpha}_3$线性无关，向量组$\boldsymbol{\beta}_1,\boldsymbol{\beta}_2$线性无关，则向量组$\boldsymbol{\alpha}_1,\boldsymbol{\alpha}_2,\boldsymbol{\alpha}_3,\boldsymbol{\beta}_1,\boldsymbol{\beta}_2$也线性无关．

⑤若向量组$\boldsymbol{\alpha}_1,\boldsymbol{\alpha}_2,\cdots,\boldsymbol{\alpha}_m$两两线性无关，则向量组$\boldsymbol{\alpha}_1,\boldsymbol{\alpha}_2,\cdots,\boldsymbol{\alpha}_m$线性无关.

(*A*)只有①正确　　(*B*)只有①和②正确

(*C*)只有①、②和③正确　　(*D*)都正确

【答案】(*B*).

解析 对①，由于$\boldsymbol{\alpha}_1,\boldsymbol{\alpha}_2,\boldsymbol{\alpha}_3$可以由$\boldsymbol{\beta}_1,\boldsymbol{\beta}_2$线性表示，因而$r(\boldsymbol{\alpha}_1,\boldsymbol{\alpha}_2,\boldsymbol{\alpha}_3)\leqslant r(\boldsymbol{\beta}_1,\boldsymbol{\beta}_2)\leqslant 2<3$，所以$\boldsymbol{\alpha}_1,\boldsymbol{\alpha}_2,\boldsymbol{\alpha}_3$线性相关，因而①正确.

对②，由于$\boldsymbol{\varepsilon}_1,\boldsymbol{\varepsilon}_2,\cdots,\boldsymbol{\varepsilon}_n$可由$\boldsymbol{\alpha}_1,\boldsymbol{\alpha}_2,\cdots,\boldsymbol{\alpha}_m$线性表示，故$n=r(\boldsymbol{\varepsilon}_1,\boldsymbol{\varepsilon}_2,\cdots,\boldsymbol{\varepsilon}_n)\leqslant r(\boldsymbol{\alpha}_1,\boldsymbol{\alpha}_2,\cdots,\boldsymbol{\alpha}_m)\leqslant m$，②正确.

对③，向量组表示推导出的秩之间的大小关系无法倒推，因而是错误的，反例：

$$\boldsymbol{\alpha}_1,\boldsymbol{\alpha}_2=\begin{pmatrix}1\\0\\0\end{pmatrix},\begin{pmatrix}0\\1\\0\end{pmatrix},\boldsymbol{\beta}_1=\begin{pmatrix}0\\0\\1\end{pmatrix}$$. 由于③错误，从而(*C*)(*D*)均不对，由于①和②对，所以选(*B*).

对④：可列举反例，如：$\boldsymbol{\alpha}_1,\boldsymbol{\alpha}_2,\boldsymbol{\alpha}_3$线性无关，且$\boldsymbol{\beta}_1,\boldsymbol{\beta}_2=\boldsymbol{\alpha}_1,\boldsymbol{\alpha}_2$，显然满足条件，但$\boldsymbol{\alpha}_1,\boldsymbol{\alpha}_2,\boldsymbol{\alpha}_3,\boldsymbol{\beta}_1,\boldsymbol{\beta}_2=\boldsymbol{\alpha}_1,\boldsymbol{\alpha}_2,\boldsymbol{\alpha}_3,\boldsymbol{\alpha}_1,\boldsymbol{\alpha}_2$是线性相关的.

对⑤：部分无关无法推导整体无关，可以列举反例：$\boldsymbol{\alpha}_1=\begin{pmatrix}1\\2\end{pmatrix},\boldsymbol{\alpha}_2=\begin{pmatrix}1\\1\end{pmatrix},\boldsymbol{\alpha}_3=\begin{pmatrix}2\\1\end{pmatrix}$两两无关（不成比例）但整体是线性相关的（个数大于维度）.

二、向量组等价与矩阵等价

例 1 $\boldsymbol{\alpha}_1=(2,3,5)^{\mathrm T},\boldsymbol{\alpha}_2=(0,1,2)^{\mathrm T},\boldsymbol{\alpha}_3=(1,0,0)^{\mathrm T},\boldsymbol{\beta}_1=(3,1,2)^{\mathrm T},\boldsymbol{\beta}_2=(1,1,1)^{\mathrm T},\boldsymbol{\beta}_3=(1,1,-1)^{\mathrm T}$，$\boldsymbol{\beta}_4=(2,1,0)^{\mathrm T}$,证明：向量组$\boldsymbol{\alpha}_1,\boldsymbol{\alpha}_2,\boldsymbol{\alpha}_3$与$\boldsymbol{\beta}_1,\boldsymbol{\beta}_2,\boldsymbol{\beta}_3,\boldsymbol{\beta}_4$等价.

证明 法一：通过初等行变换分析秩.

$$(\boldsymbol{\alpha}_1,\boldsymbol{\alpha}_2,\boldsymbol{\alpha}_3|\boldsymbol{\beta}_1,\boldsymbol{\beta}_2,\boldsymbol{\beta}_3,\boldsymbol{\beta}_4)=\left(\begin{array}{ccc|cccc}2&0&1&3&1&1&2\\3&1&0&1&1&1&1\\5&2&0&2&1&-1&0\end{array}\right)\to\left(\begin{array}{ccc|cccc}1&0&0&0&1&3&2\\0&1&-1&-2&-1&-3&-3\\0&0&1&3&-1&-5&-2\end{array}\right).$$

所以$\boldsymbol{\beta}_1,\boldsymbol{\beta}_2,\boldsymbol{\beta}_3,\boldsymbol{\beta}_4$可以被$\boldsymbol{\alpha}_1,\boldsymbol{\alpha}_2,\boldsymbol{\alpha}_3$线性表示.

$$\text{同理}(\boldsymbol{\beta}_1,\boldsymbol{\beta}_2,\boldsymbol{\beta}_3,\boldsymbol{\beta}_4|\boldsymbol{\alpha}_1,\boldsymbol{\alpha}_2,\boldsymbol{\alpha}_3)=\left(\begin{array}{cccc|ccc}3&1&1&2&2&0&1\\1&1&1&1&3&1&0\\2&1&-1&0&5&2&0\end{array}\right)\to\left(\begin{array}{cccc|ccc}1&1&1&1&3&1&0\\0&-1&1&1&-6&-3&1\\0&0&-4&-3&5&3&-1\end{array}\right),$$

所以$\boldsymbol{\alpha}_1,\boldsymbol{\alpha}_2,\boldsymbol{\alpha}_3$也可以被$\boldsymbol{\beta}_1,\boldsymbol{\beta}_2,\boldsymbol{\beta}_3,\boldsymbol{\beta}_4$线性表示，从而向量组$\boldsymbol{\alpha}_1,\boldsymbol{\alpha}_2,\boldsymbol{\alpha}_3$与$\boldsymbol{\beta}_1,\boldsymbol{\beta}_2,\boldsymbol{\beta}_3,\boldsymbol{\beta}_4$等价.

法二：由于 3 维空间的秩为 3, 而$|\boldsymbol{\alpha}_1,\boldsymbol{\alpha}_2,\boldsymbol{\alpha}_3|=\begin{vmatrix}2&0&1\\3&1&0\\5&2&0\end{vmatrix}=\begin{vmatrix}3&1\\5&2\end{vmatrix}=1\neq 0$，所以$r(\boldsymbol{\alpha}_1,\boldsymbol{\alpha}_2,\boldsymbol{\alpha}_3)=3$，

从而$\boldsymbol{\alpha}_1,\boldsymbol{\alpha}_2,\boldsymbol{\alpha}_3$是 3 维空间的一个极大线性无关组，可以表示所有 3 维向量，当然也可以表示

$\boldsymbol{\beta}_1,\boldsymbol{\beta}_2,\boldsymbol{\beta}_3,\boldsymbol{\beta}_4$.

类似，由于$|\boldsymbol{\beta}_1,\boldsymbol{\beta}_2,\boldsymbol{\beta}_3|=\begin{vmatrix}3&1&1\\1&1&1\\2&1&-1\end{vmatrix}=\begin{vmatrix}2&0&0\\1&1&1\\2&1&-1\end{vmatrix}=-4\neq 0$，所以$r(\boldsymbol{\beta}_1,\boldsymbol{\beta}_2,\boldsymbol{\beta}_3)=3$，从而$\boldsymbol{\beta}_1,\boldsymbol{\beta}_2,\boldsymbol{\beta}_3$作为3维向量组，可以表示所有3维向量，当然也可以表示$\boldsymbol{\alpha}_1,\boldsymbol{\alpha}_2,\boldsymbol{\alpha}_3$，即$\boldsymbol{\alpha}_1,\boldsymbol{\alpha}_2,\boldsymbol{\alpha}_3$可以被$\boldsymbol{\beta}_1,\boldsymbol{\beta}_2,\boldsymbol{\beta}_3$表示，当然也可以被$\boldsymbol{\beta}_1,\boldsymbol{\beta}_2,\boldsymbol{\beta}_3,\boldsymbol{\beta}_4$线性表示．最终$\boldsymbol{\alpha}_1,\boldsymbol{\alpha}_2,\boldsymbol{\alpha}_3$与$\boldsymbol{\beta}_1,\boldsymbol{\beta}_2,\boldsymbol{\beta}_3,\boldsymbol{\beta}_4$可以相互表示，即等价．

例2 设m维向量组(I)$\boldsymbol{\alpha}_1,\boldsymbol{\alpha}_2,\cdots,\boldsymbol{\alpha}_n$，(II)$\boldsymbol{\beta}_1,\boldsymbol{\beta}_2,\cdots,\boldsymbol{\beta}_s$，记$\boldsymbol{A}=(\boldsymbol{\alpha}_1,\boldsymbol{\alpha}_2,\cdots,\boldsymbol{\alpha}_n)$，$\boldsymbol{B}=(\boldsymbol{\beta}_1,\boldsymbol{\beta}_2,\cdots,\boldsymbol{\beta}_s)$.则下列结论正确的是（　　）.

(*A*)若$r(\text{I})=r(\text{II})$，则$\boldsymbol{A}\cong\boldsymbol{B}$

(*B*)若(I)可由(II)线性表出，则(I)$\cong$(II)

(*C*)若$\boldsymbol{A}\cong\boldsymbol{B}$，且(II)可由(I)线性表出，则(I)$\cong$(II)

(*D*)若$\boldsymbol{A}\cong\boldsymbol{B}$，则(I)$\cong$(II)

【答案】(*C*).

解析 由于并未说明$n=s$，因而$\boldsymbol{A}$与$\boldsymbol{B}$不一定是同类型矩阵，从而(*A*)不对．若(I)可由(II)线性表出，但无法确定(II)可由(I)线性表示，因而无法说明(I)$\cong$(II)，(*B*)不对．

若$\boldsymbol{A}\cong\boldsymbol{B}$，则$r(\boldsymbol{A})=r(\boldsymbol{B})\Rightarrow r(\text{I})=r(\text{II})$，且结合(II)可由(I)线性表出（根据前期例题结论）可得(I)$\cong$(II)，因而(*C*)对．

第三节　线性空间（数1）

一、线性空间、基与坐标

全体的n维列向量称为n维线性空间，其中的任意一个极大线性无关组$\boldsymbol{\varepsilon}_1,\boldsymbol{\varepsilon}_2,\ldots\ldots\boldsymbol{\varepsilon}_n$称为该线性空间的一个基，而对任意一个$n$维列向量$\boldsymbol{\alpha}$，显然存在唯一的一组数$c_1,c_2,\ldots,c_n$，使得$\boldsymbol{\alpha}=c_1\boldsymbol{\varepsilon}_1+c_2\boldsymbol{\varepsilon}_2+\ldots+c_n\boldsymbol{\varepsilon}_n$，则有序数组$c_1,c_2,\ldots,c_n$称为$\boldsymbol{\alpha}$在基$\boldsymbol{\varepsilon}_1,\boldsymbol{\varepsilon}_2,\ldots\ldots\boldsymbol{\varepsilon}_n$下的坐标．

二、过渡矩阵

设$\boldsymbol{\alpha}_1,\boldsymbol{\alpha}_2,\ldots\ldots,\boldsymbol{\alpha}_n$与$\boldsymbol{\beta}_1,\boldsymbol{\beta}_2,\ldots\ldots,\boldsymbol{\beta}_n$是$n$维线性空间的两组基，它们的关系如下，

$(\boldsymbol{\alpha}_1,\boldsymbol{\alpha}_2,\ldots\ldots,\boldsymbol{\alpha}_n)\boldsymbol{C}=(\boldsymbol{\beta}_1,\boldsymbol{\beta}_2,\ldots\ldots,\boldsymbol{\beta}_n)$则称矩阵$\boldsymbol{C}$为从基$\boldsymbol{\alpha}_1,\boldsymbol{\alpha}_2,\ldots\ldots,\boldsymbol{\alpha}_n$到基$\boldsymbol{\beta}_1,\boldsymbol{\beta}_2,\ldots\ldots,\boldsymbol{\beta}_n$的过渡矩阵．

显然：

（1）$\boldsymbol{C}=(\boldsymbol{\alpha}_1,\boldsymbol{\alpha}_2,\ldots\ldots,\boldsymbol{\alpha}_n)^{-1}(\boldsymbol{\beta}_1,\boldsymbol{\beta}_2,\ldots\ldots,\boldsymbol{\beta}_n)$；

（2）任一向量$\boldsymbol{\gamma}$在$\boldsymbol{\alpha}_1,\boldsymbol{\alpha}_2,\ldots\ldots,\boldsymbol{\alpha}_n$与$\boldsymbol{\beta}_1,\boldsymbol{\beta}_2,\ldots\ldots,\boldsymbol{\beta}_n$两组基下的坐标$(x_1,x_2,\ldots\ldots,x_n)^{\mathrm{T}}=\boldsymbol{X}$与$(y_1,y_2,\ldots\ldots,y_n)^{\mathrm{T}}=\boldsymbol{Y}$的关系是：$\boldsymbol{X}=\boldsymbol{CY}$.

例 1 设 3 维线性空间R^3中一组基为：$\boldsymbol{\alpha}_1=\begin{pmatrix}1\\1\\0\end{pmatrix},\boldsymbol{\alpha}_2=\begin{pmatrix}1\\0\\1\end{pmatrix},\boldsymbol{\alpha}_3=\begin{pmatrix}0\\1\\1\end{pmatrix}$，则向量$\boldsymbol{\beta}=\begin{pmatrix}2\\0\\0\end{pmatrix}$在上述基下的坐标为 ______ .

【答案】(1,1,–1).

解析 由于$\left(\boldsymbol{\alpha}_1,\boldsymbol{\alpha}_2,\boldsymbol{\alpha}_3\middle|\boldsymbol{\beta}\right)=\left(\begin{array}{ccc|c}1&1&0&2\\1&0&1&0\\0&1&1&0\end{array}\right)\xrightarrow{\text{初等行变换}}\left(\begin{array}{ccc|c}1&0&0&1\\0&1&0&1\\0&0&1&-1\end{array}\right)$，因而$\boldsymbol{\beta}=\boldsymbol{\alpha}_1+\boldsymbol{\alpha}_2-\boldsymbol{\alpha}_3$，故$\boldsymbol{\beta}$在$\boldsymbol{\alpha}_1,\boldsymbol{\alpha}_2,\boldsymbol{\alpha}_3$下的坐标为：(1,1,–1).

例 2 设$\boldsymbol{\alpha}_1,\boldsymbol{\alpha}_2,\boldsymbol{\alpha}_3$是三维向量空间的一组基，则由$\boldsymbol{\alpha}_1,\frac{1}{2}\boldsymbol{\alpha}_2,\frac{1}{3}\boldsymbol{\alpha}_3$到$\boldsymbol{\alpha}_1+\boldsymbol{\alpha}_2,\boldsymbol{\alpha}_2+\boldsymbol{\alpha}_3,\boldsymbol{\alpha}_3+\boldsymbol{\alpha}_1$的过渡矩阵为（　　）.

$(A)\begin{pmatrix}1&0&1\\2&2&0\\0&3&3\end{pmatrix}$　$(B)\begin{pmatrix}1&2&0\\0&2&3\\1&0&3\end{pmatrix}$　$(C)\begin{pmatrix}\frac{1}{2}&\frac{1}{4}&-\frac{1}{6}\\-\frac{1}{2}&\frac{1}{4}&\frac{1}{6}\\\frac{1}{2}&-\frac{1}{4}&\frac{1}{6}\end{pmatrix}$　$(D)\begin{pmatrix}\frac{1}{2}&-\frac{1}{2}&\frac{1}{2}\\\frac{1}{4}&\frac{1}{4}&-\frac{1}{4}\\-\frac{1}{6}&\frac{1}{6}&\frac{1}{6}\end{pmatrix}$

【答案】(A).

解析 设从$\boldsymbol{\alpha}_1,\frac{1}{2}\boldsymbol{\alpha}_2,\frac{1}{3}\boldsymbol{\alpha}_3$到$\boldsymbol{\alpha}_1+\boldsymbol{\alpha}_2,\boldsymbol{\alpha}_2+\boldsymbol{\alpha}_3,\boldsymbol{\alpha}_3+\boldsymbol{\alpha}_1$的过渡矩阵为$\boldsymbol{C}$，

即$\left(\boldsymbol{\alpha}_1,\frac{1}{2}\boldsymbol{\alpha}_2,\frac{1}{3}\boldsymbol{\alpha}_3\right)\boldsymbol{C}=\left(\boldsymbol{\alpha}_1+\boldsymbol{\alpha}_2,\boldsymbol{\alpha}_2+\boldsymbol{\alpha}_3,\boldsymbol{\alpha}_3+\boldsymbol{\alpha}_1\right)$.

整理可得$(\boldsymbol{\alpha}_1,\boldsymbol{\alpha}_2,\boldsymbol{\alpha}_3)\begin{pmatrix}1&&\\&\frac{1}{2}&\\&&\frac{1}{3}\end{pmatrix}\boldsymbol{C}=(\boldsymbol{\alpha}_1,\boldsymbol{\alpha}_2,\boldsymbol{\alpha}_3)\begin{pmatrix}1&0&1\\1&1&0\\0&1&1\end{pmatrix}$，由于$(\boldsymbol{\alpha}_1,\boldsymbol{\alpha}_2,\boldsymbol{\alpha}_3)$与$\begin{pmatrix}1&&\\&\frac{1}{2}&\\&&\frac{1}{3}\end{pmatrix}$可逆，从而

$$\boldsymbol{C}=\begin{pmatrix}1&0&0\\0&\frac{1}{2}&0\\0&0&\frac{1}{3}\end{pmatrix}^{-1}\begin{pmatrix}1&0&1\\1&1&0\\0&1&1\end{pmatrix}=\begin{pmatrix}1&0&0\\0&2&0\\0&0&3\end{pmatrix}\begin{pmatrix}1&0&1\\1&1&0\\0&1&1\end{pmatrix}=\begin{pmatrix}1&0&1\\2&2&0\\0&3&3\end{pmatrix}$$，故选(A).

例 3 设R^3中的两组基：$\boldsymbol{\alpha}_1=\begin{pmatrix}1\\1\\1\end{pmatrix},\boldsymbol{\alpha}_2=\begin{pmatrix}1\\0\\-1\end{pmatrix},\boldsymbol{\alpha}_3=\begin{pmatrix}1\\0\\1\end{pmatrix}$，　$\boldsymbol{\beta}_1=\begin{pmatrix}1\\2\\1\end{pmatrix},\boldsymbol{\beta}_2=\begin{pmatrix}2\\3\\4\end{pmatrix},\boldsymbol{\beta}_3=\begin{pmatrix}3\\4\\3\end{pmatrix}$.

（1）求由基$\boldsymbol{\alpha}_1,\boldsymbol{\alpha}_2,\boldsymbol{\alpha}_3$到基$\boldsymbol{\beta}_1,\boldsymbol{\beta}_2,\boldsymbol{\beta}_3$的过渡矩阵；

(2) 求R^3中任意一个向量$\boldsymbol{\gamma}$在两组基下的坐标之间的关系 .

(用x_1,x_2,x_3来表示在基$\boldsymbol{\alpha}_1,\boldsymbol{\alpha}_2,\boldsymbol{\alpha}_3$下的坐标;$y_1,y_2,y_3$来表示在基$\boldsymbol{\beta}_1,\boldsymbol{\beta}_2,\boldsymbol{\beta}_3$下的坐标)

【答案】(1) $\begin{pmatrix} 2 & 3 & 4 \\ 0 & -1 & 0 \\ -1 & 0 & -1 \end{pmatrix}$.　　(2) $\boldsymbol{X}=\boldsymbol{CY}$ 即 $\begin{pmatrix} x_1 \\ x_2 \\ x_3 \end{pmatrix}=\begin{pmatrix} 2 & 3 & 4 \\ 0 & -1 & 0 \\ -1 & 0 & -1 \end{pmatrix}\begin{pmatrix} y_1 \\ y_2 \\ y_3 \end{pmatrix}$.

解析 (1) 设$\boldsymbol{A}=(\boldsymbol{\alpha}_1,\boldsymbol{\alpha}_2,\boldsymbol{\alpha}_3),\boldsymbol{B}=(\boldsymbol{\beta}_1,\boldsymbol{\beta}_2,\boldsymbol{\beta}_3)$, 显然$\boldsymbol{A},\boldsymbol{B}$均可逆, 由于

$$\boldsymbol{B}=(\boldsymbol{\beta}_1,\boldsymbol{\beta}_2,\boldsymbol{\beta}_3)=(\boldsymbol{\alpha}_1,\boldsymbol{\alpha}_2,\boldsymbol{\alpha}_3)\boldsymbol{C}=\boldsymbol{AC}\text{, 从而}\boldsymbol{C}=\boldsymbol{A}^{-1}\boldsymbol{B}=\begin{pmatrix} 2 & 3 & 4 \\ 0 & -1 & 0 \\ -1 & 0 & -1 \end{pmatrix}.$$

(2) 由题可知$\boldsymbol{\gamma}=x_1\boldsymbol{\alpha}_1+x_2\boldsymbol{\alpha}_2+x_3\boldsymbol{\alpha}_3=(\boldsymbol{\alpha}_1,\boldsymbol{\alpha}_2,\boldsymbol{\alpha}_3)\begin{pmatrix} x_1 \\ x_2 \\ x_3 \end{pmatrix}=\boldsymbol{A}\begin{pmatrix} x_1 \\ x_2 \\ x_3 \end{pmatrix}$, $\boldsymbol{\gamma}=y_1\boldsymbol{\beta}_1+y_2\boldsymbol{\beta}_2+y_3\boldsymbol{\beta}_3$

$=(\boldsymbol{\beta}_1,\boldsymbol{\beta}_2,\boldsymbol{\beta}_3)\begin{pmatrix} y_1 \\ y_2 \\ y_3 \end{pmatrix}=\boldsymbol{B}\begin{pmatrix} y_1 \\ y_2 \\ y_3 \end{pmatrix}$, 由于有$\boldsymbol{B}=\boldsymbol{AC}$, 从而$\boldsymbol{\gamma}=\boldsymbol{B}\begin{pmatrix} y_1 \\ y_2 \\ y_3 \end{pmatrix}=\boldsymbol{AC}\begin{pmatrix} y_1 \\ y_2 \\ y_3 \end{pmatrix}$, $\boldsymbol{A}\begin{pmatrix} x_1 \\ x_2 \\ x_3 \end{pmatrix}=\boldsymbol{AC}\begin{pmatrix} y_1 \\ y_2 \\ y_3 \end{pmatrix}$, 由于$\boldsymbol{A}$

可逆, 则$\begin{pmatrix} x_1 \\ x_2 \\ x_3 \end{pmatrix}=\boldsymbol{C}\begin{pmatrix} y_1 \\ y_2 \\ y_3 \end{pmatrix}$, 即$\begin{pmatrix} x_1 \\ x_2 \\ x_3 \end{pmatrix}=\begin{pmatrix} 2 & 3 & 4 \\ 0 & -1 & 0 \\ -1 & 0 & -1 \end{pmatrix}\begin{pmatrix} y_1 \\ y_2 \\ y_3 \end{pmatrix}$.

喻老线代章节笔记

喻老线代章节笔记

第一节 基础知识

一、定义与相关概念

1. 定义

称$\begin{cases} a_{11}x_1+a_{12}x_2+\cdots+a_{1n}x_n=b_1 \\ a_{21}x_1+a_{22}x_2+\cdots+a_{2n}x_n=b_2 \\ \quad\vdots \qquad\quad \vdots \qquad\qquad \vdots \\ a_{m1}x_1+a_{m2}x_2+\cdots+a_{mn}x_n=b_m \end{cases}$为$n$元线性方程组，$n$代表未知数的个数，$m$代表方程的个数．如果

$b_i\left(i=1,2,....m\right)=0$，则称方程组为线性齐次方程组，否则称为线性非齐次方程组．

使得所有方程成立的一个有序数组$\left(x_1,x_2,\cdots,x_n\right)$（向量）称为方程组的一个解，解方程组就是求出它所有的解．

2. 相关概念

由全体系数组成的矩阵$\boldsymbol{A}=\begin{pmatrix} a_{11} & a_{12} & \cdots & a_{1n} \\ a_{21} & a_{22} & \cdots & a_{2n} \\ \vdots & \vdots & & \vdots \\ a_{m1} & a_{m2} & \cdots & a_{mn} \end{pmatrix}$称为方程组的系数矩阵，而添加$\begin{pmatrix} b_1 \\ b_2 \\ \vdots \\ b_m \end{pmatrix}$后得到的矩阵$\overline{\boldsymbol{A}}=\left(\begin{array}{cccc:c} a_{11} & a_{12} & \cdots & a_{1n} & b_1 \\ a_{21} & a_{22} & \cdots & a_{2n} & b_2 \\ \vdots & \vdots & & \vdots & \vdots \\ a_{m1} & a_{m2} & \cdots & a_{mn} & b_m \end{array}\right)$称为增广矩阵．

3. 方程组的矩阵表达式

设向量$\begin{pmatrix} x_1 \\ x_2 \\ \vdots \\ x_n \end{pmatrix}=\boldsymbol{x}$，$\begin{pmatrix} b_1 \\ b_2 \\ \vdots \\ b_m \end{pmatrix}=\boldsymbol{\beta}$，则显然，方程组可以有矩阵表达式：$\boldsymbol{A}_{m\times n}\boldsymbol{x}_{n\times 1}=\boldsymbol{\beta}_{m\times 1}$．（$\boldsymbol{\beta}$=0齐次）

二、有无解

1. 方程组的向量形式：$\boldsymbol{\alpha}_1=\begin{pmatrix} a_{11} \\ a_{21} \\ \vdots \\ a_{m1} \end{pmatrix},\boldsymbol{\alpha}_2=\begin{pmatrix} a_{12} \\ a_{22} \\ \vdots \\ a_{m2} \end{pmatrix},\cdots\cdots,\boldsymbol{\alpha}_n=\begin{pmatrix} a_{1n} \\ a_{2n} \\ \vdots \\ a_{mn} \end{pmatrix},\boldsymbol{\beta}=\begin{pmatrix} b_1 \\ b_2 \\ \vdots \\ b_m \end{pmatrix}$

$\boldsymbol{A}_{m\times n}\boldsymbol{x}=\boldsymbol{\beta}\Leftrightarrow x_1\boldsymbol{\alpha}_1+x_2\boldsymbol{\alpha}_2+\cdots\cdots+x_n\boldsymbol{\alpha}_n=\boldsymbol{\beta}$.

2. 有无解：即β能否由$\alpha_1 \cdots\cdots \alpha_n$线性表示，以及表示方式是否唯一．

$$r(\overline{A}) = r(A_{m\times n} \vdots \beta) = \begin{cases} r(A) \Leftrightarrow 有解, \begin{cases} r(A)=n, & 唯一解 \\ r(A)<n, & 无穷解 \end{cases} \\ \\ r(A)+1 \Leftrightarrow 无解 \end{cases}$$

显然，齐次方程组$Ax = 0$一定有解（0解）$\begin{cases} r(A) = n \Leftrightarrow 唯一0解 \\ r(A) < n \Leftrightarrow 无穷解(有非零解) \end{cases}$

具体方程组的判断方法：通过初等行变换化为阶梯形分析秩（注意是行变换）．

例 1 判断方程组$\begin{cases} x_1 + x_2 + x_3 = 1 \\ x_1 + 2x_2 - x_3 = 0 \\ 2x_1 + 1x_2 + 4x_3 = 3 \\ 2x_1 + 3x_2 = 1 \end{cases}$有无解，如果有解，请说明是唯一解还是无穷解．

【答案】有无穷解．

解析 $\overline{A} = \left(\begin{array}{ccc|c} 1 & 1 & 1 & 1 \\ 1 & 2 & -1 & 0 \\ 2 & 1 & 4 & 3 \\ 2 & 3 & 0 & 1 \end{array}\right) \to \left(\begin{array}{ccc|c} 1 & 1 & 1 & 1 \\ 0 & 1 & -2 & -1 \\ 0 & -1 & 2 & 1 \\ 0 & 1 & -2 & -1 \end{array}\right) \to \left(\begin{array}{ccc|c} 1 & 1 & 1 & 1 \\ 0 & 1 & -2 & -1 \\ 0 & 0 & 0 & 0 \\ 0 & 0 & 0 & 0 \end{array}\right)$,所以有无穷解．

例 2 已知齐次方程组$\begin{cases} x_1 + 2x_2 + x_3 = 0 \\ x_1 + ax_2 + 2x_3 = 0 \\ ax_1 + 4x_2 + 3x_3 = 0 \\ 2x_1 + (a+2)x_2 - 5x_3 = 0 \end{cases}$有非零解，求常数$a$.

【答案】$a = 2$.

解析 由题可知，$R(A) < n$，所以$A = \begin{pmatrix} 1 & 2 & 1 \\ 1 & a & 2 \\ a & 4 & 3 \\ 2 & a+2 & -5 \end{pmatrix} \to \begin{pmatrix} 1 & 2 & 1 \\ 0 & a-2 & 1 \\ 0 & 4-2a & 3-a \\ 0 & a-2 & -7 \end{pmatrix}$

$\to \begin{pmatrix} 1 & 2 & 1 \\ 0 & a-2 & 1 \\ 0 & 0 & 5-a \\ 0 & 0 & -8 \end{pmatrix} \to \begin{pmatrix} 1 & 2 & 1 \\ 0 & a-2 & 0 \\ 0 & 0 & 1 \\ 0 & 0 & 0 \end{pmatrix}$，故$a = 2$．

例 3 对非齐次线性方程组$A_{m\times n} x_{n\times 1} = \beta_{m\times 1}$，下列说法正确的是（　　）．

(A)若$R(A) = n$，则方程组有唯一解

(B)若$R(A) < n$，则方程组有无穷解

(C)若$R(A) = m$，则方程组有解

(D)若$m=n$，则方程组有唯一解

【答案】(C).

解析 若$R\left(A_{m\times n}\right)=n$，但没有说明$R(A)=R(\overline{A})$，方程组$Ax=\beta$可能无解，从而$(A)$错.

若$R\left(A_{m\times n}\right)<n$，但同样没有说明$R(A)=R(\overline{A})$，因而方程组$Ax=\beta$可能无解，从而$(B)$错.

若$R\left(A_{m\times n}\right)=m$，即$A_{m\times n}$的列向量作为$m$维列向量组，它们的秩达到了$m$维空间的满秩，所以任意一个$m$维列向量$\beta$都可以被它们线性表示，从而方程组$Ax=\beta$定有解，因而$(C)$对.

【注】此题可做小结论：若$R\left(A_{m\times n}\right)=m$，则方程组$Ax=\beta$一定有解.

例4 设A是$m\times n$矩阵，则下列说法正确的是（　　）.

(A)若$Ax=0$仅有零解，则$Ax=\beta$有唯一解

(B)若$Ax=0$有非零解，则$Ax=\beta$有无穷解

(C)若$Ax=\beta$有无穷多解，则$Ax=0$仅有零解

(D)若$Ax=\beta$有无穷多解，则$Ax=0$有非零解

【答案】(D).

解析 若$Ax=0$仅有零解，则$R\left(A_{m\times n}\right)=n$，但没有说明$R(A)=R(\overline{A})$，因而方程组$Ax=\beta$可能无解，从而$(A)$错.

若$Ax=0$有非零解，则$R\left(A_{m\times n}\right)<n$，但同样没有说明$R(A)=R(\overline{A})$，因而方程组$Ax=\beta$可能无解，从而$(B)$错.

若$Ax=\beta$有无穷多解，则$R\left(A_{m\times n}\right)<n$，从而方程组$Ax=0$有非零解，从而$(C)$错$(D)$对.

【注】当A为方阵$A_{n\times n}$时，可考虑先算行列式：

$$A_{n\times n}x=\beta\begin{cases}|A|\neq 0,\text{唯一解}\\ |A|=0\begin{cases}r(\overline{A})=r(A),\text{无穷解}\\ r(\overline{A})\neq r(A),\text{无解}\end{cases}\end{cases};\ A_{n\times n}x=0\begin{cases}|A|\neq 0,\text{唯一0解}\\ |A|=0,\text{有无穷解(有非零解)}\end{cases}.$$

涉及到方阵时可先算行列式，仅仅只是一种方法和选择，不是定理，原来初等行变换的方法仍然是适用的，只是当未知参数较多时先算行列式可能比较简便.

例5 λ为何值时，方程组$\begin{cases}x_1+x_2+2x_3=0\\ x_1+2x_2+x_3=0\\ 2x_1+1x_2+\lambda x_3=0\end{cases}$只有0解？何值时有非0解？

【答案】$\lambda\neq 5$;　　$\lambda=5$.

解析 因为$A=\begin{pmatrix}1&1&2\\1&2&1\\2&1&\lambda\end{pmatrix}\to\begin{pmatrix}1&1&2\\0&1&-1\\0&-1&\lambda-4\end{pmatrix}\to\begin{pmatrix}1&1&2\\0&1&-1\\0&0&\lambda-5\end{pmatrix}$，所以$\lambda\neq5$时，只有零解；$\lambda=5$时，有非零解．

例 6 λ为何值时，方程组$\begin{cases}\lambda x_1+x_2+x_3=1\\x_1+\lambda x_2+x_3=\lambda\\x_1+x_2+\lambda x_3=\lambda^2\end{cases}$无解？有唯一解？或无穷解？

【答案】$\lambda=-2$;　　$\lambda\neq-2$，$\lambda\neq1$;　　$\lambda=1$.

解析 法一：$\overline{A}=\left(\begin{array}{ccc|c}\lambda&1&1&1\\1&\lambda&1&1\\1&1&\lambda&\lambda^2\end{array}\right)\to\left(\begin{array}{ccc|c}1&1&\lambda&\lambda^2\\1&\lambda&1&\lambda\\\lambda&1&1&1\end{array}\right)\to\left(\begin{array}{ccc|c}1&1&\lambda&\lambda^2\\0&\lambda-1&1-\lambda&\lambda-\lambda^2\\0&1-\lambda&1-\lambda^2&1-\lambda^3\end{array}\right)\to$

$$\left(\begin{array}{ccc|c}1&1&\lambda&\lambda^2\\0&\lambda-1&1-\lambda&\lambda(1-\lambda)\\0&0&2-\lambda-\lambda^2&1+\lambda-\lambda^2-\lambda^3\end{array}\right)\to\left(\begin{array}{ccc|c}1&1&\lambda&\lambda^2\\0&\lambda-1&1-\lambda&\lambda(1-\lambda)\\0&0&(\lambda+2)(\lambda-1)&(\lambda+1)^2(\lambda-1)\end{array}\right),$$

所以当$\lambda\neq-2$，$\lambda\neq1$时，有唯一解；当$\lambda=1$时，有无穷解；当$\lambda=-2$时无解．

法二：$|A|=\begin{vmatrix}\lambda&1&1\\1&\lambda&1\\1&1&\lambda\end{vmatrix}=(\lambda+2)(\lambda-1)^2$

①$\lambda\neq-2$且$\lambda\neq1$时，有唯一解；

②$\lambda=-2$时，$\overline{A}=\left(\begin{array}{ccc|c}-2&1&1&1\\1&-2&1&-2\\1&1&-2&4\end{array}\right)\to\left(\begin{array}{ccc|c}-2&1&1&1\\1&-2&1&-2\\0&0&0&3\end{array}\right)$，所以$R(\overline{A})\neq R(A)$无解；

③$\lambda=1$时，$\overline{A}=\left(\begin{array}{ccc|c}1&1&1&1\\1&1&1&1\\1&1&1&1\end{array}\right)\to\left(\begin{array}{ccc|c}1&1&1&1\\0&0&0&0\\0&0&0&0\end{array}\right)$，有无穷解．

例 7 判断方程组$\begin{cases}x_1+x_2=1\\ax_1+bx_2=c\\a^2x_1+b^2x_2=c^2\end{cases}$有无解，其中$a,b,c$互不相同．

【答案】无解．

解析 因为$|\overline{A}|=\begin{vmatrix}1&1&1\\a&b&c\\a^2&b^2&c^2\end{vmatrix}=(c-b)(c-a)(b-a)\neq0$，所以列向量组无关，$\begin{pmatrix}1\\c\\c^2\end{pmatrix}$不能被$\begin{pmatrix}1\\a\\a^2\end{pmatrix}$与$\begin{pmatrix}1\\b\\b^2\end{pmatrix}$线性表示，故无解．

【注】$|\overline{A}| \neq 0 \Rightarrow$方程组无解；方程组有解$\Rightarrow |\overline{A}| = 0$；均不能倒推；
此方法不是定理，只是可以考虑的方法，不一定非要这样做.

三、解方程组

1. 相关概念

（1）齐次方程组$\boldsymbol{Ax}=\boldsymbol{0}$的所有解称为$\boldsymbol{Ax}=\boldsymbol{0}$的解空间. 如果向量组$\boldsymbol{\xi}_1,\boldsymbol{\xi}_2,\cdots,\boldsymbol{\xi}_s$满足3条件：

①均为$\boldsymbol{Ax}=\boldsymbol{0}$的解；②线性无关；③$\boldsymbol{Ax}=\boldsymbol{0}$的所有解均能由它们表示，则称$\boldsymbol{\xi}_1,\boldsymbol{\xi}_2,\cdots,\boldsymbol{\xi}_s$为齐次方程组的一个基础解系.（基础解系即为解空间的一个极大线性无关组）

而线性组合$k_1\boldsymbol{\xi}_1+k_2\boldsymbol{\xi}_2+\cdots+k_s\boldsymbol{\xi}_s$称为齐次方程组的通解，其中$k_1,k_2,\cdots,k_s$为任意常数.

（2）齐次方程组$\boldsymbol{Ax}=\boldsymbol{0}$化为阶梯形后每一个方程的第一个未知变量通常称为主变量，其余的未知变量称为自由变量.

2. 解的结构：线性方程组解的性质

设$\boldsymbol{A}_{m\times n}\boldsymbol{x}=0\,(I)$，$\boldsymbol{A}_{m\times n}\boldsymbol{x}=\boldsymbol{\beta}\,(II)$，则有以下结论：

（1）若$\boldsymbol{\xi}_1$与$\boldsymbol{\xi}_2$为(I)的解，则$k_1\boldsymbol{\xi}_1+k_2\boldsymbol{\xi}_2$为$(I)$的解，$k_1,k_2$为任意常数；

（2）若$\boldsymbol{\eta}_1$与$\boldsymbol{\eta}_2$为(II)的解，那么$\boldsymbol{\eta}_1-\boldsymbol{\eta}_2$为$(I)$的解；

（3）(II)的通解=(I)的通解+(II)的特解；

（4）(I)的基础解系中含有向量的个数为$n-r(\boldsymbol{A})$.（无需证明）

（也称为：齐次线性方程组的解空间的秩为$n-r(\boldsymbol{A})$）

【注】（1）所有性质的核心是“代入”.（除了性质（4））

（2）满足①均为$\boldsymbol{A}_{m\times n}\boldsymbol{x}=\boldsymbol{0}$的解；②线性无关；③个数为$n-r(\boldsymbol{A})$的向量组为$\boldsymbol{A}_{m\times n}\boldsymbol{x}=\boldsymbol{0}$的一个基础解系.

（3）与齐次方程组$\boldsymbol{A}_{m\times n}\boldsymbol{x}=\boldsymbol{0}$的基础解系等价的无关向量组也为$\boldsymbol{A}_{m\times n}\boldsymbol{x}=\boldsymbol{0}$的基础解系.

例1 已知$\boldsymbol{\beta}_1,\boldsymbol{\beta}_2$是$\boldsymbol{Ax}=\boldsymbol{\beta}$的两个不同的解，$\boldsymbol{\alpha}_1,\boldsymbol{\alpha}_2$是相应的齐次方程组$\boldsymbol{Ax}=\boldsymbol{0}$的基础解系，$k_1,k_2$是任意常数，则$\boldsymbol{Ax}=\boldsymbol{\beta}$的通解是（　　）.

$(A)k_1\boldsymbol{\alpha}_1+k_2(\boldsymbol{\alpha}_1+\boldsymbol{\alpha}_2)+\dfrac{\boldsymbol{\beta}_1-\boldsymbol{\beta}_2}{2}$　　$(B)k_1\boldsymbol{\alpha}_1+k_2(\boldsymbol{\alpha}_1-\boldsymbol{\alpha}_2)+\dfrac{\boldsymbol{\beta}_1+\boldsymbol{\beta}_2}{2}$

$(C)k_1\boldsymbol{\alpha}_1+k_2(\boldsymbol{\beta}_1+\boldsymbol{\beta}_2)+\dfrac{\boldsymbol{\beta}_1-\boldsymbol{\beta}_2}{2}$　　$(D)k_1\boldsymbol{\alpha}_1+k_2(\boldsymbol{\beta}_1-\boldsymbol{\beta}_2)+\dfrac{\boldsymbol{\beta}_1+\boldsymbol{\beta}_2}{2}$

【答案】(B).

解析 由于$\boldsymbol{\alpha}_1,\boldsymbol{\alpha}_2$是相应的齐次方程组$\boldsymbol{Ax}=\boldsymbol{0}$的基础解系，所以有$\boldsymbol{A\alpha}_1=\boldsymbol{0},\boldsymbol{A\alpha}_2=\boldsymbol{0}$，两式相减有$\boldsymbol{A}(\boldsymbol{\alpha}_1-\boldsymbol{\alpha}_2)=\boldsymbol{0}$，即$\boldsymbol{\alpha}_1-\boldsymbol{\alpha}_2$也是方程组$\boldsymbol{Ax}=\boldsymbol{0}$的解，故$\boldsymbol{\alpha}_1,\boldsymbol{\alpha}_1-\boldsymbol{\alpha}_2$均是$\boldsymbol{Ax}=\boldsymbol{0}$的解. 由于$\boldsymbol{\alpha}_1,\boldsymbol{\alpha}_2$线性无关，因而$\boldsymbol{\alpha}_1,\boldsymbol{\alpha}_1-\boldsymbol{\alpha}_2$线性无关（利用向量组无关的定义或者矩阵分块可证），且个数为2个，从而

$\boldsymbol{\alpha}_1,\boldsymbol{\alpha}_1-\boldsymbol{\alpha}_2$也是$\boldsymbol{Ax}=\mathbf{0}$的一个基础解系．又由$\boldsymbol{\beta}_1,\boldsymbol{\beta}_2$是$\boldsymbol{Ax}=\boldsymbol{\beta}$的两个不同的解，所以$\boldsymbol{A\beta}_1=\boldsymbol{\beta},\boldsymbol{A\beta}_2=\boldsymbol{\beta}$，两式相加有$\boldsymbol{A}\left(\boldsymbol{\beta}_1+\boldsymbol{\beta}_2\right)=2\boldsymbol{\beta}\Rightarrow\boldsymbol{A}\left(\frac{\boldsymbol{\beta}_1+\boldsymbol{\beta}_2}{2}\right)=\boldsymbol{\beta}$，即$\frac{\boldsymbol{\beta}_1+\boldsymbol{\beta}_2}{2}$是$\boldsymbol{Ax}=\boldsymbol{\beta}$的一个解，故$\boldsymbol{Ax}=\boldsymbol{\beta}$的通解是$k_1\boldsymbol{\alpha}_1+k_2(\boldsymbol{\alpha}_1-\boldsymbol{\alpha}_2)+\frac{\boldsymbol{\beta}_1+\boldsymbol{\beta}_2}{2}$，选$(B)$.

$(A)(C)$的错误在于$\frac{\boldsymbol{\beta}_1-\boldsymbol{\beta}_2}{2}$为齐次方程的解，而不是非齐次方程的特解，其中$(C)$选项还有错误：$\boldsymbol{\beta}_1+\boldsymbol{\beta}_2$甚至不是齐次的解；$(D)$的错误在于$\boldsymbol{\beta}_1-\boldsymbol{\beta}_2$是齐次的一个非零解，但是无法保证它与$\boldsymbol{\alpha}_1$线性无关．

例 2　设 4 元非齐次线性方程组$\boldsymbol{Ax}=\boldsymbol{\beta}$的系数矩阵$\boldsymbol{A}$的秩为 3, 已知$\boldsymbol{\eta}_1,\boldsymbol{\eta}_2,\boldsymbol{\eta}_3$是它的三个解向量，且$\boldsymbol{\eta}_1=\begin{pmatrix}2\\3\\4\\5\end{pmatrix},\boldsymbol{\eta}_2+\boldsymbol{\eta}_3=\begin{pmatrix}1\\2\\3\\4\end{pmatrix}$，求方程组的通解．

【答案】$k\left(3,4,5,6\right)^{\mathrm{T}}+\left(2,3,4,5\right)^{\mathrm{T}}$或$k\left(3,4,5,6\right)^{\mathrm{T}}+\left(\frac{1}{2},1,\frac{3}{2},2\right)^{\mathrm{T}}$，$k$为任意常数.

解析　由于$\boldsymbol{\eta}_1,\boldsymbol{\eta}_2,\boldsymbol{\eta}_3$是$\boldsymbol{Ax}=\boldsymbol{\beta}$的三个解向量，所以$\boldsymbol{A\eta}_1=\boldsymbol{A\eta}_2=\boldsymbol{A\eta}_3=\boldsymbol{\beta}$

$\Rightarrow\begin{cases}\boldsymbol{A}\left(\boldsymbol{\eta}_2+\boldsymbol{\eta}_3\right)=2\boldsymbol{\beta}\\\boldsymbol{A}\cdot2\boldsymbol{\eta}_1=2\boldsymbol{\beta}\end{cases}\Rightarrow\boldsymbol{A}\left(2\boldsymbol{\eta}_1-\boldsymbol{\eta}_2-\boldsymbol{\eta}_3\right)=\mathbf{0}$，$2\boldsymbol{\eta}_1-\boldsymbol{\eta}_2-\boldsymbol{\eta}_3=\left(3,4,5,6\right)^{\mathrm{T}}$为齐次的解．又因为$n-R\left(\boldsymbol{A}\right)=4-3=1$，故$\boldsymbol{Ax}=\mathbf{0}$的通解为$k\left(3,4,5,6\right)^{\mathrm{T}}$，$\boldsymbol{Ax}=\boldsymbol{\beta}$的通解为$k\left(3,4,5,6\right)^{\mathrm{T}}+\left(2,3,4,5\right)^{\mathrm{T}}$或$k\left(3,4,5,6\right)^{\mathrm{T}}+\left(\frac{1}{2},1,\frac{3}{2},2\right)^{\mathrm{T}}$，$k$为任意常数.

例 3　设$r\left(\boldsymbol{A}_{4\times4}\right)=2$，已知$\boldsymbol{\eta}_1,\boldsymbol{\eta}_2,\boldsymbol{\eta}_3$是$\boldsymbol{Ax}=\boldsymbol{\beta}$的三个解向量，且$\boldsymbol{\eta}_1-\boldsymbol{\eta}_2=\begin{pmatrix}-1\\0\\3\\-4\end{pmatrix},\boldsymbol{\eta}_2+\boldsymbol{\eta}_3=\begin{pmatrix}2\\2\\4\\-2\end{pmatrix}$，$\boldsymbol{\eta}_3+2\boldsymbol{\eta}_2=\begin{pmatrix}6\\3\\0\\3\end{pmatrix}$，则$\boldsymbol{Ax}=\boldsymbol{\beta}$的通解是？

【答案】$c_1\left(-1,0,3,-4\right)^{\mathrm{T}}+c_2\left(1,0,-2,2\right)^{\mathrm{T}}+\left(1,1,2,-1\right)^{\mathrm{T}}$，$c_1,c_2$为任意常数．（答案不唯一）

解析　由题$\boldsymbol{A\eta}_1=\boldsymbol{A\eta}_2=\boldsymbol{A\eta}_3=\boldsymbol{\beta}$，所以$\begin{cases}\boldsymbol{A}\left(\boldsymbol{\eta}_2+\boldsymbol{\eta}_3\right)=2\boldsymbol{\beta}\\\boldsymbol{A}\left(\boldsymbol{\eta}_3+2\boldsymbol{\eta}_2\right)=3\boldsymbol{\beta}\end{cases}$，即$\boldsymbol{A}\left(\frac{\boldsymbol{\eta}_2+\boldsymbol{\eta}_3}{2}\right)=\boldsymbol{A}\left(\frac{\boldsymbol{\eta}_3+2\boldsymbol{\eta}_2}{3}\right)=\boldsymbol{\beta}$，$\boldsymbol{A}\left(\frac{\boldsymbol{\eta}_3+2\boldsymbol{\eta}_2}{3}-\frac{\boldsymbol{\eta}_2+\boldsymbol{\eta}_3}{2}\right)=\mathbf{0}$，故$\frac{\boldsymbol{\eta}_3+2\boldsymbol{\eta}_2}{3}-\frac{\boldsymbol{\eta}_2+\boldsymbol{\eta}_3}{2}=\left(1,0,-2,2\right)^{\mathrm{T}}$为$\boldsymbol{Ax}=\mathbf{0}$的解；

显然，$\boldsymbol{\eta}_1-\boldsymbol{\eta}_2=(-1,0,3,-4)^{\mathrm{T}}$也为$\boldsymbol{A}\boldsymbol{x}=\boldsymbol{0}$的解，且$(\boldsymbol{\eta}_1-\boldsymbol{\eta}_2),\left(\frac{\boldsymbol{\eta}_3+2\boldsymbol{\eta}_2}{3}-\frac{\boldsymbol{\eta}_2+\boldsymbol{\eta}_3}{2}\right)$线性无关（对应不成比例）.

由于$n-r(\boldsymbol{A}_{4\times4})=4-2=2$，从而可知$(\boldsymbol{\eta}_1-\boldsymbol{\eta}_2),\left(\frac{\boldsymbol{\eta}_3+2\boldsymbol{\eta}_2}{3}-\frac{\boldsymbol{\eta}_2+\boldsymbol{\eta}_3}{2}\right)$为$\boldsymbol{A}\boldsymbol{x}=\boldsymbol{0}$的一个基础解系，故$\boldsymbol{A}\boldsymbol{x}=\boldsymbol{0}$的通解是$c_1(\boldsymbol{\eta}_1-\boldsymbol{\eta}_2)+c_2\left(\frac{\boldsymbol{\eta}_3+2\boldsymbol{\eta}_2}{3}-\frac{\boldsymbol{\eta}_2+\boldsymbol{\eta}_3}{2}\right)$，即$c_1(-1,0,3,-4)^{\mathrm{T}}+c_2(1,0,-2,2)^{\mathrm{T}}$.

由于$\boldsymbol{A}\left(\frac{\boldsymbol{\eta}_2+\boldsymbol{\eta}_3}{2}\right)=\boldsymbol{A}\left(\frac{\boldsymbol{\eta}_3+2\boldsymbol{\eta}_2}{3}\right)=\boldsymbol{\beta}$，从而$\frac{\boldsymbol{\eta}_2+\boldsymbol{\eta}_3}{2}=(1,1,2,-1)^{\mathrm{T}}$为方程组的一个特解，故$\boldsymbol{A}\boldsymbol{x}=\boldsymbol{\beta}$的通解是$c_1(-1,0,3,-4)^{\mathrm{T}}+c_2(1,0,-2,2)^{\mathrm{T}}+(1,1,2,-1)^{\mathrm{T}}$，$c_1,c_2$为任意常数.

例 4 已知线性方程组$x_1\boldsymbol{\alpha}_1+x_2\boldsymbol{\alpha}_2+x_3\boldsymbol{\alpha}_3+x_4\boldsymbol{\alpha}_4=\boldsymbol{\alpha}_5$有通解$(2,0,0,1)^{\mathrm{T}}+k(1,-1,2,0)^{\mathrm{T}}$，则下列说法正确的是（　　）.

$(A)\boldsymbol{\alpha}_5$可由$\boldsymbol{\alpha}_1,\boldsymbol{\alpha}_2,\boldsymbol{\alpha}_3$线性表示　　$(B)\boldsymbol{\alpha}_4$不能由$\boldsymbol{\alpha}_1,\boldsymbol{\alpha}_2,\boldsymbol{\alpha}_3$线性表示

$(C)\boldsymbol{\alpha}_5$不能由$\boldsymbol{\alpha}_2,\boldsymbol{\alpha}_3,\boldsymbol{\alpha}_4$线性表示　　$(D)\boldsymbol{\alpha}_4$不能由$\boldsymbol{\alpha}_1,\boldsymbol{\alpha}_2,\boldsymbol{\alpha}_5$线性表示

【答案】(B).

解析 由$k(1,-1,2,0)^{\mathrm{T}}$是齐次方程$x_1\boldsymbol{\alpha}_1+x_2\boldsymbol{\alpha}_2+x_3\boldsymbol{\alpha}_3+x_4\boldsymbol{\alpha}_4=\boldsymbol{0}$的通解，则$\begin{cases}\boldsymbol{\alpha}_1-\boldsymbol{\alpha}_2+2\boldsymbol{\alpha}_3=\boldsymbol{0}\\ R(\boldsymbol{\alpha}_1,\boldsymbol{\alpha}_2,\boldsymbol{\alpha}_3,\boldsymbol{\alpha}_4)=3\end{cases}$.

其中通过$\boldsymbol{\alpha}_1-\boldsymbol{\alpha}_2+2\boldsymbol{\alpha}_3=\boldsymbol{0}$可知$\boldsymbol{\alpha}_1,\boldsymbol{\alpha}_2,\boldsymbol{\alpha}_3$线性相关，其秩$R(\boldsymbol{\alpha}_1,\boldsymbol{\alpha}_2,\boldsymbol{\alpha}_3)\leqslant 2$，结合$R(\boldsymbol{\alpha}_1,\boldsymbol{\alpha}_2,\boldsymbol{\alpha}_3,\boldsymbol{\alpha}_4)=3$可得：$\boldsymbol{\alpha}_4$不能被$\boldsymbol{\alpha}_1,\boldsymbol{\alpha}_2,\boldsymbol{\alpha}_3$线性表示，从而选$(B)$；

由$(2,0,0,1)^{\mathrm{T}}$是方程的特解，从而可知$2\boldsymbol{\alpha}_1+\boldsymbol{\alpha}_4=\boldsymbol{\alpha}_5$，此时若$\boldsymbol{\alpha}_5$可由$\boldsymbol{\alpha}_1,\boldsymbol{\alpha}_2,\boldsymbol{\alpha}_3$线性表示，即$\boldsymbol{\alpha}_5=k_1\boldsymbol{\alpha}_1+k_2\boldsymbol{\alpha}_2+k_3\boldsymbol{\alpha}_3$，代入$2\boldsymbol{\alpha}_1+\boldsymbol{\alpha}_4=\boldsymbol{\alpha}_5$中则有$2\boldsymbol{\alpha}_1+\boldsymbol{\alpha}_4=k_1\boldsymbol{\alpha}_1+k_2\boldsymbol{\alpha}_2+k_3\boldsymbol{\alpha}_3$，即$\boldsymbol{\alpha}_4=(k_1-2)\boldsymbol{\alpha}_1+k_2\boldsymbol{\alpha}_2+k_3\boldsymbol{\alpha}_3$，与前面的结论"$\boldsymbol{\alpha}_4$不能被$\boldsymbol{\alpha}_1,\boldsymbol{\alpha}_2,\boldsymbol{\alpha}_3$线性表示"矛盾，从而$(A)$错；

联立$\begin{cases}\boldsymbol{\alpha}_1-\boldsymbol{\alpha}_2+2\boldsymbol{\alpha}_3=\boldsymbol{0}\\ 2\boldsymbol{\alpha}_1+\boldsymbol{\alpha}_4=\boldsymbol{\alpha}_5\end{cases}$可得$2\boldsymbol{\alpha}_2-4\boldsymbol{\alpha}_3+\boldsymbol{\alpha}_4=\boldsymbol{\alpha}_5$，从而$(C)$错；

由$2\boldsymbol{\alpha}_1+\boldsymbol{\alpha}_4=\boldsymbol{\alpha}_5$可知$\boldsymbol{\alpha}_4=\boldsymbol{\alpha}_5-2\boldsymbol{\alpha}_1$，从而$(D)$错.

例 5 已知$\boldsymbol{A}$为n阶方阵，$r(\boldsymbol{A})=n-3$，$\boldsymbol{\alpha}_1,\boldsymbol{\alpha}_2,\boldsymbol{\alpha}_3$是相应的齐次方程组的一个基础解系，则$\boldsymbol{A}\boldsymbol{x}=\boldsymbol{0}$的基础解系还可以是（　　）.

$(A)\boldsymbol{\alpha}_1+\boldsymbol{\alpha}_2,\ \boldsymbol{\alpha}_2+\boldsymbol{\alpha}_3,\boldsymbol{\alpha}_3+\boldsymbol{\alpha}_1$　　$(B)2\boldsymbol{\alpha}_2-\boldsymbol{\alpha}_1,\frac{1}{2}\boldsymbol{\alpha}_3-\boldsymbol{\alpha}_2,\boldsymbol{\alpha}_1-\boldsymbol{\alpha}_3$

$(C)\boldsymbol{\alpha}_2-\boldsymbol{\alpha}_1,\ \boldsymbol{\alpha}_3-\boldsymbol{\alpha}_2,\boldsymbol{\alpha}_1-\boldsymbol{\alpha}_3$　　$(D)\boldsymbol{\alpha}_1+\boldsymbol{\alpha}_2+\boldsymbol{\alpha}_3,\ \boldsymbol{\alpha}_3-\boldsymbol{\alpha}_2,-\boldsymbol{\alpha}_1-2\boldsymbol{\alpha}_3$

【答案】(A).

解析 基础解系必须是线性无关的，而由$(2\boldsymbol{\alpha}_2-\boldsymbol{\alpha}_1)+2\left(\frac{1}{2}\boldsymbol{\alpha}_3-\boldsymbol{\alpha}_2\right)+(\boldsymbol{\alpha}_1-\boldsymbol{\alpha}_3)=\boldsymbol{0}$，从而$(B)$错；

由$(\boldsymbol{\alpha}_2-\boldsymbol{\alpha}_1)+(\boldsymbol{\alpha}_3-\boldsymbol{\alpha}_2)+(\boldsymbol{\alpha}_1-\boldsymbol{\alpha}_3)=\mathbf{0}$，从而(C)错；

由$(\boldsymbol{\alpha}_1+\boldsymbol{\alpha}_2+\boldsymbol{\alpha}_3)+(\boldsymbol{\alpha}_3-\boldsymbol{\alpha}_2)+(-\boldsymbol{\alpha}_1-2\boldsymbol{\alpha}_3)=\mathbf{0}$，从而(D)错；故选(A).

当然也可以直接分析：$(\boldsymbol{\alpha}_1+\boldsymbol{\alpha}_2,\boldsymbol{\alpha}_2+\boldsymbol{\alpha}_3,\boldsymbol{\alpha}_3+\boldsymbol{\alpha}_1)=(\boldsymbol{\alpha}_1,\boldsymbol{\alpha}_2,\boldsymbol{\alpha}_3)\begin{pmatrix}1&0&1\\1&1&0\\0&1&1\end{pmatrix}$，由于$\begin{pmatrix}1&0&1\\1&1&0\\0&1&1\end{pmatrix}$可逆，故

$\boldsymbol{\alpha}_1+\boldsymbol{\alpha}_2,\boldsymbol{\alpha}_2+\boldsymbol{\alpha}_3,\boldsymbol{\alpha}_3+\boldsymbol{\alpha}_1$是与$\boldsymbol{\alpha}_1,\boldsymbol{\alpha}_2,\boldsymbol{\alpha}_3$等价的无关向量组，因而也是$\boldsymbol{Ax}=\mathbf{0}$的一个基础解系，(A)对.

3. 解齐次方程组$\boldsymbol{Ax}=\mathbf{0}$

方法：初等行变换化为阶梯形.

（1）如果有唯一零解，则直接写出；

（2）如果有无穷解（有非零解），则用以下方法可以找到一组基础解系：把自由变量（$n-r(\boldsymbol{A})$个）分别设为(1,0,0....),(0,1,0.....)……(0,0,....1)，再代入原方程组把剩下的主变量求出来，即可得到一组基础解系.

【注】这个方法不是唯一求基础解系的方法，基础解系也不是唯一的.

例6 求出齐次方程组$\begin{cases}x_1+2x_2+3x_3+2x_4+5x_5=0\\2x_1+2x_2+x_3+3x_4+x_5=0\\3x_1+4x_2+3x_3+4x_4+3x_5=0\end{cases}$的通解.

（提示：通过行变换把系数矩阵化为阶梯形$\begin{pmatrix}1&0&0&3&2\\0&1&0&-2&-3\\0&0&1&1&3\end{pmatrix}$）

【答案】$c_1(-3,2,-1,1,0)^{\mathrm T}+c_2(-2,3,-3,0,1)^{\mathrm T}$，$c_1,c_2$为任意常数.

解析 通过行变换得到的系数矩阵的阶梯形$\begin{pmatrix}1&0&0&3&2\\0&1&0&-2&-3\\0&0&1&1&3\end{pmatrix}$，方程组为$\begin{cases}x_1+3x_4+2x_5=0\\x_2-2x_4-3x_5=0.\\x_3+x_4+3x_5=0\end{cases}$

自由变量为x_4与x_5，分别取为(1,0)与(0,1)代入方程组，可得一组基础解系：

$(-3,2,-1,1,0)^{\mathrm T},(-2,3,-3,0,1)^{\mathrm T}$，从而得到通解$c_1(-3,2,-1,1,0)^{\mathrm T}+c_2(-2,3,-3,0,1)^{\mathrm T}$，$c_1,c_2$为任意常数.

例7 如果齐次方程组的系数矩阵$\boldsymbol{A}$通过初等行变换得到的阶梯形矩阵是$\begin{pmatrix}1&0&1&1\\0&1&2&0\end{pmatrix}$，则方程组的通解是？如果是$\begin{pmatrix}1&-1&1&1\\0&0&0&0\end{pmatrix}$呢？

【答案】（1）$c_1(-1,-2,1,0)^{\mathrm T}+c_2(-1,0,0,1)^{\mathrm T}$，$c_1,c_2$为任意常数.

（2）$c_1(1,1,0,0)^{\mathrm T}+c_2(-1,0,1,0)^{\mathrm T}+c_3(-1,0,0,1)^{\mathrm T}$，$c_1,c_2,c_3$为任意常数.

解析 （1）自由变量为x_3与x_4，分别设为(1,0)与(0,1)代入方程组$\begin{cases}x_1+x_3+x_4=0\\x_2+2x_3=0\end{cases}$，可得一组基础

解系$(-1,-2,1,0)^{\mathrm T},(-1,0,0,1)^{\mathrm T}$，从而通解为$c_1(-1,-2,1,0)^{\mathrm T}+c_2(-1,0,0,1)^{\mathrm T}$，$c_1,c_2$为任意常数；

（2）自由变量为x_2,x_3,x_4，分别设为$(1,0,0)$，$(0,1,0)$与$(0,0,1)$代入方程

$x_1-x_2+x_3+x_4=0$，可得一组基础解系$(1,1,0,0)^{\mathrm T},(-1,0,1,0)^{\mathrm T},(-1,0,0,1)^{\mathrm T}$，从而通解为

$c_1(1,1,0,0)^{\mathrm T}+c_2(-1,0,1,0)^{\mathrm T}+c_3(-1,0,0,1)^{\mathrm T}$，$c_1,c_2$为任意常数．

例 8　如果齐次方程组的系数矩阵$\boldsymbol A$通过初等行变换得到的阶梯形矩阵是$\begin{pmatrix}1&-1&1&1\\0&0&1&-2\end{pmatrix}$，

则方程组的通解是？如果是$\begin{pmatrix}1&1&-1\\0&1&-2\end{pmatrix}$呢？

解析　（1）自由变量为x_2与x_4，分别设为$(1,0)$与$(0,1)$代入方程组$\begin{cases}x_1-x_2+x_3+x_4=0\\x_3-2x_4=0\end{cases}$，可得一组

基础解系$(1,1,0,0)^{\mathrm T},(-3,0,2,1)^{\mathrm T}$，从而通解为$c_1(1,1,0,0)^{\mathrm T}+c_2(-3,0,2,1)^{\mathrm T}$，$c_1,c_2$为任意常数．

（2）自由变量为x_3，设为 1，代入方程$\begin{cases}x_1+x_2-x_3=0\\x_2-2x_3=0\end{cases}$，可得一组基础解系$(-1,2,1)^{\mathrm T}$，

从而通解为$c(-1,2,1)^{\mathrm T}$，c为任意常数；

也可对系数矩阵做进一步的初等行变换化为简化阶梯形：$\begin{pmatrix}1&-1&0&3\\0&0&1&-2\end{pmatrix}$与$\begin{pmatrix}1&0&1\\0&1&-2\end{pmatrix}$，而后再代入计算更方便．

4. 非齐次方程组$\boldsymbol A_{m\times n}\boldsymbol x=\boldsymbol\beta$：通过初等行变换化为阶梯形，此时：

（1）如果无解，运算结束；

（2）如果有唯一解，直接算；

（如果$\boldsymbol A$是方阵且$|\boldsymbol A|\neq 0$，也有$\boldsymbol x=\boldsymbol A^{-1}\boldsymbol\beta$）

（3）如果有无穷多解，则先求出对应齐次方程组的通解，而后任意找一个非齐次的特解即可．

例 9　请求下列非齐次线性方程组的解

$$\begin{cases}x_1+2x_2=1\\2x_1-x_2=-3\\-x_1+3x_2=4\end{cases};\qquad\begin{cases}-x_1-4x_2+x_3=-1\\x_2+x_3=1\\x_1+3x_2-2x_3=0\end{cases}.$$

【答案】（1）唯一解$\begin{cases}x_1=-1\\x_2=1\end{cases}$.　　（2）通解为$k(5,-1,1)^{\mathrm T}+(-3,1,0)^{\mathrm T}$，$k$为任意常数.

解析　（1）$\overline{\boldsymbol A}$：$\left(\begin{array}{cc|c}1&2&1\\2&-1&-3\\-1&3&4\end{array}\right)\to\left(\begin{array}{cc|c}1&2&1\\0&-5&-5\\0&5&5\end{array}\right)\to\left(\begin{array}{cc|c}1&2&1\\0&1&1\\0&0&0\end{array}\right)$有唯一解：$\begin{cases}x_1=-1\\x_2=1\end{cases}$.

（2）$\overline{\boldsymbol A}$：$\left(\begin{array}{ccc|c}-1&-4&1&-1\\0&1&1&1\\1&3&-2&0\end{array}\right)\to\left(\begin{array}{ccc|c}-1&-4&1&-1\\0&1&1&1\\0&-1&-1&-1\end{array}\right)\to\left(\begin{array}{ccc|c}-1&-4&1&-1\\0&1&1&1\\0&0&0&0\end{array}\right)$，所以通解为$k(5,-1,1)^{\mathrm T}$

$+(-3,1,0)^{\mathrm{T}}$，k为任意常数．

例 10 已知非齐次线性方程组$\begin{cases} x_1+x_2+x_3+x_4=1 \\ 3x_1+2x_2+x_3+x_4=a \\ x_2+2x_3+2x_4=3 \\ 5x_1+4x_2+3x_3+4x_4=b \end{cases}$，则$a,b$为何值时，方程组无解？为何值时方程组有解？当方程组有解时，求其全部解．

【答案】$a\neq 0$时无解；$a=0$时有无穷解，通解为$k(1,-2,1,0)^{\mathrm{T}}+(b-4,7-2b,0,b-2)^{\mathrm{T}}$，$k$为任意常数.

解析 由增广矩阵$\overline{A}=\begin{pmatrix} 1 & 1 & 1 & 1 & \vdots & 1 \\ 3 & 2 & 1 & 1 & \vdots & a \\ 0 & 1 & 2 & 2 & \vdots & 3 \\ 5 & 4 & 3 & 4 & \vdots & b \end{pmatrix}$经初等行变换$\to\begin{pmatrix} 1 & 1 & 1 & 1 & \vdots & 1 \\ 0 & -1 & -2 & -2 & \vdots & a-3 \\ 0 & 1 & 2 & 2 & \vdots & 3 \\ 0 & -1 & -2 & -1 & \vdots & b-5 \end{pmatrix}\to$

$\begin{pmatrix} 1 & 1 & 1 & 1 & \vdots & 1 \\ 0 & 0 & 0 & 0 & \vdots & a \\ 0 & 1 & 2 & 2 & \vdots & 3 \\ 0 & 0 & 0 & 1 & \vdots & b-2 \end{pmatrix}\to\begin{pmatrix} 1 & 1 & 1 & 1 & \vdots & 1 \\ 0 & 1 & 2 & 2 & \vdots & 3 \\ 0 & 0 & 0 & 1 & \vdots & b-2 \\ 0 & 0 & 0 & 0 & \vdots & a \end{pmatrix}$，可知$a\neq 0$时无解；$a=0$时有无穷解；不存在唯一解的情况．

当有无穷解，可继续行变换$\to\begin{pmatrix} 1 & 1 & 1 & 0 & \vdots & 3-b \\ 0 & 1 & 2 & 0 & \vdots & 7-2b \\ 0 & 0 & 0 & 1 & \vdots & b-2 \\ 0 & 0 & 0 & 0 & \vdots & 0 \end{pmatrix}\to\begin{pmatrix} 1 & 0 & -1 & 0 & \vdots & b-4 \\ 0 & 1 & 2 & 0 & \vdots & 7-2b \\ 0 & 0 & 0 & 1 & \vdots & b-2 \\ 0 & 0 & 0 & 0 & \vdots & 0 \end{pmatrix}$，从而可得通解为

$k(1,-2,1,0)^{\mathrm{T}}+(b-4,7-2b,0,b-2)^{\mathrm{T}}$，$k$为任意常数．

5. 克拉默法则：非齐次方程组$A_{n\times n}x=\beta$系数矩阵A为方阵$A_{n\times n}$，且$|A|\neq 0$，方程组有唯一解的另类写法：$x=\begin{pmatrix} x_1 \\ x_2 \\ \vdots \\ x_n \end{pmatrix}=\dfrac{1}{|A|}\begin{pmatrix} |A_1| \\ |A_2| \\ \vdots \\ |A_n| \end{pmatrix}$，即$x_j=\dfrac{|A_j|}{|A|}$，其中$|A_j|$是用$\beta=\begin{pmatrix} b_1 \\ b_2 \\ \vdots \\ b_n \end{pmatrix}$取代行列式$|A|$中的第$j$列形成的新行列式．

证明

$$x=A^{-1}\beta=\frac{1}{|A|}A^*\beta=\frac{1}{|A|}\begin{pmatrix} A_{11} & A_{21} & \cdots & A_{n1} \\ A_{12} & A_{22} & \cdots & A_{n2} \\ \vdots & & \ddots & \vdots \\ A_{1n} & A_{2n} & \cdots & A_{nn} \end{pmatrix}\begin{pmatrix} b_1 \\ b_2 \\ \vdots \\ b_n \end{pmatrix}=\frac{1}{|A|}\begin{pmatrix} b_1A_{11}+b_2A_{21}+\cdots+b_nA_{n1} \\ b_1A_{12}+b_2A_{22}+\cdots+b_nA_{n2} \\ \vdots \\ b_1A_{1n}+b_2A_{2n}+\cdots+b_nA_{nn} \end{pmatrix}=\frac{1}{|A|}\begin{pmatrix} |A_1| \\ |A_2| \\ \vdots \\ |A_n| \end{pmatrix}.$$

例 11 解方程组$\begin{cases} x+y+z=a+b+c \\ ax+by+cz=a^2+b^2+c^2 \\ bcx+cay+abz=3abc \end{cases}$，其中$a,b,c$互异且已知其系数矩阵$|A|\neq 0$．

【答案】$(x,y,z)^{\mathrm{T}}=(a,b,c)^{\mathrm{T}}$.

解析 由于方程组可写为$\begin{pmatrix}1&1&1\\a&b&c\\bc&ca&ab\end{pmatrix}\begin{pmatrix}x\\y\\z\end{pmatrix}=\begin{pmatrix}a+b+c\\a^2+b^2+c^2\\3abc\end{pmatrix}$，即$\boldsymbol{A}=\begin{pmatrix}1&1&1\\a&b&c\\bc&ca&ab\end{pmatrix}$，$\boldsymbol{x}=\begin{pmatrix}x\\y\\z\end{pmatrix}$，

$\boldsymbol{\beta}=\begin{pmatrix}a+b+c\\a^2+b^2+c^2\\3abc\end{pmatrix}$. 由$|\boldsymbol{A}|\neq 0$，所以有唯一解，且由克拉默法则，$x=\dfrac{|\boldsymbol{A}_1|}{|\boldsymbol{A}|}, y=\dfrac{|\boldsymbol{A}_2|}{|\boldsymbol{A}|}, z=\dfrac{|\boldsymbol{A}_3|}{|\boldsymbol{A}|}$，其中

$$|\boldsymbol{A}_1|=\begin{vmatrix}a+b+c&1&1\\a^2+b^2+c^2&b&c\\3abc&ca&ab\end{vmatrix}=\begin{vmatrix}a&1&1\\a^2&b&c\\abc&ca&ab\end{vmatrix}+\begin{vmatrix}b&1&1\\b^2&b&c\\abc&ca&ab\end{vmatrix}+\begin{vmatrix}c&1&1\\c^2&b&c\\abc&ca&ab\end{vmatrix}$$

$$=a\begin{vmatrix}1&1&1\\a&b&c\\bc&ca&ab\end{vmatrix}+0+0=a|\boldsymbol{A}|\text{，故}x=\frac{a|\boldsymbol{A}|}{|\boldsymbol{A}|}=a.$$

同理类似$y=b,z=c$，解为$(x,y,z)^{\mathrm{T}}=(a,b,c)^{\mathrm{T}}$.

例 12 （08 数 1,2,3 改编）：设n元线性方程组$\boldsymbol{Ax}=\boldsymbol{\beta}$，其中

$$\boldsymbol{A}_{n\times n}=\begin{pmatrix}2a&1&&&&\\a^2&2a&1&&&\\&a^2&2a&1&&\\&&\ddots&\ddots&\ddots&\\&&&a^2&2a&1\\&&&&a^2&2a\end{pmatrix},\boldsymbol{x}=\begin{pmatrix}x_1\\x_2\\\vdots\\\vdots\\x_n\end{pmatrix},\boldsymbol{\beta}=\begin{pmatrix}1\\0\\\vdots\\\vdots\\0\end{pmatrix}$$，如已知$|\boldsymbol{A}|=(n+1)a^n$，请问$a$为何值时，方程组有唯一解，并求$x_1$.

【答案】$a\neq 0$时有唯一解，$x_1=\dfrac{n}{(n+1)a}$.

解析 由于$|\boldsymbol{A}|=(n+1)a^n$，从而可知当$a\neq 0$时，方程组有唯一解；且$x_1=\dfrac{|\boldsymbol{A}_1|}{|\boldsymbol{A}|}$，由于

$$|\boldsymbol{A}|=\begin{vmatrix}2a&1&&&&\\a^2&2a&1&&&\\&a^2&2a&1&&\\&&\ddots&\ddots&\ddots&\\&&&a^2&2a&1\\&&&&a^2&2a\end{vmatrix}=(n+1)a^n\text{，所以}|\boldsymbol{A}_1|=\begin{vmatrix}1&1&0&\cdots&\\0&2a&1&0&\cdots\\0&a^2&2a&1&\cdots\\\vdots&&\ddots&\ddots&\\0&&&a^2&2a\end{vmatrix}=na^{n-1}$$，（按照第一列展开，结果规律与$|\boldsymbol{A}|$一致，但是阶数要小一号）从而$x_1=\dfrac{na^{n-1}}{(n+1)a^n}=\dfrac{n}{(n+1)a}$.

第二节　扩展与几何应用

一、扩展

1. 线性齐次方程组 $Ax=0\Leftrightarrow\begin{cases}a_{11}x_1+a_{12}x_2+\cdots+a_{1n}x_n=0\\a_{21}x_1+a_{22}x_2+\cdots+a_{2n}x_n=0\\\quad\vdots\qquad\vdots\qquad\quad\vdots\\a_{m1}x_1+a_{m2}x_2+\cdots+a_{mn}x_n=0\end{cases}$ 的行向量解读：

$A_{m\times n}x=0$ 的解 $x=\begin{pmatrix}x_1\\x_2\\\vdots\\x_n\end{pmatrix}$ 是与系数矩阵 $A=\begin{pmatrix}a_{11}&a_{12}&\cdots&a_{1n}\\a_{21}&a_{22}&\cdots&a_{2n}\\\vdots&\vdots&&\vdots\\a_{m2}&a_{m2}&\cdots&a_{mn}\end{pmatrix}$ 的所有 n 维行向量都正交的向量．即：

若 $A=\begin{pmatrix}\alpha_1^{\mathrm{T}}\\\alpha_2^{\mathrm{T}}\\\vdots\\\alpha_m^{\mathrm{T}}\end{pmatrix}$，则 $\alpha_i^{\mathrm{T}}x=0(i=1,2....,m)$．

例 1　设 n 维列向量 $\alpha_1,\alpha_2,......\alpha_{n-1}$ 线性无关，且均与同维度的向量 β_1,β_2 正交，即 $\alpha^{\mathrm{T}}{}_i\beta_1=\alpha^{\mathrm{T}}{}_i\beta_2=0(i=1,2,....n-1)$，请证明：$\beta_1,\beta_2$ 线性相关．

证明　设 $A_{(n-1)\times n}=\begin{pmatrix}\alpha_1^{\mathrm{T}}\\\alpha_2^{\mathrm{T}}\\\vdots\\\alpha_{n-1}^{\mathrm{T}}\end{pmatrix}$，由于 $\alpha^{\mathrm{T}}{}_i\beta_1=\alpha^{\mathrm{T}}{}_i\beta_2=0(i=1,2,....n-1)$，因而有 $A\beta_1=0,A\beta_2=0$，故 β_1 与 β_2 均为 $Ax=0$ 的解，它们必为解空间的一部分，则 $R(\beta_1,\beta_2)\leqslant$ 解空间的秩．

又因为 $\alpha_1,\alpha_2,......\alpha_{n-1}$ 线性无关，故 $R(A^{\mathrm{T}})=R(\alpha_1,\alpha_2,......\alpha_{n-1})=n-1$，$R(A)=n-1$，则 $Ax=0$ 的解空间的秩为 $n-R(A)=1$，从而 $R(\beta_1,\beta_2)\leqslant1$，$\beta_1,\beta_2$ 线性相关．

2. 矩阵方程组：矩阵分块

例 2　请证明：如果 $A_{m\times n}B_{n\times s}=O_{m\times s}$，则 $R(A)+R(B)\leqslant n$．

证明　设 $B=(\beta_1\ \cdots\beta_s)$，同时 $O=(0\cdots0)$，则 $AB=O\Leftrightarrow A(\beta_1\ \cdots\beta_s)=(A\beta_1\cdots A\beta_s)=(0\cdots0)$，所以 $A\beta_i=0(i=1,\cdots s)$，即 β_i 均为 $Ax=0$ 的解，$(\beta_1\ \cdots\beta_s)$ 为 $Ax=0$ 的解空间的一部分，故 $R(\beta_1\cdots\ \beta_s)\leqslant Ax=0$ 解空间的秩 $=n-R(A)$，即 $R(\beta_1\cdots\ \beta_s)\leqslant n-R(A)$；从而得到 $R(B)\leqslant n-R(A)\Rightarrow R(A)+R(B)\leqslant n$．

例 3　设 $A=\begin{pmatrix}1&1&2\\1&-1&0\\2&-1&1\end{pmatrix},C=\begin{pmatrix}0&4\\-2&0\\-3&2\end{pmatrix}$，求出所有的矩阵 B，使得 $AB=C$．

【答案】$\begin{pmatrix} -1-c_1 & 1-c_2 \\ 1-c_1 & 1-c_2 \\ c_1 & 1+c_2 \end{pmatrix}$，其中$c_1,c_2$为任意常数．

解析　因为$\boldsymbol{A}_{3\times3}\boldsymbol{B}_{3\times2}=\boldsymbol{C}_{3\times2}$，所以设$\boldsymbol{B}=(\boldsymbol{\beta}_1,\boldsymbol{\beta}_2),\boldsymbol{C}=(\boldsymbol{r}_1,\boldsymbol{r}_2)$，即$(\boldsymbol{A}\boldsymbol{\beta}_1,\boldsymbol{A}\boldsymbol{\beta}_2)=(\boldsymbol{r}_1,\boldsymbol{r}_2)$，$\boldsymbol{\beta}_1$为$\boldsymbol{A}\boldsymbol{x}=\boldsymbol{r}_1$的解，$\boldsymbol{\beta}_2$为$\boldsymbol{A}\boldsymbol{x}=\boldsymbol{r}_2$的解，

$$(\boldsymbol{A}\vdots\boldsymbol{C})=\left(\begin{array}{ccc:cc} 1 & 1 & 2 & 0 & 4 \\ 1 & -1 & 0 & -2 & 0 \\ 2 & -1 & 1 & -3 & 2 \end{array}\right)\to\left(\begin{array}{ccc:cc} 1 & 1 & 2 & 0 & 4 \\ 0 & -2 & -2 & -2 & -4 \\ 0 & -3 & -3 & -3 & -6 \end{array}\right)\to\left(\begin{array}{ccc:cc} 1 & 1 & 2 & 0 & 4 \\ 0 & 1 & 1 & 1 & 2 \\ 0 & 0 & 0 & 0 & 0 \end{array}\right),$$

所以$\boldsymbol{\beta}_1=c_1\begin{pmatrix}-1\\-1\\1\end{pmatrix}+\begin{pmatrix}-1\\1\\0\end{pmatrix}=\begin{pmatrix}-1-c_1\\1-c_1\\c_1\end{pmatrix}$，$\boldsymbol{\beta}_2=c_2\begin{pmatrix}-1\\-1\\1\end{pmatrix}+\begin{pmatrix}1\\1\\1\end{pmatrix}=\begin{pmatrix}1-c_2\\1-c_2\\1+c_2\end{pmatrix}$，故$\boldsymbol{B}=\begin{pmatrix} -1-c_1 & 1-c_2 \\ 1-c_1 & 1-c_2 \\ c_1 & 1+c_2 \end{pmatrix}$，其中$c_1,c_2$为任意常数．

3. 两个方程组的公共解

（1）联立而成的新方程组的解．

例 4　设有两个四元齐次方程组$(I)\begin{cases}x_1+x_2=0\\x_2-x_4=0\end{cases}$与$(II)\begin{cases}x_1-x_2+x_3=0\\x_2-x_3+x_4=0\end{cases}$，问两个方程组是否有非 0 公共解，如果有，请求之；如果没有，请说明理由．

【答案】有非 0 公共解$\boldsymbol{x}=k(-1,1,2,1)^{\mathrm{T}}(k\neq0)$.

解析　联立$\begin{cases}x_1+x_2=0\\x_2-x_4=0\\x_1-x_2+x_3=0\\x_2-x_3+x_4=0\end{cases}$，即问此方程组是否有非零解，由于系数矩阵$\boldsymbol{A}=\begin{pmatrix}1&1&0&0\\0&1&0&-1\\1&-1&1&0\\0&1&-1&1\end{pmatrix}$

$$\to\begin{pmatrix}1&1&0&0\\0&1&0&-1\\0&-2&1&0\\0&1&-1&1\end{pmatrix}\to\begin{pmatrix}1&1&0&0\\0&1&0&-1\\0&0&1&-2\\0&0&-1&2\end{pmatrix}\to\begin{pmatrix}1&1&0&0\\0&1&0&-1\\0&0&1&-2\\0&0&0&0\end{pmatrix}$$，所以有非零公共解$\boldsymbol{x}=k(-1,1,2,1)^{\mathrm{T}}$ $(k\neq0)$.

（2）其中一个方程组的通解中满足另外一个方程组的部分．

例 5　已知方程组$(I)\begin{cases}x_1+x_2=0\\x_2-x_4=0\end{cases}$与方程组$(II)$的基础解系$\boldsymbol{\eta}_1=\begin{pmatrix}0\\1\\1\\0\end{pmatrix},\boldsymbol{\eta}_2=\begin{pmatrix}-1\\2\\2\\1\end{pmatrix}$，问两个方程组是否有非零公共解，如果有，求之；如果没有请说明理由．（非齐次的方法类似）

【答案】有非零公共解$k(-1,1,1,1)^{\mathrm{T}}(k\neq0)$.

解析 (II)的通解为$c_1\boldsymbol{\eta}_1+c_2\boldsymbol{\eta}_2=\begin{pmatrix}0\\c_1\\c_1\\0\end{pmatrix}+\begin{pmatrix}-c_2\\2c_2\\2c_2\\c_2\end{pmatrix}=\begin{pmatrix}-c_2\\2c_2+c_1\\2c_2+c_1\\c_2\end{pmatrix}$代入$(I)$中，

有$\begin{cases}c_1+c_2=0\\2c_2+c_1=c_2\end{cases}\Rightarrow c_1+c_2=0$，所以非零公共解为$\begin{pmatrix}c_1\\c_2\\c_2\\c_2\end{pmatrix}=c_2\begin{pmatrix}-1\\1\\1\\1\end{pmatrix}(c_2\neq 0)$，从而简化为

$k(-1,1,1,1)^{\mathrm{T}}(k\neq 0)$.

例 6 求方程组$\begin{cases}x_1-x_2+x_3=1\\x_2-x_3+x_4=0\end{cases}$中的解中所有满足$x_2=-x_4$的解.

【答案】$k(-1,-1,0,1)^{\mathrm{T}}+(1,0,0,0)^{\mathrm{T}}$，$k$为任意常数.

解析 法一：求$\begin{cases}x_1-x_2+x_3=1\\x_2-x_3+x_4=0\end{cases}$的通解，$\boldsymbol{x}=k_1\begin{pmatrix}0\\1\\1\\0\end{pmatrix}+k_2\begin{pmatrix}-1\\-1\\0\\1\end{pmatrix}+\begin{pmatrix}1\\0\\0\\0\end{pmatrix}=\begin{pmatrix}1-k_2\\k_1-k_2\\k_1\\k_2\end{pmatrix}=\begin{pmatrix}x_1\\x_2\\x_3\\x_4\end{pmatrix}$.

令$x_2=-x_4$，即$k_1-k_2=-k_2\Rightarrow k_1=0\Rightarrow \boldsymbol{x}=k_2(-1,-1,0,1)^{\mathrm{T}}+(1,0,0,0)^{\mathrm{T}}$

$=k(-1,-1,0,1)^{\mathrm{T}}+(1,0,0,0)^{\mathrm{T}}$，$k$为任意常数.

法二：联立$\begin{cases}x_1-x_2+x_3=1\\x_2-x_3+x_4=0\\x_2+x_4=0\end{cases}$，$\overline{\boldsymbol{A}}=\left(\begin{array}{cccc|c}1&-1&1&0&1\\0&1&-1&1&0\\0&1&0&1&0\end{array}\right)\to\left(\begin{array}{cccc|c}1&-1&1&0&1\\0&1&-1&1&0\\0&0&1&0&0\end{array}\right)$，所以有解

$k(-1,-1,0,1)^{\mathrm{T}}+(1,0,0,0)^{\mathrm{T}}$，$k$为任意常数.

（3）能够同时写成两个方程组通解形式的向量

例 7 已知线性方程组(I)的基础解系$\boldsymbol{\varepsilon}_1=\begin{pmatrix}-1\\1\\0\\1\end{pmatrix}$，$\boldsymbol{\varepsilon}_2\begin{pmatrix}0\\0\\1\\0\end{pmatrix}$，$(II)$的基础解系$\boldsymbol{\eta}_1=\begin{pmatrix}0\\1\\1\\0\end{pmatrix}$，$\boldsymbol{\eta}_2=\begin{pmatrix}-1\\2\\2\\1\end{pmatrix}$，问两个方程组是否有非零公共解，如果有请写出来，如果没有请说明理由.（非齐次的类似）

【答案】有非 0 公共解$k(-1,1,1,1)^{\mathrm{T}}(k\neq 0)$.

解析 问齐次方程组(I)与(II)是否有非 0 公共解，即问是否存在不为$\mathbf{0}$的向量$\boldsymbol{\gamma}$可同时由$\boldsymbol{\varepsilon}_1,\boldsymbol{\varepsilon}_2$与$\boldsymbol{\eta}_1,\boldsymbol{\eta}_2$线性表示，即是否存在不全为零的$c_1,c_2$与$k_1,k_2$，使得$c_1\boldsymbol{\varepsilon}_1+c_2\boldsymbol{\varepsilon}_2=\boldsymbol{\gamma}=k_1\boldsymbol{\eta}_1+k_2\boldsymbol{\eta}_2$，

即$c_1\boldsymbol{\varepsilon}_1+c_2\boldsymbol{\varepsilon}_2-k_1\boldsymbol{\eta}_1-k_2\boldsymbol{\eta}_2=\mathbf{0}\Leftrightarrow(\boldsymbol{\varepsilon}_1,\boldsymbol{\varepsilon}_2,-\boldsymbol{\eta}_1,-\boldsymbol{\eta}_2)\begin{pmatrix}c_1\\c_2\\k_1\\k_2\end{pmatrix}=\mathbf{0}$.

由于$(\boldsymbol{\varepsilon}_1,\boldsymbol{\varepsilon}_2,-\boldsymbol{\eta}_1,-\boldsymbol{\eta}_2)=\begin{pmatrix}-1&0&0&1\\1&0&-1&-2\\0&1&-1&-2\\1&0&0&-1\end{pmatrix}\to\begin{pmatrix}-1&0&0&1\\0&0&-1&-1\\0&1&-1&-2\\0&0&0&0\end{pmatrix}\to\begin{pmatrix}-1&0&0&1\\0&1&0&-1\\0&0&-1&-1\\0&0&0&0\end{pmatrix}$，所以存在非零

解$\begin{pmatrix}c_1\\c_2\\k_1\\k_2\end{pmatrix}=k\begin{pmatrix}1\\1\\-1\\1\end{pmatrix}=\begin{pmatrix}k\\k\\-k\\k\end{pmatrix}(k\neq 0)$，存在非零公共解$\boldsymbol{\gamma}=k\boldsymbol{\varepsilon}_1+k\boldsymbol{\varepsilon}_2=-k\eta_1+k\eta_2=k(-1,1,1,1)^{\mathrm{T}}(k\neq 0)$.

4. 同解

（1）分析解：即解相同 .

例 8 已知$(I)\begin{cases}x_1+x_2+x_3=0\\2x_1+x_2=0\end{cases}$与$(II)\begin{cases}3x_1+2x_2+x_3=0\\ax_1+x_3=0\end{cases}$同解，求$a$.

【答案】$a=-1$.

解析 求(I)的通解$\boldsymbol{A}=\begin{pmatrix}1&1&1\\2&1&0\end{pmatrix}\to\begin{pmatrix}1&1&1\\0&-1&-2\end{pmatrix}$，$\boldsymbol{x}=k\begin{pmatrix}1\\-2\\1\end{pmatrix}$($k$为任意常数)，把$\boldsymbol{x}=\begin{pmatrix}1\\-2\\1\end{pmatrix}$代入方程

组(II)中有$a+1=0\Rightarrow a=-1$.

例 9 有方程组$(I)\begin{cases}x_1+x_2-2x_4=-6\\4x_1-x_2-x_3-x_4=1\\3x_1-x_2-x_3=3\end{cases}$与$(II)\begin{cases}x_1+mx_2-x_3-x_4=-5\\nx_2-x_3-x_4=-7\\x_3-2x_4=p-11\end{cases}$，

①求(I)的通解；

②求m,n,p的值使得(I)与(II)同解 .

【答案】①$\boldsymbol{x}=k\begin{pmatrix}1\\1\\2\\1\end{pmatrix}+\begin{pmatrix}-2\\-4\\-5\\0\end{pmatrix}$，$k$为任意常数.　　②$m=2$，$n=3$，$p=6$.

解析 通过常规方法可以求得(I)的通解为$\boldsymbol{x}=k\begin{pmatrix}1\\1\\2\\1\end{pmatrix}+\begin{pmatrix}-2\\-4\\-5\\0\end{pmatrix}$，$k$为任意常数，把$\boldsymbol{x}=\begin{pmatrix}1\\1\\2\\1\end{pmatrix}$代入方程组

(II)的齐次中解得$\begin{cases}1+m-3=0\\n-3=0\\2-2=0\end{cases}\Rightarrow\begin{cases}m=2\\n=3\end{cases}$；所以$(II)$为$\begin{cases}x_1+2x_2-x_3-x_4=-5\\3x_2-x_3-x_4=-7\\x_3-2x_4=p-11\end{cases}$，再把$\begin{pmatrix}-2\\-4\\-5\\0\end{pmatrix}$代入$(II)$的

第三个方程，有$-5=p-11\Rightarrow p=6$.

例 10 设$A_{m\times n}$，请证明：方程组$A^T Ax=0$与$Ax=0$同解，从而有$r\left(A^{\mathrm{T}}A\right)=r\left(A\right)$.

证明 显然，如果某向量ξ_1使得$A\xi_1=0$，则必然有$A^T A\xi_1=0$，即$Ax=0$的解均是$A^T Ax=0$的解.

现在证明的$A^T Ax=0$解也均是$Ax=0$的解，设某向量ξ_2使得$A^T A\xi_2=0$，则$\xi_2^{\mathrm{T}}A^{\mathrm{T}}A\xi_2=0\Rightarrow$

$\left(A\xi_2\right)^{\mathrm{T}}A\xi_2=0\Rightarrow A\xi_2=0$，即$A^T Ax=0$的解也均是$Ax=0$的解，得证.

（2）分析系数矩阵（增广）矩阵

【定理】齐次方程组的$Ax=0$解均是方程组$Bx=0$的解$\Leftrightarrow$ B的行向量能被的A的行向量线性表示；反之亦然.

（非齐次方程组结论类似，把系数矩阵改成增广矩阵即可，可以比较形象地记忆为解越“多”，系数（增广）矩阵越“小”.）

【注】**推论**：齐次线性方程组$Ax=0$与$Bx=0$同解$\Leftrightarrow$$A$与$B$的行向量等价.
（非齐次类似：方程组同解$\Leftrightarrow$增广矩阵的行向量等价）

例 11 设有方程组$(I)\begin{cases}x_1+3x_3-5x_4=0\\x_1-x_2-2x_3+2x_4=0\\2x_1-x_2+x_3+3x_4=0\end{cases}$，在$(I)$的基础上添加方程$4x_1+ax_2+bx_3+13x_4=0$得方程组$(II)$，问：$a,b$满足什么条件时$(I)$与$(II)$同解.

【答案】$b-5a=12$.

解析 (I)与(II)同解的充要条件是添加方程的行向量可以被(I)的系数矩阵行向量线性表示，由于

$$\begin{pmatrix}1&1&2&\vdots&4\\0&-1&-1&\vdots&a\\3&-2&1&\vdots&b\\-5&2&3&\vdots&13\end{pmatrix}\to\begin{pmatrix}1&1&2&\vdots&4\\0&-1&-1&\vdots&a\\0&-5&-5&\vdots&b-12\\0&7&13&\vdots&33\end{pmatrix}\to\begin{pmatrix}1&1&2&\vdots&4\\0&-1&-1&\vdots&a\\0&0&6&\vdots&33+7a\\0&0&0&\vdots&b-5a-12\end{pmatrix},$$

所以当$b-5a=12$时，(I)与(II)同解.

例 12 （2021 数 2）设 3 阶矩阵$A=\left(\alpha_1,\alpha_2,\alpha_3\right)$，$B=\left(\beta_1,\beta_2,\beta_3\right)$，若向量组$\alpha_1,\alpha_2,\alpha_3$可以由向量组$\beta_1,\beta_2$线性表出，则（　　）.

(A).$Ax=0$的解均为$Bx=0$的解

(B).$A^T x=0$的解均为$B^T x=0$的解

(C).$Bx=0$的解均为$Ax=0$的解

(D).$B^T x=0$的解均为$A^T x=0$的解

【答案】(D).

解析 由题可知，A的列向量可由的B列向量线性表示，从而A^{T}的行向量可以由B^{T}的行向量线性表示.由定理即可得到答案.

二、几何应用

1. 讨论平面上的两条直线 $\begin{matrix} L_1: a_1x+b_1y=c_1 \\ L_2: a_2x+b_2y=c_2 \end{matrix}$（$a_i^2+b_i^2\neq 0, i=1,2$）**的关系 .**

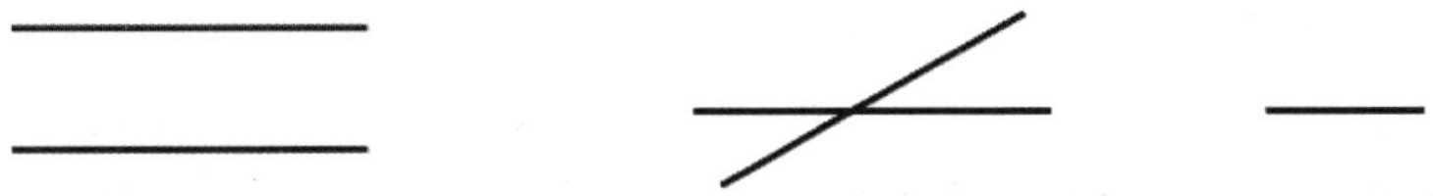

平行　　　　相交　　　　重合

设$\boldsymbol{A}=\begin{pmatrix} a_1 & b_1 \\ a_2 & b_2 \end{pmatrix}$, $\overline{\boldsymbol{A}}=\begin{pmatrix} a_1 & b_1 & c_1 \\ a_2 & b_2 & c_2 \end{pmatrix}$, 则:

（1）平行：$r(\boldsymbol{A})=1, r(\overline{\boldsymbol{A}})=2$；

（2）相交：$r(\boldsymbol{A})=r(\overline{\boldsymbol{A}})=2$；

（3）重合：$r(\boldsymbol{A})=r(\overline{\boldsymbol{A}})=1$.

【注】这个知识点喻老建议不要硬背，需抓住两个关键点：1. 是否有交点 .（公共解，即方程组的解）2. 是否平行 .（方向向量(a_1,b_1)与(a_2,b_2)是否成比例）
当然也可考虑是否垂直，（方向向量正交或斜率乘积为 −1）但一般较简单 .

例 1　平面上有两条直线$\begin{matrix} L_1: a_1x+b_1y=c_1 \\ L_2: a_2x+b_2y=c_2 \end{matrix}$（$a_i^2+b_i^2\neq 0, i=1,2$），设向量$\boldsymbol{\alpha}=\begin{pmatrix} a_1 \\ a_2 \end{pmatrix}$, $\boldsymbol{\beta}=\begin{pmatrix} b_1 \\ b_2 \end{pmatrix}$,
$\boldsymbol{\gamma}=\begin{pmatrix} c_1 \\ c_2 \end{pmatrix}$, 若两直线平行不重合，则（　　）.

(A) $\boldsymbol{\gamma}$可由$\boldsymbol{\alpha}, \boldsymbol{\beta}$线性表示，且表示方式唯一

(B) $\boldsymbol{\gamma}$可由$\boldsymbol{\alpha}, \boldsymbol{\beta}$线性表示，且表示方式不唯一

(C) $\boldsymbol{\gamma}$不可由$\boldsymbol{\alpha}, \boldsymbol{\beta}$线性表示

(D) 无法确定$\boldsymbol{\gamma}$是否可由$\boldsymbol{\alpha}, \boldsymbol{\beta}$线性表示

【答案】(C).

解析　由于两直线平行不重合，因此其系数矩阵与增广矩阵的秩满足$r(\boldsymbol{A})=1, r(\overline{\boldsymbol{A}})=2$，从而$\boldsymbol{\gamma}$不可由$\boldsymbol{\alpha}, \boldsymbol{\beta}$线性表示，选$(C)$.

例 2　平面上三条直线$\begin{matrix} L_1: a_1x+b_1y=c_1 \\ L_2: a_2x+b_2y=c_2 \\ L_3: a_3x+b_3y=c_3 \end{matrix}$（$a_i^2+b_i^2\neq 0, i=1,2,3$）相交于一点，请写出其系数矩阵$\boldsymbol{A}$与增广矩阵$\overline{\boldsymbol{A}}$的秩 .

【答案】$r(\boldsymbol{A})=r(\overline{\boldsymbol{A}})=2$.

解析 相交于一点说明方程组只有唯一的解，从而有$r(\boldsymbol{A})=r(\overline{\boldsymbol{A}})=2$．

2.（数一）讨论空间三个平面$\begin{matrix}\Pi_1: a_1x+b_1y+c_1z=d_1\\ \Pi_2: a_2x+b_2y+c_2z=d_2\\ \Pi_3: a_3x+b_3y+c_3z=d_3\end{matrix}$的位置关系．

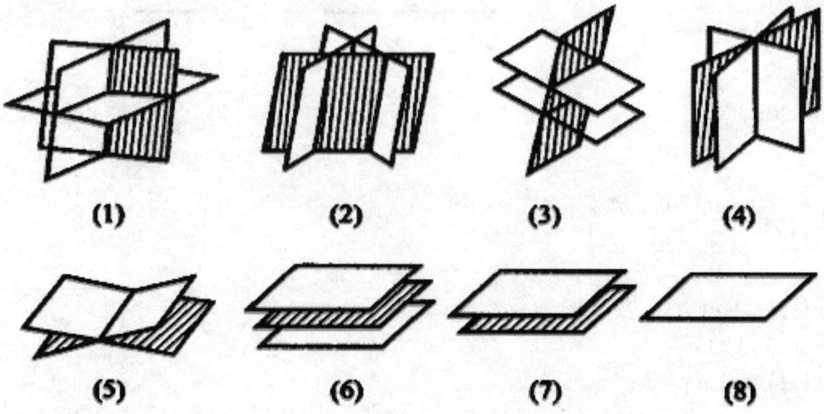

设$\boldsymbol{A}=\begin{pmatrix}a_1 & b_1 & c_1\\ a_2 & b_2 & c_2\\ a_3 & b_3 & c_3\end{pmatrix}$，$\overline{\boldsymbol{A}}=\begin{pmatrix}a_1 & b_1 & c_1 & d_1\\ a_2 & b_2 & c_2 & d_2\\ a_3 & b_3 & c_3 & d_3\end{pmatrix}$，则下面的每种情况分别代表上面各图中的哪种或哪几种？

1.$r(\boldsymbol{A})=3$　2.$r(\boldsymbol{A})=2, r(\overline{\boldsymbol{A}})=2$　3.$r(\boldsymbol{A})=2, r(\overline{\boldsymbol{A}})=3$

4.$r(\boldsymbol{A})=1, r(\overline{\boldsymbol{A}})=1$　5.$r(\boldsymbol{A})=1, r(\overline{\boldsymbol{A}})=2$

【答案】

$r(\boldsymbol{A})=3$的情况对应图 1; $r(\boldsymbol{A})=2, r(\overline{\boldsymbol{A}})=2$的情况对应图 4,5;

$r(\boldsymbol{A})=1, r(\overline{\boldsymbol{A}})=1$的情况对应图 8;

$r(\boldsymbol{A})=2, r(\overline{\boldsymbol{A}})=3$的情况对应图 2,3;

$r(\boldsymbol{A})=1, r(\overline{\boldsymbol{A}})=2$的情况对应图 6,7.

【注】依旧需要抓住两个关键点：1. 是否有交点；（方程组的解）2. 是否平行（法向量对应成比例）. 至于是否垂直（法向量正交）一般较简单．

例 3 （2019 数 1）如图所示，有 3 张平面两两相交，交线相互平行，它们的方程$a_{i1}x+a_{i2}y+a_{i3}z=d_i(i=1,2,3)$组成的线性方程组的系数矩阵和增广矩阵分别记为$\boldsymbol{A}$，$\overline{\boldsymbol{A}}$，则（　　）.

(A)$r(\boldsymbol{A})=2, r(\overline{\boldsymbol{A}})=3$

(B)$r(\boldsymbol{A})=2, r(\overline{\boldsymbol{A}})=2$

(C)$r(\boldsymbol{A})=1, r(\overline{\boldsymbol{A}})=2$

(D)$r(\boldsymbol{A})=1, r(\overline{\boldsymbol{A}})=1$

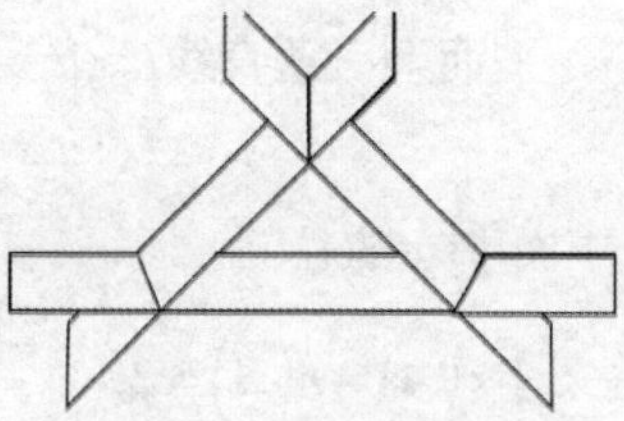

【答案】(A).

解析 首先，三个平面没有公共交点，因而方程组无解，排除$(B)(D)$. 其次由于三个平面并不是相互平行的，因而排除(C)，选(A).

3.（数一）讨论两空间直线 $\begin{matrix} L_1:\dfrac{x-a_1}{a_3}=\dfrac{y-b_1}{b_3}=\dfrac{z-c_1}{c_3} \\ L_2:\dfrac{x-a_2}{a_4}=\dfrac{y-b_2}{b_4}=\dfrac{z-c_2}{c_4} \end{matrix}$ **的位置关系，其中**$a_ib_ic_i\neq 0\left(i=1,2,3,4\right)$.

相交　　　　异面　　　　平行

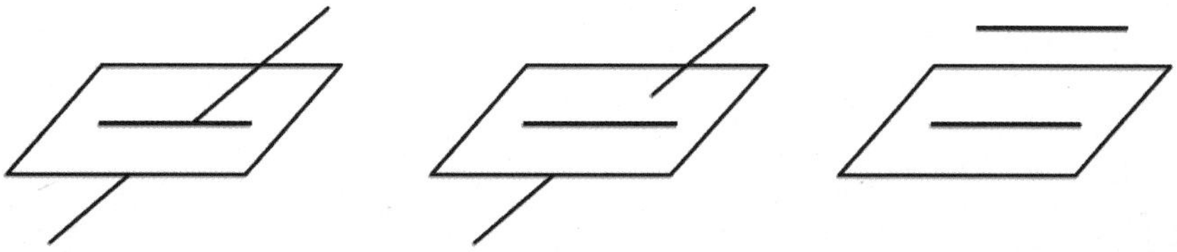

设$\boldsymbol{\alpha}_i=\left(a_i,b_i,c_i\right)^{\mathrm{T}}\left(i=1,2,3,4\right)$，说明向量$\boldsymbol{\alpha}_1,\boldsymbol{\alpha}_2,\boldsymbol{\alpha}_3,\boldsymbol{\alpha}_4$之间的线性关系分别对应上面的哪种情况.

【答案】

相交：$\boldsymbol{\alpha}_1-\boldsymbol{\alpha}_2$可以被$\boldsymbol{\alpha}_3$与$\boldsymbol{\alpha}_4$唯一的线性表示出来；

重合：$\boldsymbol{\alpha}_1-\boldsymbol{\alpha}_2$可以被$\boldsymbol{\alpha}_3$与$\boldsymbol{\alpha}_4$的线性表示出来，且$\boldsymbol{\alpha}_3$与$\boldsymbol{\alpha}_4$线性相关；

异面：$\boldsymbol{\alpha}_1-\boldsymbol{\alpha}_2$不能被$\boldsymbol{\alpha}_3$与$\boldsymbol{\alpha}_4$的线性表示出来，且$\boldsymbol{\alpha}_3$与$\boldsymbol{\alpha}_4$线性无关；

平行：$\boldsymbol{\alpha}_1-\boldsymbol{\alpha}_2$不能被$\boldsymbol{\alpha}_3$与$\boldsymbol{\alpha}_4$的线性表示出来，且$\boldsymbol{\alpha}_3$与$\boldsymbol{\alpha}_4$线性相关.

【注】关键点仍然是是否有交点与是否平行（方向向量成比例）但需要注意的是：两条空间直线的交点无法理解成方程组的解，而只能理解为能同时被两组向量线性表示的向量.

例 4 （2020 数 1）已知直线L_1:$\dfrac{x-a_2}{a_1}=\dfrac{y-b_2}{b_1}=\dfrac{z-c_2}{c_1}$与直线$L_2$:$\dfrac{x-a_3}{a_2}=\dfrac{y-b_3}{b_2}=\dfrac{z-c_3}{c_2}$相交于一点，

向量$\boldsymbol{\alpha}_i=\begin{pmatrix} a_i \\ b_i \\ c_i \end{pmatrix}$，$i=1,2,3$. 则（　　）.

$A.\boldsymbol{\alpha}_1$可由$\boldsymbol{\alpha}_2,\boldsymbol{\alpha}_3$线性表示　　　　$B.\boldsymbol{\alpha}_2$可由$\boldsymbol{\alpha}_1,\boldsymbol{\alpha}_3$线性表示

$C.\boldsymbol{\alpha}_3$可由$\boldsymbol{\alpha}_1,\boldsymbol{\alpha}_2$线性表示　　　　$D.\boldsymbol{\alpha}_1,\boldsymbol{\alpha}_2,\boldsymbol{\alpha}_3$线性无关

【答案】(C).

解析 把两条直线的点坐标表示出来：令L_1:$\dfrac{x-a_2}{a_1}=\dfrac{y-b_2}{b_1}=\dfrac{2-c_2}{c_1}=t_1$，从而$\begin{cases} x=a_1t_1+a_2 \\ y=b_1t_1+b_2 \\ z=c_1t_1+c_2 \end{cases}$，即

$\begin{pmatrix} x \\ y \\ z \end{pmatrix}=t_1\boldsymbol{\alpha}_1+\boldsymbol{\alpha}_2$；类似，令$L_2$:$\dfrac{x-a_3}{a_2}=\dfrac{y-b_3}{b_2}=\dfrac{2-c_3}{c_2}=t_2$，从而$\begin{cases} x=a_2t_2+a_3 \\ y=b_2t_2+b_3 \\ z=c_2t_2+c_3 \end{cases}$，即$\begin{pmatrix} x \\ y \\ z \end{pmatrix}=t_2\boldsymbol{\alpha}_2+\boldsymbol{\alpha}_3$.

由于它们相交于一点，从而存在唯一t_1与t_2，使得$\begin{pmatrix} x \\ y \\ z \end{pmatrix} = t_1\boldsymbol{\alpha}_1 + \boldsymbol{\alpha}_2 = t_2\boldsymbol{\alpha}_2 + \boldsymbol{\alpha}_3$.

即有$t_1\boldsymbol{\alpha}_1 + \boldsymbol{\alpha}_2 = t_2\boldsymbol{\alpha}_2 + \boldsymbol{\alpha}_3$，整理可得$\boldsymbol{\alpha}_3 = t_1\boldsymbol{\alpha}_1 + (1-t_2)\boldsymbol{\alpha}_2$，即$\boldsymbol{\alpha}_3$可由$\boldsymbol{\alpha}_1,\boldsymbol{\alpha}_2$线性表示，从而选$(C)$.

第五章 特征值与特征向量

第一节 基础知识

一、定义

1. 定义

设$\boldsymbol{A}_{n\times n}$是$n$阶方阵，如果有向量$\boldsymbol{\alpha}_{n\times 1}\neq\boldsymbol{0}$，使得$\boldsymbol{A\alpha}=\lambda\boldsymbol{\alpha}$，则称$\lambda$为方阵$\boldsymbol{A}$的一个特征值，$\boldsymbol{\alpha}$是$\lambda$对应的一个特征向量.

【注】（1）与可逆和行列式一样，特征值特征向量的概念只针对方阵；
（2）特征向量不为$\boldsymbol{0}$.（特征值可能为0）

2. 求特征值与特征向量的方法

整理$\boldsymbol{A\alpha}=\lambda\boldsymbol{\alpha}$可得：$(\boldsymbol{A}-\lambda\boldsymbol{E})\boldsymbol{\alpha}=\boldsymbol{0}$，由于$\boldsymbol{\alpha}\neq\boldsymbol{0}$从而有：

（1）通过$|\boldsymbol{A}-\lambda\boldsymbol{E}|=0$，求出$\lambda_1,\cdots,\ \lambda_n$（算上重数一定是$n$个）；

（2）对每个不同的λ_i，解线性方程组$(\boldsymbol{A}-\lambda_i\boldsymbol{E})\boldsymbol{x}=\boldsymbol{0}$，其中所有的非零解即为对应的特征向量.

【注】（1）特征向量一旦存在即一定是无穷多个，只不过人们往往取其一个极大无关组（齐次方程组的基础解系）.
（2）显然（1）（2）公式也可分别写为：$|\lambda\boldsymbol{E}-\boldsymbol{A}|=0$与$(\lambda_i\boldsymbol{E}-\boldsymbol{A})\boldsymbol{x}=\boldsymbol{0}$.

例 1 求矩阵$\boldsymbol{A}=\begin{pmatrix}-1&1&0\\-4&3&0\\1&0&2\end{pmatrix}$的特征值与特征向量.

【答案】特征值为2, 1, 1，分别对应特征向量$k_1\begin{pmatrix}0\\0\\1\end{pmatrix}(k_1\neq 0)$，$k_2\begin{pmatrix}1\\2\\-1\end{pmatrix}(k_2\neq 0)$.

解析 $|\lambda\boldsymbol{E}-\boldsymbol{A}|=\begin{vmatrix}\lambda+1&-1&0\\4&\lambda-3&0\\-1&0&\lambda-2\end{vmatrix}=(\lambda-2)(\lambda-1)^2$，$\boldsymbol{A}$的特征值为$\lambda_1=2,\lambda_2=\lambda_3=1$（2重）.

对于$\lambda_1=2$，对应的齐次线性方程组$(2\boldsymbol{E}-\boldsymbol{A})\boldsymbol{x}=\boldsymbol{0}$为$\begin{cases}3x_1-x_2=0\\4x_1-x_2=0\\-x_1\qquad\ =0\end{cases}$，其基础解系为$\boldsymbol{\alpha}_1=\begin{pmatrix}0\\0\\1\end{pmatrix}$，$\boldsymbol{A}$对应于$\lambda_1=2$的全部特征向量为$k_1\begin{pmatrix}0\\0\\1\end{pmatrix}(k_1\neq 0)$.

对于$\lambda_2=\lambda_3=1$（2重），相应的齐次线性方程组$(\boldsymbol{E}-\boldsymbol{A})\boldsymbol{x}=\boldsymbol{0}$为$\begin{cases}2x_1-x_2=0\\4x_1-2x_2=0\\-x_1-x_3=0\end{cases}$，其基础解系为

$\boldsymbol{\alpha}_2=\begin{pmatrix}1\\2\\-1\end{pmatrix}$，$\boldsymbol{A}$对应于$\lambda_2=\lambda_3=1$的全部特征向量为$k_2\begin{pmatrix}1\\2\\-1\end{pmatrix}(k_2\neq 0)$.

例 2 设λ=12是矩阵$\boldsymbol{A}=\begin{pmatrix}7&4&-1\\4&7&-1\\-4&a&4\end{pmatrix}$的一个特征值，求$a$以及$\boldsymbol{A}$的其他特征值.

【答案】$a=-4$;　　$\lambda_2=\lambda_3=3$.

解析 因为$\lambda_1=12$是矩阵$\boldsymbol{A}$的一个特征值，所以$|12\boldsymbol{E}-\boldsymbol{A}|=\begin{vmatrix}5&-4&1\\-4&5&1\\4&-a&8\end{vmatrix}=\begin{vmatrix}9&-9&0\\-4&5&1\\4&-a&8\end{vmatrix}$

$=\begin{vmatrix}9&0&0\\-4&1&1\\4&4-a&8\end{vmatrix}=9(a+4)=0$，所以$a=-4$，$\boldsymbol{A}=\begin{pmatrix}7&4&-1\\4&7&-1\\-4&-4&4\end{pmatrix}$.

法一：$|\lambda\boldsymbol{E}-\boldsymbol{A}|=\begin{vmatrix}\lambda-7&-4&1\\-4&\lambda-7&1\\4&4&\lambda-4\end{vmatrix}=\begin{vmatrix}\lambda-3&3-\lambda&0\\-4&\lambda-7&1\\4&4&\lambda-4\end{vmatrix}=\begin{vmatrix}\lambda-3&0&0\\-4&\lambda-11&1\\4&8&\lambda-4\end{vmatrix}$

$=(\lambda-3)\begin{vmatrix}\lambda-11&1\\8&\lambda-4\end{vmatrix}=(\lambda-3)(\lambda^2-15\lambda+36)=(\lambda-3)^2(\lambda-12)$，从而$\boldsymbol{A}$的特征值为 12,3,3, 其他特征值为$\lambda_2=\lambda_3=3$.

法二：设矩阵$\boldsymbol{A}$的其余特征值是λ_2,λ_3，则$\lambda_1+\lambda_2+\lambda_3=7+7+4=18$，$\lambda_1\lambda_2\lambda_3=|\boldsymbol{A}|=108$，将$\lambda_1=12$代入式可得：$\lambda_2=\lambda_3=3$.（此法利用了后面特征值的性质）

例 3 已知向量$\boldsymbol{\alpha}=\begin{pmatrix}1\\1\\-1\end{pmatrix}$是矩阵$\boldsymbol{A}=\begin{pmatrix}2&-1&2\\5&a&3\\-1&b&-2\end{pmatrix}$的一个特征向量，求$a,b$的值.

【答案】$a=-3$;　　$b=0$.

解析 设$\boldsymbol{\alpha}$所对应的特征值为λ，则$\boldsymbol{A\alpha}=\lambda\boldsymbol{\alpha}$，即$\begin{pmatrix}2&-1&2\\5&a&3\\-1&b&-2\end{pmatrix}\begin{pmatrix}1\\1\\-1\end{pmatrix}=\lambda\begin{pmatrix}1\\1\\-1\end{pmatrix}$，即$\begin{cases}2-1-2=\lambda\\5+a-3=\lambda\\-1+b+2=-\lambda\end{cases}$，解得$\lambda=-1,a=-3,b=0$.

【注】显然，上（下）三角，对角矩阵的特征值为其对角线元素；
当然也有：$\boldsymbol{O}$矩阵的特征值全部为0，特征向量为所有非$\boldsymbol{0}$向量.

二、特征值与特征向量性质

1. n阶方阵A的特征值（算上重数）一共有n个，且其和为A的对角线元素之和．（称为迹，记为$tr(A)$）；特征值之积为A的行列式$|A|$.

即：$\sum_{i=1}^{n}\lambda_i=\sum_{i=1}^{n}a_{ii}=tr(\boldsymbol{A})$，$\prod_{i=1}^{n}\lambda_i=|\boldsymbol{A}|$.（无需证明）

【注】$\boldsymbol{A}$特征值λ_A均$\neq 0\Leftrightarrow|\boldsymbol{A}|\neq 0\Leftrightarrow\boldsymbol{A}$可逆$\Leftrightarrow R(\boldsymbol{A})=n$；

$\boldsymbol{A}$至少有一个特征值$=0\Leftrightarrow|\boldsymbol{A}|=0\Leftrightarrow\boldsymbol{A}$不可逆$\Leftrightarrow R(\boldsymbol{A})<n$.

2. 设A是n阶方阵，如$\boldsymbol{A\alpha}=\lambda\boldsymbol{\alpha}(\alpha\neq 0)$，则定有：$f(\boldsymbol{A})\boldsymbol{\alpha}=f(\lambda)\boldsymbol{\alpha}$，

其中$f(\boldsymbol{A})=a_k\boldsymbol{A}^k+a_{k-1}\boldsymbol{A}^{k-1}+\cdots+a_1\boldsymbol{A}+a_0\boldsymbol{E}$为多项式矩阵，即：

$$\boldsymbol{A\alpha}=\lambda\boldsymbol{\alpha}\Rightarrow f(\boldsymbol{A})\boldsymbol{\alpha}=f(\lambda)\boldsymbol{\alpha}=\left(a_k\lambda^k+a_{k-1}\lambda^{k-1}+\cdots+a_1\lambda+a_0\right)\boldsymbol{\alpha}(\boldsymbol{\alpha}\neq 0).$$

【注】此结论不能倒推．

另外，如果$\boldsymbol{A}$是可逆矩阵，则：$\boldsymbol{A\alpha}=\lambda\boldsymbol{\alpha}\Leftrightarrow\boldsymbol{A}^{-1}\boldsymbol{\alpha}=\frac{1}{\lambda}\boldsymbol{\alpha}(\boldsymbol{\alpha}\neq 0)$；$\boldsymbol{A}$与$\boldsymbol{A}^{\mathrm{T}}$有相同的特征值，特征向量不一定相同．

当然也有：$\boldsymbol{A\alpha}=\lambda\boldsymbol{\alpha}(\boldsymbol{\alpha}\neq 0)\Rightarrow f\left(\boldsymbol{A}^{-1}\right)\boldsymbol{\alpha}=f\left(\frac{1}{\lambda}\right)\boldsymbol{\alpha}$.

例 1 （1）已知$\boldsymbol{A}_{3\times3}$有特征值$1,-1,2$，求$\boldsymbol{A}-5\boldsymbol{E}$的特征值并求：$|\boldsymbol{A}-5\boldsymbol{E}|$.

（2）已知$\boldsymbol{A}_{3\times3}$满足$|\boldsymbol{A}+i\boldsymbol{E}|=0(i=1,2,3)$，求$|\boldsymbol{A}+4\boldsymbol{E}|$.

【答案】（1）$\lambda_{A-5E}=-4,-6,-3$;　　$|\boldsymbol{A}-5\boldsymbol{E}|=-72$.（2）6.

解析 （1）由$\boldsymbol{A}_{3\times3}$有特征值$\lambda_A$为$1,-1,2$，可以推导出$\boldsymbol{A}-5\boldsymbol{E}$有相应的特征值：

$\lambda_{A-5E}=\lambda_A-5=-4,-6,-3$，所以$|\boldsymbol{A}-5\boldsymbol{E}|=\prod\left(\lambda_{A-5E}\right)=(-3)(-4)(-6)=-72.$

（2）因为$|\boldsymbol{A}+i\boldsymbol{E}|=0(i=1,2,3)$，所以$\lambda_A=-1,-2,-3$，$\lambda_{A+4E}=3,2,1$，$|\boldsymbol{A}+4\boldsymbol{E}|=6$.

例 2 可逆矩阵$\boldsymbol{A}_{3\times3}$的特征值分别为$-1,2,3$，求$\boldsymbol{A}^*-2\boldsymbol{A}^{-1}+3\boldsymbol{E}$的特征值．

【答案】11，-1，$\frac{1}{3}$.

解析 由题可知$\boldsymbol{A}^{-1}$的特征值为$-1,\ \frac{1}{2},\ \frac{1}{3}$，且$|\boldsymbol{A}|=-6$．因而$\boldsymbol{A}^*=|\boldsymbol{A}|\cdot\boldsymbol{A}^{-1}=-6\boldsymbol{A}^{-1}$，所以

$\boldsymbol{A}^*-2\boldsymbol{A}^{-1}+3\boldsymbol{E}=-6\boldsymbol{A}^{-1}-2\boldsymbol{A}^{-1}+3\boldsymbol{E}=-8\boldsymbol{A}^{-1}+3\boldsymbol{E}$，其特征值分别为$3+8,3-4,3-\frac{8}{3}$，即$11,-1,\frac{1}{3}$.

例 3 设$\boldsymbol{A}$为 3 阶方阵，特征值为 1,2,3, 则元素a_{11},a_{22},a_{33}的代数余子式A_{11},A_{22},A_{33}的和$\sum_{i=1}^{3}A_{ii}=$______.

【答案】11.

解析 由于$\boldsymbol{A}$的特征值为 1,2,3, 从而$|\boldsymbol{A}|=6$，因而$\boldsymbol{A}^*=|\boldsymbol{A}|\boldsymbol{A}^{-1}=6\boldsymbol{A}^{-1}$的特征值为

6,3,2, $\sum_{i=1}^{3}A_{ii}=tr\left(\boldsymbol{A}^*\right)=11$.

例 4 已知$\boldsymbol{A}^2=\boldsymbol{E}$，证明：$3\boldsymbol{E}-\boldsymbol{A}$可逆 .

证明 设λ为$\boldsymbol{A}$的特征值，由$\boldsymbol{A}^2-\boldsymbol{E}=\boldsymbol{O}$，可得$\lambda^2-1=0$，$\lambda=1$或$\lambda=-1$，故$3\boldsymbol{E}-\boldsymbol{A}$的特征值为$3-\lambda=2$或4，均不等于零，即$3\boldsymbol{E}-\boldsymbol{A}$可逆 .

【注】设λ为$\boldsymbol{A}$的特征值，如果$f(\boldsymbol{A})=\boldsymbol{O}$，定有$f(\lambda)=0$，通过这样的方式得到的特征值的取值仅仅是其可能值，与通过定义中$|\boldsymbol{A}-\lambda\boldsymbol{E}|=0$得到的值（确切值）不一样 .

例 5 设$\boldsymbol{A}=\begin{pmatrix}a&-1&c\\5&b&3\\1-c&0&-a\end{pmatrix}$，$|\boldsymbol{A}|=-1$，$\lambda_0$是$\boldsymbol{A}^*$的特征值，属于$\lambda_0$的特征向量为$\boldsymbol{\alpha}=\left(-1,-1,1\right)^{\mathrm{T}}$，求$a,b,c$及$\lambda_0$的值 .

【答案】$c=a=2,b=-3,\lambda_0=1.$

解析 由于$|\boldsymbol{A}|=-1$，因而有$\boldsymbol{A}^*=|\boldsymbol{A}|\boldsymbol{A}^{-1}=-\boldsymbol{A}^{-1}$，由题可知$\boldsymbol{A}^*\boldsymbol{\alpha}=\lambda_0\boldsymbol{\alpha}$,

即$|\boldsymbol{A}|\boldsymbol{A}^{-1}\boldsymbol{\alpha}=\lambda_0\boldsymbol{\alpha}\Leftrightarrow-\boldsymbol{A}^{-1}\boldsymbol{\alpha}=\lambda_0\boldsymbol{\alpha}$，可知$\lambda_0\neq0$，继续整理$\boldsymbol{A}\boldsymbol{\alpha}=-\frac{1}{\lambda_0}\boldsymbol{\alpha}$，把$\boldsymbol{A}$与$\boldsymbol{\alpha}$代入有$\begin{cases}-a+1+c=\frac{1}{\lambda_0}\\-5-b+3=\frac{1}{\lambda_0}\\c-1-a=-\frac{1}{\lambda_0}\end{cases}$，

通过第 1 和第 3 个方程联立相加可得$c-a=0$，代入第 1 个方程可得$\lambda_0=1$,进而代入第 2 个方程可得$b=-3$，最后再考虑$|\boldsymbol{A}|=-1$，即$\begin{vmatrix}a&-1&c\\5&b&3\\1-c&0&-a\end{vmatrix}=-1$，代入$c-a=0$，

$b=-3$，整理可得$\begin{vmatrix}a&-1&a\\5&-3&3\\1-a&0&-a\end{vmatrix}=-1\Leftrightarrow\begin{vmatrix}a&-1&a\\5-3a&0&3-3a\\1-a&0&-a\end{vmatrix}=a-3=-1\Leftrightarrow a=2$.

综合可得：$c=a=2,b=-3,\lambda_0=1$.

3. 1≤任意k重特征值对应的无关特征向量的个数≤k .（无需证明）

【注】**推论**：1 重特征值对应 1 个无关的特征向量，即$\left(\boldsymbol{A}-\lambda_i\boldsymbol{E}\right)\boldsymbol{x}=\boldsymbol{0}$的基础解系只有 1 个无关的向量 .

4. 不同特征值对应的特征向量线性无关 .

【定理 1】设$\lambda_1,\lambda_2,\cdots,\lambda_m$是矩阵$\boldsymbol{A}$的互异特征值，$\boldsymbol{\alpha}_1,\boldsymbol{\alpha}_2,\cdots,\boldsymbol{\alpha}_m$是$\boldsymbol{A}$分别对应于这些特征值的特征向量，则$\boldsymbol{\alpha}_1,\boldsymbol{\alpha}_2,\cdots,\boldsymbol{\alpha}_m$线性无关 .

【定理2】设$\lambda_1,\lambda_2,\cdots,\lambda_k$是矩阵$\boldsymbol{A}$的互异特征值，$\boldsymbol{\alpha}_{i1},\boldsymbol{\alpha}_{i2},\cdots,\boldsymbol{\alpha}_{ir_i}$是$\boldsymbol{A}$分别对应于特征值$\lambda_i$的线性无关的特征向量，则$\boldsymbol{\alpha}_{11},\cdots\boldsymbol{\alpha}_{1r_1},\cdots,\boldsymbol{\alpha}_{k1},\cdots,\boldsymbol{\alpha}_{kr_k}$也线性无关．

例6 设$\boldsymbol{A}$为n阶方阵：

（1）如$\boldsymbol{A\alpha}_1=\lambda_1\boldsymbol{\alpha}_1$，$\boldsymbol{A\alpha}_2=\lambda_2\boldsymbol{\alpha}_2$其中$\lambda_1$，$\lambda_2$，互不相同，$\boldsymbol{\alpha}_1\neq\boldsymbol{0}$，$\boldsymbol{\alpha}_2\neq\boldsymbol{0}$.请证明：$\boldsymbol{\alpha}_1$，$\boldsymbol{\alpha}_2$线性无关．

（2）如$\boldsymbol{A\alpha}_1=\lambda_1\boldsymbol{\alpha}_1$，$\boldsymbol{A\alpha}_2=\lambda_2\boldsymbol{\alpha}_2$，$\boldsymbol{A\alpha}_3=\lambda_2\boldsymbol{\alpha}_3$，其中$\lambda_1$，$\lambda_2$，$\lambda_3$互不相同，$\boldsymbol{\alpha}_1,\boldsymbol{\alpha}_2,\boldsymbol{\alpha}_3$均$\neq\boldsymbol{0}$，请证明：$\boldsymbol{\alpha}_1,\boldsymbol{\alpha}_2,\boldsymbol{\alpha}_3$线性无关．

（3）如$\boldsymbol{\alpha}_{11},\boldsymbol{\alpha}_{12}$为$\lambda_1$对应的无关特征向量，$\boldsymbol{\alpha}_{21},\boldsymbol{\alpha}_{22},\boldsymbol{\alpha}_{23}$为$\lambda_2$对应的无关特征向量，$\lambda_1\neq\lambda_2$，请证明：$\boldsymbol{\alpha}_{11},\boldsymbol{\alpha}_{12},\boldsymbol{\alpha}_{21},\boldsymbol{\alpha}_{22},\boldsymbol{\alpha}_{23}$线性无关．

证明 （1）令$k_1\boldsymbol{\alpha}_1+k_2\boldsymbol{\alpha}_2=\boldsymbol{0}$①，对①左右同时左乘$\boldsymbol{A}$，有$k_1\lambda_1\boldsymbol{\alpha}_1+k_2\lambda_2\boldsymbol{\alpha}_2=\boldsymbol{0}$②；对①左右同时乘$\lambda_1$，有$k_1\lambda_1\boldsymbol{\alpha}_1+k_2\lambda_1\boldsymbol{\alpha}_2=\boldsymbol{0}$③；

由②–③可得：$k_2(\lambda_2-\lambda_1)\boldsymbol{\alpha}_2=\boldsymbol{0}$，由于$\lambda_1\neq\lambda_2$且$\boldsymbol{\alpha}_2\neq\boldsymbol{0}$，从而必有$k_2=0$，代入中①有$k_1\boldsymbol{\alpha}_1=\boldsymbol{0}$，结合$\boldsymbol{\alpha}_1\neq\boldsymbol{0}$，可得$k_1=0$．从而得到：$k_1=k_2=0$，即$\boldsymbol{\alpha}_1,\boldsymbol{\alpha}_2$线性无关．

（2）令$k_1\boldsymbol{\alpha}_1+k_2\boldsymbol{\alpha}_2+k_3\boldsymbol{\alpha}_3=\boldsymbol{0}$①，对①左右同时左乘$\boldsymbol{A}$，有$k_1\lambda_1\boldsymbol{\alpha}_1+k_2\lambda_2\boldsymbol{\alpha}_2+k_3\lambda_3\boldsymbol{\alpha}_3=\boldsymbol{0}$②；对①左右同时乘$\lambda_3$，有$k_1\lambda_3\boldsymbol{\alpha}_1+k_2\lambda_3\boldsymbol{\alpha}_2+k_3\lambda_3\boldsymbol{\alpha}_3=\boldsymbol{0}$③；由②–③可得：$k_1(\lambda_1-\lambda_3)\boldsymbol{\alpha}_1+k_2(\lambda_2-\lambda_3)\boldsymbol{\alpha}_2=\boldsymbol{0}$，由（1）可知，$\boldsymbol{\alpha}_1,\boldsymbol{\alpha}_2$线性无关，结合$\lambda_1\neq\lambda_3$，$\lambda_2\neq\lambda_3$可知：$k_1=k_2=0$，代入中①有$k_3\boldsymbol{\alpha}_3=\boldsymbol{0}$，结合$\boldsymbol{\alpha}_3\neq\boldsymbol{0}$，可得$k_3=0$．

从而得到：$k_1=k_2=k_3=0$，即$\boldsymbol{\alpha}_1,\boldsymbol{\alpha}_2,\boldsymbol{\alpha}_3$线性无关．

（3）令$k_{11}\boldsymbol{\alpha}_{11}+k_{12}\boldsymbol{\alpha}_{12}+k_{21}\boldsymbol{\alpha}_{21}+k_{22}\boldsymbol{\alpha}_{22}+k_{23}\boldsymbol{\alpha}_{23}=\boldsymbol{0}$①，对①左右同时左乘$\boldsymbol{A}$，

有$k_{11}\lambda_1\alpha_{11}+k_{12}\lambda_1\boldsymbol{\alpha}_{12}+k_{21}\lambda_2\boldsymbol{\alpha}_{21}+k_{22}\lambda_2\boldsymbol{\alpha}_{22}+k_{23}\lambda_2\boldsymbol{\alpha}_{23}=\boldsymbol{0}$②；对①左右同时乘$\lambda_2$，

有$k_{11}\lambda_2\alpha_{11}+k_{12}\lambda_2\boldsymbol{\alpha}_{12}+k_{21}\lambda_2\boldsymbol{\alpha}_{21}+k_{22}\lambda_2\boldsymbol{\alpha}_{22}+k_{23}\lambda_2\boldsymbol{\alpha}_{23}=\boldsymbol{0}$③；由②–③可得：

$k_{11}(\lambda_1-\lambda_2)\boldsymbol{\alpha}_{11}+k_{12}(\lambda_1-\lambda_2)\boldsymbol{\alpha}_{12}=\boldsymbol{0}$，由于$\boldsymbol{\alpha}_{11}$，$\boldsymbol{\alpha}_{12}$线性无关，结合$\lambda_1\neq\lambda_2$，可知：$k_{11}=k_{12}=0$，代入中①有$k_{21}\boldsymbol{\alpha}_{21}+k_{22}\boldsymbol{\alpha}_{22}+k_{23}\boldsymbol{\alpha}_{23}=\boldsymbol{0}$，由于$\boldsymbol{\alpha}_{21},\boldsymbol{\alpha}_{22},\boldsymbol{\alpha}_{23}$线性无关，从而可得：$k_{21}=k_{22}=k_{23}=0$，综合可得：$k_{11}=k_{12}=k_{21}=k_{22}=k_{23}=0$，即$\boldsymbol{\alpha}_{11},\boldsymbol{\alpha}_{12},\boldsymbol{\alpha}_{21},\boldsymbol{\alpha}_{22},\boldsymbol{\alpha}_{23}$线性无关．

第二节　矩阵的相似与对角化

一、矩阵的相似

1. 定义$\boldsymbol{A}_{n\times n}$

设有方阵$\boldsymbol{A}_{n\times n}$与$\boldsymbol{B}_{n\times n}$，如果存在可逆矩阵$\boldsymbol{P}$，使得$\boldsymbol{P}^{-1}\boldsymbol{AP}=\boldsymbol{B}$，则称$\boldsymbol{A}_{n\times n}$与$\boldsymbol{B}_{n\times n}$相似，记为$\boldsymbol{A}\sim\boldsymbol{B}$．

2. 相似的性质

$\boldsymbol{A}\sim\boldsymbol{B}\Leftrightarrow\boldsymbol{A}\sim\boldsymbol{C},\boldsymbol{B}\sim\boldsymbol{C}\Leftrightarrow\boldsymbol{A}^{\mathrm{T}}\sim\boldsymbol{B}^{\mathrm{T}}\Leftrightarrow\boldsymbol{A}^{-1}\sim\boldsymbol{B}^{-1}$．（当$\boldsymbol{A},\boldsymbol{B}$可逆时）

$\boldsymbol{A}\sim\boldsymbol{B}\left(\boldsymbol{P}^{-1}\boldsymbol{AP}=\boldsymbol{B}\right)\Rightarrow\lambda_A=\lambda_B$，$\boldsymbol{\alpha}_B=\boldsymbol{P}^{-1}\boldsymbol{\alpha}_A$．（相似矩阵的特征值相同）

$A \sim B \Rightarrow f(A) \sim f(B)$.

【注】上面性质中，第一排的均是充要条件；下面仅是单向条件.

例1 请问下列选项中，哪一项能推导出$A \sim B$?

(A) $A^2 \sim B^2$

(B) A与B有相同的特征值

(C) A与B有相同的特征向量

(D) A与B与同一方阵相似

【答案】(D).

解析 $(A)(B)$选项均是$A \sim B$的必要条件而非充分条件；

(C)选项既非充分也非必要，反例：A与$A+E$（特征向量相同但特征值不同，不相似）；

(D)选项是$A \sim B$的充要条件，其充分性证明如下：如A与B与同一方阵相似，即存在方阵C，可逆矩阵P_1与P_2，使得$P_1^{-1}AP_1 = C$，$P_2^{-1}BP_2 = C$，从而$P_1^{-1}AP_1 = P_2^{-1}BP_2$，即$P_2P_1^{-1}AP_1P_2^{-1} = \left(P_1P_2^{-1}\right)^{-1}AP_1P_2^{-1} = B$，令$P_1P_2^{-1} = P$，即有$P^{-1}AP = B$，从而得证.

例2 （1）已知$A = \begin{pmatrix} 1 & 4 & 2 \\ 0 & -3 & 4 \\ 0 & 4 & 3 \end{pmatrix}$，$B = \begin{pmatrix} 1 & 2 & 3 \\ 0 & x & 6 \\ 0 & 0 & 5 \end{pmatrix}$，且$A \sim B$，请问$x$为多少？

（2）进一步：若已知$A = \begin{pmatrix} -2 & 0 & 0 \\ 2 & x & 2 \\ 3 & 1 & 1 \end{pmatrix}$，$B = \begin{pmatrix} -1 & 0 & 0 \\ 0 & 2 & 0 \\ 0 & 0 & y \end{pmatrix}$，且$A \sim B$，请求$x, y$.

【答案】（1）$x = -5$;（2）$x = 0, y = -2$.

解析 （1）因为$A \sim B$，所以$\lambda_A = \lambda_B \Rightarrow tr\left(A\right) = tr\left(B\right) \Leftrightarrow 1 = x + 6 \Rightarrow x = -5$.

对（2）问的矩阵，由$A \sim B$，所以$\lambda_A = \lambda_B \Rightarrow tr\left(A\right) = tr\left(B\right) \Rightarrow x - 1 = y + 1$.虽不能完全推导出$x$与$y$，但通过分析$|A - \lambda E| = 0$，可知$-2$一定是$A$的特征值，从而也一定是$B$的特征值，又由于$B$的特征值显然是$-1, 2, y$，故$y = -2$，进而得到$x = 0$.

例3 判断对错：

由于矩阵$A = \begin{pmatrix} 1 & 1 & 1 \\ 2 & 2 & 2 \\ 3 & 3 & 3 \end{pmatrix}$经过初等行变换可得到矩阵$B = \begin{pmatrix} 1 & 1 & 1 \\ 0 & 0 & 0 \\ 0 & 0 & 0 \end{pmatrix}$，因此$A$的特征值为$1,0,0$.

【答案】错.

解析 题中A仅仅经过初等行变换得到B，即$PA = B$，P可逆，A, B之间仅仅是等价的关系，不是相似，因此不能得到它们特征值相同.

【注】如$A\alpha=\lambda\alpha(\alpha\neq 0)$，则

矩阵	特征值	特征向量
A^{-1}	$\dfrac{1}{\lambda}$	α
A^{T}	λ	/
$f(A)$	$f(\lambda)$	α
$P^{-1}AP$	λ	$P^{-1}\alpha$

二、矩阵的对角化

1. 定义

如果方阵A可以与对角矩阵相似，则称A可对角化．即存在可逆矩阵P，使得$P^{-1}AP=\Lambda$（Λ为对角矩阵）．

2. 好处

（1）A的特征值与秩一目了然：$\Lambda=\begin{pmatrix}\lambda_1 & & & \\ & \lambda_2 & & \\ & & \ddots & \\ & & & \lambda_n\end{pmatrix}$；

（2）倒求A与A^n、$f(A)$．

例 1　已知A为 3 阶方阵，且$A\sim\begin{pmatrix}1 & & \\ & 2 & \\ & & 3\end{pmatrix}$，请求矩阵$B=A^3-6A^2+11A-8E=$______．

【答案】$-2E$.

解析　由题$A\sim\begin{pmatrix}1 & & \\ & 2 & \\ & & 3\end{pmatrix}=\Lambda$，从而$B=f(A)\sim f(\Lambda)=\Lambda^3-6\Lambda^2+11\Lambda-8E=-2E$，即存在可逆矩阵$P$，使得$P^{-1}BP=-2E$，故$B=P(-2E)P^{-1}=-2E$．

3. 充要条件

A可对角化$\Leftrightarrow$ A有n个线性无关的特征向量$\Leftrightarrow$ A的每个k_i重特征值都有k_i个线性无关的特征向量．

【注】如果A的特征值都是 1 重的，则A可对角化．

4. 判断具体矩阵是否可对角化以及求可逆矩阵P的常规步骤

（1）求出A的所有特征值；

（2）求出对应的特征向量，看是否有n个线性无关的，如果没有，则不可对角化，结束；如果有，则进入下一步骤；

（3）把所有无关的特征向量排列好，形成矩阵$P=(\alpha_1,\alpha_2\cdots\alpha_n)$，则定有$P^{-1}AP=\Lambda$．

【注】可逆矩阵P不是唯一的，对角矩阵Λ也不是唯一的．

例 2 设$A=\begin{pmatrix}3&-1&-2\\2&0&-2\\2&-1&-1\end{pmatrix}$，请判断$A$是否可对角化，如果可以，请求一个可逆矩阵$P$，使得$P^{-1}AP=\Lambda$.

【答案】可对角化；$P=\begin{pmatrix}0&1&1\\-2&0&1\\1&1&1\end{pmatrix}$.

解析 $|A-\lambda E|=-\lambda(\lambda-1)^2=0\Rightarrow\lambda=0,\lambda=1$（2重），因为$R(A-E)=R\begin{pmatrix}2&-1&-2\\2&-1&-2\\2&-1&-2\end{pmatrix}=1$，所以$(A-E)x=0$有两个无关解向量，$\alpha_1=\begin{pmatrix}0\\-2\\1\end{pmatrix}$，$\alpha_2=\begin{pmatrix}1\\0\\1\end{pmatrix}$,故可对角化；对$\lambda=0$，解$Ax=0$，$A\to\begin{pmatrix}1&0&-1\\0&1&-1\\0&0&0\end{pmatrix}$有$\alpha_3=\begin{pmatrix}1\\1\\1\end{pmatrix}$，所以令$P=(\alpha_1,\alpha_2,\alpha_3)$,有$P^{-1}AP=\begin{pmatrix}1&&\\&1&\\&&0\end{pmatrix}$.

例 3 设$A=\begin{pmatrix}1&-1&1\\2&-2&2\\-1&1&-1\end{pmatrix}$，请判断$A$是否可对角化.

【答案】可对角化.

解析 由于$R(A)=1$，且$tr(A)=-2\neq0$，从而A可对角化.

【注】$R(A_{n\times n})=1\Leftrightarrow A=\alpha_{n\times1}\beta_{1\times n}^{\mathrm{T}}(\alpha\neq0,\beta\neq0)$，且具有以下性质：

（1）A的特征值中有$n-1$个0，剩下的 1 个是$k=tr(A)=\beta_{1\times n}^{\mathrm{T}}\alpha_{n\times1}$；

（2）当$k=\beta_{1\times n}^{\mathrm{T}}\alpha_{n\times1}=0$时，$A$不可对角化；当$k=\beta^{\mathrm{T}}\alpha\neq0$时，$A$可对角化.

例 4 下列矩阵中，不可对角化的是（　　）.

$(A)\begin{pmatrix}0&0&1\\0&1&0\\1&0&0\end{pmatrix}$　$(B)\begin{pmatrix}1&1&1\\0&2&2\\0&0&3\end{pmatrix}$　$(C)\begin{pmatrix}1&-2&1\\2&-4&2\\1&-2&1\end{pmatrix}$　$(D)\begin{pmatrix}2&-1&2\\5&-3&3\\-1&0&-2\end{pmatrix}$

【答案】(D).

解析 A的特征值是 1,1,–1, 其二重特征值 1 对应的无关特征向量是 2 个，因而可对角化（或者利用下一章的知识可知，A是实对称矩阵，则必然可对角化）；B的特征值为 1,2,3 互不相同，从而B可对角化；$r(C)=1$，且$tr(C)=-2\neq0$，根据前面的理论，C必可对角化；因而最终选项是(D).

例 5 已知$\boldsymbol{A}=\begin{pmatrix}1&0&0\\0&2&0\\0&0&-1\end{pmatrix}$与$\boldsymbol{B}=\begin{pmatrix}a&b&c\\-3&3&-1\\-15&8&-6\end{pmatrix}$相似，（1）请求$a,b,c$的值；（2）求可逆矩阵$\boldsymbol{P}$，使得$\boldsymbol{P}^{-1}\boldsymbol{BP}=\boldsymbol{A}$.

【答案】$a=5,b=-2,c=2$;　　$\boldsymbol{P}=\begin{pmatrix}-1&0&1\\-1&1&0\\1&1&-3\end{pmatrix}$.

解析 由$\boldsymbol{A}\sim\boldsymbol{B}\Rightarrow tr(\boldsymbol{A})=tr(\boldsymbol{B})$，可知$a=5$，从而$\boldsymbol{B}=\begin{pmatrix}5&b&c\\-3&3&-1\\-15&8&-6\end{pmatrix}$. 由于$\boldsymbol{A}$是对角矩阵，$\boldsymbol{A}\sim\boldsymbol{B}\Rightarrow\lambda_A=\lambda_B=1,2,-1$，因而$|\boldsymbol{B}-\boldsymbol{E}|=|\boldsymbol{B}-2\boldsymbol{E}|=0$，分别可得到：$c-b=4;b+c=0$，联立可得$b=-2,c=2$，即$a=5,b=-2,c=2$. 从而$\boldsymbol{B}=\begin{pmatrix}5&-2&2\\-3&3&-1\\-15&8&-6\end{pmatrix}$，此时分别求$\lambda_B=1,2,-1$对应的特征向量.

由$\boldsymbol{B}-\boldsymbol{E}=\begin{pmatrix}4&-2&2\\-3&2&-1\\-15&8&-7\end{pmatrix}\to\begin{pmatrix}1&0&1\\0&1&1\\0&0&0\end{pmatrix}$可得，1 对应的特征向量为$\begin{pmatrix}-1\\-1\\1\end{pmatrix}$；

由$\boldsymbol{B}-2\boldsymbol{E}=\begin{pmatrix}3&-2&2\\-3&1&-1\\-15&8&-8\end{pmatrix}\to\begin{pmatrix}1&0&0\\0&1&-1\\0&0&0\end{pmatrix}$可得，2 对应的特征向量为$\begin{pmatrix}0\\1\\1\end{pmatrix}$；

由$\boldsymbol{B}+\boldsymbol{E}=\begin{pmatrix}6&-2&2\\-3&4&-1\\-15&8&-5\end{pmatrix}\to\begin{pmatrix}3&0&1\\0&1&0\\0&0&0\end{pmatrix}$可得，$-1$ 对应的特征向量为$\begin{pmatrix}1\\0\\-3\end{pmatrix}$，

从而$\boldsymbol{P}=\begin{pmatrix}-1&0&1\\-1&1&0\\1&1&-3\end{pmatrix}$.

例 6 设三阶方阵$\boldsymbol{A}$的特征值分别是$-2,1,1$，而其对应的特征向量分别是

$\boldsymbol{\alpha}_1=\begin{pmatrix}-1\\1\\1\end{pmatrix},\boldsymbol{\alpha}_2=\begin{pmatrix}-2\\1\\0\end{pmatrix},\boldsymbol{\alpha}_3=\begin{pmatrix}0\\0\\1\end{pmatrix}$，请求出矩阵$\boldsymbol{A}$，并求出$\boldsymbol{A}^{10}$.

【答案】$\boldsymbol{A}=\begin{pmatrix}4&6&0\\-3&-5&0\\-3&-6&1\end{pmatrix},\boldsymbol{A}^{10}=\begin{pmatrix}-1022&-2046&0\\1023&2047&0\\1023&2046&1\end{pmatrix}$.

解析 由题可知，令$P=\begin{pmatrix}-1&-2&0\\1&1&0\\1&0&1\end{pmatrix}$，即有$P^{-1}AP=\Lambda=\begin{pmatrix}-2&0&0\\0&1&0\\0&0&1\end{pmatrix}$，从而$A=P\Lambda P^{-1}$；并且

$A^2=P\Lambda P^{-1}P\Lambda P^{-1}=P\Lambda^2P^{-1}$，以此类推有$A^{10}=P\Lambda^{10}P^{-1}$.

可计算得$P^{-1}=\begin{pmatrix}1&2&0\\-1&-1&0\\-1&-2&1\end{pmatrix}$，从而代入$A=P\Lambda P^{-1}$有$A=\begin{pmatrix}4&6&0\\-3&-5&0\\-3&-6&1\end{pmatrix}$，$A^{10}=P\Lambda^{10}P^{-1}$，即

$$A^{10}=\begin{pmatrix}-1022&-2046&0\\1023&2047&0\\1023&2046&1\end{pmatrix}.$$

【注】矩阵可对角化定理的充要条件证明过程非常重要，常被模仿.

例 7 设 3 阶方阵A与 3 维列向量X，满足：$A^3X=3AX-2A^2X$且X,AX,A^2X线性无关.

（1）记$P=\left(X,AX,A^2X\right)$，求 3 阶矩阵B，使得$A=PBP^{-1}$；

（2）求$|A+E|$.

【答案】（1）$B=\begin{pmatrix}0&0&0\\1&0&3\\0&1&-2\end{pmatrix}$. （2）$-4$.

解析 （1）$AP=A\left(X,AX,A^2X\right)=\left(AX,A^2X,A^3X\right)=\left(AX,A^2X,3AX-2A^2X\right)$

$$=\left(X,AX,A^2X\right)\begin{pmatrix}0&0&0\\1&0&3\\0&1&-2\end{pmatrix}=PB\text{，即}A=PBP^{-1}\text{，所以}B=\begin{pmatrix}0&0&0\\1&0&3\\0&1&-2\end{pmatrix}.$$

（2）因为$A\sim B$且经计算$\lambda_B=1,-3,\ 0$，所以$\lambda_A=1,-3,\ 0$，所以$A+E$的特征值为$2,-2,1$，所以$|A+E|=-4$.

例 8 设A为 3 阶方阵，$\alpha_1,\alpha_2,\alpha_3$为线性无关的 3 维列向量，且满足：$A\alpha_1=\alpha_1+\alpha_2+\alpha_3$，$A\alpha_2=2\alpha_2+\alpha_3$，$A\alpha_3=2\alpha_2+3\alpha_3$.

（1）求 3 阶矩阵B，使得$A(\alpha_1,\alpha_2,\alpha_3)=(\alpha_1,\alpha_2,\alpha_3)B$；

（2）求A的特征值与特征向量；

（3）求可逆矩阵P，使得$P^{-1}AP$为对角矩阵.

【答案】（1）$B=\begin{pmatrix}1&0&0\\1&2&2\\1&1&3\end{pmatrix}$.（2）$\lambda_A=1,1,4$; $\alpha_A=(\alpha_2-\alpha_1),(\alpha_3-2\alpha_1),(\alpha_2+\alpha_3)$.

（3）$P=(\alpha_2-\alpha_1,\alpha_3-2\alpha_1,\alpha_2+\alpha_3)$.

解析 （1）$A(\alpha_1,\alpha_2,\alpha_3)=(A\alpha_1,A\alpha_2,A\alpha_3)=(\alpha_1+\alpha_2+\alpha_3,2\alpha_2+\alpha_3,2\alpha_2+3\alpha_3)$

$=(\boldsymbol{\alpha}_1,\boldsymbol{\alpha}_2,\boldsymbol{\alpha}_3)\begin{pmatrix}1&0&0\\1&2&2\\1&1&3\end{pmatrix}$，从而$\boldsymbol{B}=\begin{pmatrix}1&0&0\\1&2&2\\1&1&3\end{pmatrix}$；

（2）令$(\boldsymbol{\alpha}_1,\boldsymbol{\alpha}_2,\boldsymbol{\alpha}_3)=\boldsymbol{Q}$，由于$\boldsymbol{\alpha}_1,\boldsymbol{\alpha}_2,\boldsymbol{\alpha}_3$线性无关，从而$\boldsymbol{Q}$可逆，由（1）可知：$\boldsymbol{Q}^{-1}\boldsymbol{A}\boldsymbol{Q}=\boldsymbol{B}$，可得：

$\lambda_A=\lambda_B$，$\boldsymbol{\alpha}_B=\boldsymbol{Q}^{-1}\boldsymbol{\alpha}_A\Rightarrow\boldsymbol{\alpha}_A=\boldsymbol{Q}\boldsymbol{\alpha}_B$．

求得$\boldsymbol{B}$的特征值$\lambda_B=1,1,4$以及对应的特征向量分别是：$\boldsymbol{\alpha}_B=(-1,1,0)^{\mathrm{T}},(-2,0,1)^{\mathrm{T}},(0,1,1)^{\mathrm{T}}$，

从而$\boldsymbol{A}$的特征值为$\lambda_A=\lambda_B=1,1,4$，与之对应的特征向量$\boldsymbol{\alpha}_A=\boldsymbol{Q}\boldsymbol{\alpha}_B$，分别是

$\boldsymbol{Q}(-1,1,0)^{\mathrm{T}},\boldsymbol{Q}(-2,0,1)^{\mathrm{T}},\boldsymbol{Q}(0,1,1)^{\mathrm{T}}=(\boldsymbol{\alpha}_2-\boldsymbol{\alpha}_1),(\boldsymbol{\alpha}_3-2\boldsymbol{\alpha}_1),(\boldsymbol{\alpha}_2+\boldsymbol{\alpha}_3)$；

（3）由（2）可知，令$\boldsymbol{P}=(\boldsymbol{\alpha}_2-\boldsymbol{\alpha}_1,\boldsymbol{\alpha}_3-2\boldsymbol{\alpha}_1,\boldsymbol{\alpha}_2+\boldsymbol{\alpha}_3)$，即有$\boldsymbol{P}^{-1}\boldsymbol{A}\boldsymbol{P}=\boldsymbol{\Lambda}=\begin{pmatrix}1&&\\&1&\\&&4\end{pmatrix}$．

第三节　知识拓展

一、稍具结论性例题

例 1　设$\boldsymbol{A}$为n阶方阵，证明：

（1）若$\boldsymbol{\alpha}_1,\boldsymbol{\alpha}_2$是矩阵$\boldsymbol{A}$对应于特征值$\lambda$的无关特征向量，则对任意不全为 0 的实数$k_1,k_2$，$k_1\boldsymbol{\alpha}_1+k_2\boldsymbol{\alpha}_2$仍然是$\boldsymbol{A}$的应于$\lambda$的特征向量．

（2）若$\boldsymbol{\alpha}_1$是矩阵$\boldsymbol{A}$对应于特征值λ_1的无关特征向量，$\boldsymbol{\alpha}_2$是矩阵$\boldsymbol{A}$对应于特征值λ_2的特征向量，且$\lambda_1\neq\lambda_2$，则对任意实数$k_1\neq0,k_2\neq0$，$k_1\boldsymbol{\alpha}_1+k_2\boldsymbol{\alpha}_2$一定不为的$\boldsymbol{A}$的特征向量．

证明　（1）由题可知：$\boldsymbol{A}\boldsymbol{\alpha}_1=\lambda\boldsymbol{\alpha}_1,\boldsymbol{A}\boldsymbol{\alpha}_2=\lambda\boldsymbol{\alpha}_2$，因而可知：$\boldsymbol{A}(k_1\boldsymbol{\alpha}_1+k_2\boldsymbol{\alpha}_2)=k_1\boldsymbol{A}\boldsymbol{\alpha}_1+k_2\boldsymbol{A}\boldsymbol{\alpha}_2$

$=k_1\lambda\boldsymbol{\alpha}_1+k_2\lambda\boldsymbol{\alpha}_2=\lambda(k_1\boldsymbol{\alpha}_1+k_2\boldsymbol{\alpha}_2)$，由于$\boldsymbol{\alpha}_1,\boldsymbol{\alpha}_2$线性无关，所以当$k_1,k_2$不全为0时$k_1\boldsymbol{\alpha}_1+k_2\boldsymbol{\alpha}_2\neq\boldsymbol{0}$，

从而$k_1\boldsymbol{\alpha}_1+k_2\boldsymbol{\alpha}_2$为$\boldsymbol{A}$的应于$\lambda$的特征向量．

（2）反证法：假设$k_1\boldsymbol{\alpha}_1+k_2\boldsymbol{\alpha}_2$仍然为某个特征值对$\lambda$应的特征向量，即

$\boldsymbol{A}(k_1\boldsymbol{\alpha}_1+k_2\boldsymbol{\alpha}_2)=\lambda(k_1\boldsymbol{\alpha}_1+k_2\boldsymbol{\alpha}_2)$，即$k_1\lambda_1\boldsymbol{\alpha}_1+k_2\lambda_2\boldsymbol{\alpha}_2=k_1\lambda\boldsymbol{\alpha}_1+k_2\lambda\boldsymbol{\alpha}_2$，整理可得：

$k_1(\lambda_1-\lambda)\boldsymbol{\alpha}_1+k_2(\lambda_2-\lambda)\boldsymbol{\alpha}_2=\boldsymbol{0}$，由于$\boldsymbol{\alpha}_1,\boldsymbol{\alpha}_2$是对应不同特征值的特征向量，因而是线性无关的，从而可知$k_1(\lambda_1-\lambda)=k_2(\lambda_2-\lambda)=0$，又因$k_1\neq0,k_2\neq0$，所以$\lambda_1-\lambda=\lambda_2-\lambda=0$，即$\lambda_1=\lambda_2=\lambda$，与题设$\lambda_1\neq\lambda_2$矛盾，故假设不成立，当$k_1\neq0,k_2\neq0$时，$k_1\boldsymbol{\alpha}_1+k_2\boldsymbol{\alpha}_2$不再是特征向量．

例 2　设n阶方阵$\boldsymbol{A}$为幂等矩阵，即满足$\boldsymbol{A}^2=\boldsymbol{A}$，证明：$\boldsymbol{A}$可对角化．

证明　设λ为$\boldsymbol{A}$的特征值，由于$\boldsymbol{A}^2-\boldsymbol{A}=\boldsymbol{A}(\boldsymbol{A}-\boldsymbol{E})=\boldsymbol{O}$，因而$\lambda(\lambda-1)=0$，从而$\lambda$只能为 0 或 1.

同时，由$\boldsymbol{A}(\boldsymbol{A}-\boldsymbol{E})=\boldsymbol{O}$可得$r(\boldsymbol{A})+r(\boldsymbol{A}-\boldsymbol{E})\leqslant n$．并且由于$r(\boldsymbol{A})+r(\boldsymbol{A}-\boldsymbol{E})\geqslant r[\boldsymbol{A}-(\boldsymbol{A}-\boldsymbol{E})]=r(\boldsymbol{E})=n$（由性质“$r(\boldsymbol{A})+r(\boldsymbol{B})\geqslant r(\boldsymbol{A}\pm\boldsymbol{B})$”得到），

从而有$n\leq r(\boldsymbol{A})+r(\boldsymbol{A}-\boldsymbol{E})\leq n$，即$r(\boldsymbol{A})+r(\boldsymbol{A}-\boldsymbol{E})=n$.

最后，由于特征值$\lambda=0$对应的特征向量为方程组$\boldsymbol{Ax}=\boldsymbol{0}$的非 0 解，其中线性无关的向量个数为$n-r(\boldsymbol{A})$. 而特征值$\lambda=1$对应的特征向量为方程组$(\boldsymbol{A}-\boldsymbol{E})\boldsymbol{x}=\boldsymbol{0}$的非 0 解，其中线性无关的向量个数为$n-r(\boldsymbol{A}-E)$. 并且不同特征值对应的特征向量是线性无关的，因此我们知道A的线性无关的特征向量个数为$n-r(\boldsymbol{A})+n-r(\boldsymbol{A}-\boldsymbol{E})=2n-n=n$个，从而$\boldsymbol{A}$可对角化.

二、扩展定理

【定理】若$\boldsymbol{A},\boldsymbol{B}$是同阶方阵，则$\boldsymbol{AB}$与$\boldsymbol{BA}$有相同的特征值.

证明　先证$\boldsymbol{AB}$的特征值一定都为$\boldsymbol{BA}$的特征值.

设λ为$\boldsymbol{AB}$的任意特征值，$\boldsymbol{\alpha}$为其对应的特征向量，即$\boldsymbol{AB\alpha}=\lambda\boldsymbol{\alpha}(\boldsymbol{\alpha}\neq\boldsymbol{0})$，此时分类讨论：

如$\lambda=0$，即$\boldsymbol{AB}$的特征值中有0，从而$|\boldsymbol{AB}|=|\boldsymbol{A}||\boldsymbol{B}|=0$，进而$|\boldsymbol{BA}|=|\boldsymbol{B}||\boldsymbol{A}|=0$，即$\lambda=0$也一定是$\boldsymbol{BA}$的特征值.

如$\lambda\neq0$，由于特征向量$\boldsymbol{\alpha}\neq\boldsymbol{0}$，那么$\lambda\boldsymbol{\alpha}\neq\boldsymbol{0}$，结合等式$\boldsymbol{AB\alpha}=\lambda\boldsymbol{\alpha}(\boldsymbol{\alpha}\neq\boldsymbol{0})$

可知$\boldsymbol{B\alpha}\neq\boldsymbol{0}$（否则等式不成立）. 接下来对$\boldsymbol{AB\alpha}=\lambda\boldsymbol{\alpha}(\boldsymbol{\alpha}\neq\boldsymbol{0})$左右同时左乘$\boldsymbol{B}$，可得

$\boldsymbol{BA}(\boldsymbol{B\alpha})=\boldsymbol{B}\lambda\boldsymbol{\alpha}=\lambda(\boldsymbol{B\alpha})$，由于$\boldsymbol{B\alpha}\neq\boldsymbol{0}$，因而显然$\lambda\neq0$也是$\boldsymbol{BA}$的特征值，对应特征向量为$\boldsymbol{B\alpha}$.

从而证明了：$\boldsymbol{AB}$的特征值一定都为$\boldsymbol{BA}$的特征值.

反之，类似可证：$\boldsymbol{BA}$的特征值一定都为$\boldsymbol{AB}$的特征值.

从而可证：$\lambda_{AB}=\lambda_{BA}$.

例　设$\boldsymbol{A},\boldsymbol{B}$是同阶方阵，请证明：$tr(\boldsymbol{AB})=tr(\boldsymbol{BA})$.

证明　由于$\lambda_{AB}=\lambda_{BA}$，显然$tr(\boldsymbol{AB})=tr(\boldsymbol{BA})$.

三、小总结：判断任意两个同阶方阵 A、B 是否相似的方法

1. 相似矩阵的必要条件排除

例 1　判断矩阵$\boldsymbol{A}=\begin{pmatrix}1&1\\0&0\end{pmatrix}$与$\boldsymbol{B}=\begin{pmatrix}0&1\\-1&0\end{pmatrix}$是否相似?

【答案】不相似.

解析　秩不相同，因而不可能相似.

例 2　设$\boldsymbol{W}=\begin{pmatrix}1&1&1\\2&2&2\\3&3&3\end{pmatrix}$，则下列矩阵与$W$相似的是（　　）.

$(A)\begin{pmatrix}1&0&1\\0&2&0\\0&0&0\end{pmatrix}$　$(B)\begin{pmatrix}1&0&0\\0&0&2\\0&3&0\end{pmatrix}$　$(C)\begin{pmatrix}1&1&1\\a&a&a\\-a&-a&-a\end{pmatrix}$　$(D)\begin{pmatrix}1&2&1\\2&4&2\\1&2&1\end{pmatrix}$

【答案】(D).

解析 (A) (B)的秩与$\boldsymbol{W}$不相同，因而不可能相似；$tr(\boldsymbol{C})=1\neq 6=tr(\boldsymbol{W})$,因而也不可能相似，从而选$(D)$.

2. 利用对角矩阵作为媒介：即均可相似于同一对角矩阵.

例 3 判断矩阵$\boldsymbol{A}=\begin{pmatrix}2&0&0\\0&0&1\\0&1&0\end{pmatrix}$与$\boldsymbol{B}=\begin{pmatrix}1&0&0\\0&-1&0\\0&-6&2\end{pmatrix}$是否相似？如相似，请求可逆矩阵$\boldsymbol{P}$，使得$\boldsymbol{P}^{-1}\boldsymbol{AP}=\boldsymbol{B}$.

【答案】相似；$\boldsymbol{P}=\begin{pmatrix}0&-2&1\\1&-1&0\\1&1&0\end{pmatrix}$.

解析 由于$\boldsymbol{A}$与$\boldsymbol{B}$均可对角化，且特征值相同，可先分别对角化：

由$|\boldsymbol{A}-\lambda\boldsymbol{E}|=0$求出$\boldsymbol{A}$的特征值：2,1,−1.

由于$\boldsymbol{A}-2\boldsymbol{E}=\begin{pmatrix}0&0&0\\0&-2&1\\0&1&-2\end{pmatrix}\to\begin{pmatrix}0&1&0\\0&0&1\\0&0&0\end{pmatrix}$, $\boldsymbol{A}-\boldsymbol{E}=\begin{pmatrix}1&0&0\\0&-1&1\\0&1&-1\end{pmatrix}\to\begin{pmatrix}1&0&0\\0&1&-1\\0&0&0\end{pmatrix}$,

$\boldsymbol{A}+\boldsymbol{E}=\begin{pmatrix}3&0&0\\0&1&1\\0&1&1\end{pmatrix}\to\begin{pmatrix}1&0&0\\0&1&1\\0&0&0\end{pmatrix}$可得各自的特征向量为：$\boldsymbol{\alpha}_1=\begin{pmatrix}1\\0\\0\end{pmatrix}$, $\boldsymbol{\alpha}_2=\begin{pmatrix}0\\1\\1\end{pmatrix}$, $\boldsymbol{\alpha}_3=\begin{pmatrix}0\\-1\\1\end{pmatrix}$，从而令

$\boldsymbol{P}_1=\begin{pmatrix}1&0&0\\0&1&-1\\0&1&1\end{pmatrix}$，即有$\boldsymbol{P}_1^{-1}\boldsymbol{AP}_1=\boldsymbol{\Lambda}=\begin{pmatrix}2&&\\&1&\\&&-1\end{pmatrix}$；显然$\boldsymbol{B}$的特征值也为 2,1,−1.

由于$\boldsymbol{B}-2\boldsymbol{E}=\begin{pmatrix}-1&0&0\\0&-3&0\\0&-6&0\end{pmatrix}\to\begin{pmatrix}1&0&0\\0&1&0\\0&0&0\end{pmatrix}$, $\boldsymbol{B}-\boldsymbol{E}=\begin{pmatrix}0&0&0\\0&-2&0\\0&-6&1\end{pmatrix}\to\begin{pmatrix}0&1&0\\0&0&1\\0&0&0\end{pmatrix}$,

$\boldsymbol{B}+\boldsymbol{E}=\begin{pmatrix}2&0&0\\0&0&0\\0&-6&3\end{pmatrix}\to\begin{pmatrix}1&0&0\\0&-2&1\\0&0&0\end{pmatrix}$，可得各自的特征向量为：$\boldsymbol{\beta}_1=\begin{pmatrix}0\\0\\1\end{pmatrix}$, $\boldsymbol{\beta}_2=\begin{pmatrix}1\\0\\0\end{pmatrix}$, $\boldsymbol{\beta}_3=\begin{pmatrix}0\\1\\2\end{pmatrix}$，从而

令$\boldsymbol{P}_2=\begin{pmatrix}0&1&0\\0&0&1\\1&0&2\end{pmatrix}$，即有$\boldsymbol{P}_2^{-1}\boldsymbol{BP}_2=\boldsymbol{\Lambda}=\begin{pmatrix}2&&\\&1&\\&&-1\end{pmatrix}$.

即$\boldsymbol{P}_1^{-1}\boldsymbol{AP}_1=\boldsymbol{P}_2^{-1}\boldsymbol{BP}_2=\boldsymbol{\Lambda}$，从而$\boldsymbol{P}_2\boldsymbol{P}_1^{-1}\boldsymbol{AP}_1\boldsymbol{P}_2^{-1}=\left(\boldsymbol{P}_1\boldsymbol{P}_2^{-1}\right)^{-1}\boldsymbol{AP}_1\boldsymbol{P}_2^{-1}=\boldsymbol{B}$，因而只要令$\boldsymbol{P}=\boldsymbol{P}_1\boldsymbol{P}_2^{-1}$

$$=\begin{pmatrix}1&0&0\\0&1&-1\\0&1&1\end{pmatrix}\begin{pmatrix}0&1&0\\0&0&1\\1&0&2\end{pmatrix}^{-1}=\begin{pmatrix}0&-2&1\\1&-1&0\\1&1&0\end{pmatrix}$$，即有$P^{-1}AP=B$.

例 4 （2014 年）证明n阶矩阵$\begin{pmatrix}1&1&\cdots&1\\1&1&\cdots&1\\\vdots&\vdots&&\vdots\\1&1&\cdots&1\end{pmatrix}$与$\begin{pmatrix}0&0&\cdots&1\\0&0&\cdots&2\\\vdots&\vdots&&\vdots\\0&0&\cdots&n\end{pmatrix}$相似.

证明 由于两矩阵均为秩为 1 的矩阵，且$tr(A)=tr(B)=n\neq0$，根据前面的结论，两矩阵均可对角化，即存在可逆矩阵P_1与P_2，使得$P_1^{-1}AP_1=P_2^{-1}BP_2=\Lambda=\begin{pmatrix}n&0&\cdots&0\\&0&&\\&&\ddots&\\0&&&0\end{pmatrix}$，从而相似.

3. 利用相似定义

例 5 （2018 年）下列矩阵中，与$X=\begin{pmatrix}1&1&0\\0&1&1\\0&0&1\end{pmatrix}$相似的矩阵为（　　）.

$(A)\begin{pmatrix}1&1&-1\\0&1&1\\0&0&1\end{pmatrix}$　　$(B)\begin{pmatrix}1&0&-1\\0&1&1\\0&0&1\end{pmatrix}$

$(C)\begin{pmatrix}1&1&-1\\0&1&0\\0&0&1\end{pmatrix}$　　$(D)\begin{pmatrix}1&0&-1\\0&1&0\\0&0&1\end{pmatrix}$

【答案】(A).

解析 法一：$E_{21}(-1)\begin{pmatrix}1&1&0\\0&1&1\\0&0&1\end{pmatrix}E_{21}(1)=\begin{pmatrix}1&1&-1\\0&1&1\\0&0&1\end{pmatrix}$，从而$X$与$(A)$选项中的矩阵相似.

法二：排除法，$A\sim B\Rightarrow A-E\sim B-E\Rightarrow r(A-E)=r(B-E)$. 而$r(X-E)=r\begin{pmatrix}0&1&0\\0&0&1\\0&0&0\end{pmatrix}=2$，但是$(B),(C),(D)$选项中的矩阵$-E$之后的秩均为 1，因而$X$不可能与$(B),(C),(D)$选项中的矩阵相似，从而选$(A)$.

喻老线代章节笔记

喻老线代章节笔记

第六章 二次型

第一节 知识补充

一、向量

斯密特正交化法：把线性无关的向量组$\boldsymbol{\alpha}_1,\boldsymbol{\alpha}_2,\cdots,\boldsymbol{\alpha}_s$化为与之等价的标准正交向量组（两两相互正交的单位向量组）的方法：

$$\boldsymbol{\beta}_1=\boldsymbol{\alpha}_1 \qquad \boldsymbol{\beta}_2=\boldsymbol{\alpha}_2-\frac{(\boldsymbol{\alpha}_2,\boldsymbol{\beta}_1)}{(\boldsymbol{\beta}_1,\boldsymbol{\beta}_1)}\boldsymbol{\beta}_1 \qquad \boldsymbol{\beta}_3=\boldsymbol{\alpha}_3-\frac{(\boldsymbol{\alpha}_3,\boldsymbol{\beta}_1)}{(\boldsymbol{\beta}_1,\boldsymbol{\beta}_1)}\boldsymbol{\beta}_1-\frac{(\boldsymbol{\alpha}_3,\boldsymbol{\beta}_2)}{(\boldsymbol{\beta}_2,\boldsymbol{\beta}_2)}\boldsymbol{\beta}_2$$

…………

$$\boldsymbol{\beta}_s=\boldsymbol{\alpha}_s-\frac{(\boldsymbol{\alpha}_s,\boldsymbol{\beta}_1)}{(\boldsymbol{\beta}_1,\boldsymbol{\beta}_1)}\boldsymbol{\beta}_1-\frac{(\boldsymbol{\alpha}_s,\boldsymbol{\beta}_2)}{(\boldsymbol{\beta}_2,\boldsymbol{\beta}_2)}\boldsymbol{\beta}_2-\cdots-\frac{(\boldsymbol{\alpha}_s,\boldsymbol{\beta}_{s-1})}{(\boldsymbol{\beta}_{s-1},\boldsymbol{\beta}_{s-1})}\boldsymbol{\beta}_{s-1}$$

再令$\boldsymbol{\gamma}_i=\frac{1}{\|\boldsymbol{\beta}_i\|}\boldsymbol{\beta}_i\,(i=1,2,\cdots,s)$，则$\boldsymbol{\gamma}_1,\boldsymbol{\gamma}_2,\cdots,\boldsymbol{\gamma}_s$是一组与$\boldsymbol{\alpha}_1,\boldsymbol{\alpha}_2,\cdots,\boldsymbol{\alpha}_s$等价的标准正交向量组．

【注】每个$\boldsymbol{\beta}_i$均可整数化，不影响结果．

例 设$\boldsymbol{\alpha}_1=\begin{pmatrix}1\\1\\1\end{pmatrix},\boldsymbol{\alpha}_2=\begin{pmatrix}1\\2\\1\end{pmatrix},\boldsymbol{\alpha}_3=\begin{pmatrix}0\\-1\\1\end{pmatrix}$，请用斯密特正交化法把其化为一组两两正交的单位向量组．

【答案】$\boldsymbol{\gamma}_1=\frac{1}{\sqrt{3}}(1,1,1)^{\mathrm{T}}$，$\boldsymbol{\gamma}_2=\frac{1}{\sqrt{6}}(-1,2,-1)^{\mathrm{T}}$，$\boldsymbol{\gamma}_3=\frac{1}{\sqrt{2}}(-1,0,1)^{\mathrm{T}}$．

解析 $\boldsymbol{\beta}_1=\boldsymbol{\alpha}_1=(1,1,1)^{\mathrm{T}}$，$\boldsymbol{\beta}_2=\boldsymbol{\alpha}_2-\frac{(\boldsymbol{\alpha}_2,\boldsymbol{\beta}_1)}{(\boldsymbol{\beta}_1,\boldsymbol{\beta}_1)}\cdot\boldsymbol{\beta}_1=(1,2,1)^{\mathrm{T}}-\frac{4}{3}(1,1,1)^{\mathrm{T}}=\left(-\frac{1}{3},\frac{2}{3},-\frac{1}{3}\right)^{\mathrm{T}}$．

整数化：$\to(-1,2,-1)^{\mathrm{T}}$．

$$\boldsymbol{\beta}_3=\boldsymbol{\alpha}_3-\frac{(\boldsymbol{\alpha}_3,\boldsymbol{\beta}_1)}{(\boldsymbol{\beta}_1,\boldsymbol{\beta}_1)}\cdot\boldsymbol{\beta}_1-\frac{(\boldsymbol{\alpha}_3,\boldsymbol{\beta}_2)}{(\boldsymbol{\beta}_2,\boldsymbol{\beta}_2)}\cdot\boldsymbol{\beta}_2=(0,-1,1)^{\mathrm{T}}-\frac{0}{3}(1,1,1)^{\mathrm{T}}-\frac{(-3)}{6}(-1,2,-1)^{\mathrm{T}}=\left(-\frac{1}{2},0,\frac{1}{2}\right)^{\mathrm{T}}.$$

整数化：$\to(-1,0,1)^{\mathrm{T}}$．

所以$\boldsymbol{\gamma}_1=\frac{1}{\sqrt{3}}(1,1,1)^{\mathrm{T}}$，$\boldsymbol{\gamma}_2=\frac{1}{\sqrt{6}}(-1,2,-1)^{\mathrm{T}}$，$\boldsymbol{\gamma}_3=\frac{1}{\sqrt{2}}(-1,0,1)^{\mathrm{T}}$．

二、矩阵

1. 正交矩阵：

（1）定义：如果方阵$\boldsymbol{Q}$满足$\boldsymbol{Q}^{\mathrm{T}}\boldsymbol{Q}=\boldsymbol{Q}\boldsymbol{Q}^{\mathrm{T}}=\boldsymbol{E}$，则称$\boldsymbol{Q}$为正交矩阵．

（2）性质

$\boldsymbol{Q}$为正交矩阵$\Leftrightarrow\begin{cases}①(\boldsymbol{\alpha}_i,\boldsymbol{\alpha}_j)=0,i\neq j\\②(\boldsymbol{\alpha}_i,\boldsymbol{\alpha}_i)=1\end{cases}$;（行、列向量均有此特点：两两正交且长度为 1, 称为标准单位向量组）

$\boldsymbol{Q}$为正交矩阵$\Rightarrow|\boldsymbol{Q}|=\pm1$且$\lambda=\pm1$.（注意仅为必要条件）

例 1 设$\boldsymbol{\alpha}$为n维列向量，且$\boldsymbol{\alpha}^{\mathrm{T}}\boldsymbol{\alpha}=1,\boldsymbol{H}=\boldsymbol{E}-2\boldsymbol{\alpha}\boldsymbol{\alpha}^{\mathrm{T}}$，请证明$\boldsymbol{H}$为正交矩阵.

证明 因为$\boldsymbol{H}^{\mathrm{T}}=\left(\boldsymbol{E}-2\boldsymbol{\alpha}\boldsymbol{\alpha}^{\mathrm{T}}\right)^{\mathrm{T}}=\boldsymbol{E}-2\boldsymbol{\alpha}\boldsymbol{\alpha}^{\mathrm{T}}$,

所以$\boldsymbol{H}\boldsymbol{H}^{\mathrm{T}}=\left(\boldsymbol{E}-2\boldsymbol{\alpha}\boldsymbol{\alpha}^{\mathrm{T}}\right)\left(\boldsymbol{E}-2\boldsymbol{\alpha}\boldsymbol{\alpha}^{\mathrm{T}}\right)=\boldsymbol{E}-2\boldsymbol{\alpha}\boldsymbol{\alpha}^{T}-2\boldsymbol{\alpha}\boldsymbol{\alpha}^{\mathrm{T}}+4\boldsymbol{\alpha}\boldsymbol{\alpha}^{\mathrm{T}}\boldsymbol{\alpha}\boldsymbol{\alpha}^{\mathrm{T}}=\boldsymbol{E}-4\boldsymbol{\alpha}\boldsymbol{\alpha}^{\mathrm{T}}+4\boldsymbol{\alpha}\boldsymbol{\alpha}^{\mathrm{T}}=\boldsymbol{E}$.

例 2 请判断$\boldsymbol{A}=\begin{pmatrix}\frac{1}{3}&\frac{2}{3}&\frac{2}{3}\\\frac{2}{3}&\frac{1}{3}&-\frac{2}{3}\\\frac{2}{3}&-\frac{2}{3}&\frac{1}{3}\end{pmatrix},\boldsymbol{B}=\begin{pmatrix}2&0&0\\0&\frac{1}{\sqrt{2}}&\frac{1}{\sqrt{2}}\\0&\frac{1}{\sqrt{2}}&-\frac{1}{\sqrt{2}}\end{pmatrix}$是否为正交矩阵.

【答案】$\boldsymbol{A}$是正交矩阵，$\boldsymbol{B}$不是正交矩阵.

解析 对$\boldsymbol{A}$可以利用性质：行（列）向量均为相互正交的单位向量，或者定义$\boldsymbol{A}\boldsymbol{A}^{\mathrm{T}}=\boldsymbol{E}$都可以判断是正交矩阵；矩阵$\boldsymbol{B}$第一列（行）不是单位向量，因而不是正交矩阵.

2. 矩阵的合同

（1）定义：设同阶方阵$\boldsymbol{A},\boldsymbol{B}$，如果存在可逆矩阵$\boldsymbol{C}$，使得$\boldsymbol{C}^{\mathrm{T}}\boldsymbol{A}\boldsymbol{C}=\boldsymbol{B}$，则称$\boldsymbol{A},\boldsymbol{B}$合同，记为$\boldsymbol{A}\simeq\boldsymbol{B}$.

（2）性质：

$\boldsymbol{A}\simeq\boldsymbol{B}\Leftrightarrow\boldsymbol{A}\simeq\boldsymbol{D},\boldsymbol{B}\simeq\boldsymbol{D}\Leftrightarrow\boldsymbol{A}^{\mathrm{T}}\simeq\boldsymbol{B}^{\mathrm{T}}\Leftrightarrow\boldsymbol{A}^{-1}\simeq\boldsymbol{B}^{-1}$.（$\boldsymbol{A},\boldsymbol{B}$可逆）

$\boldsymbol{A}\simeq\boldsymbol{B}\Rightarrow\begin{cases}R(\boldsymbol{A})=R(\boldsymbol{B})\\\lambda_A\text{与}\lambda_B\text{的正负号个数相同.}\end{cases}$（注意仅仅是必要条件）

【注】矩阵的合同是一个比较边缘的概念，除了定义（以及定义引申出的简单定理）以及重要的必要条件外，其余不需要深究.

例 3 请问：是否能根据矩阵$\boldsymbol{A}=\begin{pmatrix}1&-2&0\\0&-\sqrt{3}&-5\\0&0&4\end{pmatrix}$与$\boldsymbol{B}=\begin{pmatrix}-2&0&0\\1&6&0\\1&3&7\end{pmatrix}$的特征值符号均为 +,+,−, 从而判断它们合同?

【答案】不能.

解析 因为特征值的正负号个数相同仅仅是矩阵合同的必要条件，而非充分条件（$\boldsymbol{A},\boldsymbol{B}$均为实对称矩阵的情况下是充要条件）.

例 4 已知$\boldsymbol{A}$合同于对角矩阵$\boldsymbol{\Lambda}=\begin{pmatrix}\lambda_1&&&\\&\lambda_2&&\\&&\ddots&\\&&&\lambda_n\end{pmatrix}$，则必有（　　）.

$(A)\lambda_1,\lambda_2,\cdots,\lambda_n$是$\boldsymbol{A}$的特征值　　　　　$(B)\boldsymbol{A}$的秩为n

$(C)\boldsymbol{A}$为对称矩阵　　　　　$(D)\boldsymbol{A}$为正交矩阵

【答案】(C).

解析 根据合同的性质，$\lambda_1,\lambda_2,\cdots,\lambda_n$不一定是$\boldsymbol{A}$的特征值，只不过其正、负号个数与$\boldsymbol{A}$的特征值正、负号个数相同，所以$(A)$错.

由于$\boldsymbol{A}\simeq\boldsymbol{\Lambda}$，因而$r(\boldsymbol{A})=r(\boldsymbol{\Lambda})=\lambda_1,\lambda_2,\cdots,\lambda_n$中非零的个数，题中没有提示$\lambda_1,\lambda_2,\cdots,\lambda_n$均$\neq 0$，因而$r(\boldsymbol{\Lambda})$不一定为$n$，从而$(B)$错.

由于$\boldsymbol{A}\simeq\boldsymbol{\Lambda}$，即$\boldsymbol{C}^{\mathrm{T}}\boldsymbol{A}\boldsymbol{C}=\boldsymbol{\Lambda}$，$\boldsymbol{C}$可逆，从而$\boldsymbol{A}=\left(\boldsymbol{C}^{\mathrm{T}}\right)^{-1}\boldsymbol{\Lambda}\boldsymbol{C}^{-1}=\left(\boldsymbol{C}^{-1}\right)^{\mathrm{T}}\boldsymbol{\Lambda}\boldsymbol{C}^{-1}$，因而

$\boldsymbol{A}^{\mathrm{T}}=\left[\left(\boldsymbol{C}^{-1}\right)^{\mathrm{T}}\boldsymbol{\Lambda}\boldsymbol{C}^{-1}\right]^{\mathrm{T}}=\left(\boldsymbol{C}^{-1}\right)^{\mathrm{T}}\boldsymbol{\Lambda}^{\mathrm{T}}\boldsymbol{C}^{-1}=\left(\boldsymbol{C}^{-1}\right)^{\mathrm{T}}\boldsymbol{\Lambda}\boldsymbol{C}^{-1}=\boldsymbol{A}$，即$\boldsymbol{A}^{\mathrm{T}}=\boldsymbol{A}$，$(C)$对.

如$\lambda_1=\lambda_2=\cdots=\lambda_n=0$，则$\boldsymbol{A}=\boldsymbol{O}$，从而不可能是正交矩阵，$(D)$错.

3. 实对称$\left(\boldsymbol{A}^{\mathrm{T}}=\boldsymbol{A}\right)$矩阵的特性：

【定理 1】特征值均为实数且定可对角化（不要求证明，背住即可）

> 【注】两个实对称矩阵相似的充要条件是特征值相同.

【定理 2】对应于不同特征值的特征向量彼此正交.

即：$\boldsymbol{A}\boldsymbol{\alpha}_1=\lambda_1\boldsymbol{\alpha}_1,\boldsymbol{A}\boldsymbol{\alpha}_2=\lambda_2\boldsymbol{\alpha}_2,\lambda_1\neq\lambda_2$（$\boldsymbol{\alpha}_1,\boldsymbol{\alpha}_2$均$\neq\boldsymbol{0}$）则$\boldsymbol{\alpha}_1{}^{\mathrm{T}}\boldsymbol{\alpha}_2=\boldsymbol{\alpha}_2{}^{\mathrm{T}}\boldsymbol{\alpha}_1=0$.

【定理 3】总存在正交矩阵$\boldsymbol{Q}$，使得$\boldsymbol{Q}^{\mathrm{T}}\boldsymbol{A}\boldsymbol{Q}=\boldsymbol{Q}^{-1}\boldsymbol{A}\boldsymbol{Q}=diag\left(\lambda_1,\lambda_2,\cdots\cdots\lambda_n\right)$.

找$\boldsymbol{Q}$的方法：

（1）求出$\boldsymbol{A}$的特征值λ；

（2）求出对应的线性无关特征向量$\boldsymbol{\alpha}$（定有个n）；

（3）令$\boldsymbol{P}=\left(\boldsymbol{\alpha}_1,\boldsymbol{\alpha}_2\cdots\boldsymbol{\alpha}_n\right)$；

（4）对同一个多重特征值对应的特征向量斯密特正交化，单重特征值对应的特征向量单位化即得$\boldsymbol{Q}$. 显然，$\boldsymbol{Q}$不唯一.

> 【注】此方法中只能对同一个多重特征值对应的特征向量正交化.
> **推论：**两个实对称矩阵合同的充要条件是特征值的正、负号个数相同.

例 5 下面不可对角化的矩阵是（　　）.

$(A)\begin{pmatrix}1&0&2\\0&1&1\\2&1&5\end{pmatrix}$　$(B)\begin{pmatrix}1&0&0\\2&3&0\\-1&5&-1\end{pmatrix}$　$(C)\begin{pmatrix}1&0&-1\\2&0&-2\\-3&0&3\end{pmatrix}$　$(D)\begin{pmatrix}1&2&3\\0&1&3\\0&0&-1\end{pmatrix}$

【答案】(D).

解析 对(A)选项，由于矩阵为实对称矩阵，因而一定可以对角化；

对(B)选项，由于特征值$\lambda=1,3,-1$互不相同，因而一定可以对角化；

对(C)选项，由于矩阵秩为 1，且$tr(\boldsymbol{C})=4\neq0$，因而一定可以对角化，从而选$(D)$. 当然也可直接分析$(D)$，其特征值为 1,1,−1，而由于$\boldsymbol{D}-\boldsymbol{E}=\begin{pmatrix}0&2&3\\0&0&3\\0&0&-2\end{pmatrix}$，$r(\boldsymbol{D}-\boldsymbol{E})=2$，$(\boldsymbol{D}-\boldsymbol{E})\boldsymbol{x}=\boldsymbol{0}$的基础解系中仅有一个线性无关的向量，从而其二重特征值 1,1 只能得到一个线性无关的特征向量，故(D)不可对角化.

例 6 设$\boldsymbol{A}=\begin{pmatrix}2&2&-2\\2&5&-4\\-2&-4&5\end{pmatrix}$，求正交矩阵$\boldsymbol{Q}$，使得$\boldsymbol{Q}^{\mathrm{T}}\boldsymbol{A}\boldsymbol{Q}=\boldsymbol{\Lambda}$.

【答案】$\boldsymbol{Q}=\begin{pmatrix}-\frac{2}{\sqrt5}&\frac{2}{3\sqrt5}&-\frac13\\\frac{1}{\sqrt5}&\frac{4}{3\sqrt5}&-\frac23\\0&\frac{5}{3\sqrt5}&\frac23\end{pmatrix}$.

解析 $|\boldsymbol{A}-\lambda\boldsymbol{E}|=\begin{vmatrix}2-\lambda&2&-2\\2&5-\lambda&-4\\-2&-4&5-\lambda\end{vmatrix}=\begin{vmatrix}2-\lambda&2&-2\\2&5-\lambda&-4\\0&1-\lambda&1-\lambda\end{vmatrix}=\begin{vmatrix}2-\lambda&4&-2\\2&9-\lambda&-4\\0&0&1-\lambda\end{vmatrix}$

$=(1-\lambda)(\lambda^2-11\lambda+10)=-(1-\lambda)^2(\lambda-10)=0$，所以$\lambda=1,\ 1,\ 10$，

$$\boldsymbol{A}-\boldsymbol{E}=\begin{pmatrix}1&2&-2\\2&4&-4\\-2&-4&4\end{pmatrix}\to\begin{pmatrix}1&2&-2\\0&0&0\\0&0&0\end{pmatrix},\ \boldsymbol{\alpha}_1=\begin{pmatrix}-2\\1\\0\end{pmatrix},\boldsymbol{\alpha}_2=\begin{pmatrix}2\\0\\1\end{pmatrix}.$$

$$\boldsymbol{A}-10\boldsymbol{E}=\begin{pmatrix}-8&2&-2\\2&-5&-4\\-2&-4&-5\end{pmatrix}\to\begin{pmatrix}-4&1&-1\\2&-5&-4\\-2&-4&-5\end{pmatrix}\to\begin{pmatrix}-4&1&-1\\-2&-4&-5\\-2&-4&-5\end{pmatrix}\to\begin{pmatrix}-4&1&-1\\-2&-4&-5\\0&0&0\end{pmatrix}$$

$$\to\begin{pmatrix}-2&-4&-5\\0&9&9\end{pmatrix}\to\begin{pmatrix}-2&-4&-5\\0&1&1\end{pmatrix}\to\begin{pmatrix}2&4&5\\0&1&1\end{pmatrix}\to\begin{pmatrix}2&0&1\\0&1&1\end{pmatrix}，所以\boldsymbol{\alpha}_3=\begin{pmatrix}-\frac12\\-1\\1\end{pmatrix}\to\begin{pmatrix}-1\\-2\\2\end{pmatrix}.$$

（或直接令$\begin{pmatrix}x_1\\x_2\\x_3\end{pmatrix}$与$\boldsymbol{\alpha}_1$与$\boldsymbol{\alpha}_2$正交也可得到）再把$\boldsymbol{\alpha}_1$与$\boldsymbol{\alpha}_2$正交化：

$$\boldsymbol{\beta}_1=\boldsymbol{\alpha}_1=\begin{pmatrix}-2\\1\\0\end{pmatrix},\boldsymbol{\beta}_2=\boldsymbol{\alpha}_2-\frac{(\boldsymbol{\alpha}_2,\boldsymbol{\beta}_1)}{(\boldsymbol{\beta}_1,\boldsymbol{\beta}_1)}\boldsymbol{\beta}_1=\begin{pmatrix}2\\0\\1\end{pmatrix}-\frac{-4}{5}\begin{pmatrix}-2\\1\\0\end{pmatrix}=\begin{pmatrix}\frac{2}{5}\\\frac{4}{5}\\1\end{pmatrix}=\begin{pmatrix}2\\4\\5\end{pmatrix}.$$

再单位化$\boldsymbol{\beta}_1,\boldsymbol{\beta}_2,\boldsymbol{\alpha}_3$得$\boldsymbol{Q}=\begin{pmatrix}-\frac{2}{\sqrt5}&\frac{2}{3\sqrt5}&-\frac{1}{3}\\\frac{1}{\sqrt5}&\frac{4}{3\sqrt5}&-\frac{2}{3}\\0&\frac{5}{3\sqrt5}&\frac{2}{3}\end{pmatrix}$.

例 7 设$\boldsymbol{A}$为 3 阶实对称矩阵，其特征值$\lambda_1=1$对应的一个特征向量$\boldsymbol{\alpha}_1=\begin{pmatrix}1\\0\\-1\end{pmatrix}$，$\lambda_2=-1$对应的一个特征向量$\boldsymbol{\alpha}_2=\begin{pmatrix}1\\2\\1\end{pmatrix}$，还有一个特征值$\lambda_3$=2，请求$\boldsymbol{A}$.

【答案】$\begin{pmatrix}1&-1&0\\-1&0&-1\\0&-1&1\end{pmatrix}$.

解析 设$\lambda_3=2$对应的特征向量为$\boldsymbol{\alpha}_3=\begin{pmatrix}x_1\\x_2\\x_3\end{pmatrix}$，则$\begin{cases}x_1-x_3=0\\x_1+2x_2+x_3=0\end{cases}$.

系数矩阵$\begin{pmatrix}1&0&-1\\1&2&1\end{pmatrix}\to\begin{pmatrix}1&0&-1\\0&2&2\end{pmatrix}\to\begin{pmatrix}1&0&-1\\0&1&1\end{pmatrix}$，所以$\boldsymbol{\alpha}_3=\begin{pmatrix}1\\-1\\1\end{pmatrix}$，所以$\boldsymbol{P}=\begin{pmatrix}1&1&1\\0&2&-1\\-1&1&1\end{pmatrix}$.

有$\boldsymbol{P}^{-1}\boldsymbol{A}\boldsymbol{P}=\boldsymbol{\Lambda}=\begin{pmatrix}1&0&0\\0&-1&0\\0&0&2\end{pmatrix}$，$\boldsymbol{A}=\boldsymbol{P}\boldsymbol{\Lambda}\boldsymbol{P}^{-1}=\begin{pmatrix}1&-1&2\\0&-2&-2\\-1&-1&2\end{pmatrix}\begin{pmatrix}1&1&1\\0&2&-1\\-1&1&1\end{pmatrix}^{-1}$

$$=\begin{pmatrix}1&-1&2\\0&-2&-2\\-1&-1&2\end{pmatrix}\begin{pmatrix}\frac{1}{2}&0&-\frac{1}{2}\\\frac{1}{6}&\frac{1}{3}&\frac{1}{6}\\\frac{1}{3}&-\frac{1}{3}&\frac{1}{3}\end{pmatrix}=\begin{pmatrix}1&-1&0\\-1&0&-1\\0&-1&1\end{pmatrix}.$$

或$Q=\begin{pmatrix} \frac{1}{\sqrt{2}} & \frac{1}{\sqrt{6}} & -\frac{1}{\sqrt{3}} \\ 0 & \frac{2}{\sqrt{6}} & -\frac{1}{\sqrt{3}} \\ -\frac{1}{\sqrt{2}} & \frac{1}{\sqrt{6}} & \frac{1}{\sqrt{3}} \end{pmatrix}$，有$\boldsymbol{Q}^{\mathrm{T}}\boldsymbol{A}\boldsymbol{Q}=\boldsymbol{\Lambda}\Rightarrow \boldsymbol{A}=\boldsymbol{Q}\boldsymbol{\Lambda}\boldsymbol{Q}^{\mathrm{T}}$.

例 8 设$\boldsymbol{A}=\begin{pmatrix} 2 & -1 & -1 \\ -1 & 2 & -1 \\ -1 & -1 & 2 \end{pmatrix}$，$\boldsymbol{B}=\begin{pmatrix} 1 & 0 & 0 \\ 0 & 1 & 0 \\ 0 & 0 & 0 \end{pmatrix}$，则$\boldsymbol{A}$与$\boldsymbol{B}$（　　）.

(A)合同且相似　　　　(B)合同但不相似

(C)不合同但相似　　　　(D)既不合同，也不相似

【答案】(B).

解析 由于$\boldsymbol{A}$与$\boldsymbol{B}$均是实对称矩阵，因而只要特征值相同就意味着相似，特征值正、负号个数相同就意味着合同．而显然$\lambda_B=1,1,0$，通过计算可得$\lambda_A=3,3,0$，因而$\boldsymbol{A}$与$\boldsymbol{B}$合同不相似，选(B)（此题中由于$tr(\boldsymbol{A})=6\neq tr(\boldsymbol{B})=2$，因而$\boldsymbol{A}$与$\boldsymbol{B}$特征值不相同，不可能相似）.

【小总结】：矩阵的三大变换

1. 等价：$\boldsymbol{A}\cong\boldsymbol{B}$： $\boldsymbol{PAQ}=\boldsymbol{B}$．（其中$\boldsymbol{A}$，$\boldsymbol{B}$为同类型矩阵，不一定是方阵）

$\boldsymbol{A}\cong\boldsymbol{B}\Leftrightarrow\boldsymbol{A}\cong\boldsymbol{C},\boldsymbol{B}\cong\boldsymbol{C}\Leftrightarrow\boldsymbol{A}^{\mathrm{T}}\cong\boldsymbol{B}^{\mathrm{T}}\Leftrightarrow\boldsymbol{A}^{-1}\cong\boldsymbol{B}^{-1}$（$\boldsymbol{A},\boldsymbol{B}$为同阶方阵且可逆）

$\Leftrightarrow R(\boldsymbol{A})=R(\boldsymbol{B})$.

2. 合同：$\boldsymbol{A}\simeq\boldsymbol{B}:\boldsymbol{C}^{\mathrm{T}}\boldsymbol{AC}=\boldsymbol{B}$．（其中$\boldsymbol{A}$，$\boldsymbol{B}$为同阶方阵）

$\boldsymbol{A}\simeq\boldsymbol{B}\Leftrightarrow\boldsymbol{A}\simeq\boldsymbol{D},\boldsymbol{B}\simeq\boldsymbol{D}\Leftrightarrow\boldsymbol{A}^{\mathrm{T}}\simeq\boldsymbol{B}^{\mathrm{T}}\Leftrightarrow\boldsymbol{A}^{-1}\simeq\boldsymbol{B}^{-1}$（$\boldsymbol{A},\boldsymbol{B}$可逆）

$\Rightarrow\begin{cases} R(\boldsymbol{A})=R(\boldsymbol{B}) \\ \boldsymbol{A},\boldsymbol{B}\text{ 的特征值正、负号个数相同.} \end{cases}$

3. 相似：$\boldsymbol{A}\sim\boldsymbol{B}:\boldsymbol{P}^{-1}\boldsymbol{AP}=\boldsymbol{B}$．（其中$\boldsymbol{A},\boldsymbol{B}$为同阶方阵）

$\boldsymbol{A}\sim\boldsymbol{B}\Leftrightarrow\boldsymbol{A}\sim\boldsymbol{C},\boldsymbol{B}\sim\boldsymbol{C}\Leftrightarrow\boldsymbol{A}^{\mathrm{T}}\sim\boldsymbol{B}^{\mathrm{T}}\Leftrightarrow\boldsymbol{A}^{-1}\sim\boldsymbol{B}^{-1}$（$\boldsymbol{A},\boldsymbol{B}$可逆）

$\Rightarrow\begin{cases} R(\boldsymbol{A})=R(\boldsymbol{B}) \\ \lambda_A=\lambda_B,\boldsymbol{\alpha}_B=\boldsymbol{P}^{-1}\boldsymbol{\alpha}_A. \\ f(\boldsymbol{A})\sim f(\boldsymbol{B}) \end{cases}$

【注】如果$\boldsymbol{A},\boldsymbol{B}$为同阶实对称矩阵，则：

$\boldsymbol{A}\simeq\boldsymbol{B}:\boldsymbol{C}^{\mathrm{T}}\boldsymbol{AC}=\boldsymbol{B}\Leftrightarrow\boldsymbol{A},\boldsymbol{B}$特征值的正、负号个数相同.

$\boldsymbol{A}\sim\boldsymbol{B}:\boldsymbol{P}^{-1}\boldsymbol{AP}=\boldsymbol{B}\Leftrightarrow\boldsymbol{A},\boldsymbol{B}$特征值相同.

第二节　二次型

一、定义及相关

1. 定义：只含有二次项的n元二次函数

$f(x_1,x_2\cdots x_n)=a_{11}x_1^{\ 2}+a_{22}x_2^2+\cdots+a_{nn}x_n^{\ 2}+2a_{12}x_1x_2+2a_{13}x_1x_3+\cdots+2a_{n-1,n}x_{n-1}x_n$称为$n$元二次型，简称二次型．

2. 矩阵表示

$$f(x_1,x_2\cdots x_n)=a_{11}x_1^{\ 2}+a_{22}x_2^2+\cdots+a_{nn}x_n^{\ 2}+2a_{12}x_1x_2+2a_{13}x_1x_3+\cdots+2a_{n-1,n}x_{n-1}x_n$$

$$=(x_1,x_2,\cdots,\ x_n)\begin{pmatrix}a_{11}&a_{12}&\cdots&a_{1n}\\a_{12}&a_{22}&\cdots&a_{2n}\\\vdots&\vdots&\ddots&\vdots\\a_{1n}&a_{2n}&\cdots&a_{nn}\end{pmatrix}\begin{pmatrix}x_1\\x_2\\\vdots\\x_n\end{pmatrix}=\boldsymbol{x}^{\mathrm{T}}\boldsymbol{Ax}\text{，其中}\boldsymbol{A}=\boldsymbol{A}^{\mathrm{T}},\ \boldsymbol{x}=\begin{pmatrix}x_1\\x_2\\\vdots\\x_n\end{pmatrix}.$$

【注】满足$f(\ )=\boldsymbol{x}^{\mathrm{T}}\boldsymbol{Ax}$的矩阵$\boldsymbol{A}$有无数多个，但是其中对称的是唯一的，而这个唯一的对称矩阵就称为二次型的矩阵．

二次型矩阵的秩就称为二次型的秩．

例　请写出二次型$f(x_1,x_2,x_3)=x_1^{\ 2}-3x_3^{\ 2}-4x_1x_2+x_2x_3$的矩阵，并写出其矩阵表达式．

【答案】$f=\boldsymbol{x}^{\mathrm{T}}\boldsymbol{Ax}$，其中$\boldsymbol{x}=\begin{pmatrix}x_1\\x_2\\x_3\end{pmatrix}$，$\boldsymbol{A}=\begin{pmatrix}1&-2&0\\-2&0&\frac{1}{2}\\0&\frac{1}{2}&-3\end{pmatrix}$.

二、标准形及其对应的矩阵变换

1. 标准形定义

二次型$f\left(x_1,x_2\cdots x_n\right)$通过换元法得到的只有平方项$k_1y_1^2+k_2y_2^2+\cdots+k_ny_n^2$的形式，称为二次型的标准形．

2. 原理

多元函数"一一对应"的换元法：令$\boldsymbol{x}=\boldsymbol{Cy}$，其中$\boldsymbol{C}$可逆．

此时，二次型$\boldsymbol{f}=\boldsymbol{x}^{\mathrm{T}}\boldsymbol{Ax}=\boldsymbol{y}^{\mathrm{T}}\boldsymbol{C}^{\mathrm{T}}\boldsymbol{ACy}$，如果$\boldsymbol{C}$能使得$\boldsymbol{C}^{\mathrm{T}}\boldsymbol{AC}$=对角阵$\boldsymbol{\Lambda}=\begin{pmatrix}k_1&&&\\&k_2&&\\&&\ddots&\\&&&k_n\end{pmatrix}$，则二次型$f=\boldsymbol{y}^{\mathrm{T}}\boldsymbol{\Lambda y}=k_1y_1^2+k_2y_2^2+\cdots+k_ny_n^2$．

【注】二次型换元法得到标准形有 2 个需要注意的地方：

（1）$\boldsymbol{x}=\boldsymbol{C}\boldsymbol{y}$中的$\boldsymbol{C}$必须是可逆换元法才是合理的，只要$\boldsymbol{C}$可逆那么换元后的两种形式之间的矩阵至少是合同的；

（2）$\boldsymbol{C}$可逆且$\boldsymbol{C}^{\mathrm{T}}\boldsymbol{A}\boldsymbol{C}=\boldsymbol{\Lambda}$（对角矩阵）二次型才能转化为标准形．

例 1 （1）二次型$f(x_1,x_2,x_3)=(x_1-x_2)^2+(x_2-x_3)^2-(x_3-x_1)^2$可否做换元法$\begin{cases}y_1=x_1-x_2\\y_2=x_2-x_3\\y_3=x_3-x_1\end{cases}$，从而得到标准形$f(x_1,x_2,x_3)=y_1^2+y_2^2-y_3^2$．

（2）二次型$f(x_1,x_2,x_3)=(x_1+x_2)^2+(x_2+x_3)^2-(x_3+x_1)^2$可否做换元法$\begin{cases}y_1=x_1+x_2\\y_2=x_2+x_3\\y_3=x_3+x_1\end{cases}$，从而得到标准形$f(x_1,x_2,x_3)=y_1^2+y_2^2-y_3^2$．

（3）设二次型$f(x_1,x_2,x_3)=x_1^2+2x_2^2-x_3^2+2x_1x_2-x_1x_3+4x_2x_3=\boldsymbol{x}^{\mathrm{T}}\boldsymbol{A}\boldsymbol{x}$，如果令$\begin{cases}x_1=2y_1\\x_2=-y_2\\x_3=3y_3\end{cases}$，则二次型$f=4y_1^2+2y_2^2-9x_3^2-4y_1y_2-6y_1y_3-12y_2y_3=\boldsymbol{y}^{\mathrm{T}}\boldsymbol{B}\boldsymbol{y}$，请问这种换元法合理吗？如果合理，请分析$\boldsymbol{A},\boldsymbol{B}$之间的关系．

【答案】（1）不可以．　（2）可以．　（3）合理，$\boldsymbol{C}^{\mathrm{T}}\boldsymbol{A}\boldsymbol{C}=\boldsymbol{B}$，$\boldsymbol{C}=\begin{pmatrix}2&0&0\\0&-1&0\\0&0&3\end{pmatrix}$.

解析 （1）中$\begin{pmatrix}1&-1&0\\0&1&-1\\-1&0&1\end{pmatrix}\begin{pmatrix}x_1\\x_2\\x_3\end{pmatrix}=\begin{pmatrix}y_1\\y_2\\y_3\end{pmatrix}$，而$\begin{vmatrix}1&-1&0\\0&1&-1\\-1&0&1\end{vmatrix}=\begin{vmatrix}1&-1&0\\0&1&-1\\0&-1&1\end{vmatrix}=\begin{vmatrix}1&-1&0\\0&1&-1\\0&0&0\end{vmatrix}=0$，所以$\begin{pmatrix}1&-1&0\\0&1&-1\\-1&0&1\end{pmatrix}$不可逆，因而换元法不合理．

（2）题中$\begin{pmatrix}1&1&0\\0&1&1\\1&0&1\end{pmatrix}\begin{pmatrix}x_1\\x_2\\x_3\end{pmatrix}=\begin{pmatrix}y_1\\y_2\\y_3\end{pmatrix}$，而$\begin{vmatrix}1&1&0\\0&1&1\\1&0&1\end{vmatrix}=\begin{vmatrix}1&1&0\\0&1&1\\0&-1&1\end{vmatrix}=\begin{vmatrix}1&1&0\\0&1&1\\0&0&2\end{vmatrix}=2\neq0$，所以$\begin{pmatrix}1&1&0\\0&1&1\\1&0&1\end{pmatrix}$可逆，因而换元法合理．

（3）由于$\begin{cases}x_1=2y_1\\x_2=-y_2\\x_3=3y_3\end{cases}$，即$\boldsymbol{x}=\begin{pmatrix}x_1\\x_2\\x_3\end{pmatrix}=\begin{pmatrix}2&0&0\\0&-1&0\\0&0&3\end{pmatrix}\begin{pmatrix}y_1\\y_2\\y_3\end{pmatrix}=\boldsymbol{C}\boldsymbol{y}$，即$\boldsymbol{x}=\boldsymbol{C}\boldsymbol{y}$，显然$\boldsymbol{C}$是可逆的，因而换元法是合理的．并且由于$\boldsymbol{x}=\boldsymbol{C}\boldsymbol{y}$，故二次型$f=\boldsymbol{x}^{\mathrm{T}}\boldsymbol{A}\boldsymbol{x}=\boldsymbol{y}^{\mathrm{T}}\boldsymbol{C}^{\mathrm{T}}\boldsymbol{A}\boldsymbol{C}\boldsymbol{y}=\boldsymbol{y}^{\mathrm{T}}\boldsymbol{B}\boldsymbol{y}$，从而$\boldsymbol{C}^{\mathrm{T}}\boldsymbol{A}\boldsymbol{C}=\boldsymbol{B}$．

3. 方法

（1）正交化法：

因为二次型$\boldsymbol{f}=\boldsymbol{x}^{\mathrm{T}}\boldsymbol{A}\boldsymbol{x}$中的矩阵$\boldsymbol{A}$是实对称矩阵，即$\boldsymbol{A}^{\mathrm{T}}=\boldsymbol{A}$，从而存在正交矩阵$\boldsymbol{Q}$，使得

$\boldsymbol{Q}^{\mathrm{T}}\boldsymbol{A}\boldsymbol{Q}=\boldsymbol{\Lambda}=diag\left(\lambda_1,\lambda_2,\cdots\cdots\lambda_n\right)$，此时，令$\boldsymbol{x}=\boldsymbol{Q}\boldsymbol{y}$，即有

$$f=\boldsymbol{x}^{\mathrm{T}}\boldsymbol{A}\boldsymbol{x}=\boldsymbol{y}^{\mathrm{T}}\boldsymbol{Q}^{\mathrm{T}}\boldsymbol{A}\boldsymbol{Q}\boldsymbol{y}=\boldsymbol{y}^{\mathrm{T}}\boldsymbol{\Lambda}\boldsymbol{y}=\lambda_1y_1^2+\lambda_2y_2^2+\cdots+\lambda_ny_n^2\text{，其中}\boldsymbol{y}=\begin{pmatrix}y_1\\y_2\\\vdots\\y_n\end{pmatrix}.$$

方法：写出二次型矩阵，再利用第一节中的知识写出正交矩阵$\boldsymbol{Q}$，而后写“令$\boldsymbol{x}=\boldsymbol{Q}\boldsymbol{y}$，二次型即可变为标准形：……”即可．

例 2 已知二次型$f(x_1,x_2,x_3)=2x_1^2+2x_2^2+2x_3^2+2x_1x_2-2x_2x_3+2x_1x_3$，利用正交变换$\boldsymbol{x}=\boldsymbol{Q}\boldsymbol{y}$将二次型化为标准形，并写出对应的正交矩阵．

【答案】$f=\boldsymbol{x}^{\mathrm{T}}\boldsymbol{A}\boldsymbol{x}=3y_1^2+3y_2^2$；　$\boldsymbol{Q}=\begin{pmatrix}\frac{1}{\sqrt2}&\frac{1}{\sqrt6}&-\frac{1}{\sqrt3}\\0&\frac{2}{\sqrt6}&\frac{1}{\sqrt3}\\\frac{1}{\sqrt2}&-\frac{1}{\sqrt6}&\frac{1}{\sqrt3}\end{pmatrix}$.

解析 因为$f=\boldsymbol{x}^{\mathrm{T}}\boldsymbol{A}\boldsymbol{x}$，其中$\boldsymbol{x}=\begin{pmatrix}x_1\\x_2\\x_3\end{pmatrix}$，$\boldsymbol{A}=\begin{pmatrix}2&1&1\\1&2&-1\\1&-1&2\end{pmatrix}$，由$|\boldsymbol{A}-\lambda\boldsymbol{E}|=0\Rightarrow\lambda=3,\ 3,\ 0$，由

$$\boldsymbol{A}-3\boldsymbol{E}=\begin{pmatrix}-1&1&1\\1&-1&-1\\1&-1&-1\end{pmatrix}\to\begin{pmatrix}-1&1&1\\0&0&0\\0&0&0\end{pmatrix}\text{，解得}\boldsymbol{\alpha}_1=\begin{pmatrix}1\\0\\1\end{pmatrix},\boldsymbol{\alpha}_2=\begin{pmatrix}1\\1\\0\end{pmatrix},$$

$$\text{由}\boldsymbol{A}-0\boldsymbol{E}=\boldsymbol{A}\to\begin{pmatrix}1&2&-1\\1&-1&2\\0&0&0\end{pmatrix}\to\begin{pmatrix}1&2&-1\\0&-3&3\\0&0&0\end{pmatrix}\to\begin{pmatrix}1&2&-1\\0&1&-1\\0&0&0\end{pmatrix}\text{，解得}\boldsymbol{\alpha}_3=\begin{pmatrix}-1\\1\\1\end{pmatrix}\text{，把}\boldsymbol{\alpha}_1,\boldsymbol{\alpha}_2\text{正交}$$

$$\text{化得：}\boldsymbol{\beta}_1=\boldsymbol{\alpha}_1=\begin{pmatrix}1\\0\\1\end{pmatrix},\boldsymbol{\beta}_2=\boldsymbol{\alpha}_2-\frac{(\boldsymbol{\alpha}_2,\boldsymbol{\beta}_1)}{(\boldsymbol{\beta}_1,\boldsymbol{\beta}_1)}\boldsymbol{\beta}_1=\begin{pmatrix}\frac12\\1\\-\frac12\end{pmatrix}\text{，整数化为}\begin{pmatrix}1\\2\\-1\end{pmatrix}\text{，再把}\boldsymbol{\beta}_1,\boldsymbol{\beta}_2,\boldsymbol{\alpha}_3\text{单位化可得}$$

$$\boldsymbol{Q}=\begin{pmatrix}\frac{1}{\sqrt2}&\frac{1}{\sqrt6}&-\frac{1}{\sqrt3}\\0&\frac{2}{\sqrt6}&\frac{1}{\sqrt3}\\\frac{1}{\sqrt2}&-\frac{1}{\sqrt6}&\frac{1}{\sqrt3}\end{pmatrix}\text{，令}\boldsymbol{x}=\boldsymbol{Q}\boldsymbol{y}\text{，即有}f=\boldsymbol{x}^{\mathrm{T}}\boldsymbol{A}\boldsymbol{x}=3y_1^2+3y_2^2.$$

（2）配方法：

通过整理函数形式找到可逆矩阵$\boldsymbol{C}$，使得当做换元法$\boldsymbol{x}=\boldsymbol{C}\boldsymbol{y}$时，二次型变成标准形：

$f=\boldsymbol{x}^{\mathrm{T}}\boldsymbol{A}\boldsymbol{x}=\boldsymbol{y}^{\mathrm{T}}\boldsymbol{C}^{\mathrm{T}}\boldsymbol{A}\boldsymbol{C}\boldsymbol{y}=\boldsymbol{y}^{\mathrm{T}}\boldsymbol{\Lambda}\boldsymbol{y}=k_1y_1^2+k_2y_2^2+\cdots+k_ny_n^2$.

通过例题说明方法：一次去掉一个元．

①$f(x_1,x_2,x_3)=x_1^2+2x_2^2+5x_3^2+2x_1x_2+2x_1x_3+6x_2x_3$.

【答案】标准形为$f=y_1^2+y_2^2$.

解析 $f=\left(x_1^2+2x_1x_2+2x_1x_3\right)+2x_2^2+5x_3^2+6x_2x_3=\left(x_1+x_2+x_3\right)^2-x_2^2-x_3^2$

$-2x_2x_3+2x_2^2+5x_3^2+6x_2x_3=\left(x_1+x_2+x_3\right)^2+x_2^2+4x_3^2+4x_2x_3$

$=\left(x_1+x_2+x_3\right)^2+x_2^2+4x_2x_3+4x_3^2=\left(x_1+x_2+x_3\right)^2+\left(x_2+2x_3\right)^2-4x_3^2+4x_3^2$

$=\left(x_1+x_2+x_3\right)^2+\left(x_2+2x_3\right)^2$，令$\begin{cases}x_1+x_2+x_3=y_1\\x_2+2x_3=y_2\\x_3=y_3\end{cases}$，即$\begin{pmatrix}1&1&1\\0&1&2\\0&0&1\end{pmatrix}\begin{pmatrix}x_1\\x_2\\x_3\end{pmatrix}=\begin{pmatrix}y_1\\y_2\\y_3\end{pmatrix}$，就可使得$f=y_1^2+y_2^2$.

②$f(x_1,x_2,x_3)=2x_1x_2+2x_1x_3-6x_2x_3$.

【答案】标准形为$f=2z_1^2-2z_2^2+6z_3^2$.

解析 令$\begin{cases}x_1=y_1+y_2\\x_2=y_1-y_2\\x_3=y_3\end{cases}$，即$\begin{pmatrix}x_1\\x_2\\x_3\end{pmatrix}=\begin{pmatrix}1&1&0\\1&-1&0\\0&0&1\end{pmatrix}\begin{pmatrix}y_1\\y_2\\y_3\end{pmatrix}$，

则$f=2y_1^2-2y_2^2-4y_1y_3+8y_2y_3=2\left(y_1^2-2y_1y_3\right)-2y_2^2+8y_2y_3=2\left[\left(y_1-y_3\right)^2-y_3^2\right]-2y_2^2+8y_2y_3$

$=2\left(y_1-y_3\right)^2-2y_3^2-2y_2^2+8y_2y_3=2\left(y_1-y_3\right)^2-2y_2^2+8y_2y_3-2y_3^2$

$=2\left(y_1-y_3\right)^2-2\left(y_2^2-4y_2y_3\right)-2y_3^2=2\left(y_1-y_3\right)^2-2\left[\left(y_2-2y_3\right)^2-4y_3^2\right]-2y_3^2$

$=2\left(y_1-y_3\right)^2-2\left(y_2-2y_3\right)^2+6y_3^2$.

令$\begin{cases}y_1-y_3=z_1\\y_2-2y_3=z_2\\y_3=z_3\end{cases}$，即$\begin{pmatrix}1&0&-1\\0&1&-2\\0&0&1\end{pmatrix}\begin{pmatrix}y_1\\y_2\\y_3\end{pmatrix}=\begin{pmatrix}z_1\\z_2\\z_3\end{pmatrix}$，就可使得$f=2z_1^2-2z_2^2+6z_3^2$.

【注】（1）正交法变换得到的标准形的平方项系数为二次型矩阵$\boldsymbol{A}$的特征值，配方法得到的标准形系数一般只与$\boldsymbol{A}$的特征值正、负号个数相同；
（2）二次型换元法的核心："一一对应"：即$\boldsymbol{x}=\boldsymbol{Cy}$中的$\boldsymbol{C}$必须是可逆的，只要$\boldsymbol{C}$可逆，变换就是合理的．并且变换前后新旧二次型形式矩阵之间至少是合同的．通俗地说：二次型经可逆变换后新旧二次型矩阵的正、负惯性指数（特征值的正、负号个数）不变；经正交变换后特征值不变．新形式不一定是标准形，其他二次型形式也有此关系．

例 3 已知二次型$f(x_1,x_2,x_3)=2x_1^2+3x_2^2+3x_3^2+2ax_2x_3\ (a>0)$通过正交变换$\boldsymbol{x}=\boldsymbol{Qy}$化为标准形$f(x_1,x_2,x_3)=y_1^2+2y_2^2+5y_3^2$，求常数$a$以及所用的正交变换矩阵$\boldsymbol{Q}$．

【答案】$a=2$;　$Q=\begin{pmatrix}0&1&0\\ \frac{1}{\sqrt{2}}&0&\frac{1}{\sqrt{2}}\\ -\frac{1}{\sqrt{2}}&0&\frac{1}{\sqrt{2}}\end{pmatrix}$.

解析 由题可知，二次型矩阵为$\boldsymbol{A}=\begin{pmatrix}2&0&0\\0&3&a\\0&a&3\end{pmatrix}$，且其特征值为$\lambda=1,\ 2,\ 5$，所以$|\boldsymbol{A}|=10$，即$2\left(9-a^2\right)=10$，所以$a^2=4$，从而$a=2\left(a>0\right)$，矩阵$\boldsymbol{A}=\begin{pmatrix}2&0&0\\0&3&2\\0&2&3\end{pmatrix}$，分别求得三个特征值对应的特征向量为$\left(\boldsymbol{\alpha}_1,\boldsymbol{\alpha}_2,\boldsymbol{\alpha}_3\right)=\begin{pmatrix}0&1&0\\1&0&1\\-1&0&1\end{pmatrix}$，由于特征值均为 1 重，因而特征向量相互两两正交，只需要单位化即可得到$\boldsymbol{Q}=\begin{pmatrix}0&1&0\\ \frac{1}{\sqrt{2}}&0&\frac{1}{\sqrt{2}}\\ -\frac{1}{\sqrt{2}}&0&\frac{1}{\sqrt{2}}\end{pmatrix}$.

例 4 已知二次型$f\left(x_1,x_2,x_3\right)=\boldsymbol{x}^{\mathrm{T}}\boldsymbol{Ax}$通过正交变换$\boldsymbol{x}=\boldsymbol{Qy}$化为标准形$y_1^2+y_2^2$，且$\boldsymbol{Q}$的第 3 列为$\left(\frac{\sqrt{2}}{2},0,\frac{\sqrt{2}}{2}\right)^{\mathrm{T}}$，求矩阵$\boldsymbol{A}$．

【答案】$\boldsymbol{A}=\begin{pmatrix}\frac{1}{2}&0&-\frac{1}{2}\\0&1&0\\-\frac{1}{2}&0&\frac{1}{2}\end{pmatrix}$.

解析 由题可知，A的特征值是1,1,0，并且0特征值对应的特征向量为$(1,0,1)^{\mathrm{T}}$，由于A是实对称矩阵，因而1,1对应的特征向量$(x_1,x_2,x_3)^{\mathrm{T}}$一定与$(1,0,1)^{\mathrm{T}}$相互正交，即$x_1+x_3=0$，可解得1,1对应的特征向量为$(0,1,0)^{\mathrm{T}}$，$(1,0,-1)^{\mathrm{T}}$，并且它们也刚好正交，此时只需令

$$Q=\begin{pmatrix}\frac{1}{\sqrt{2}} & 0 & \frac{1}{\sqrt{2}}\\ 0 & 1 & 0\\ -\frac{1}{\sqrt{2}} & 0 & \frac{1}{\sqrt{2}}\end{pmatrix}，即有Q^{\mathrm{T}}AQ=\Lambda=\begin{pmatrix}1 & & \\ & 1 & \\ & & 0\end{pmatrix}，从而A=Q\Lambda Q^{\mathrm{T}}=\begin{pmatrix}\frac{1}{2} & 0 & -\frac{1}{2}\\ 0 & 1 & 0\\ -\frac{1}{2} & 0 & \frac{1}{2}\end{pmatrix}.$$

例5 求一个6阶二次型$f(x_1,x_2\cdots x_6)=x_1x_6+x_2x_5+x_3x_4$的符号差．

（符号差：二次型矩阵A的特征值的正号个数减去负号个数）

【答案】0.

解析 令$\begin{cases}x_1=y_1-y_6\\ x_6=y_1+y_6\\ x_2=y_2-y_5\\ x_5=y_2+y_5\\ x_3=y_3-y_4\\ x_4=y_3+y_4\end{cases}$，$f=y_1^2-y_6^2+y_2^2-y_5^2+y_3^2-y_4^2$，所以符号差等于零．

例6 设二次型$x^{\mathrm{T}}Ax=(x_1+2x_2+ax_3)(x_1+5x_2+bx_3)$的正、负惯性指数分别为$p,q$，则（ ）．

$(A)\ p=2,q=1$ $(B)\ p=2,q=0$

$(C)\ p=1,q=1$ (D)与a,b的取值有关

【答案】(C)．

解析 令$\begin{cases}x_1+2x_2+ax_3=y_1\\ x_1+5x_2+bx_3=y_2\\ x_3=y_3\end{cases}$，二次型$=y_1y_2$，令$\begin{cases}y_1=z_1-z_2\\ y_2=z_1+z_2\\ y_3=z_3\end{cases}\Rightarrow$ 二次型$=z_1^2-z_2^2$.

4. 规范形

平方项系数只为1,−1或0的标准形，且规定顺序：1在前面，−1在后面，最后是0.（如果有的话）

【定理】二次型的标准形形式不唯一，但规范形形式是唯一的．

例7 二次型$f(x_1,x_2,x_3)=2x_2^2+2x_3^2+4x_1x_2-4x_1x_3+8x_2x_3$的规范形为（ ）．

$(A)y_1^2+y_2^2+y_3^2$ $(B)y_1^2+y_2^2-y_3^2$ $(C)y_1^2-y_2^2-y_3^2$ $(D)y_1^2-y_2^2$

【答案】(B).

解析 由于二次型矩阵$\begin{pmatrix}0 & 2 & -2\\ 2 & 2 & 4\\ -2 & 4 & 2\end{pmatrix}$，其特征值为2,6,−4，因而规范形为$y_1^2+y_2^2-y_3^2$，选$(B)$．

例8 设A是3阶实对称矩阵，若$A^2+A=2E$，且$|A|=4$，则二次型$x^{\mathrm{T}}Ax$的规范形为（ ）．

$(A) y_1^2+y_2^2+y_3^2$

$(B) y_1^2+y_2^2-y_3^2$

$(C) y_1^2-y_2^2-y_3^2$

$(D) -y_1^2-y_2^2-y_3^2$

【答案】(C).

解析 由题$\boldsymbol{A}^2+\boldsymbol{A}=2\boldsymbol{E}$，从而$\lambda^2+\lambda=2$，因而$\boldsymbol{A}$的特征值只可能为 1 或 –2, 由结合$|\boldsymbol{A}|=4$，从而可知$\boldsymbol{A}$的特征值为 1,–2,–2, 故其规范形为$y_1^2-y_2^2-y_3^2$，选$(C)$.

三、正定二次型

1. 定义

如果任一非零向量$\boldsymbol{x}$，都能使二次型$f=\boldsymbol{x}^{\mathrm{T}}\boldsymbol{A}\boldsymbol{x}>0$，则称$f$为正定二次型，其矩阵$\boldsymbol{A}$称为正定矩阵.

或：如果对任一向量$\boldsymbol{x}$，二次型$f=\boldsymbol{x}^{\mathrm{T}}\boldsymbol{A}\boldsymbol{x}\geqslant 0$，并且仅当$\boldsymbol{x}=\boldsymbol{0}$时，$f=\boldsymbol{x}^{\mathrm{T}}\boldsymbol{A}\boldsymbol{x}=0$，其余情况都$f=\boldsymbol{x}^{\mathrm{T}}\boldsymbol{A}\boldsymbol{x}>0$，那么称$f$为正定二次型，其矩阵$\boldsymbol{A}$称为正定矩阵.

【注】正定矩阵的概念只针对对称矩阵.

2. 判断

【定理 1】二次型$f=\boldsymbol{x}^{\mathrm{T}}\boldsymbol{A}\boldsymbol{x}$正定的充要条件是矩阵$\boldsymbol{A}$的特征值全部为正数.

【注】**推论：**矩阵$\boldsymbol{A}$正定的充要条件是与单位阵$\boldsymbol{E}$合同.
（习惯上写成：存在可逆矩阵$\boldsymbol{C}$，使得$\boldsymbol{A}=\boldsymbol{C}^{\mathrm{T}}\boldsymbol{C}$）

【定理 2】（不用证明）二次型$f=\boldsymbol{x}^{\mathrm{T}}\boldsymbol{A}\boldsymbol{x}$正定的充要条件是矩阵$\boldsymbol{A}$的所有顺序主子式全大于 0.

【定义】顺序主子式：对于n阶矩阵$\boldsymbol{A}=\left(a_{ij}\right)_{n\times n}$，子式$P_k=\begin{vmatrix} a_{11} & a_{12} & \cdots & a_{1k} \\ a_{21} & a_{22} & \cdots & a_{2k} \\ \vdots & \vdots & & \vdots \\ a_{k1} & a_{k2} & \cdots & a_{kk} \end{vmatrix}$，$(k=1,2,\ldots.,n)$称为$\boldsymbol{A}$的顺序主子式.

【定理 3】如果$\boldsymbol{A}$是正定矩阵，则其主对角线元素a_{ii}均>0.

【总结】$\boldsymbol{A}$正定$\Leftrightarrow \lambda_i$均$>0 \Leftrightarrow \boldsymbol{A}$的所有顺序主子式均$>0 \Rightarrow a_{ii}>0$.

例 1 设$\boldsymbol{A}$是n阶实对称矩阵，则其为正定的充要条件为（　　）.

$(A)\boldsymbol{A}^*$是正定矩阵

$(B)\boldsymbol{A}^{-1}$是正定矩阵

(C)负惯性指数为零

(D)存在n阶实矩阵$\boldsymbol{C}$，使得$\boldsymbol{A}=\boldsymbol{C}^{\mathrm{T}}\boldsymbol{C}$

【答案】(B).

解析 根据正定的性质，$\boldsymbol{A}$正定$\Leftrightarrow \lambda_A>0 \Leftrightarrow \dfrac{1}{\lambda_A}>0 \Leftrightarrow \boldsymbol{A}^{-1}$正定，选$(B)$. 其余选项均是正定的必要条件，而非充分条件.

(A)选项的反例：$\boldsymbol{A}=-\boldsymbol{E}$，$n$为奇数．（此时$\boldsymbol{A}^*=|\boldsymbol{A}|\boldsymbol{A}^{-1}=(-1)^n(-\boldsymbol{E})=(-1)^{n+1}\boldsymbol{E}=\boldsymbol{E}$正定，但$\boldsymbol{A}=-\boldsymbol{E}$不正定）；

(C)选项只说了特征值中没有负数，不能说明全部为正，比如$\boldsymbol{A}=\boldsymbol{O}$；

(D)选项没说矩阵$\boldsymbol{C}$可逆，比如：$\boldsymbol{C}=\boldsymbol{O}$．

例2 设$\boldsymbol{A}$是n阶实对称矩阵，其特征值$0<\lambda_1<\lambda_2<\cdots<\lambda_n$，问：

（1）a满足什么条件时，$a\boldsymbol{E}-\boldsymbol{A}$正定？

（2）b满足什么条件时，$\boldsymbol{E}-b\boldsymbol{A}$正定？

【答案】（1）$a>\lambda_n$.　　（2）$b<\dfrac{1}{\lambda_n}$.

解析 （1）由题，显然$a\boldsymbol{E}-\boldsymbol{A}$的特征值为$a-\lambda_i\,(i=1,2,.....,n)$，因此当$a-\lambda_i>0$，即$a>\lambda_n$时，$a\boldsymbol{E}-\boldsymbol{A}$正定．

（2）类似，显然$\boldsymbol{E}-b\boldsymbol{A}$的特征值为$1-b\lambda_i\,(i=1,2,.....,n)$，因此当$1-b\lambda_i>0$，即$b<\dfrac{1}{\lambda_n}$时，$\boldsymbol{E}-b\boldsymbol{A}$正定．

例3 设$\boldsymbol{A}=\begin{pmatrix}1&t&-1\\t&4&2\\-1&2&4\end{pmatrix}$，问：当$t$为何值时，$\boldsymbol{A}$正定？

【答案】$-2<t<1$.

解析 $1>0$，$\begin{vmatrix}1&t\\t&4\end{vmatrix}=4-t^2>0\Rightarrow-2<t<2$，$|\boldsymbol{A}|=-4(t-1)(t+2)>0\Rightarrow-2<t<1$，所以$-2<t<1$．

例4 下列矩阵中，是正定矩阵的为（　　）．

$(A)\begin{pmatrix}1&2&-3\\2&7&5\\-3&5&0\end{pmatrix}$　$(B)\begin{pmatrix}1&2&-3\\2&4&5\\-3&5&7\end{pmatrix}$　$(C)\begin{pmatrix}5&-2&0\\-2&6&-2\\0&-2&1\end{pmatrix}$　$(D)\begin{pmatrix}5&2&0\\2&6&3\\0&3&-1\end{pmatrix}$

【答案】(C).

解析 对(A)选项，由于$a_{33}=0$，从而不正定；类似(D)选项中，$a_{33}=-1<0$，因此也不正定．

对选项(B)，由于$\begin{vmatrix}1&2\\2&4\end{vmatrix}=4-4=0$，从而不正定；因而选$(C)$．

当然，也可直接分析选项(C)，求其顺序主子式或特征值．

例5 （综合题）$\boldsymbol{A}$正定的充要条件是存在正定矩阵$\boldsymbol{B}$，使得$\boldsymbol{A}=\boldsymbol{B}^2$．

证明 充分性：存在正定矩阵$\boldsymbol{B}$，使得$\boldsymbol{A}=\boldsymbol{B}^2$．此时$\lambda_A=\lambda_B^2$，由于$\boldsymbol{B}$是正定矩阵，可知$\lambda_B>0$，从而$\lambda_A>0$，$\boldsymbol{A}$正定．

必要性：$\boldsymbol{A}$是正定矩阵，因而存在正交矩阵$\boldsymbol{Q}$，使得$\boldsymbol{Q}^{\mathrm{T}}\boldsymbol{A}\boldsymbol{Q}=\boldsymbol{\Lambda}=\begin{pmatrix}\lambda_1 & & & \\ & \lambda_2 & & \\ & & \ddots & \\ & & & \lambda_n\end{pmatrix}$，

$\boldsymbol{A}=\boldsymbol{Q}\begin{pmatrix}\lambda_1 & & & \\ & \lambda_2 & & \\ & & \ddots & \\ & & & \lambda_n\end{pmatrix}\boldsymbol{Q}^{\mathrm{T}}$，其中$\lambda_i\left(i=1,2,\ldots,n\right)$均$>0$．

可进一步变形：$\boldsymbol{A}=\boldsymbol{Q}\begin{pmatrix}\sqrt{\lambda_1} & & & \\ & \sqrt{\lambda_2} & & \\ & & \ddots & \\ & & & \sqrt{\lambda_n}\end{pmatrix}\begin{pmatrix}\sqrt{\lambda_1} & & & \\ & \sqrt{\lambda_2} & & \\ & & \ddots & \\ & & & \sqrt{\lambda_n}\end{pmatrix}\boldsymbol{Q}^{\mathrm{T}}$

$=\boldsymbol{Q}\begin{pmatrix}\sqrt{\lambda_1} & & & \\ & \sqrt{\lambda_2} & & \\ & & \ddots & \\ & & & \sqrt{\lambda_n}\end{pmatrix}\boldsymbol{Q}^{\mathrm{T}}\boldsymbol{Q}\begin{pmatrix}\sqrt{\lambda_1} & & & \\ & \sqrt{\lambda_2} & & \\ & & \ddots & \\ & & & \sqrt{\lambda_n}\end{pmatrix}\boldsymbol{Q}^{\mathrm{T}}$．

令$\boldsymbol{Q}\begin{pmatrix}\sqrt{\lambda_1} & & & \\ & \sqrt{\lambda_2} & & \\ & & \ddots & \\ & & & \sqrt{\lambda_n}\end{pmatrix}\boldsymbol{Q}^{\mathrm{T}}=\boldsymbol{B}$，显然$\boldsymbol{B}$为特征值均为正的实对称矩阵（特征值为$\sqrt{\lambda_i}\left(i=1,2,\ldots,n\right)$）因而是正定的，从而存在正定矩阵$\boldsymbol{B}$，使得$\boldsymbol{A}=\boldsymbol{B}^2$．

【注】正定考题中的难题几乎都在考定义．

例 6　设$\boldsymbol{A}$是$m\times n$矩阵，请证明$\boldsymbol{A}^{\mathrm{T}}\boldsymbol{A}$正定的充要条件是$r\left(\boldsymbol{A}_{m\times n}\right)=n$．（具有结论性）

证明　充分性：已知$r\left(\boldsymbol{A}_{m\times n}\right)=n$，令$\boldsymbol{x}=\begin{pmatrix}x_1\\ \vdots\\ x_n\end{pmatrix}\neq\boldsymbol{0}$，则$\boldsymbol{x}^{\mathrm{T}}\boldsymbol{A}^{\mathrm{T}}\boldsymbol{A}\boldsymbol{x}=\left(\boldsymbol{A}\boldsymbol{x}\right)^{\mathrm{T}}\boldsymbol{A}\boldsymbol{x}$，令$\boldsymbol{A}\boldsymbol{x}=\boldsymbol{y}_{m\times 1}=\begin{pmatrix}y_1\\ \vdots\\ y_m\end{pmatrix}$，则

$\left(\boldsymbol{A}\boldsymbol{x}\right)^{\mathrm{T}}\boldsymbol{A}\boldsymbol{x}=\boldsymbol{y}^{\mathrm{T}}\boldsymbol{y}=y_1^2+\cdots+y_m^2\geqslant 0$，且仅当$\boldsymbol{y}=\begin{pmatrix}y_1\\ \vdots\\ y_m\end{pmatrix}=\begin{pmatrix}0\\ \vdots\\ 0\end{pmatrix}$时，$\left(\boldsymbol{A}\boldsymbol{x}\right)^{\mathrm{T}}\boldsymbol{A}\boldsymbol{x}=0$，

又因为$r\left(\boldsymbol{A}\right)=n$，所以$\boldsymbol{A}\boldsymbol{x}=\boldsymbol{0}$仅有零解，所以当$\boldsymbol{x}\neq\boldsymbol{0}$时，$\boldsymbol{y}=\boldsymbol{A}\boldsymbol{x}\neq\boldsymbol{0}$，此时必有

$\boldsymbol{x}^{\mathrm{T}}\boldsymbol{A}^{\mathrm{T}}\boldsymbol{A}\boldsymbol{x}=\left(\boldsymbol{A}\boldsymbol{x}\right)^{\mathrm{T}}\boldsymbol{A}\boldsymbol{x}=\boldsymbol{y}^{\mathrm{T}}\boldsymbol{y}>0$，故$\boldsymbol{A}^{\mathrm{T}}\boldsymbol{A}$正定．

必要性：已知$\boldsymbol{A}^{\mathrm{T}}\boldsymbol{A}$正定，即对任意$\boldsymbol{x}\neq\boldsymbol{0}$，均有$\boldsymbol{x}^{\mathrm{T}}\boldsymbol{A}^{\mathrm{T}}\boldsymbol{A}\boldsymbol{x}=\left(\boldsymbol{A}\boldsymbol{x}\right)^{\mathrm{T}}\boldsymbol{A}\boldsymbol{x}>0$．

此时用反证法：如果$r\left(\boldsymbol{A}_{m\times n}\right)<n$，那么方程组$\boldsymbol{A}\boldsymbol{x}=\boldsymbol{0}$存在非零解，即存在$\boldsymbol{x}\neq\boldsymbol{0}$，使得$\boldsymbol{A}\boldsymbol{x}=\boldsymbol{0}$，

从而会使得$x^{T}A^{T}Ax=(Ax)^{T}Ax=0$，与条件“对任意$x\neq 0$，均有$x^{T}A^{T}Ax=(Ax)^{T}Ax>0$”矛盾，因而假设不成立，从而$r(A_{m\times n})=n$.

例 7 设A为$m\times n$矩阵，试证：对任意实数$a>0$，均有$aE+A^{T}A$为正定矩阵.

证明 对任意$x_{n\times 1}\neq 0$，$x^{T}(aE+A^{T}A)x=ax^{T}x+x^{T}A^{T}Ax$，其中由于$x^{T}A^{T}Ax=(Ax)^{T}Ax\geqslant 0$，且$ax^{T}x>0(a>0,x\neq 0)$，从而$x^{T}(aE+A^{T}A)x>0$，即对任意$x\neq 0$，$x^{T}(aE+A^{T}A)x>0$，所以$aE+A^{T}A$正定.

例 8 $f(x_1,x_2,x_3)=(x_1-x_2)^2+(x_2-x_3)^2+(x_3-ax_1)^2$求$a$的值，使得$f$为一个正定二次型.

【答案】$a\neq 1$.

解析 法一：因为$f=(\ )^2+(\ )^2+(\ )^2\geqslant 0$，且仅当$\begin{cases}x_1-x_2=0\\x_2-x_3=0\\x_3-ax_1=0\end{cases}$时$f=0$，

即方程组仅有零解意味着二次型正定. 由于方程组的系数矩阵$C=\begin{pmatrix}1&-1&0\\0&1&-1\\-a&0&1\end{pmatrix}$，

从而$|C|=\begin{vmatrix}1&-1&0\\0&1&-1\\-a&0&1\end{vmatrix}=\begin{vmatrix}1&-1&0\\0&1&-1\\0&-a&1\end{vmatrix}=1-a$，因此可知，$1-a\neq 0\Leftrightarrow a\neq 1$即可使得二次型正定.

法二：令$\begin{cases}x_1-x_2=y_1\\x_2-x_3=y_2\\x_3-ax_1=y_3\end{cases}\Leftrightarrow\begin{pmatrix}1&-1&0\\0&1&-1\\-a&0&1\end{pmatrix}\begin{pmatrix}x_1\\x_2\\x_3\end{pmatrix}=\begin{pmatrix}y_1\\y_2\\y_3\end{pmatrix}\Leftrightarrow Cx=y$，二次型$f$即化为$y_1^2+y_2^2+y_3^2$，只要线性变换$Cx=y$中的矩阵$C$可逆（$|C|\neq 0\Leftrightarrow a\neq 1$），那么变换$Cx=y$就是合理的，$y_1^2+y_2^2+y_3^2$就是二次型的标准形，从而二次型正定；因此$a\neq 1$可使得二次型为正定二次型.

例 9 设二次型$f(x_1,x_2,x_3)=x^{T}Ax$的矩阵A的特征值满足$a<\lambda<b$，请证明，对任意3维非零列向量x，均有$ax^{T}x<x^{T}Ax<bx^{T}x$.

证明 因为$\lambda>a$，所以$A-aE$的特征值均大于零，即$A-aE$正定，所以对任意$x\neq 0$，均有$x^{T}(A-aE)x>0$，从而有$ax^{T}x<x^{T}Ax$；

类似可知，对任意$x\neq 0$，也有$x^{T}(bE-A)x>0$，可得$x^{T}Ax<bx^{T}x$，从而得证.

喻老线代章节笔记

强化篇

第一节 矩阵

一、定义

由 $m\times n$ 个数排成 m 行 n 列的数表 $\begin{pmatrix} a_{11} & a_{12} & \cdots & a_{1n} \\ a_{21} & a_{22} & \cdots & a_{2n} \\ \vdots & \vdots & & \vdots \\ a_{m1} & a_{m2} & \cdots & a_{mn} \end{pmatrix}$ 称为一个 m 行 n 列矩阵，简称矩阵，这 $m\times n$ 个数称为矩阵的元素，a_{ij} 表示位于其第 i 行第 j 列的元素．通常写成 $\boldsymbol{A}_{m\times n}$ 或 $\boldsymbol{A}=\left(a_{ij}\right)_{m\times n}$ 或 $\boldsymbol{A}=\left[a_{ij}\right]_{m\times n}$．

二、类型

1. 元素全为 0 的矩阵称为零矩阵，记作 $\boldsymbol{O}_{m\times n}$ 或 $\boldsymbol{O}$．

2. 当 $m=n$ 时，称矩阵 $\boldsymbol{A}_{n\times n}=\begin{pmatrix} a_{11} & a_{12} & \cdots & a_{1n} \\ a_{21} & a_{22} & \cdots & a_{2n} \\ \vdots & \vdots & & \vdots \\ a_{n1} & a_{n2} & \cdots & a_{nn} \end{pmatrix}$ 为 n 阶矩阵或 n 阶方阵，其中 $a_{11},a_{22},\cdots,a_{nn}$ 称为主对角线元素．比较常见的方阵有：

（1）上三角矩阵（ $a_{ij}=0,i>j$ ）与下三角矩阵（ $a_{ij}=0,i<j$ ），形如

$$\begin{pmatrix} a_{11} & a_{12} & \cdots & a_{1n} \\ 0 & a_{22} & \cdots & a_{2n} \\ \vdots & \vdots & & \vdots \\ 0 & 0 & \cdots & a_{nn} \end{pmatrix};\quad \begin{pmatrix} a_{11} & 0 & \cdots & 0 \\ a_{21} & a_{22} & \cdots & 0 \\ \vdots & \vdots & & \vdots \\ a_{n1} & a_{n2} & \cdots & a_{nn} \end{pmatrix}.$$

（2）对角矩阵（ $a_{ij}=0,\ i\neq j$ ），形如 $\begin{pmatrix} a_{11} & 0 & \cdots & 0 \\ 0 & a_{22} & \cdots & 0 \\ \vdots & \vdots & & \vdots \\ 0 & 0 & \cdots & a_{nn} \end{pmatrix}$ （习惯性写作 $\boldsymbol{\Lambda}$ ），记作：$diag\left(a_{11},a_{22},\cdots,a_{nn}\right)$，其中数量阵：$\begin{pmatrix} k & 0 & \cdots & 0 \\ 0 & k & \cdots & 0 \\ \vdots & \vdots & & \vdots \\ 0 & 0 & \cdots & k \end{pmatrix}$；单位阵（常记为 $\boldsymbol{E}$ ）：$\begin{pmatrix} 1 & 0 & \cdots & 0 \\ 0 & 1 & \cdots & 0 \\ \vdots & \vdots & & \vdots \\ 0 & 0 & \cdots & 1 \end{pmatrix}$．

（3）对称矩阵：$a_{ij}=a_{ji}$　　　　反对称矩阵：$a_{ij}=-a_{ji}$．
（关于主对角线对称的元素相等）（关于主对角线对称的元素互为相反数）

3. 如果一个矩阵每个非零行的非零首元都出现在上一行非零首元的右边，同时没有一个非零行出现在零行之下，则称这种矩阵为行阶梯形矩阵．如果行阶梯形矩阵的每一个非零行的非零首元都是 1，且非零首元所在的列的其余元素都为 0，则称这种矩阵为简化行阶梯形，也叫行最简形矩阵．

例 $\boldsymbol{A}=\begin{pmatrix}1&3&0&-1\\0&2&1&0\\0&0&0&-2\\0&0&0&0\end{pmatrix}$ $\boldsymbol{B}=\begin{pmatrix}1&2&0&0&2\\0&0&1&0&-1\\0&0&0&1&0\\0&0&0&0&0\end{pmatrix}$

列阶梯形概念类似，今后课程中如无特别说明，则所有提到的"阶梯形"均指行阶梯形．

三、矩阵的运算

1. 运算本身

（1）相等：$\boldsymbol{A}=(a_{ij}),\boldsymbol{B}=(b_{ij})$ 都是 $m\times n$ 矩阵，且对应元素相等，即 $a_{ij}=b_{ij}$，则称矩阵 $\boldsymbol{A}$ 和 $\boldsymbol{B}$ 相等，记为 $\boldsymbol{A}=\boldsymbol{B}$．

（2）相加（减）：$\boldsymbol{A}=(a_{ij}),\boldsymbol{B}=(b_{ij})$ 都是 $m\times n$ 矩阵，则称 $m\times n$ 矩阵 $\boldsymbol{C}=(c_{ij})=(a_{ij}\pm b_{ij})$ 为矩阵 $\boldsymbol{A}$ 和 $\boldsymbol{B}$ 之和（差），记为 $\boldsymbol{C}=\boldsymbol{A}\pm\boldsymbol{B}$．即：$\boldsymbol{A}_{m\times n}\pm\boldsymbol{B}_{m\times n}=\boldsymbol{C}_{m\times n},(c_{ij}=a_{ij}\pm b_{ij})$ 即：同类型的矩阵对应元素相加减．

（3）数乘：设 $m\times n$ 矩阵 $\boldsymbol{A}_{m\times n}=(a_{ij})$，$k$ 是任意常数，则称 $m\times n$ 矩阵 (ka_{ij}) 为常数 k 与矩阵 $\boldsymbol{A}$ 的数乘，记为 $k\boldsymbol{A}_{m\times n}$，即：每个元素都乘以 k．

（4）转置：将 $m\times n$ 矩阵 $\boldsymbol{A}$ 的行与列互换得到的 $n\times m$ 矩阵称为矩阵 $\boldsymbol{A}$ 的转置，记为 $\boldsymbol{A}_{m\times n}{}^{\mathrm{T}}$，即 $\boldsymbol{A}_{m\times n}{}^{\mathrm{T}}=\boldsymbol{B}_{n\times m}$，即：行变成列，列变成行．

（5）乘法：设 $\boldsymbol{A}_{m\times n}=(a_{ij})$ 是 $m\times n$ 矩阵，$\boldsymbol{B}=(b_{ij})$ 是 $n\times s$ 矩阵，那么 $m\times s$ 矩阵 $\boldsymbol{C}=(c_{ij})$，其中

$c_{ij}=a_{i1}b_{1j}+a_{i2}b_{2j}+\cdots+a_{in}b_{nj}=\sum\limits_{k=1}^{n}a_{ik}b_{kj}$ 称为矩阵 $\boldsymbol{A},\boldsymbol{B}$ 的乘积，记为 $\boldsymbol{A}_{m\times n}\boldsymbol{B}_{n\times s}=\boldsymbol{C}_{m\times s}$．

【注】（1）$\boldsymbol{A}$ 的列数必须等于 $\boldsymbol{B}$ 的行数，才能相乘．如：$\boldsymbol{A}_{m\times n}\boldsymbol{B}_{n\times s}$；

推论：只有方阵 $\boldsymbol{A}_{n\times n}$ 才能说 $\boldsymbol{A}^k$，称为 $\boldsymbol{A}$ 的 k 次幂．

（2）乘积 $\boldsymbol{C}$ 的行数等于 $\boldsymbol{A}$ 的行数，$\boldsymbol{C}$ 的列数等于 $\boldsymbol{B}$ 的列数；

推论：如果 $\boldsymbol{A}$ 的某行元素全为 0，则 $\boldsymbol{C}$ 的对应行元素也全为 0；如果 $\boldsymbol{B}$ 的某列元素全为 0，则 $\boldsymbol{C}$ 的对应列元素也全为 0．显然，$\boldsymbol{AO}=\boldsymbol{O},\boldsymbol{OA}=\boldsymbol{O}$.

2. 关于运算的性质

（1）相对简单的性质

$\boldsymbol{A}+\boldsymbol{B}=\boldsymbol{B}+\boldsymbol{A}$　$\boldsymbol{A}+(\boldsymbol{B}+\boldsymbol{C})=(\boldsymbol{A}+\boldsymbol{B})+\boldsymbol{C}$　$\boldsymbol{A}+\boldsymbol{O}=\boldsymbol{A}$　$\boldsymbol{A}-\boldsymbol{A}=\boldsymbol{O}$　$1\boldsymbol{A}=\boldsymbol{A}$

$0\boldsymbol{A}=\boldsymbol{O}$　$k(\boldsymbol{A}+\boldsymbol{B})=k\boldsymbol{A}+k\boldsymbol{B}$　$(k+l)\boldsymbol{A}=k\boldsymbol{A}+l\boldsymbol{A}$　$k(l\boldsymbol{A})=(kl)\boldsymbol{A}=l(k\boldsymbol{A})$　$\boldsymbol{OA}=\boldsymbol{O}$，$\boldsymbol{AO}=\boldsymbol{O}$

$\left(A^{\mathrm{T}}\right)^{\mathrm{T}}=A \quad (kA)^{\mathrm{T}}=kA^{\mathrm{T}} \quad (A+B)^{\mathrm{T}}=A^{\mathrm{T}}+B^{\mathrm{T}}$；

（2）复杂一点的性质

①结合律：$(AB)C=A(BC)$；

②数乘结合律：$k(AB)=(kA)B=A(kB)$（常数可在相乘矩阵之间“穿梭”）；

③分配律：$\begin{cases} A(B+C)=AB+AC \\ (A+B)C=AC+BC \end{cases}$；

④矩阵乘法一般没有交换律，即一般 $AB\neq BA$，如果 $AB=BA$，称 A 与 B 可交换；

⑤ $(AB)^{\mathrm{T}}=B^{\mathrm{T}}A^{\mathrm{T}}$；

⑥ $EA=A, AE=A$（A 为任意矩阵，不一定是方阵；当然如果 A 是方阵，则有 $EA=AE=A$）.

【注】只有当矩阵 A 与 B 可交换时，中学的多项式公式才能成立.

推论： 在矩阵多项式 $f(A)=a_kA^k+a_{k-1}A^{k-1}+\cdots+a_1A+a_0E$（注意有 E）中，由于只包含方阵 A 与单位阵 E，因而中学的多项式公式均成立.

3. 没有除法

$AB=O \nRightarrow A=O$ 或 $B=O$；

$AB=AC$ 且 $A\neq O \nRightarrow B=C$；$BA=CA$ 且 $A\neq O \nRightarrow B=C$.

【注】由于向量是特殊的矩阵，故向量的加法、减法、数乘以及乘法与矩阵的相应运算是一样的.

例如：设向量 $\boldsymbol{\alpha}=(a_1,a_2,a_3)^{\mathrm{T}}, \boldsymbol{\beta}=(b_1,b_2,b_3)^{\mathrm{T}}$，则：

$$\boldsymbol{\alpha}\boldsymbol{\beta}^{\mathrm{T}}=\begin{pmatrix}a_1\\a_2\\a_3\end{pmatrix}(b_1,b_2,b_3)=\begin{pmatrix}a_1b_1 & a_1b_2 & a_1b_3\\ a_2b_1 & a_2b_2 & a_2b_3\\ a_3b_1 & a_3b_2 & a_3b_3\end{pmatrix},\ \boldsymbol{\alpha}^{\mathrm{T}}\boldsymbol{\beta}=(a_1,a_2,a_3)\begin{pmatrix}b_1\\b_2\\b_3\end{pmatrix}=a_1b_1+a_2b_2+a_3b_3.$$

例 1 设列向量 $\boldsymbol{\alpha}=(1,2,1)^{\mathrm{T}}$，$\boldsymbol{\beta}=(1,\frac{1}{2},0)^{\mathrm{T}}$，$\boldsymbol{\gamma}=(0,0,8)^{\mathrm{T}}$，$A=\boldsymbol{\alpha}\boldsymbol{\beta}^{\mathrm{T}}$，$B=\boldsymbol{\beta}^{\mathrm{T}}\boldsymbol{\alpha}$，且 $2B^2A^2\boldsymbol{\eta}=A^4\boldsymbol{\eta}+B^4\boldsymbol{\eta}+\boldsymbol{\gamma}$，求 $\boldsymbol{\eta}$.

解析 注意到 $B=\boldsymbol{\beta}^{\mathrm{T}}\boldsymbol{\alpha}=(1,\frac{1}{2},0)\begin{pmatrix}1\\2\\1\end{pmatrix}=2$ 是一个数，而 $A=\boldsymbol{\alpha}\boldsymbol{\beta}^{\mathrm{T}}=\begin{pmatrix}1\\2\\1\end{pmatrix}(1,\frac{1}{2},0)=\begin{pmatrix}1 & \frac{1}{2} & 0\\ 2 & 1 & 0\\ 1 & \frac{1}{2} & 0\end{pmatrix}$ 是一个矩阵，且 $A^2=(\boldsymbol{\alpha}\boldsymbol{\beta}^{\mathrm{T}})(\boldsymbol{\alpha}\boldsymbol{\beta}^{\mathrm{T}})=\boldsymbol{\alpha}(\boldsymbol{\beta}^{\mathrm{T}}\boldsymbol{\alpha})\boldsymbol{\beta}^{\mathrm{T}}=2\boldsymbol{\alpha}\boldsymbol{\beta}^{\mathrm{T}}=2A$，继而可得 $A^4=2^3A$.

代入 $2B^2A^2\boldsymbol{\eta}=A^4\boldsymbol{\eta}+B^4\boldsymbol{\eta}+\boldsymbol{\gamma}$ 中，可得 $16A\boldsymbol{\eta}=8A\boldsymbol{\eta}+16\boldsymbol{\eta}+\boldsymbol{\gamma}$，故 $8(A-2E)\boldsymbol{\eta}=\boldsymbol{\gamma}$，而 $A-2E=$

$\begin{pmatrix} -1 & \frac{1}{2} & 0 \\ 2 & -1 & 0 \\ 1 & \frac{1}{2} & -2 \end{pmatrix}$，于是 $8(\boldsymbol{A}-2\boldsymbol{E})\boldsymbol{\eta}=\boldsymbol{\gamma}$ 具体为 $\begin{pmatrix} -8 & 4 & 0 \\ 16 & -8 & 0 \\ 8 & 4 & -16 \end{pmatrix}\boldsymbol{\eta}=\begin{pmatrix} 0 \\ 0 \\ 8 \end{pmatrix} \Leftrightarrow \begin{pmatrix} -2 & 1 & 0 \\ 2 & -1 & 0 \\ 2 & 1 & -4 \end{pmatrix}\boldsymbol{\eta}=\begin{pmatrix} 0 \\ 0 \\ 2 \end{pmatrix}$，

解此非齐次线性方程组，得 $\boldsymbol{\eta}=k(1,2,1)^{\mathrm{T}}+\left(0,0,-\frac{1}{2}\right)^{\mathrm{T}}=(k,2k,k-\frac{1}{2})^{\mathrm{T}}$，$k$ 为任意常数．

例 2 （1）求所有与 $\boldsymbol{A}=\begin{pmatrix} 1 & 1 & 0 \\ 0 & 1 & 0 \\ 0 & 0 & 1 \end{pmatrix}$ 可交换的矩阵 $\boldsymbol{B}$．

（2）设 $\boldsymbol{A}=\begin{pmatrix} a_1 & & \\ & a_2 & \\ & & a_3 \end{pmatrix}$，$a_i(i=1,2,3)$ 互不相同，且 $\boldsymbol{AB}=\boldsymbol{BA}$，请证明：$\boldsymbol{B}$ 是对角矩阵．

解析 （1）设 $\boldsymbol{B}=\begin{pmatrix} a_1 & a_2 & a_3 \\ b_1 & b_2 & b_3 \\ c_1 & c_2 & c_3 \end{pmatrix}$，则显然 $\boldsymbol{AB}=\begin{pmatrix} a_1+b_1 & a_2+b_2 & a_3+b_3 \\ b_1 & b_2 & b_3 \\ c_1 & c_2 & c_3 \end{pmatrix}$，$\boldsymbol{BA}=\begin{pmatrix} a_1 & a_2+a_1 & a_3 \\ b_1 & b_2+b_1 & b_3 \\ c_1 & c_2+c_1 & c_3 \end{pmatrix}$，

由于 $\boldsymbol{A}$ 与 $\boldsymbol{B}$ 可交换，即 $\boldsymbol{AB}=\boldsymbol{BA} \Leftrightarrow \begin{pmatrix} a_1+b_1 & a_2+b_2 & a_3+b_3 \\ b_1 & b_2 & b_3 \\ c_1 & c_2 & c_3 \end{pmatrix}=\begin{pmatrix} a_1 & a_2+a_1 & a_3 \\ b_1 & b_2+b_1 & b_3 \\ c_1 & c_2+c_1 & c_3 \end{pmatrix}$．从而可得

$b_1=b_3=c_1=0$，$b_2=a_1$．

故 $\boldsymbol{B}=\begin{pmatrix} a_1 & a_2 & a_3 \\ 0 & a_1 & 0 \\ 0 & c_2 & c_3 \end{pmatrix}$，其中 a_1,a_2,a_3,c_2,c_3 为任意常数．

（2）【证明】设 $\boldsymbol{B}=\begin{pmatrix} b_{11} & b_{12} & b_{13} \\ b_{21} & b_{22} & b_{23} \\ b_{31} & b_{32} & b_{33} \end{pmatrix}$，由题 $\boldsymbol{AB}=\boldsymbol{BA}$ 可知，

$\begin{pmatrix} a_1b_{11} & a_1b_{12} & a_1b_{13} \\ a_2b_{21} & a_2b_{22} & a_2b_{23} \\ a_3b_{31} & a_3b_{32} & a_3b_{33} \end{pmatrix}=\begin{pmatrix} a_1b_{11} & a_2b_{12} & a_3b_{13} \\ a_1b_{21} & a_2b_{22} & a_3b_{23} \\ a_1b_{31} & a_2b_{32} & a_3b_{33} \end{pmatrix}$，因此 $a_1b_{12}=a_2b_{12}$，由于 $a_1\neq a_2$，因而 $b_{12}=0$．类似

可证明 $b_{ij}=0(i\neq j)$，从而 $B=\begin{pmatrix} b_{11} & 0 & 0 \\ 0 & b_{22} & 0 \\ 0 & 0 & b_{33} \end{pmatrix}$．

【注】与对角线元素互不相同的对角矩阵可交换的矩阵一定也是对角矩阵．

四、关于矩阵转置的运算公式

(1)$\left(\boldsymbol{A}^{\mathrm{T}}\right)^{\mathrm{T}}=\boldsymbol{A}$.　(2)$(k\boldsymbol{A})^{\mathrm{T}}=k\boldsymbol{A}^{\mathrm{T}}$.　(3)$(\boldsymbol{AB})^{\mathrm{T}}=\boldsymbol{B}^{\mathrm{T}}\boldsymbol{A}^{\mathrm{T}}$.　(4)$(\boldsymbol{A}\pm\boldsymbol{B})^{\mathrm{T}}=\boldsymbol{A}^{\mathrm{T}}\pm\boldsymbol{B}^{\mathrm{T}}$.

五、逆矩阵

1. 定义

设 $\boldsymbol{A}$ 是 n 阶方阵，如果存在 n 阶方阵 $\boldsymbol{B}$，使得 $\boldsymbol{AB}=\boldsymbol{BA}=\boldsymbol{E}$，则称 $\boldsymbol{A}$ 可逆，且矩阵 $\boldsymbol{B}$ 为 $\boldsymbol{A}$ 的逆矩阵，记为 $\boldsymbol{B}=\boldsymbol{A}^{-1}$；如果不存在这样的矩阵 $\boldsymbol{B}$，则称 $\boldsymbol{A}$ 不可逆．即，$\boldsymbol{A}$ 是可逆矩阵：$\boldsymbol{A}^{-1}$ 存在且 $\boldsymbol{AA}^{-1}=\boldsymbol{A}^{-1}\boldsymbol{A}=\boldsymbol{E}$．

显然：$\boldsymbol{O}$ 不可逆，$\boldsymbol{E}$ 可逆且 $\boldsymbol{E}^{-1}=\boldsymbol{E}$．

2. 逆矩阵的性质

（1）逆矩阵概念只针对方阵，如果不是方阵，则没有讨论的资格．

（2）如果方阵 $\boldsymbol{A}$ 可逆，则它的逆矩阵是唯一的．

（3）对于同阶方阵 $\boldsymbol{A}$ 与 $\boldsymbol{B}$，只需要 $\boldsymbol{AB}=\boldsymbol{E}$ 或 $\boldsymbol{BA}=\boldsymbol{E}$ 就可以证明 $\boldsymbol{A}$ 与 $\boldsymbol{B}$ 互为逆矩阵（不需要证明 $\boldsymbol{AB}=\boldsymbol{BA}$，即 $\boldsymbol{AB}=\boldsymbol{E}\Leftrightarrow\boldsymbol{BA}=\boldsymbol{E}$）．

3. 可逆矩阵的公式

$$\left(\boldsymbol{A}^{-1}\right)^{-1}=\boldsymbol{A}\quad (k\boldsymbol{A})^{-1}=\frac{1}{k}\boldsymbol{A}^{-1}(k\neq 0)\quad (\boldsymbol{AB})^{-1}=\boldsymbol{B}^{-1}\boldsymbol{A}^{-1}\quad \left(\boldsymbol{A}^{\mathrm{T}}\right)^{-1}=\left(\boldsymbol{A}^{-1}\right)^{\mathrm{T}}$$

$$\left|\boldsymbol{A}^{-1}\right|=|\boldsymbol{A}|^{-1}\quad \left(\boldsymbol{A}^{n}\right)^{-1}=\left(\boldsymbol{A}^{-1}\right)^{n}.$$

【注】没有这样的性质：$(\boldsymbol{A}+\boldsymbol{B})^{-1}=\boldsymbol{A}^{-1}+\boldsymbol{B}^{-1}$．

第二节　行列式

一、定义

$$\det\boldsymbol{A}=|\boldsymbol{A}|=\begin{vmatrix} a_{11} & a_{12} & \cdots & a_{1n}\\ a_{21} & a_{22} & \cdots & a_{2n}\\ \vdots & \vdots & & \vdots\\ a_{n1} & a_{n2} & \cdots & a_{nn}\end{vmatrix}=\sum(-1)^{\tau(j_1j_2\cdots j_n)}a_{1j_1}a_{2j_2}\cdots a_{nj_n}.$$

其中 $\tau(j_1j_2\cdots j_n)$ 表示排列 $j_1j_2\cdots j_n$ 中的逆序总数．

【注】（1）此定义从来没有考过，因而只做了解；

（2）行列式只针对方阵，其他类型矩阵没有讨论的资格；

（3）行列式最终是个常数，即 $|\boldsymbol{A}|=c$．

二、计算

1. 简单的需要背的结论

（1）$\det a=|a|=a$ 即常数的行列式为它自己．（不要理解为绝对值）

（2）$\begin{vmatrix} a_{11} & a_{12}\\ a_{21} & a_{22}\end{vmatrix}=a_{11}a_{22}-a_{21}a_{12}$．

（3）$\begin{vmatrix} a_{11} & a_{12} & a_{13} \\ a_{21} & a_{22} & a_{23} \\ a_{31} & a_{32} & a_{33} \end{vmatrix} = a_{11}a_{22}a_{33} + a_{21}a_{32}a_{13} + a_{31}a_{12}a_{23} - a_{13}a_{22}a_{31} - a_{11}a_{23}a_{32} - a_{12}a_{21}a_{33}$.

（高阶的没有类似三阶的规律）

（4）$\begin{vmatrix} a_{11} & a_{12} & \cdots & a_{1n} \\ 0 & a_{22} & \cdots & a_{2n} \\ \vdots & \vdots & & \vdots \\ 0 & 0 & \cdots & a_{nn} \end{vmatrix} = \begin{vmatrix} a_{11} & 0 & \cdots & 0 \\ a_{21} & a_{22} & \cdots & 0 \\ \vdots & \vdots & & \vdots \\ a_{n1} & a_{n2} & \cdots & a_{nn} \end{vmatrix} = \begin{vmatrix} a_{11} & 0 & \cdots & 0 \\ 0 & a_{22} & \cdots & 0 \\ \vdots & \vdots & & \vdots \\ 0 & 0 & \cdots & a_{nn} \end{vmatrix} = a_{11}a_{22}\cdots a_{nn}$.

2. 设方阵 $\boldsymbol{A}$ 交换两行或两列得到矩阵 $\boldsymbol{B}$ ，则 $|\boldsymbol{B}| = -|\boldsymbol{A}|$.

即：交换两行（列），行列式变号 .

【注】如果一个行列式某两行（列）完全相等，则行列式为零 .

3. 设方阵 $\boldsymbol{A}$ 某行（列）乘以 k 倍得到矩阵 $\boldsymbol{B}$ ，则 $|\boldsymbol{B}| = k|\boldsymbol{A}|$.

即：对某个行列式乘以常数，其效果相当于把常数乘到行列式的某一行或某一列 .

$$\begin{vmatrix} a_{11} & a_{12} & \cdots & a_{1n} \\ \vdots & \vdots & & \vdots \\ ka_{i1} & ka_{i2} & & ka_{in} \\ \vdots & \vdots & & \vdots \\ a_{n1} & a_{n2} & \cdots & a_{nn} \end{vmatrix} = \begin{vmatrix} a_{11} & \cdots & ka_{1j} & \cdots & a_{1n} \\ a_{21} & \cdots & ka_{2j} & \cdots & a_{2n} \\ \vdots & & \vdots & & \vdots \\ a_{n1} & \cdots & ka_{nj} & & a_{nn} \end{vmatrix} = k\begin{vmatrix} a_{11} & a_{12} & \cdots & a_{1n} \\ \vdots & \vdots & & \vdots \\ a_{n1} & a_{n2} & \cdots & a_{nn} \end{vmatrix} .$$

注意：这里的 k 可以为 0 .

【注】（1）如果某行或者某列的元素全为 0，则行列式为 0；
（2）如果一个行列式某两行（列）对应成比例，则行列式为 0 .

4. 如果把方阵 $\boldsymbol{A}$ 的某行（列）的 k 倍加到另外一行（列）得到矩阵 $\boldsymbol{B}$ ，则 $|\boldsymbol{B}| = |\boldsymbol{A}|$.

5. 设 $\boldsymbol{A}$ 与 $\boldsymbol{B}$ 为同阶方阵，则 $|\boldsymbol{AB}| = |\boldsymbol{A}||\boldsymbol{B}|$ ；$|\boldsymbol{A}^{\mathrm{T}}| = |\boldsymbol{A}|$.

【注意】一定要是“同阶方阵”才有这个性质 .（例如：$|\boldsymbol{A}_{m\times n}\boldsymbol{B}_{n\times m}|$ 不能拆，而 $|a\boldsymbol{A}_{n\times n}| = a^n|\boldsymbol{A}|$ ）

6. 拆行（列）

$$\begin{vmatrix} a_{11} & a_{12} & \cdots & a_{1n} \\ \vdots & \vdots & & \vdots \\ a_{i1}+b_{i1} & a_{i2}+b_{i2} & \cdots & a_{in}+b_{in} \\ \vdots & \vdots & & \vdots \\ a_{n1} & a_{n2} & \cdots & a_{nn} \end{vmatrix} = \begin{vmatrix} a_{11} & a_{12} & \cdots & a_{1n} \\ \vdots & \vdots & & \vdots \\ a_{i1} & a_{i2} & \cdots & a_{in} \\ \vdots & \vdots & & \vdots \\ a_{n1} & a_{n2} & \cdots & a_{nn} \end{vmatrix} + \begin{vmatrix} a_{11} & a_{12} & \cdots & a_{1n} \\ \vdots & \vdots & & \vdots \\ b_{i1} & b_{i2} & \cdots & b_{in} \\ \vdots & \vdots & & \vdots \\ a_{n1} & a_{n2} & \cdots & a_{nn} \end{vmatrix} .$$

（拆列类似）

【注】拆某行（列）的时候，其他行（列）不变 .

三、几种重要的行列式

1. 主对角线行列式

$$\begin{vmatrix} a_{11} & a_{12} & \cdots & a_{1n} \\ 0 & a_{22} & \cdots & a_{2n} \\ \vdots & \vdots & & \vdots \\ 0 & 0 & \cdots & a_{nn} \end{vmatrix} = \begin{vmatrix} a_{11} & 0 & \cdots & 0 \\ a_{21} & a_{22} & \cdots & 0 \\ \vdots & \vdots & & \vdots \\ a_{n1} & a_{n2} & \cdots & a_{nn} \end{vmatrix} = \begin{vmatrix} a_{11} & 0 & \cdots & 0 \\ 0 & a_{22} & \cdots & 0 \\ \vdots & \vdots & & \vdots \\ 0 & 0 & \cdots & a_{nn} \end{vmatrix} = \prod_{i=1}^{n} a_{ii} .$$

2. 副对角线行列式

$$\begin{vmatrix} a_{11} & a_{12} & \cdots & a_{1,n-1} & a_{1n} \\ a_{21} & a_{22} & \cdots & a_{2,n-1} & 0 \\ \vdots & \vdots & & \vdots & \vdots \\ a_{n1} & 0 & \cdots & 0 & 0 \end{vmatrix} = \begin{vmatrix} 0 & \cdots & 0 & a_{1n} \\ 0 & \cdots & a_{2,n-1} & a_{2n} \\ \vdots & & \vdots & \vdots \\ a_{n1} & \cdots & a_{n,n-1} & a_{nn} \end{vmatrix} = \begin{vmatrix} 0 & \cdots & 0 & a_{1n} \\ 0 & \cdots & a_{2,n-1} & 0 \\ \vdots & & \vdots & \vdots \\ a_{n1} & \cdots & 0 & 0 \end{vmatrix} = (-1)^{\frac{n(n-1)}{2}} a_{1n}a_{2,n-1}\cdots a_{n1} .$$

3. 范德蒙行列式

$$\begin{vmatrix} 1 & 1 & 1 & \cdots & 1 \\ a_1 & a_2 & a_3 & \cdots & a_n \\ a_1^2 & a_2^2 & a_3^2 & \cdots & a_n^2 \\ \vdots & \vdots & \vdots & & \vdots \\ a_1^{n-1} & a_2^{n-1} & a_3^{n-1} & \cdots & a_n^{n-1} \end{vmatrix} = \begin{vmatrix} 1 & a_1 & a_1^2 & \cdots & a_1^{n-1} \\ 1 & a_2 & a_2^2 & \cdots & a_2^{n-1} \\ 1 & a_3 & a_3^2 & \cdots & a_3^{n-1} \\ \vdots & \vdots & \vdots & & \vdots \\ 1 & a_n & a_n^2 & \cdots & a_n^{n-1} \end{vmatrix} = \begin{matrix} (a_n-a_{n-1})(a_n-a_{n-2})\cdots(a_n-a_1) \\ \cdot(a_{n-1}-a_{n-2})\cdots(a_{n-1}-a_1) \\ \cdots \\ \cdot(a_2-a_1) \end{matrix} .$$

四、行列式按行（列）展开

1. 相关知识：余子式与代数余子式

余子式：n 阶行列式 $|A|$ 中划去元素 a_{ij} 所在的第 i 行与第 j 列后所得的 $n-1$ 阶行列式

$$\begin{vmatrix} a_{11} & \cdots & a_{1,j-1} & a_{1,j+1} & \cdots & a_{1n} \\ \vdots & & \vdots & \vdots & & \vdots \\ a_{i-1,1} & \cdots & a_{i-1,j-1} & a_{i-1,j+1} & \cdots & a_{i-1,n} \\ a_{i+1,1} & \cdots & a_{i+1,j-1} & a_{i+1,j+1} & \cdots & a_{i+1,n} \\ \vdots & & \vdots & \vdots & & \vdots \\ a_{n1} & \cdots & a_{n,j-1} & a_{n,j+1} & \cdots & a_{nn} \end{vmatrix}$$
称为 a_{ij} 的余子式 M_{ij} .

a_{ij} 的代数余子式：$A_{ij}=(-1)^{i+j}M_{ij}$.

【注】余子式与代数余子式都是常数 .

2. 定理

【定理 1】n 阶行列式 $D=\begin{vmatrix} a_{11} & a_{12} & \cdots & a_{1n} \\ a_{21} & a_{22} & \cdots & a_{2n} \\ \vdots & \vdots & & \vdots \\ a_{n1} & a_{n2} & \cdots & a_{nn} \end{vmatrix}$ 等于它任意一行元素乘以其对应的代数余子式之和，

也等于它任意一列的元素乘以其对应的代数余子式之和，即：

$D=a_{i1}A_{i1}+a_{i2}A_{i2}+\cdots a_{in}A_{in}=a_{1j}A_{1j}+a_{2j}A_{2j}\cdots+a_{nj}A_{nj}$ ，此为按照某一行或者某一列展开 .

【定理 2】n 阶行列式 $D=\begin{vmatrix} a_{11} & a_{12} & \cdots & a_{1n} \\ a_{21} & a_{22} & \cdots & a_{2n} \\ \vdots & \vdots & & \vdots \\ a_{n1} & a_{n2} & \cdots & a_{nn} \end{vmatrix}$，对于任意实数 $b_1,b_2\ldots b_n$ 有：

$b_1A_{i1}+b_2A_{i2}+\cdots b_nA_{in}=$ 用 $b_1,b_2\ldots b_n$ 取代原行列式第 i 行 $=\begin{vmatrix} a_{11} & a_{12} & \cdots & a_{1n} \\ \vdots & \vdots & & \vdots \\ b_1 & b_2 & \cdots & b_n \\ & \vdots & & \vdots \\ a_{n1} & a_{n2} & \cdots & a_{nn} \end{vmatrix}$；

$b_1A_{1j}+b_2A_{2j}\cdots+b_nA_{nj}=$ 用 $b_1,b_2\ldots b_n$ 取代原行列式第 j 列 $=\begin{vmatrix} a_{11} & \cdots & b_1 & \cdots & a_{1n} \\ a_{21} & \cdots & b_2 & \cdots & a_{2n} \\ \vdots & & \vdots & & \vdots \\ a_{n1} & \cdots & b_n & \cdots & a_{nn} \end{vmatrix}$.

【注】某一行的元素与另外一行的代数余子式的乘积之和为零；
某一列的元素与另外一列的代数余子式的乘积之和为零.
即：$i\neq j$ 时，$a_{i1}A_{j1}+a_{i2}A_{j2}+\cdots a_{in}A_{jn}=0$；
$j\neq k$ 时，$a_{1j}A_{1k}+a_{2j}A_{2k}\cdots+a_{nj}A_{nk}=0$.

第三节 矩阵（续）

一、伴随矩阵 A^*

1. 定义

对方阵 $\boldsymbol{A}=\begin{pmatrix} a_{11} & a_{12} & \cdots & a_{1n} \\ a_{21} & \cdots & & a_{2n} \\ & & & \\ a_{n1} & & \cdots & a_{nn} \end{pmatrix}$，称矩阵 $\boldsymbol{A}^*=\begin{pmatrix} A_{11} & A_{21} & \cdots & A_{n1} \\ A_{12} & & \cdots & \\ \vdots & & & \\ A_{1n} & A_{2n} & \cdots & A_{nn} \end{pmatrix}$ 为其伴随矩阵，其中 A_{ij} 为 a_{ij} 的代数余子式，即用 a_{ij} 的代数余子式 A_{ij} 取代它然后做转置，可写成 $\boldsymbol{A}^*=\left(A_{ji}\right)$.

2. 重要公式

$(\boldsymbol{AB})^*=\boldsymbol{B}^*\boldsymbol{A}^*(\boldsymbol{A},\boldsymbol{B}$可逆)，$\left(\boldsymbol{A}^*\right)^{-1}=\left(\boldsymbol{A}^{-1}\right)^*$，$\left(\boldsymbol{A}^{\mathrm{T}}\right)^*=\left(\boldsymbol{A}^*\right)^{\mathrm{T}}$，$\boldsymbol{AA}^*=\boldsymbol{A}^*\boldsymbol{A}=|\boldsymbol{A}|\boldsymbol{E}$.

当 $|\boldsymbol{A}|\neq 0$ 时，$\boldsymbol{A}\cdot\dfrac{\boldsymbol{A}^*}{|\boldsymbol{A}|}=\dfrac{\boldsymbol{A}^*}{|\boldsymbol{A}|}\cdot\boldsymbol{A}=\boldsymbol{E}$，则 $\boldsymbol{A}^{-1}=\dfrac{\boldsymbol{A}^*}{|\boldsymbol{A}|}$.

另一方面，$\dfrac{\boldsymbol{A}}{|\boldsymbol{A}|}\cdot\boldsymbol{A}^*=\boldsymbol{A}^*\cdot\dfrac{\boldsymbol{A}}{|\boldsymbol{A}|}=\boldsymbol{E}$，则 $\left(\boldsymbol{A}^*\right)^{-1}=\dfrac{\boldsymbol{A}}{|\boldsymbol{A}|}$.

【注】（1）证明 $AA^* = A^*A = |A|E$.

$$AA^* = \begin{pmatrix} a_{11} & a_{12} & \cdots & a_{1n} \\ a_{21} & a_{22} & \cdots & a_{2n} \\ \vdots & \vdots & & \vdots \\ a_{n1} & a_{n2} & \cdots & a_{nn} \end{pmatrix} \begin{pmatrix} A_{11} & A_{21} & \cdots & A_{n1} \\ A_{12} & A_{22} & \cdots & A_{n2} \\ \vdots & \vdots & & \vdots \\ A_{1n} & A_{2n} & \cdots & A_{nn} \end{pmatrix} = \begin{pmatrix} |A| & & & \\ & |A| & & \\ & & \ddots & \\ & & & |A| \end{pmatrix} = |A|E.$$

（2）设 A 是 n 阶矩阵，证明：$\left|A^*\right| = |A|^{n-1}$.

由 $AA^* = A^*A = |A|E$ ，知 $|A|\left|A^*\right| = \left||A|E\right| = |A|^n$.

当 $|A| \neq 0$ 时，$\left|A^*\right| = |A|^{n-1}$ ；

当 $|A| = 0$ 时，$A^*A = |A|E = O$. 若 $A \neq O$ ，则由 A 的列向量是方程组 $A^*x = 0$ 的解，知 $A^*x = 0$ 有非零解，故 $\left|A^*\right| = 0$ ，由此可得 $\left|A^*\right| = |A|^{n-1} = 0$. 若 $A = O$ ，则 $A^* = O$ ，故 $\left|A^*\right| = 0$ ，所以 $\left|A^*\right| = |A|^{n-1} = 0$.

二、可逆矩阵（续）

1. 判断可逆的充要条件：设 A 是 n 阶矩阵，则 A 可逆 $\Leftrightarrow |A| \neq 0 \Leftrightarrow r(A) = n \Leftrightarrow A$ 的特征值全不为零 .

2. 求矩阵的逆的常用方法

（1）利用定义，$AB = BA = E$.

例 1 设 $A^3 = 2E$ ，求 $(A+E)^{-1}$.

解析 由 $A^3 = 2E$ ，得 $A^3 + E = 3E$ ，即 $(A+E)\left(A^2 - A + E\right) = 3E$,

故 $(A+E) \cdot \frac{1}{3}\left(A^2 - A + E\right) = E$ ，从而 $(A+E)^{-1} = \frac{1}{3}\left(A^2 - A + E\right)$.

（2）$(A \vdots E) \xrightarrow{\text{初等行变换}} \left(E \vdots A^{-1}\right)$ 或 $\begin{pmatrix} A \\ E \end{pmatrix} \xrightarrow{\text{初等列变换}} \begin{pmatrix} E \\ A^{-1} \end{pmatrix}$.

行变换、列变换只能选择一种，不能同时做 .

例 2 求矩阵 $A = \begin{pmatrix} 1 & 2 \\ 3 & 4 \end{pmatrix}$ 的逆 .

解析 对 $(A \vdots E)$ 进行初等行变换，有：

$$\left(\begin{array}{cc:cc} 1 & 2 & 1 & 0 \\ 3 & 4 & 0 & 1 \end{array}\right) \to \left(\begin{array}{cc:cc} 1 & 2 & 1 & 0 \\ 0 & -2 & -3 & 1 \end{array}\right) \to \left(\begin{array}{cc:cc} 1 & 0 & -2 & 1 \\ 0 & -2 & -3 & 1 \end{array}\right) \to \left(\begin{array}{cc:cc} 1 & 0 & -2 & 1 \\ 0 & 1 & \frac{3}{2} & -\frac{1}{2} \end{array}\right), \text{故 } A^{-1} = \begin{pmatrix} -2 & 1 \\ \frac{3}{2} & -\frac{1}{2} \end{pmatrix}.$$

（3）利用伴随矩阵：显然，当 $|A| \neq 0$ 时，$A^{-1} = \frac{A^*}{|A|}$.

（4）利用公式：

$$\begin{pmatrix} a_1 & & \\ & a_2 & \\ & & a_3 \end{pmatrix}^{-1} = \begin{pmatrix} \frac{1}{a_1} & & \\ & \frac{1}{a_2} & \\ & & \frac{1}{a_3} \end{pmatrix} \qquad \begin{pmatrix} & & a_3 \\ & a_2 & \\ a_1 & & \end{pmatrix}^{-1} = \begin{pmatrix} & & \frac{1}{a_1} \\ & \frac{1}{a_2} & \\ \frac{1}{a_3} & & \end{pmatrix}.$$

$$\begin{pmatrix} \boldsymbol{A} & \boldsymbol{O} \\ \boldsymbol{O} & \boldsymbol{B} \end{pmatrix}^{-1} = \begin{pmatrix} \boldsymbol{A}^{-1} & \boldsymbol{O} \\ \boldsymbol{O} & \boldsymbol{B}^{-1} \end{pmatrix} \qquad \begin{pmatrix} \boldsymbol{O} & \boldsymbol{A} \\ \boldsymbol{B} & \boldsymbol{O} \end{pmatrix}^{-1} = \begin{pmatrix} \boldsymbol{O} & \boldsymbol{B}^{-1} \\ \boldsymbol{A}^{-1} & \boldsymbol{O} \end{pmatrix}.$$

三、初等变换与初等矩阵

1. 概念

初等变换：对任一 $m \times n$ 矩阵，下面三种变换：

i：交换矩阵的某两行（列）的位置；

ii：用一非零常数 k 乘以矩阵的某一行（列）；

iii：把某行（列）的 k 倍加到另外一行（列）；

称为矩阵的初等行（列）变换，统称初等变换 .

【注】（1）初等变换针对的是所有类型的矩阵，不仅仅限于方阵 .

（2）与行列式的性质做对比：

对变换 i，交换两行或两列，如果不是行列式，则不会产生负号；

对变换 ii，常数 $k \neq 0$，而行列式中相对应的性质，k 可以为 0 .

初等矩阵：单位阵做一次初等变换得到的矩阵，分别记为：

$\boldsymbol{E}_{i,j}$：交换 i, j 行或列；

$\boldsymbol{E}_i(k)$：第 i 行或者第 i 列乘以常数 k（$k \neq 0$）；

$\boldsymbol{E}_{i,j}(k)$：用第 i 行的 k 倍加到第 j 行，或者用第 j 列的 k 倍加到第 i 列 .

例 1 以三阶为例

$\boldsymbol{E}_{1,2} = \begin{pmatrix} 0 & 1 & 0 \\ 1 & 0 & 0 \\ 0 & 0 & 1 \end{pmatrix}$：单位阵 $\boldsymbol{E}$ 的 1,2 两行交换 .（或 1,2 两列交换）

$\boldsymbol{E}_3(-2) = \begin{pmatrix} 1 & 0 & 0 \\ 0 & 1 & 0 \\ 0 & 0 & -2 \end{pmatrix}$：单位阵 $\boldsymbol{E}$ 的第 3 行乘以 -2.（或者第 3 列乘以 -2）

$\boldsymbol{E}_{1,2}(3) = \begin{pmatrix} 1 & 0 & 0 \\ 3 & 1 & 0 \\ 0 & 0 & 1 \end{pmatrix}$：单位阵 $\boldsymbol{E}$ 的第 1 行的 3 倍加到第 2 行 .（或者第 2 列的 3 倍加到第 1 列）

2. 初等矩阵在乘法中的位置（左行右列）

对一个 $m \times n$ 矩阵 $\boldsymbol{A}$ 做一次初等行变换，相当于在 $\boldsymbol{A}$ 的左边乘以相应的 $m \times m$ 初等矩阵；对 $\boldsymbol{A}$ 做

一次初等列变换，相当于在$\boldsymbol{A}$的右边乘以相应的$n\times n$初等矩阵.

【注】任意可逆矩阵都可以分解成初等矩阵的乘积.

数学上，如果对任意矩阵$\boldsymbol{A}_{m\times n}$做初等行变换，往往写为左乘了一个可逆矩阵$\boldsymbol{P}_{m\times m}$；如果对矩阵$\boldsymbol{A}_{m\times n}$做初等列变换，往往写成右乘可逆矩阵$\boldsymbol{Q}_{n\times n}$，而对矩阵$\boldsymbol{A}_{m\times n}$做初等变换就可以写成$\boldsymbol{PAQ}$.

定义：如果矩阵$\boldsymbol{A}_{m\times n}$通过初等变换变为矩阵$\boldsymbol{B}_{m\times n}$，即$\boldsymbol{PAQ}=\boldsymbol{B}$，则称矩阵$\boldsymbol{A}_{m\times n}$与矩阵$\boldsymbol{B}_{m\times n}$等价，记为$\boldsymbol{A}\cong\boldsymbol{B}$.

例2 设$\boldsymbol{A}$是3阶矩阵，交换$\boldsymbol{A}$的第1列与第2列得$\boldsymbol{B}$，将$\boldsymbol{B}$的第2列加到第3列得$\boldsymbol{C}$，且$\boldsymbol{AP}=\boldsymbol{C}$，则$\boldsymbol{P}=$____.

解析 将初等变换用初等矩阵表示.由已知，有$\boldsymbol{AE}_{1,2}=\boldsymbol{B},\boldsymbol{BE}_{32}(1)=\boldsymbol{C}$，

故$\boldsymbol{AE}_{1,2}\boldsymbol{E}_{32}(1)=\boldsymbol{C}$，从而$\boldsymbol{P}=\boldsymbol{E}_{1,2}\boldsymbol{E}_{32}(1)=\begin{pmatrix}0&1&0\\1&0&0\\0&0&1\end{pmatrix}\begin{pmatrix}1&0&0\\0&1&1\\0&0&1\end{pmatrix}=\begin{pmatrix}0&1&1\\1&0&0\\0&0&1\end{pmatrix}$.

3. 初等矩阵的逆矩阵

初等矩阵均可逆，且$\boldsymbol{E}_{ij}^{-1}=\boldsymbol{E}_{ij};\boldsymbol{E}_i^{-1}(k)=\boldsymbol{E}_i\left(\frac{1}{k}\right);\boldsymbol{E}_{ij}^{-1}(k)=\boldsymbol{E}_{ij}(-k)$.

（扩展：$\boldsymbol{E}_{ij}^{\mathrm{T}}=\boldsymbol{E}_{ij},\boldsymbol{E}^{\mathrm{T}}{}_i(k)=\boldsymbol{E}_i(k),\boldsymbol{E}_{ij}^{\mathrm{T}}(k)=\boldsymbol{E}_{ji}(k)$）

四、分块矩阵

1. 何为分块：用横线与竖线把$\boldsymbol{A}_{m\times n}$矩阵分成多个小矩阵.

2. 需要遵循法则："分法随意，运算合规"：即分块的时候随意分割，但是涉及到运算的时候，无论是大矩阵的层面还是小矩阵的层面，都要符合运算规律，比如：

$$\begin{pmatrix}\boldsymbol{A}_1&\boldsymbol{A}_2\\\boldsymbol{A}_3&\boldsymbol{A}_4\end{pmatrix}+\begin{pmatrix}\boldsymbol{B}_1&\boldsymbol{B}_2\\\boldsymbol{B}_3&\boldsymbol{B}_4\end{pmatrix}=\begin{pmatrix}\boldsymbol{A}_1+\boldsymbol{B}_1&\boldsymbol{A}_2+\boldsymbol{B}_2\\\boldsymbol{A}_3+\boldsymbol{B}_3&\boldsymbol{A}_4+\boldsymbol{B}_4\end{pmatrix},$$

$$\begin{pmatrix}\boldsymbol{A}&\boldsymbol{B}\\\boldsymbol{C}&\boldsymbol{D}\end{pmatrix}\times\begin{pmatrix}\boldsymbol{X}&\boldsymbol{Y}\\\boldsymbol{Z}&\boldsymbol{W}\end{pmatrix}=\begin{pmatrix}\boldsymbol{AX}+\boldsymbol{BZ}&\boldsymbol{AY}+\boldsymbol{BW}\\\boldsymbol{CX}+\boldsymbol{DZ}&\boldsymbol{CY}+\boldsymbol{DW}\end{pmatrix}.$$

显然有公式：$\begin{pmatrix}\boldsymbol{A}&\boldsymbol{B}\\\boldsymbol{C}&\boldsymbol{D}\end{pmatrix}^{\mathrm{T}}=\begin{pmatrix}\boldsymbol{A}^{\mathrm{T}}&\boldsymbol{C}^{\mathrm{T}}\\\boldsymbol{B}^{\mathrm{T}}&\boldsymbol{D}^{\mathrm{T}}\end{pmatrix}$.

3. 常见的矩阵分块

（1）列分块：把矩阵每1列都分块成小矩阵，即$\boldsymbol{A}_{m\times n}=(\boldsymbol{\alpha}_1,\boldsymbol{\alpha}_2,\cdots,\boldsymbol{\alpha}_n)$.

类似：$\boldsymbol{B}_{n\times s}=(\boldsymbol{\beta}_1,\boldsymbol{\beta}_2,\cdots,\boldsymbol{\beta}_s)$，$\boldsymbol{C}_{m\times s}=(\boldsymbol{\gamma}_1,\boldsymbol{\gamma}_2,\cdots,\boldsymbol{\gamma}_s)$.

列分块最常见的用法：针对$\boldsymbol{A}_{m\times n}\boldsymbol{B}_{n\times s}=\boldsymbol{C}_{m\times s}$.

①对$\boldsymbol{B}$和$\boldsymbol{C}$做矩阵列分块（把每一列都分块成小矩阵），把$\boldsymbol{A}$看做一个整体，有

$\boldsymbol{AB}=\boldsymbol{A}(\boldsymbol{\beta}_1,\boldsymbol{\beta}_2,\cdots\boldsymbol{\beta}_s)=(\boldsymbol{A\beta}_1,\boldsymbol{A\beta}_2,\cdots\boldsymbol{A\beta}_s)=\boldsymbol{C}=(\boldsymbol{\gamma}_1,\boldsymbol{\gamma}_2,\cdots\boldsymbol{\gamma}_s)$，

即$\boldsymbol{A\beta}_j=\boldsymbol{\gamma}_j\,(j=1,2...,s)$（即后面要学到的线性方程组）.

②对 $\boldsymbol{A}$ 和 $\boldsymbol{C}$ 做矩阵列分块（把每一列都分块成小矩阵），而把 $\boldsymbol{B}$ 每个元素写具体，有

$$\boldsymbol{AB}=(\boldsymbol{\alpha}_1,\boldsymbol{\alpha}_2,\cdots\boldsymbol{\alpha}_n)\begin{pmatrix} b_{11} & b_{12} & \cdots & b_{1s} \\ b_{21} & & & b_{2s} \\ \vdots & & \ddots & \\ b_{n1} & b_{n2} & \cdots & b_{ns} \end{pmatrix}=\boldsymbol{C}=(\boldsymbol{\gamma}_1,\boldsymbol{\gamma}_2,\cdots\boldsymbol{\gamma}_s)\text{，即}\begin{cases} b_{11}\boldsymbol{\alpha}_1+b_{21}\boldsymbol{\alpha}_2+\cdots+b_{n1}\boldsymbol{\alpha}_n=\boldsymbol{\gamma}_1 \\ b_{12}\boldsymbol{\alpha}_1+b_{22}\boldsymbol{\alpha}_2+\cdots+b_{n2}\boldsymbol{\alpha}_n=\boldsymbol{\gamma}_2 \\ \vdots \\ b_{1s}\boldsymbol{\alpha}_1+b_{2s}\boldsymbol{\alpha}_2+\cdots+b_{ns}\boldsymbol{\alpha}_n=\boldsymbol{\gamma}_s \end{cases},$$

$\boldsymbol{\gamma}_j=b_{1j}\boldsymbol{\alpha}_1+b_{2j}\boldsymbol{\alpha}_2+\cdots+b_{nj}\boldsymbol{\alpha}_n\,(j=1,2...,s)$．

（即后面要学到的：$\boldsymbol{C}$ 的列向量能被 $\boldsymbol{A}$ 的列向量线性表示）

【注】（1）有列分块当然也有行分块：矩阵每 1 行都分块成小矩阵，如 $\boldsymbol{A}_{m\times n}=\begin{pmatrix} \partial_1^{\mathrm{T}} \\ \partial_2^{\mathrm{T}} \\ \vdots \\ \partial_m^{\mathrm{T}} \end{pmatrix}$，类似：

$$\boldsymbol{B}_{n\times s}=\begin{pmatrix} \boldsymbol{\beta}_1^{\mathrm{T}} \\ \boldsymbol{\beta}_2^{\mathrm{T}} \\ \vdots \\ \boldsymbol{\beta}_n^{\mathrm{T}} \end{pmatrix},\quad \boldsymbol{C}_{m\times s}=\begin{pmatrix} \boldsymbol{\gamma}_1^{\mathrm{T}} \\ \boldsymbol{\gamma}_2^{\mathrm{T}} \\ \vdots \\ \boldsymbol{\gamma}_m^{\mathrm{T}} \end{pmatrix}.$$

用法也类似：

$$\boldsymbol{AB}=\begin{pmatrix} \partial_1^{\mathrm{T}} \\ \partial_2^{\mathrm{T}} \\ \vdots \\ \partial_m^{\mathrm{T}} \end{pmatrix}\boldsymbol{B}=\begin{pmatrix} \partial_1^{\mathrm{T}}\boldsymbol{B} \\ \partial_2^{\mathrm{T}}\boldsymbol{B} \\ \vdots \\ \partial_m^{\mathrm{T}}\boldsymbol{B} \end{pmatrix}\boldsymbol{C}=\begin{pmatrix} \boldsymbol{\gamma}_1^{\mathrm{T}} \\ \boldsymbol{\gamma}_2^{\mathrm{T}} \\ \vdots \\ \boldsymbol{\gamma}_m^{\mathrm{T}} \end{pmatrix}\text{，即 }\partial_i^{\mathrm{T}}\boldsymbol{B}=\boldsymbol{\gamma}_i^{\mathrm{T}}\,(i=1,2...,m)\text{；（使用较少）}$$

$$\boldsymbol{AB}=\begin{pmatrix} a_{11} & a_{12} & \cdots & a_{1n} \\ a_{21} & & & a_{2n} \\ \vdots & & \ddots & \\ a_{m1} & a_{m2} & \cdots & a_{mn} \end{pmatrix}\begin{pmatrix} \boldsymbol{\beta}_1^{\mathrm{T}} \\ \boldsymbol{\beta}_2^{\mathrm{T}} \\ \vdots \\ \boldsymbol{\beta}_n^{\mathrm{T}} \end{pmatrix}=\boldsymbol{C}=\begin{pmatrix} \boldsymbol{\gamma}_1^{\mathrm{T}} \\ \boldsymbol{\gamma}_2^{\mathrm{T}} \\ \vdots \\ \boldsymbol{\gamma}_m^{\mathrm{T}} \end{pmatrix}\text{，即 }\boldsymbol{\gamma}_i^{\mathrm{T}}=a_{i1}\boldsymbol{\beta}_1^{\mathrm{T}}+a_{i2}\boldsymbol{\beta}_2^{\mathrm{T}}+\cdots+a_{in}\boldsymbol{\beta}_n^{\mathrm{T}}\,(i=1,2...,m).$$

（即后面要学到的：$\boldsymbol{C}$ 的行向量能被 $\boldsymbol{B}$ 的行向量线性表示）

（2）行、列分块同时使用（使用较少）：对 $\boldsymbol{A}$ 做行分块（每一行都分块成一个小矩阵），对 $\boldsymbol{B}$ 做列分块（每一列都分块成一个小矩阵），有 $\boldsymbol{AB}=\begin{pmatrix} \partial_1^{\mathrm{T}} \\ \partial_2^{\mathrm{T}} \\ \vdots \\ \partial_m^{\mathrm{T}} \end{pmatrix}(\boldsymbol{\beta}_1,\boldsymbol{\beta}_2,\cdots\boldsymbol{\beta}_s)=\begin{pmatrix} \partial_1^{\mathrm{T}}\boldsymbol{\beta}_1 & \partial_1^{\mathrm{T}}\boldsymbol{\beta}_2 & \cdots & \partial_1^{\mathrm{T}}\boldsymbol{\beta}_s \\ \partial_2^{\mathrm{T}}\boldsymbol{\beta}_1 & \partial_2^{\mathrm{T}}\boldsymbol{\beta}_2 & \cdots & \partial_2^{\mathrm{T}}\boldsymbol{\beta}_s \\ \vdots & & \ddots & \\ \partial_m^{\mathrm{T}}\boldsymbol{\beta}_1 & \partial_m^{\mathrm{T}}\boldsymbol{\beta}_2 & \cdots & \partial_m^{\mathrm{T}}\boldsymbol{\beta}_s \end{pmatrix}$．

（2）方阵分块：对方阵分块且主对角线（或副对角线）矩阵均为方阵

①同阶方阵如果主对角线矩阵均为方阵，则做相同分块即可相乘．

②常用公式

$$\begin{pmatrix} A_1 & & & O \\ & A_2 & & \\ & & \ddots & \\ O & & & A_n \end{pmatrix}^k = \begin{pmatrix} A_1^k & & & O \\ & A_2^k & & \\ & & \ddots & \\ O & & & A_n^k \end{pmatrix}$$

$$\begin{vmatrix} A_{m\times m} & O \\ O & B_{n\times n} \end{vmatrix} = \begin{vmatrix} A_{m\times m} & O \\ C & B_{n\times n} \end{vmatrix} = \begin{vmatrix} A_{m\times m} & C \\ O & B_{n\times n} \end{vmatrix} = |A||B| \text{（拉普拉斯行列式）}$$

$$\begin{vmatrix} O & B_{n\times n} \\ A_{m\times m} & O \end{vmatrix} = \begin{vmatrix} O & B_{n\times n} \\ A_{m\times m} & C \end{vmatrix} = \begin{vmatrix} C & B_{n\times n} \\ A_{m\times m} & O \end{vmatrix} = (-1)^{mn}|A||B|.$$

4. 分块矩阵的逆（主对角线不用换序直接添逆，副对角线要先换序再来添逆）

$$\begin{pmatrix} A & O \\ O & B \end{pmatrix}^{-1} = \begin{pmatrix} A^{-1} & O \\ O & B^{-1} \end{pmatrix} \quad \begin{pmatrix} O & A \\ B & O \end{pmatrix}^{-1} = \begin{pmatrix} O & B^{-1} \\ A^{-1} & O \end{pmatrix}.$$

（同行在左，同列在右，再添负号）

$$\begin{pmatrix} A & C \\ O & B \end{pmatrix}^{-1} = \begin{pmatrix} A^{-1} & -A^{-1}CB^{-1} \\ O & B^{-1} \end{pmatrix} \quad \begin{pmatrix} A & O \\ C & B \end{pmatrix}^{-1} = \begin{pmatrix} A^{-1} & O \\ -B^{-1}CA^{-1} & B^{-1} \end{pmatrix}$$

$$\begin{pmatrix} O & A \\ B & C \end{pmatrix}^{-1} = \begin{pmatrix} -B^{-1}CA^{-1} & B^{-1} \\ A^{-1} & O \end{pmatrix} \quad \begin{pmatrix} C & A \\ B & O \end{pmatrix}^{-1} = \begin{pmatrix} O & B^{-1} \\ A^{-1} & -A^{-1}CB^{-1} \end{pmatrix}.$$

五、矩阵的秩 $R(A_{m\times n})$

1. 定义与概念

相关概念：k 阶子式：矩阵 $A_{m\times n}$ 中任取 k 行、任取 k 列，其交叉元素形成的 k 阶方阵的行列式称为 A 的一个 k 阶子式（余子式 M_{ij} 就是一个 $n-1$ 阶子式）.

定义：矩阵 $A_{m\times n}$ 中，如果满足：至少存在一个 k 阶子式不为 0，同时所有高于 k 阶的子式全部等于 0，则称这个矩阵的秩为 k，记为 $R(A)=k$（也记为 $r(A)=k$）.

即矩阵的秩为其所有非 0 子式的最高阶数.

2. 由定义推导的基础结论

（1）$0\leqslant R(A_{m\times n})\leqslant\begin{cases} m \\ n \end{cases}$.

（2）只要 $A_{m\times n}$ 中存任意一个在 k 阶子式 $\neq 0$，则 $R(A)\geqslant k$.

【注】只有零矩阵的秩是 0，即 $R(A)=0 \Leftrightarrow A=O$.

（3）行阶梯形矩阵的秩 = 其非零行数.

（4）对于方阵 $A_{n\times n}$ 来说：$R(A)=n \Leftrightarrow |A|\neq 0 \Leftrightarrow A$ 可逆.

换言之：$R(A)<n \Leftrightarrow |A|=0 \Leftrightarrow A$ 不可逆.

3. 秩的求法：通过初等变换化为阶梯形 .

【注】求矩阵的秩的时候，行变换、列变换都可以同时使用；
求方阵的逆的时候，行变换、列变换只能使用一种 .
定理：任意两个同类型的矩阵等价的充要条件是它们的秩相等 . 即对同类型矩阵：
$\boldsymbol{A}\cong\boldsymbol{B}\Leftrightarrow R(\boldsymbol{A})=R(\boldsymbol{B})$.

4. 难一些的性质

（1）$R(\boldsymbol{A}\pm\boldsymbol{B})\leqslant R(\boldsymbol{A})+R(\boldsymbol{B})$.

（2）$R(\boldsymbol{AB})\leqslant\begin{cases}R(\boldsymbol{A})\\R(\boldsymbol{B})\end{cases}$.

（3）若 $\boldsymbol{A}$ 为 $m\times n$ 矩阵，且 $\boldsymbol{P},\boldsymbol{Q}$ 分别是 m 阶和 n 阶可逆矩阵，则 $R(\boldsymbol{A})=R(\boldsymbol{PA})=R(\boldsymbol{AQ})=R(\boldsymbol{PAQ})$，即一个矩阵乘以可逆矩阵不改变该矩阵的秩（因为乘以可逆矩阵相当于做初等变换）.

（4）$R(\boldsymbol{A}^{\mathrm{T}})=R(\boldsymbol{A})=R(\boldsymbol{A}^{\mathrm{T}}\boldsymbol{A})$.

【注】证明 $R(\boldsymbol{A})=R(\boldsymbol{A}^{\mathrm{T}}\boldsymbol{A})$ 只需证 $\boldsymbol{Ax}=\boldsymbol{0}$ (1) 与 $\boldsymbol{A}^{\mathrm{T}}\boldsymbol{Ax}=\boldsymbol{0}$ (2) 同解 . 显然方程组 (1) 的解是方程组 (2) 的解，只需证方程组 (2) 的解也是方程组 (1) 的解 .
在 $\boldsymbol{A}^{\mathrm{T}}\boldsymbol{Ax}=\boldsymbol{0}$ 两边同时左乘 $\boldsymbol{x}^{\mathrm{T}}$，得 $\boldsymbol{x}^{\mathrm{T}}\boldsymbol{A}^{\mathrm{T}}\boldsymbol{Ax}=(\boldsymbol{Ax})^{\mathrm{T}}\boldsymbol{Ax}=\boldsymbol{0}$.
由于 $\boldsymbol{Ax}$ 为实列向量，且 $(\boldsymbol{Ax})^{\mathrm{T}}\boldsymbol{Ax}$ 为列向量 $\boldsymbol{Ax}$ 的内积，故 $(\boldsymbol{Ax})^{\mathrm{T}}\boldsymbol{Ax}=\boldsymbol{0}\Leftrightarrow\boldsymbol{Ax}=\boldsymbol{0}$.
从而方程组 (2) 的解也是方程组 (1) 的解，于是 $R(\boldsymbol{A})=R(\boldsymbol{A}^{\mathrm{T}}\boldsymbol{A})$.
同理可证 $R(\boldsymbol{A}^{\mathrm{T}})=R(\boldsymbol{AA}^{\mathrm{T}})$.

（5）$R(\boldsymbol{A},\boldsymbol{B})\leqslant R(\boldsymbol{A})+R(\boldsymbol{B})$；$R\begin{pmatrix}\boldsymbol{A}\\\boldsymbol{B}\end{pmatrix}\leqslant R(\boldsymbol{A})+R(\boldsymbol{B})$（$R(\boldsymbol{A},\boldsymbol{B})$ 不一定 $=R\begin{pmatrix}\boldsymbol{A}\\\boldsymbol{B}\end{pmatrix}$）.

（6）如果 $\boldsymbol{A}_{m\times n}\boldsymbol{B}_{n\times s}=\boldsymbol{O}_{m\times s}$，则 $R(\boldsymbol{A}_{m\times n})+R(\boldsymbol{B}_{n\times s})\leqslant n$.

【注】（1）证明方式较典型，需记忆：
将 $\boldsymbol{B}$ 和 $\boldsymbol{O}$ 进行列分块，得到 $\boldsymbol{A}(\boldsymbol{\beta}_1,\boldsymbol{\beta}_2,\cdots,\boldsymbol{\beta}_s)=(\boldsymbol{0},\boldsymbol{0},\cdots,\boldsymbol{0})$.
故 $\boldsymbol{A\beta}_i=\boldsymbol{0}(i=1,2,\cdots,s)$，这说明 $\boldsymbol{B}$ 的每一列都是 $\boldsymbol{Ax}=\boldsymbol{0}$ 的解，所以 $\boldsymbol{B}$ 的列向量组一定能被 $\boldsymbol{Ax}=\boldsymbol{0}$ 的基础解系表示 . 故 $R(\boldsymbol{B})\leqslant n-R(\boldsymbol{A})$，也即 $R(\boldsymbol{A})+R(\boldsymbol{B})\leqslant n$，证毕 .
（2）看到 $\boldsymbol{AB}=\boldsymbol{O}$，我们就要自动联想到两个条件：
① $\boldsymbol{B}$ 的每一列都是 $\boldsymbol{Ax}=\boldsymbol{0}$ 的解； ② $R(\boldsymbol{A})+R(\boldsymbol{B})\leqslant n$.

（7）列满秩矩阵 $\boldsymbol{B}$ 乘在任何矩阵 $\boldsymbol{A}$ 的左边，都不会改变 $\boldsymbol{A}$ 的秩，即：若 $\boldsymbol{B}$ 为列满秩矩阵，则 $R(\boldsymbol{BA})=R(\boldsymbol{A})$；行满秩矩阵 $\boldsymbol{C}$ 乘在任何矩阵 $\boldsymbol{A}$ 的右边，都不会改变 $\boldsymbol{A}$ 的秩，即：若 $\boldsymbol{C}$ 为行满秩，则 $R(\boldsymbol{AC})=R(\boldsymbol{A})$.

【注】证明过程可见 134 页【例 5】

（8）若 $\boldsymbol{A}$ 为 n 阶方阵，则 $R\left(\boldsymbol{A}^*\right)=\begin{cases}n, & R(\boldsymbol{A})=n\\ 1, & R(\boldsymbol{A})=n-1\\ 0, & R(\boldsymbol{A})<n-1\end{cases}$.

【注】证明过程可见 135 页【例 8】

（9）$R\begin{pmatrix}\boldsymbol{A} & \boldsymbol{O}\\ \boldsymbol{O} & \boldsymbol{B}\end{pmatrix}=R(\boldsymbol{A})+R(\boldsymbol{B})$, $R\begin{pmatrix}\boldsymbol{A} & \boldsymbol{C}\\ \boldsymbol{O} & \boldsymbol{B}\end{pmatrix}\geqslant R(\boldsymbol{A})+R(\boldsymbol{B})$, $R\begin{pmatrix}\boldsymbol{A} & \boldsymbol{O}\\ \boldsymbol{C} & \boldsymbol{B}\end{pmatrix}\geqslant R(\boldsymbol{A})+R(\boldsymbol{B})$.

喻老线代章节笔记

喻老线代章节笔记

第一章 矩阵

第一节 矩阵

一、可逆矩阵

求抽象矩阵 A 的逆矩阵时需注意两点：

（1）大多题目都需要利用可逆矩阵的定义，也就是从题干条件中凑出形如“$AB=E$ 或 $BA=E$”的等式．

（2）对单位矩阵 E 进行恒等变形 $E=M^{-1}M=MM^{-1}$（其中 M 根据题意选取）也是一个常见的小技巧．

例 1　设 A 为 n 阶非零矩阵，若 $A^3=O$，则（　　）．

A. $E-A$ 不可逆，$E+A$ 不可逆　　B. $E-A$ 不可逆，$E+A$ 可逆

C. $E-A$ 可逆，$E+A$ 可逆　　D. $E-A$ 可逆，$E+A$ 不可逆

解析　法一：由于 $A^3=O$，故 $A^3+E=E$，对左边使用立方和公式，得 $(A+E)\left(A^2-A+E\right)=E$，故 $A+E$ 可逆．同理，在 $A^3=O$ 两边减去 E，然后用立方差公式，可得 $A-E$ 可逆．故选 C．

法二：设 A 的特征值为 λ，由于 $A^3=O$，故 $\lambda^3=0\Leftrightarrow\lambda=0$，从而 $E-A$，$E+A$ 的特征值均全为 $1\neq0$，它们都可逆，选 C．

例 2　设 $A=\begin{pmatrix}1&0&0&0\\-2&3&0&0\\0&-4&5&0\\0&0&-6&7\end{pmatrix}$，$B=(E+A)^{-1}(E-A)$，求 $(E+B)^{-1}$．

解析　$B+E=(E+A)^{-1}(E-A)+E=(E+A)^{-1}(E-A)+(E+A)^{-1}(E+A)$

$=(E+A)^{-1}\left[(E-A)+(E+A)\right]=2(E+A)^{-1}$．

从而 $(E+B)^{-1}=\left[2(E+A)^{-1}\right]^{-1}=\dfrac{1}{2}(E+A)=\begin{pmatrix}1&0&0&0\\-1&2&0&0\\0&-2&3&0\\0&0&-3&4\end{pmatrix}$．

例 3　设 A,B 都是 n 阶矩阵，$E-AB$ 可逆，证明：$E-BA$ 也可逆，且 $(E-BA)^{-1}=E+B(E-AB)^{-1}A$．

解析　直接验证即可．

$(E-BA)\left[E+B(E-AB)^{-1}A\right]=(E-BA)+(E-BA)B(E-AB)^{-1}A$

$=(E-BA)+(B-BAB)(E-AB)^{-1}A=(E-BA)+B(E-AB)(E-AB)^{-1}A$

$=(E-BA)+BA=E.$

由可逆的定义可知，$(E-BA)^{-1}=E+B(E-AB)^{-1}A$．

二、初等矩阵

例 1　设 3 阶矩阵 $\boldsymbol{A}$ 满足 $\boldsymbol{A}\begin{pmatrix}x\\y\\z\end{pmatrix}=\begin{pmatrix}z\\x\\y\end{pmatrix}$，求一个可逆矩阵 $\boldsymbol{A}$.

解析　依题设，有 $\begin{pmatrix}x\\y\\z\end{pmatrix}\xrightarrow{\text{交换1,2行}}\begin{pmatrix}y\\x\\z\end{pmatrix}\xrightarrow{\text{交换1,3行}}\begin{pmatrix}z\\x\\y\end{pmatrix}$，故 $\boldsymbol{A}=\boldsymbol{E}_{1,3}\boldsymbol{E}_{1,2}=\begin{pmatrix}0&0&1\\0&1&0\\1&0&0\end{pmatrix}\begin{pmatrix}0&1&0\\1&0&0\\0&0&1\end{pmatrix}$

$=\begin{pmatrix}0&0&1\\1&0&0\\0&1&0\end{pmatrix}$ 即可 .

例 2　设 n 阶矩阵 $\boldsymbol{A}$ 可逆，将 $\boldsymbol{A}$ 的第 i 行的 2 倍加到第 j 行得 $\boldsymbol{B}$，指出 $\boldsymbol{A}^{-1}$ 与 $\boldsymbol{B}^{-1}$、$\boldsymbol{A}^{\mathrm{T}}$ 与 $\boldsymbol{B}^{\mathrm{T}}$ 的关系 .

解析　（1）由已知，有 $\boldsymbol{B}=\boldsymbol{E}_{ij}(2)\boldsymbol{A}$，两边取逆，得 $\boldsymbol{B}^{-1}=\left[\boldsymbol{E}_{ij}(2)\boldsymbol{A}\right]^{-1}=\boldsymbol{A}^{-1}\boldsymbol{E}_{ij}^{-1}(2)=\boldsymbol{A}^{-1}\boldsymbol{E}_{ij}(-2)$，故 $\boldsymbol{B}^{-1}$ 可由 $\boldsymbol{A}^{-1}$ 的第 j 列的 -2 倍加到第 i 列得到 .

（2）$\boldsymbol{B}^{\mathrm{T}}=\left[\boldsymbol{E}_{ij}(2)\boldsymbol{A}\right]^{\mathrm{T}}=\boldsymbol{A}^{\mathrm{T}}\boldsymbol{E}_{ij}^{\mathrm{T}}(2)=\boldsymbol{A}^{\mathrm{T}}\boldsymbol{E}_{ji}(2)$，即 $\boldsymbol{B}^{\mathrm{T}}$ 可由 $\boldsymbol{A}^{\mathrm{T}}$ 的第 i 列的 2 倍加到第 j 列得到 .

例 3　设 $\boldsymbol{A}=(a_{ij})_{3\times3}$，且 $|\boldsymbol{A}|=2$，$\boldsymbol{B}=\begin{pmatrix}a_{11}&a_{12}&3a_{11}+2a_{13}\\a_{21}&a_{22}&3a_{21}+2a_{23}\\a_{31}&a_{32}&3a_{31}+2a_{33}\end{pmatrix}$，求 $(\boldsymbol{A}^*\boldsymbol{B})^{-1}$，$|\boldsymbol{A}^*\boldsymbol{B}|$.

解析　由 $\boldsymbol{A}$ 与 $\boldsymbol{B}$ 的关系，知 $\boldsymbol{B}=\boldsymbol{A}\boldsymbol{E}_3(2)\boldsymbol{E}_{31}(3)$，从而 $\boldsymbol{A}^*\boldsymbol{B}=\boldsymbol{A}^*\boldsymbol{A}\boldsymbol{E}_3(2)\boldsymbol{E}_{31}(3)$

$=|\boldsymbol{A}|\boldsymbol{E}_3(2)\boldsymbol{E}_{31}(3)=2\boldsymbol{E}_3(2)\boldsymbol{E}_{31}(3)$，故 $(\boldsymbol{A}^*\boldsymbol{B})^{-1}=\left[2\boldsymbol{E}_3(2)\boldsymbol{E}_{31}(3)\right]^{-1}$

$$=\frac{1}{2}\boldsymbol{E}_{31}^{-1}(3)\boldsymbol{E}_3^{-1}(2)=\frac{1}{2}\boldsymbol{E}_{31}(-3)\boldsymbol{E}_3\left(\frac{1}{2}\right)=\frac{1}{2}\begin{pmatrix}1&0&-\frac{3}{2}\\0&1&0\\0&0&\frac{1}{2}\end{pmatrix}=\frac{1}{4}\begin{pmatrix}2&0&-3\\0&2&0\\0&0&1\end{pmatrix}.$$

而 $|\boldsymbol{A}^*\boldsymbol{B}|=|2\boldsymbol{E}_3(2)\boldsymbol{E}_{31}(3)|=2^3|\boldsymbol{E}_3(2)||\boldsymbol{E}_{31}(3)|=2^4=16$.

例 4　设 $\boldsymbol{A}_{3\times3}$，$\boldsymbol{P}_{3\times3}$ 满足 $\boldsymbol{P}^{\mathrm{T}}\boldsymbol{A}\boldsymbol{P}=\begin{pmatrix}1&0&0\\0&1&0\\0&0&2\end{pmatrix}$，若 $\boldsymbol{P}=(\boldsymbol{\alpha}_1,\boldsymbol{\alpha}_2,\boldsymbol{\alpha}_3)$，$\boldsymbol{Q}=(\boldsymbol{\alpha}_1+\boldsymbol{\alpha}_2,\boldsymbol{\alpha}_2,\boldsymbol{\alpha}_3)$，求 $\boldsymbol{Q}^{\mathrm{T}}\boldsymbol{A}\boldsymbol{Q}$.

解析　由于 $\boldsymbol{Q}=(\boldsymbol{\alpha}_1+\boldsymbol{\alpha}_2,\boldsymbol{\alpha}_2,\boldsymbol{\alpha}_3)=(\boldsymbol{\alpha}_1,\boldsymbol{\alpha}_2,\boldsymbol{\alpha}_3)\boldsymbol{E}_{12}(1)=\boldsymbol{P}\boldsymbol{E}_{12}(1)$，

故 $\boldsymbol{Q}^{\mathrm{T}}\boldsymbol{A}\boldsymbol{Q}=(\boldsymbol{P}\boldsymbol{E}_{12}(1))^{\mathrm{T}}\boldsymbol{A}(\boldsymbol{P}\boldsymbol{E}_{12}(1))=(\boldsymbol{E}_{12}(1))^{\mathrm{T}}\boldsymbol{P}^{\mathrm{T}}\boldsymbol{A}\boldsymbol{P}\boldsymbol{E}_{12}(1)=\boldsymbol{E}_{21}(1)\begin{pmatrix}1&0&0\\0&1&0\\0&0&2\end{pmatrix}\boldsymbol{E}_{12}(1)$

$$=\begin{pmatrix}1&1&0\\0&1&0\\0&0&2\end{pmatrix}\boldsymbol{E}_{12}(1)=\begin{pmatrix}2&1&0\\1&1&0\\0&0&2\end{pmatrix}.$$

三、矩阵的分块

1. 分块必须符合矩阵基本运算规律 .

例 1　设 $\boldsymbol{C}$ 是 n 阶可逆矩阵，$\boldsymbol{D}$ 是 $3\times n$ 矩阵，且 $\boldsymbol{D}=\begin{pmatrix}1&2&\cdots&n\\0&0&\cdots&0\\0&0&\cdots&0\end{pmatrix}$，求一个矩阵 $\boldsymbol{A}$，使得 $\boldsymbol{A}\begin{pmatrix}\boldsymbol{C}\\\boldsymbol{D}\end{pmatrix}=\boldsymbol{E}_n$，其中 $\boldsymbol{E}_n$ 是 n 阶单位阵 .（答案不唯一）

解析　取 $\boldsymbol{A}=\left(\boldsymbol{C}_{n\times n}^{-1},\boldsymbol{O}_{n\times 3}\right)$，即有 $\boldsymbol{A}\begin{pmatrix}\boldsymbol{C}\\\boldsymbol{D}\end{pmatrix}=\left(\boldsymbol{C}_{n\times n}^{-1},\boldsymbol{O}_{n\times 3}\right)\begin{pmatrix}\boldsymbol{C}_{n\times n}\\\boldsymbol{D}_{3\times n}\end{pmatrix}=$

$\boldsymbol{C}_{n\times n}^{-1}\boldsymbol{C}_{n\times n}+\boldsymbol{O}_{n\times 3}\boldsymbol{D}_{3\times n}=\boldsymbol{E}_{n\times n}+\boldsymbol{O}_{n\times n}=\boldsymbol{E}_{n\times n}=\boldsymbol{E}_n$.

【注意】此题不能把 $\boldsymbol{A}\begin{pmatrix}\boldsymbol{C}\\\boldsymbol{D}\end{pmatrix}$ 写成 $\begin{pmatrix}\boldsymbol{AC}\\\boldsymbol{AD}\end{pmatrix}$，因为不符合矩阵乘法规律 .

2. 列分块

例 2　设 $\boldsymbol{A}$ 是 3 阶矩阵，$\boldsymbol{\alpha}_1,\boldsymbol{\alpha}_2,\boldsymbol{\alpha}_3$ 线性无关，且 $\boldsymbol{A\alpha}_1=\boldsymbol{\alpha}_1+\boldsymbol{\alpha}_2$，$\boldsymbol{A\alpha}_2=\boldsymbol{\alpha}_2+\boldsymbol{\alpha}_3$，$\boldsymbol{A\alpha}_3=\boldsymbol{\alpha}_3+\boldsymbol{\alpha}_1$，则 $|\boldsymbol{A}|=$______.

解析　法一：利用已知条件，得 $\boldsymbol{A}(\boldsymbol{\alpha}_1,\boldsymbol{\alpha}_2,\boldsymbol{\alpha}_3)=(\boldsymbol{\alpha}_1+\boldsymbol{\alpha}_2,\boldsymbol{\alpha}_2+\boldsymbol{\alpha}_3,\boldsymbol{\alpha}_3+\boldsymbol{\alpha}_1)$

$=(\boldsymbol{\alpha}_1,\boldsymbol{\alpha}_2,\boldsymbol{\alpha}_3)\begin{pmatrix}1&0&1\\1&1&0\\0&1&1\end{pmatrix}$. 记 $\boldsymbol{P}=(\boldsymbol{\alpha}_1,\boldsymbol{\alpha}_2,\boldsymbol{\alpha}_3)$，$\boldsymbol{B}=\begin{pmatrix}1&0&1\\1&1&0\\0&1&1\end{pmatrix}$. 由 $\boldsymbol{\alpha}_1,\boldsymbol{\alpha}_2,\boldsymbol{\alpha}_3$ 线性无关，知 $\boldsymbol{P}$ 可逆，

故由 $\boldsymbol{AP}=\boldsymbol{PB}$，得 $\boldsymbol{P}^{-1}\boldsymbol{AP}=\boldsymbol{B}$，即 $\boldsymbol{A}$ 与 $\boldsymbol{B}$ 相似，故 $|\boldsymbol{A}|=|\boldsymbol{B}|=\begin{vmatrix}1&0&1\\1&1&0\\0&1&1\end{vmatrix}=2$.

或对 $\boldsymbol{A}(\boldsymbol{\alpha}_1,\boldsymbol{\alpha}_2,\boldsymbol{\alpha}_3)=(\boldsymbol{\alpha}_1,\boldsymbol{\alpha}_2,\boldsymbol{\alpha}_3)\boldsymbol{B}$ 左右同时求行列式，有 $|\boldsymbol{A}||\boldsymbol{\alpha}_1,\boldsymbol{\alpha}_2,\boldsymbol{\alpha}_3|=|\boldsymbol{\alpha}_1,\boldsymbol{\alpha}_2,\boldsymbol{\alpha}_3||\boldsymbol{B}|$，由于 $\boldsymbol{\alpha}_1,\boldsymbol{\alpha}_2,\boldsymbol{\alpha}_3$ 线性无关，知 $(\boldsymbol{\alpha}_1,\boldsymbol{\alpha}_2,\boldsymbol{\alpha}_3)$ 可逆，$|\boldsymbol{\alpha}_1,\boldsymbol{\alpha}_2,\boldsymbol{\alpha}_3|\neq 0$，故 $|\boldsymbol{A}|=|\boldsymbol{B}|=\begin{vmatrix}1&0&1\\1&1&0\\0&1&1\end{vmatrix}=2$.

法二：由 $\boldsymbol{A}(\boldsymbol{\alpha}_1,\boldsymbol{\alpha}_2,\boldsymbol{\alpha}_3)=(\boldsymbol{\alpha}_1+\boldsymbol{\alpha}_2,\boldsymbol{\alpha}_2+\boldsymbol{\alpha}_3,\boldsymbol{\alpha}_3+\boldsymbol{\alpha}_1)$，左右同时求行列式，

得 $|\boldsymbol{A}||\boldsymbol{\alpha}_1,\boldsymbol{\alpha}_2,\boldsymbol{\alpha}_3|=|\boldsymbol{\alpha}_1+\boldsymbol{\alpha}_2,\boldsymbol{\alpha}_2+\boldsymbol{\alpha}_3,\boldsymbol{\alpha}_3+\boldsymbol{\alpha}_1|=2|\boldsymbol{\alpha}_1+\boldsymbol{\alpha}_2+\boldsymbol{\alpha}_3,\boldsymbol{\alpha}_2+\boldsymbol{\alpha}_3,\boldsymbol{\alpha}_3+\boldsymbol{\alpha}_1|$

$=2|\boldsymbol{\alpha}_1+\boldsymbol{\alpha}_2+\boldsymbol{\alpha}_3,-\boldsymbol{\alpha}_1,-\boldsymbol{\alpha}_2|=2|\boldsymbol{\alpha}_3,-\boldsymbol{\alpha}_1,-\boldsymbol{\alpha}_2|=2|\boldsymbol{\alpha}_1,\boldsymbol{\alpha}_2,\boldsymbol{\alpha}_3|$.

因为 $\boldsymbol{\alpha}_1,\boldsymbol{\alpha}_2,\boldsymbol{\alpha}_3$ 线性无关，所以 $|\boldsymbol{\alpha}_1,\boldsymbol{\alpha}_2,\boldsymbol{\alpha}_3|\neq 0$，从而有 $|\boldsymbol{A}|=2$.

例3 设 $\boldsymbol{\alpha}_1,\boldsymbol{\alpha}_2,\cdots,\boldsymbol{\alpha}_m,\boldsymbol{\beta}$ 是 $m+1$ 个列向量 $(m>1)$，且 $\boldsymbol{\beta}=\boldsymbol{\alpha}_1+\boldsymbol{\alpha}_2+\cdots+\boldsymbol{\alpha}_m$．证明：向量组 $\boldsymbol{\beta}-\boldsymbol{\alpha}_1,\boldsymbol{\beta}-\boldsymbol{\alpha}_2,\cdots,\boldsymbol{\beta}-\boldsymbol{\alpha}_m$ 线性无关的充要条件是 $\boldsymbol{\alpha}_1,\boldsymbol{\alpha}_2,\cdots,\boldsymbol{\alpha}_m$ 线性无关．

证明 令 $\boldsymbol{A}=(\boldsymbol{\alpha}_1,\boldsymbol{\alpha}_2,\cdots,\boldsymbol{\alpha}_m),\boldsymbol{B}=(\boldsymbol{\beta}-\boldsymbol{\alpha}_1,\boldsymbol{\beta}-\boldsymbol{\alpha}_2,\cdots,\boldsymbol{\beta}-\boldsymbol{\alpha}_m)$，则

$$\boldsymbol{B}=\left(\boldsymbol{\alpha}_2+\cdots+\boldsymbol{\alpha}_m,\ \boldsymbol{\alpha}_1+\boldsymbol{\alpha}_3+\cdots+\boldsymbol{\alpha}_m,\cdots\cdots,\boldsymbol{\alpha}_1+\boldsymbol{\alpha}_2+\cdots+\boldsymbol{\alpha}_{m-1}\right)$$

$$=(\boldsymbol{\alpha}_1,\boldsymbol{\alpha}_2,\cdots,\boldsymbol{\alpha}_m)\begin{pmatrix}0&1&\cdots&1\\1&0&\cdots&1\\\vdots&\vdots&&\vdots\\1&1&\cdots&0\end{pmatrix}_{m\times m}\overset{\text{记}}{=}\boldsymbol{AC}\text{，即 }\boldsymbol{B}=\boldsymbol{AC}.$$

而 $|\boldsymbol{C}|=\begin{vmatrix}0&1&\cdots&1\\1&0&\cdots&1\\\vdots&\vdots&&\vdots\\1&1&\cdots&0\end{vmatrix}=(m-1)(-1)^{m-1}\neq0$，即 $\boldsymbol{C}$ 可逆，故 $r(\boldsymbol{A})=r(\boldsymbol{B})$，因此 $\boldsymbol{\beta}-\boldsymbol{\alpha}_1,\boldsymbol{\beta}-\boldsymbol{\alpha}_2,\cdots,\boldsymbol{\beta}-\boldsymbol{\alpha}_m$ 线性无关 $\Leftrightarrow r(\boldsymbol{B})=m\Leftrightarrow r(\boldsymbol{A})=m\Leftrightarrow\boldsymbol{\alpha}_1,\boldsymbol{\alpha}_2,\cdots,\boldsymbol{\alpha}_m$ 线性无关．

例4 设3阶矩阵 $\boldsymbol{A}$ 满足：对任意常数 x,y,z，均有 $\boldsymbol{A}\begin{pmatrix}x\\y\\z\end{pmatrix}=\begin{pmatrix}z\\x\\y\end{pmatrix}$，求 $\boldsymbol{A}$．

解析 由于 x,y,z 的任意性，因此有 $\boldsymbol{A}\begin{pmatrix}1\\0\\0\end{pmatrix}=\begin{pmatrix}0\\1\\0\end{pmatrix}$，$\boldsymbol{A}\begin{pmatrix}0\\1\\0\end{pmatrix}=\begin{pmatrix}0\\0\\1\end{pmatrix}$，$\boldsymbol{A}\begin{pmatrix}0\\0\\1\end{pmatrix}=\begin{pmatrix}1\\0\\0\end{pmatrix}$，

从而 $\boldsymbol{AE}=\boldsymbol{A}\begin{pmatrix}1&0&0\\0&1&0\\0&0&1\end{pmatrix}=\left(\boldsymbol{A}\begin{pmatrix}1\\0\\0\end{pmatrix},\boldsymbol{A}\begin{pmatrix}0\\1\\0\end{pmatrix},\boldsymbol{A}\begin{pmatrix}0\\0\\1\end{pmatrix}\right)=\begin{pmatrix}0&0&1\\1&0&0\\0&1&0\end{pmatrix}$，可得 $\boldsymbol{A}=\begin{pmatrix}0&0&1\\1&0&0\\0&1&0\end{pmatrix}$．

例5 （22年真题）设 $\boldsymbol{A}$ 为 n 阶实对称阵，下列不成立的是（　　）．

$(A)\ r\begin{pmatrix}\boldsymbol{A}&\boldsymbol{O}\\\boldsymbol{O}&\boldsymbol{AA}^{\mathrm{T}}\end{pmatrix}=2r(\boldsymbol{A})$　　$(B)\ r\begin{pmatrix}\boldsymbol{A}&\boldsymbol{AB}\\\boldsymbol{O}&\boldsymbol{A}^{\mathrm{T}}\end{pmatrix}=2r(\boldsymbol{A})$

$(C)\ r\begin{pmatrix}\boldsymbol{A}&\boldsymbol{BA}\\\boldsymbol{O}&\boldsymbol{AA}^{\mathrm{T}}\end{pmatrix}=2r(\boldsymbol{A})$　　$(D)\ r\begin{pmatrix}\boldsymbol{A}&\boldsymbol{O}\\\boldsymbol{BA}&\boldsymbol{A}^{\mathrm{T}}\end{pmatrix}=2r(\boldsymbol{A})$

解析 由性质 $r\begin{pmatrix}\boldsymbol{A}&\boldsymbol{O}\\\boldsymbol{O}&\boldsymbol{B}\end{pmatrix}=r(\boldsymbol{A})+r(\boldsymbol{B})$ 可知，$r\begin{pmatrix}\boldsymbol{A}&\boldsymbol{O}\\\boldsymbol{O}&\boldsymbol{AA}^{\mathrm{T}}\end{pmatrix}=r(\boldsymbol{A})+r\left(\boldsymbol{AA}^{\mathrm{T}}\right)$，结合公式 $r(\boldsymbol{A})=r\left(\boldsymbol{AA}^{\mathrm{T}}\right)$ 可知 $r\begin{pmatrix}\boldsymbol{A}&\boldsymbol{O}\\\boldsymbol{O}&\boldsymbol{AA}^{\mathrm{T}}\end{pmatrix}=2r(\boldsymbol{A})$，$(A)$ 正确．

由于 $\boldsymbol{AB}$ 的列向量可以被 $\boldsymbol{A}$ 的列向量线性表示，从而 $\begin{pmatrix}\boldsymbol{A}&\boldsymbol{AB}\\\boldsymbol{O}&\boldsymbol{A}^{\mathrm{T}}\end{pmatrix}$ 经过初等列变换 $\rightarrow\begin{pmatrix}\boldsymbol{A}&\boldsymbol{O}\\\boldsymbol{O}&\boldsymbol{A}^{\mathrm{T}}\end{pmatrix}$，$(B)$ 正确．

类似，由于 $\boldsymbol{BA}$ 的行向量可以被 $\boldsymbol{A}$ 的行向量线性表示，从而 $\begin{pmatrix} \boldsymbol{A} & \boldsymbol{O} \\ \boldsymbol{BA} & \boldsymbol{A}^{\mathrm{T}} \end{pmatrix}$ 经过初等行变换

$\to \begin{pmatrix} \boldsymbol{A} & \boldsymbol{O} \\ \boldsymbol{O} & \boldsymbol{A}^{\mathrm{T}} \end{pmatrix}$，$(D)$ 正确．

从而最终选 (C)．

3. 方阵分块

例 6　设 n 阶方阵 $\boldsymbol{A} = \begin{pmatrix} a_1\boldsymbol{E}_1 & & \\ & a_2\boldsymbol{E}_2 & \\ & & a_3\boldsymbol{E}_3 \end{pmatrix}$，其中 a_1, a_2, a_3 互不相同，$\boldsymbol{E}_i$ 是 n_i $(i=1,2,3)$ 阶单位阵，$\sum_{i=1}^{3} n_i = n$．证明：与 $\boldsymbol{A}$ 可交换的矩阵只能是如下形式：$\boldsymbol{B} = \begin{pmatrix} \boldsymbol{A}_1 & & \\ & \boldsymbol{A}_2 & \\ & & \boldsymbol{A}_3 \end{pmatrix}$，其中 $\boldsymbol{A}_i$ 是 n_i 阶方阵．

证明　对 $\boldsymbol{B}$ 做与 $\boldsymbol{A}$ 同样的分块 $\boldsymbol{B} = \begin{pmatrix} \boldsymbol{B}_{11} & \boldsymbol{B}_{12} & \boldsymbol{B}_{13} \\ \boldsymbol{B}_{21} & \boldsymbol{B}_{22} & \boldsymbol{B}_{23} \\ \boldsymbol{B}_{31} & \boldsymbol{B}_{32} & \boldsymbol{B}_{33} \end{pmatrix}$，由题 $\boldsymbol{AB} = \boldsymbol{BA}$，即有

$$\begin{pmatrix} a_1\boldsymbol{E}_1 & \boldsymbol{O} & \boldsymbol{O} \\ \boldsymbol{O} & a_2\boldsymbol{E}_2 & \boldsymbol{O} \\ \boldsymbol{O} & \boldsymbol{O} & a_3\boldsymbol{E}_3 \end{pmatrix}\begin{pmatrix} \boldsymbol{B}_{11} & \boldsymbol{B}_{12} & \boldsymbol{B}_{13} \\ \boldsymbol{B}_{21} & \boldsymbol{B}_{22} & \boldsymbol{B}_{23} \\ \boldsymbol{B}_{31} & \boldsymbol{B}_{32} & \boldsymbol{B}_{33} \end{pmatrix} = \begin{pmatrix} \boldsymbol{B}_{11} & \boldsymbol{B}_{12} & \boldsymbol{B}_{13} \\ \boldsymbol{B}_{21} & \boldsymbol{B}_{22} & \boldsymbol{B}_{23} \\ \boldsymbol{B}_{31} & \boldsymbol{B}_{32} & \boldsymbol{B}_{33} \end{pmatrix}\begin{pmatrix} a_1\boldsymbol{E}_1 & \boldsymbol{O} & \boldsymbol{O} \\ \boldsymbol{O} & a_2\boldsymbol{E}_2 & \boldsymbol{O} \\ \boldsymbol{O} & \boldsymbol{O} & a_3\boldsymbol{E}_3 \end{pmatrix}.$$

从而 $\begin{pmatrix} a_1\boldsymbol{B}_{11} & a_1\boldsymbol{B}_{12} & a_1\boldsymbol{B}_{13} \\ a_2\boldsymbol{B}_{21} & a_2\boldsymbol{B}_{22} & a_2\boldsymbol{B}_{23} \\ a_3\boldsymbol{B}_{31} & a_3\boldsymbol{B}_{32} & a_3\boldsymbol{B}_{33} \end{pmatrix} = \begin{pmatrix} a_1\boldsymbol{B}_{11} & a_2\boldsymbol{B}_{12} & a_3\boldsymbol{B}_{13} \\ a_1\boldsymbol{B}_{21} & a_2\boldsymbol{B}_{22} & a_3\boldsymbol{B}_{23} \\ a_1\boldsymbol{B}_{31} & a_2\boldsymbol{B}_{32} & a_3\boldsymbol{B}_{33} \end{pmatrix}$，可得：$a_1\boldsymbol{B}_{12}=a_2\boldsymbol{B}_{12}$．

由于 $a_1 \neq a_2$，从而 $\boldsymbol{B}_{12} = \boldsymbol{O}$；类似可得 $\boldsymbol{B}_{ij} = \boldsymbol{O}(i \neq j)$，故 $\boldsymbol{B} = \begin{pmatrix} \boldsymbol{B}_{11} & \boldsymbol{O} & \boldsymbol{O} \\ \boldsymbol{O} & \boldsymbol{B}_{22} & \boldsymbol{O} \\ \boldsymbol{O} & \boldsymbol{O} & \boldsymbol{B}_{33} \end{pmatrix} = \begin{pmatrix} \boldsymbol{A}_1 & & \\ & \boldsymbol{A}_2 & \\ & & \boldsymbol{A}_3 \end{pmatrix}$，

得证．

【注】同阶方阵 $\boldsymbol{A}, \boldsymbol{B}$ 如果主对角线矩阵均为方阵，则做相同分块即可相乘．

四、矩阵的秩 $R(A_{m\times n})$

1. 公式的运用

例 1　设 $\boldsymbol{B} = \begin{pmatrix} 1 & 2 & k \\ -1 & 1 & 2 \\ 0 & 3 & 1 \end{pmatrix}$，$\boldsymbol{A}$ 是 3 阶方阵，$r(\boldsymbol{A}) = 2, r(\boldsymbol{BA}) = 1$，则 $k =$______.

解析　由于 $r(\boldsymbol{BA}) = 1 < r(\boldsymbol{A}) = 2$，从而 $r(\boldsymbol{B})<3$，（否则 $r(\boldsymbol{BA}) = r(\boldsymbol{A})$）．

又因为 $B=\begin{pmatrix}1&2&k\\-1&1&2\\0&3&1\end{pmatrix}\to\begin{pmatrix}1&2&k\\0&3&k+2\\0&0&-k-1\end{pmatrix}$,故 $k=-1$.

例 2 设 $A^2=A,A\neq E$,证明: $|A|=0$.

证明 法一:用反证法.

若 $|A|\neq 0$,则 A 可逆,于是 $A=A^{-1}A^2=A^{-1}A=E$,与 $A\neq E$ 矛盾,故 $|A|=0$.

法二:利用秩. 由 $A^2=A$,有 $A(A-E)=O$,故 $r(A-E)+r(A)\leqslant n$.

又由 $A-E\neq O$,知 $r(A-E)>0$,故 $r(A)\leqslant n-r(A-E)<n$,从而 $|A|=0$.

例 3 设 $A_{m\times n},B_{n\times m}$,则(　　).

$A.$ 当 $m>n$ 时,必有 $|AB|\neq 0$　　　　$B.$ 当 $m>n$ 时,必有 $|AB|=0$

$C.$ 当 $n>m$ 时,必有 $|AB|\neq 0$　　　　$D.$ 当 $n>m$ 时,必有 $|AB|=0$

解析 利用矩阵的秩,讨论行列式. 由 $A_{m\times n}\cdot B_{n\times m}=(AB)_{m\times m}$,可知 $r(AB)\leqslant r(B)\leqslant \min\{m,n\}$,故当 $m>n$ 时, $r(AB)\leqslant n<m$,从而 $|AB|=0$, B 正确.

例 4 设 $A_{3\times 3}$ 满足 $A^2=E,A\neq \pm E$,证明: $[r(A+E)-1][r(A-E)-1]=0$.

证明 由 $A^2=E$,可知 $(A+E)(A-E)=O$,故 $r(A+E)+r(A-E)\leqslant 3$ ①.

又因 $A\neq\pm E$,从而 $A+E\neq O,A-E\neq O$,故 $r(A+E)\geqslant 1,r(A-E)\geqslant 1$ ②.

由①和②,可知 $r(A+E)$ 与 $r(A-E)$ 中至少有一个等于 1 ,故有 $[r(A+E)-1][r(A-E)-1]=0$.

2. 公式的证明

在证明矩阵的秩的等式时一般有如下思路:

(1)若证明 $r(A)=r(B)$,且 A 与 B 的列数相同,一般用同解思路,即证明"$Ax=0$ 和 $Bx=0$ 同解".

(2)若要证明 $r(A)=r(B)$,且 A 与 B 的行数相同,则可以先证明转置的秩相等,即证 $r\left(A^{\mathrm T}\right)=r\left(B^{\mathrm T}\right)$,此时由于 $A^{\mathrm T}$ 和 $B^{\mathrm T}$ 的列数相同,故可以套用(1)中的方法或结论.

(3)将矩阵进行列分块,矩阵的秩就转化为了向量组的秩,然后再将矩阵秩的证明转化为向量组线性相关性的证明.

例 5 请证明:若 P 为列满秩矩阵,则 $r(PA)=r(A)$;若 P 为行满秩矩阵,则 $r(AP)=r(A)$.

证明 当 P 为列满秩矩阵时,构造两个方程组 $PAx=0$ 和 $Ax=0$,若能证明出二者同解,则必有 $r(PA)=r(A)$.

(1)任取 $Ax=0$ 的一个解 ξ ,则有 $A\xi=0$,两边同时左乘矩阵 P ,得 $PA\xi=0$. 这说明, $Ax=0$ 的解都是 $PAx=0$ 的解;

(2)任取 $PAx=0$ 的一个解 η ,则有 $PA\eta=0$,也即 $P(A\eta)=0$; 又由于 P 是列满秩矩阵,故方程组 $Py=0$ 只有零解,故 $A\eta=0$. 这说明, $PAx=0$ 的解也都是 $Ax=0$ 的解.

综上，$PAx=0$ 和 $Ax=0$ 同解，故 $r(PA)=r(A)$.

当 P 为行满秩时，要想证明 $r(AP)=r(A)$ ，只需证明 $r\left(P^{\mathrm{T}}A^{\mathrm{T}}\right)=r\left(A^{\mathrm{T}}\right)$.

由于 P^{T} 为列满秩矩阵，故套用秩的结论可知 $r\left(P^{\mathrm{T}}A^{\mathrm{T}}\right)=r\left(A^{\mathrm{T}}\right)$ 成立，故 $r(AP)=r(A)$ 成立，证毕.

例 6 设 B 的列向量组线性无关，且 $BA=C$ ，证明：矩阵 C 的列向量组线性无关的充要条件是 A 的列向量组线性无关.

证明 由 B 的列向量组线性无关可知，$r\left(B_{m\times n}\right)=n$ ，从而由矩阵性质可知 $r\left(BA\right)=r\left(A\right)$ ，从而可得 $r\left(A\right)=r\left(C\right)$. 又由于 $B_{m\times n}A_{n\times s}=C_{m\times s}$ ，从而 A 与 C 列向量的个数相同. 故 A 与 C 的列向量组有相同的相关性（因为秩相同且个数相同），因此矩阵 C 的列向量组线性无关的充要条件是 A 的列向量组线性无关.

例 7 设矩阵 $A_{n\times s},B_{s\times s},C_{s\times t}$ 满足 $ABC=O$ ，且 $r(A)=r(C)=s$ ，证明：$B=O$.

证明 根据矩阵秩的性质，由 $r(A)=s$ ，可得：$r\left(A_{n\times s}B_{s\times s}C_{s\times t}\right)=r\left(B_{s\times s}C_{s\times t}\right)$.

同时，由于 $r(C)=s$ ，因此 $r\left(B_{s\times s}C_{s\times t}\right)=r\left(B_{s\times s}\right)$. 从而可得：$r\left(ABC\right)=r\left(B\right)$.

由于 $ABC=O$ ，因此 $r\left(ABC\right)=0$ ，从而 $r\left(B\right)=0$ ，即 $B=O$.

3. 结合定义

例 8 设 $A_{n\times n}$ ，A^* 为其伴随矩阵，请证明：$R\left(A^*\right)=\begin{cases}n & R\left(A\right)=n\\1 & R\left(A\right)=n-1\\0 & R\left(A\right)<n-1\end{cases}$.

证明 由于 $AA^*=A^*A=|A|E$ ，所以：

①当 $R\left(A\right)=n$ 时，A 可逆，$|A|\neq0$ ，从而 $\left(\dfrac{1}{|A|}A\right)A^*=A^*\left(\dfrac{1}{|A|}A\right)=E$ ，因而 A^* 也可逆（且 $\left(A^*\right)^{-1}=\dfrac{1}{|A|}A$ ），从而 $R\left(A^*\right)=n$.

②当 $R\left(A\right)=n-1$ 时，A 不可逆，$|A|=0$ ，所以 $AA^*=A^*A=O$ ，因而 $R\left(A^*\right)+R\left(A\right)\leqslant n$ ，由于 $R\left(A\right)=n-1$ ，从而 $R\left(A^*\right)\leqslant1$ ，又因为 $R\left(A\right)=n-1$ ，所以根据矩阵秩的定义，至少存在 1 个 $n-1$ 阶子式 $\neq0$ ，从而至少存在一个 $A_{ij}\neq0$ ，因而 $A^*\neq O$ ，$R\left(A^*\right)\geqslant1$ ，综合可得：$R\left(A^*\right)=1$.

③当 $R\left(A\right)<n-1$ 时，根据矩阵秩的定义，所有 $n-1$ 阶子式均 $=0$ ，从而所有 $A_{ij}=0$ ，因而 $A^*=O\Leftrightarrow R\left(A^*\right)=0$.

喻老线代章节笔记

喻老线代章节笔记

第二章 行列式技巧拓展

第一节 具体行列式的计算

计算行列式一般利用行列式的性质，将其行（列）的元素尽量化为零，再按行（列）展开．此外，行（列）加法、加边法、拆项法、递推法等也是常用方法．

一些特殊的行列式是常考点，如箭形（爪形）行列式、三对角形行列式等．

一、化为重要行列式

例 1 请计算行列式$\begin{vmatrix}1 & -1 & 1 & x-1\\ 1 & -1 & x+1 & -1\\ 1 & x-1 & 1 & -1\\ x+1 & -1 & 1 & -1\end{vmatrix}$．（该例题在基础篇已出现过）

解析 先将所求行列式的第 1 行的（-1）倍分别加到第 2,3,4 行上，得$\begin{vmatrix}1 & -1 & 1 & x-1\\ 0 & 0 & x & -x\\ 0 & x & 0 & -x\\ x & 0 & 0 & -x\end{vmatrix}$，再将所得行列式的第 1 列、第 2 列和第 3 列依次加到第 4 列上，得$\begin{vmatrix}1 & -1 & 1 & x\\ 0 & 0 & x & 0\\ 0 & x & 0 & 0\\ x & 0 & 0 & 0\end{vmatrix}=(-1)^{\frac{4(4-1)}{2}}\cdot x^4=x^4$．

例 2 计算行列式$D_4=\begin{vmatrix}1 & 1 & 1 & 1\\ 1 & 2 & 0 & 0\\ 1 & 0 & 3 & 0\\ 1 & 0 & 0 & 4\end{vmatrix}$．

解析 行列式 D_4 形似箭形行列式（有时也称爪形行列式），利用主对角线元素将第 1 行（或第 1 列）的部分元素化为零．

$$D_4=\begin{vmatrix}1-\frac{1}{2}-\frac{1}{3}-\frac{1}{4} & 0 & 0 & 0\\ 1 & 2 & 0 & 0\\ 1 & 0 & 3 & 0\\ 1 & 0 & 0 & 4\end{vmatrix}=\left(1-\frac{1}{2}-\frac{1}{3}-\frac{1}{4}\right)\times 2\times 3\times 4=-2.$$

例 3 （2015）n 阶行列式$\begin{vmatrix}2 & 0 & \cdots & 0 & 2\\ -1 & 2 & \cdots & 0 & 2\\ \vdots & \vdots & & \vdots & \vdots\\ 0 & 0 & \cdots & 2 & 2\\ 0 & 0 & \cdots & -1 & 2\end{vmatrix}=$______．

解析 法一：化为上三角行列式：行列式 $= 2\begin{vmatrix}1&0&\cdots&0&1\\-1&2&\cdots&0&2\\\vdots&\vdots&&\vdots&\vdots\\0&0&\cdots&2&2\\0&0&\cdots&-1&2\end{vmatrix}=2\begin{vmatrix}1&0&\cdots&0&1\\0&2&\cdots&0&2+1\\\vdots&\vdots&&\vdots&\vdots\\0&0&\cdots&2&2\\0&0&\cdots&-1&2\end{vmatrix}$

$$=2^2\begin{vmatrix}1&0&\cdots&0&1\\0&1&\cdots&0&1+\frac{1}{2}\\\vdots&\vdots&&\vdots&\vdots\\0&0&\cdots&2&2\\0&0&\cdots&-1&2\end{vmatrix}=\cdots\cdots=2^n\begin{vmatrix}1&0&\cdots&0&1\\0&1&\cdots&0&1+\frac{1}{2}\\\vdots&\vdots&&\vdots&\vdots\\0&0&\cdots&1&\vdots\\0&0&\cdots&0&1+\frac{1}{2}+\frac{1}{2^2}+\cdots+\frac{1}{2^{n-1}}\end{vmatrix}$$

$$=2^n\left(1+\frac{1}{2}+\frac{1}{2^2}+\cdots+\frac{1}{2^{n-1}}\right)=2^n\frac{1-\frac{1}{2^n}}{1-\frac{1}{2}}=2^{n+1}-2 .$$

法二：用最后一行的 2 倍加到倒数第 2 行，行列式 $=\begin{vmatrix}2&0&\cdots&0&2\\-1&2&\cdots&0&2\\\vdots&\vdots&&\vdots&\vdots\\0&0&\cdots&0&2+2^2\\0&0&\cdots&-1&2\end{vmatrix}$，再用倒数第 2 行的 2 倍加到倒数第 3 行 ....., 依次类推：行列式 $=\begin{vmatrix}0&0&\cdots&0&2+2^2+\cdots+2^n\\-1&0&\cdots&0&\vdots\\\vdots&\vdots&&\vdots&\vdots\\0&0&\cdots&0&2+2^2\\0&0&\cdots&-1&2\end{vmatrix}$.

按第一行展开 $=(-1)^{1+n}\left(2+2^2+\cdots+2^n\right)\begin{vmatrix}-1&&&\\&-1&&\\&&\ddots&\\&&&-1\end{vmatrix}$（$n-1$ 阶）

$$=(-1)^{1+n}(-1)^{n-1}\left(2+2^2+\cdots+2^n\right)=2+2^2+\cdots+2^n=2\frac{1-2^n}{1-2}=2^{n+1}-2 .$$

例 4 （2016）行列式 $\begin{vmatrix}\lambda&-1&0&0\\0&\lambda&-1&0\\0&0&\lambda&-1\\4&3&2&\lambda+1\end{vmatrix}=$______.

解析 用第 4 列的 λ 倍加到第 3 列，行列式 $=\begin{vmatrix}\lambda&-1&0&0\\0&\lambda&-1&0\\0&0&0&-1\\4&3&\lambda^2+\lambda+2&\lambda+1\end{vmatrix}$，再用第 3 列的 λ 倍加

到第 2 列，行列式 $=\begin{vmatrix} \lambda & -1 & 0 & 0 \\ 0 & 0 & -1 & 0 \\ 0 & 0 & 0 & -1 \\ 4 & \lambda^3+\lambda^2+2\lambda+3 & \lambda^2+\lambda+2 & \lambda+1 \end{vmatrix}$，再用第 2 列的 λ 倍加到第 1 列，行

列式 $=\begin{vmatrix} 0 & -1 & 0 & 0 \\ 0 & 0 & -1 & 0 \\ 0 & 0 & 0 & -1 \\ \lambda^4+\lambda^3+2\lambda^2+3\lambda+4 & \lambda^3+\lambda^2+2\lambda+3 & \lambda^2+\lambda+2 & \lambda+1 \end{vmatrix}$，再按第 1 列展开，从而行列式

$=(-1)^{1+4}(-1)^3\left(\lambda^4+\lambda^3+2\lambda^2+3\lambda+4\right)=\lambda^4+\lambda^3+2\lambda^2+3\lambda+4$.

二、加边法

对于某些一开始不易使用“互换”“倍乘”“倍加”性质的行列式，可以考虑使用加边法：n 阶行列式中添加一行、一列升至 $n+1$ 阶行列式 . 若添加在第 1 列，且添加的是 $(1,0,\cdots,0)^{\mathrm{T}}$，则第 1 行其余元素可以任意添加（也可第一行添加 $(1,0,\cdots,0)$，第一列其余元素任意添加），**行列式值不变**，即

$$D_n=\begin{vmatrix} a_{11} & a_{12} & \cdots & a_{1n} \\ a_{21} & a_{22} & \cdots & a_{2n} \\ \vdots & \vdots & & \vdots \\ a_{n1} & a_{n2} & \cdots & a_{nn} \end{vmatrix}=\begin{vmatrix} 1 & * & * & \cdots & * \\ 0 & a_{11} & a_{12} & \cdots & a_{1n} \\ 0 & a_{21} & a_{22} & \cdots & a_{2n} \\ \vdots & \vdots & \vdots & & \vdots \\ 0 & a_{n1} & a_{n2} & \cdots & a_{nn} \end{vmatrix}=\begin{vmatrix} 1 & 0 & 0 & \cdots & 0 \\ * & a_{11} & a_{12} & \cdots & a_{1n} \\ * & a_{21} & a_{22} & \cdots & a_{2n} \\ \vdots & \vdots & \vdots & & \vdots \\ * & a_{n1} & a_{n2} & \cdots & a_{nn} \end{vmatrix},$$

其中 * 处元素**可以任意添加** . 观察原行列式元素的规律性，选择合适的元素填入 * 处，使行列式的计算更为简便 .

例 1　请计算行列式 $\begin{vmatrix} x+m_1 & x & & x \\ x & x+m_2 & & x \\ \vdots & \vdots & \ddots & \vdots \\ x & x & & x+m_n \end{vmatrix}$，其中 m_i 均 $\neq 0$.

解析　$D=\begin{vmatrix} 1 & x & x & \cdots & x \\ 0 & x+m_1 & x & & x \\ 0 & x & x+m_2 & & \vdots \\ \vdots & \vdots & \vdots & & \\ 0 & x & x & & x+m_n \end{vmatrix}=\begin{vmatrix} 1 & x & \cdots & \cdots & x \\ -1 & m_1 & & & \\ -1 & & m_2 & & \\ \vdots & & & \ddots & \\ -1 & & & & m_n \end{vmatrix}$

$=\begin{vmatrix} 1+\dfrac{x}{m_1}+\dfrac{x}{m_2}\cdots+\dfrac{x}{m_n} & x & \cdots & \cdots & x \\ 0 & m_1 & & & \\ 0 & & \ddots & & \\ \vdots & & & \ddots & \\ 0 & & & & m_n \end{vmatrix}=\left(1+\dfrac{x}{m_1}+\dfrac{x}{m_2}+\cdots+\dfrac{x}{m_n}\right)(m_1m_2\cdots m_n)$，

$$或=\begin{vmatrix}1 & 0 & 0 & \cdots & 0\\ x & x+m_1 & x & & x\\ x & x & x+m_2 & & \vdots\\ \vdots & \vdots & \vdots & & \\ x & x & x & & x+m_n\end{vmatrix}=\begin{vmatrix}1 & -1 & -1 & \cdots & -1\\ x & m_1 & 0 & & 0\\ x & 0 & m_2 & & \vdots\\ \vdots & \vdots & \vdots & & \\ x & 0 & 0 & & m_n\end{vmatrix}.$$

例 2　计算 $D_n=\begin{vmatrix}a_1+b_1 & a_2 & \cdots & a_n\\ a_1 & a_2+b_2 & \cdots & a_n\\ \vdots & \vdots & & \vdots\\ a_1 & a_2 & \cdots & a_n+b_n\end{vmatrix}(b_i\neq 0)$.

解析　D_n 中除主对角线外，各列元素分别相同，可用加边法 .

$$D_n=\begin{vmatrix}1 & 0 & 0 & \cdots & 0\\ 1 & a_1+b_1 & a_2 & \cdots & a_n\\ 1 & a_1 & a_2+b_2 & \cdots & a_n\\ \vdots & \vdots & \vdots & & \vdots\\ 1 & a_1 & a_2 & \cdots & a_n+b_n\end{vmatrix}=\begin{vmatrix}1 & -a_1 & -a_2 & \cdots & -a_n\\ 1 & b_1 & 0 & \cdots & 0\\ 1 & 0 & b_2 & \cdots & 0\\ \vdots & \vdots & \vdots & & \vdots\\ 1 & 0 & 0 & \cdots & b_n\end{vmatrix},$$

该行列式为爪形行列式，故可求得 $D_n=(1+\sum\limits_{i=1}^{n}\frac{a_i}{b_i})\prod\limits_{j=1}^{n}b_j$ ，

$$或D_n=\begin{vmatrix}1 & a_1 & a_2 & \cdots & a_n\\ 0 & a_1+b_1 & a_2 & \cdots & a_n\\ 0 & a_1 & a_2+b_2 & \cdots & a_n\\ \vdots & \vdots & \vdots & & \vdots\\ 0 & a_1 & a_2 & \cdots & a_n+b_n\end{vmatrix}=\begin{vmatrix}1 & a_1 & a_2 & \cdots & a_n\\ -1 & b_1 & 0 & \cdots & 0\\ -1 & 0 & b_2 & \cdots & 0\\ \vdots & \vdots & \vdots & & \vdots\\ -1 & 0 & 0 & \cdots & b_n\end{vmatrix}.$$

例 3　设矩阵 $\boldsymbol{A}=\begin{pmatrix}a_1b_1 & a_1b_2 & a_1b_3\\ a_2b_1 & a_2b_2 & a_2b_3\\ a_3b_1 & a_3b_2 & a_3b_3\end{pmatrix}$，即 $\boldsymbol{A}=\begin{pmatrix}a_1\\ a_2\\ a_3\end{pmatrix}(b_1,b_2,b_3)$，计算行列式 $|\lambda\boldsymbol{E}-\boldsymbol{A}|$.

解析　$|\lambda\boldsymbol{E}-\boldsymbol{A}|=\begin{vmatrix}\lambda-a_1b_1 & -a_1b_2 & -a_1b_3\\ -a_2b_1 & \lambda-a_2b_2 & -a_2b_3\\ -a_3b_1 & -a_3b_2 & \lambda-a_3b_3\end{vmatrix}$，利用加边法：

$$|\lambda\boldsymbol{E}-\boldsymbol{A}|=\begin{vmatrix}1 & b_1 & b_2 & b_3\\ 0 & \lambda-a_1b_1 & -a_1b_2 & -a_1b_3\\ 0 & -a_2b_1 & \lambda-a_2b_2 & -a_2b_3\\ 0 & -a_3b_1 & -a_3b_2 & \lambda-a_3b_3\end{vmatrix}=\begin{vmatrix}1 & b_1 & b_2 & b_3\\ a_1 & \lambda & 0 & 0\\ a_2 & 0 & \lambda & 0\\ a_3 & 0 & 0 & \lambda\end{vmatrix},$$

当 $\lambda\neq 0$ 时，$=\begin{vmatrix}1-\frac{a_1b_1}{\lambda}-\frac{a_2b_2}{\lambda}-\frac{a_3b_3}{\lambda} & b_1 & b_2 & b_3\\ 0 & \lambda & 0 & 0\\ 0 & 0 & \lambda & 0\\ 0 & 0 & 0 & \lambda\end{vmatrix}=\lambda^3(1-\sum\limits_{i=1}^{3}\frac{a_ib_i}{\lambda})=\lambda^2(\lambda-\sum\limits_{i=1}^{3}a_ib_i)$ ；

当 $\lambda=0$ 时，后面 3 行对应成比例，故 $|\lambda\boldsymbol{E}-\boldsymbol{A}|=0$；

从而无论 λ 是否 $=0$，均可有统一形式：$|\lambda\boldsymbol{E}-\boldsymbol{A}|=\lambda^2(\lambda-\sum_{i=1}^{3}a_ib_i)$.

（类似的，如果 $\boldsymbol{A}$ 为 n 阶方阵，则一定有 $|\lambda\boldsymbol{E}-\boldsymbol{A}|=\lambda^{n-1}(\lambda-\sum_{i=1}^{n}a_ib_i)$ ）

$$\text{当然，也可}|\lambda\boldsymbol{E}-\boldsymbol{A}|=\begin{vmatrix}1&0&0&0\\a_1&\lambda-a_1b_1&-a_1b_2&-a_1b_3\\a_2&-a_2b_1&\lambda-a_2b_2&-a_2b_3\\a_3&-a_3b_1&-a_3b_2&\lambda-a_3b_3\end{vmatrix}=\begin{vmatrix}1&b_1&b_2&b_3\\a_1&\lambda&0&0\\a_2&0&\lambda&0\\a_3&0&0&\lambda\end{vmatrix}.$$

三、递推法

（1）建立递推公式，即建立 D_n 与 D_{n-1} 的关系，个别复杂的题甚至要建立 D_n,D_{n-1} 与 D_{n-2} 的关系 .

（2）D_{n-1} 与 D_n 要有完全相同的元素分布规律，只是 D_{n-1} 比 D_n 低了一阶 .

例 1 请计算行列式 $D_4=\begin{vmatrix}4&3&0&0\\1&4&3&0\\0&1&4&3\\0&0&1&4\end{vmatrix}$.

解析 所给行列式是三对角形行列式，一般可用递推法 . 将 D_4 按第 1 列展开，得

$$D_4=4\times(-1)^{1+1}\begin{vmatrix}4&3&0\\1&4&3\\0&1&4\end{vmatrix}+1\times(-1)^{1+2}\begin{vmatrix}3&0&0\\1&4&3\\0&1&4\end{vmatrix}=4D_3-3D_2,$$

故 $D_4-D_3=3(D_3-D_2)=3^2(D_2-D_1)=3^2\times(13-4)=3^4$ ，从而

$D_4=D_3+3^4=D_2+3^3+3^4=D_1+3^2+3^3+3^4=4+3^2+3^3+3^4=121.$

例 2 证明：$D_n=\begin{vmatrix}2a&1&&&\\a^2&2a&1&&\\&\ddots&\ddots&\ddots&\\&&\ddots&\ddots&1\\&&&a^2&2a\end{vmatrix}=(n+1)a^n$.

解析 D_n 为三对角形行列式，用递推法 . 当 $n\geqslant 3$ 时，按第 1 列展开，得 $D_n=2aD_{n-1}-a^2D_{n-2}$ ，此时有两种证明方法：

法一：由 $D_n=2aD_{n-1}-a^2D_{n-2}$ 有：$D_n-aD_{n-1}=aD_{n-1}-a^2D_{n-2}=a(D_{n-1}-aD_{n-2})$ ，

$\{D_n-aD_{n-1}\}$ 是个等比数列，公比为 a ，从而 $D_n-aD_{n-1}=a^{n-2}(D_2-aD_1)=a^n$ ，

从而 $D_n=a^n+aD_{n-1}$. 从而当 $n\geqslant 2$ 时，有 $D_n=a^n+aD_{n-1}=a^n+a(a^{n-1}-aD_{n-2})=2a^n+a^2D_{n-2}$ ，进而 $D_n=2a^n+a^2(a^{n-2}+aD_{n-3})=3a^n+a^3D_{n-3}$ ，以此类推 $\cdots D_n=(n-1)a^n+a^{n-1}\cdot D_1$ ，由于 $D_1=2a$ ，

从而 $D_n=(n-1)a^n+a^{n-1}\cdot 2a=(n+1)a^n$.

显然，$D_1=2a$ ，$D_2=3a^2$ ，故 $D_n=(n+1)a^n$ 对所有正整数均成立 .

证法二：用数学归纳法 .

当 $n=1$ 时，$D_1=2a$ ，结论成立；当 $n=2$ 时，$D_2=3a^2$ ，结论成立 .

假设对于 $k\left(k=1,2,3....\right)$ 均有 $D_k=(k+1)a^k$ ，$D_{k+1}=(k+2)a^{k+1}$. 则由递推关系：

$$D_{k+2}=2aD_{k+1}-a^2D_k=2a(k+2)a^{k+1}-a^2(k+1)a^k=\left(k+3\right)a^{k+2}=\left[\left(k+2\right)+1\right]a^{k+2},$$

也成立 . 由数学归纳法可知：$D_n=(n+1)a^n$ 对所有正整数均成立 .

【注】涉及 n 阶行列式的证明型计算问题，可考虑**数学归纳法** .

第一数学归纳法：

①验证 $n=1$ 时，命题成立；

②假设 $n=k$ 时，命题成立；

③证明 $n=k+1$ 时，命题成立 .

则命题对任意正整数 n 成立 .

第二数学归纳法：

①验证 $n=1$ 和 $n=2$ 时，命题成立；

②假设 $n=k,n=k+1$ 时，命题成立；

③证明 $n=k+2$ 时，命题成立 .

则命题对任意正整数 n 成立 .

例 3　请计算行列式 $\left|A_{2n\times 2n}\right|=\begin{vmatrix} a_n & & & \cdots & & & b_n \\ & \ddots & & & & \iddots & \\ & & a_1 & & b_1 & & \\ & & c_1 & & d_1 & & \\ & \iddots & & & & \ddots & \\ c_n & & & & & & d_n \end{vmatrix}$.

解析　按照第一行或第一列展开可得：

$D_{2n}=\left(a_nd_n-b_nc_n\right)D_{2(n-1)}=\left(a_nd_n-b_nc_n\right)\left(a_{n-1}d_{n-1}-b_{n-1}c_{n-1}\right)D_{2(n-2)}$ ，从而可以此类推得到：

$$D_{2n}=\left(a_nd_n-b_nc_n\right)\left(a_{n-1}d_{n-1}-b_{n-1}c_{n-1}\right)\cdots\left(a_2d_2-b_2c_2\right)\left(a_1d_1-b_1c_1\right)$$

$$=\prod_{i=1}^{n}\left(a_id_i-b_ic_i\right).$$

第二节　抽象行列式的计算

对于抽象型的行列式的计算，主要是利用行列式的性质来实现，重要公式有：

（1）设 $\boldsymbol{A},\boldsymbol{B}$ 均 n 阶矩阵，则：

$\left|\boldsymbol{A}^{\mathrm{T}}\right|=|\boldsymbol{A}|$，$|k\boldsymbol{A}|=k^n|\boldsymbol{A}|$，$|\boldsymbol{AB}|=|\boldsymbol{A}||\boldsymbol{B}|$，$\left|\boldsymbol{A}^*\right|=|\boldsymbol{A}|^{n-1}$.

（2）设 $\boldsymbol{A}$ 是 n 阶可逆矩阵，则 $\left|\boldsymbol{A}^{-1}\right|=|\boldsymbol{A}|^{-1}$.

（3）若 $|\boldsymbol{A}|$ 中某一列（行）是 2 个数之和，则可拆为 2 个行列式之和 .

例如：$\left|\boldsymbol{\alpha}_1,\boldsymbol{\alpha}_2,\boldsymbol{\beta}+\boldsymbol{\gamma}\right|=\left|\boldsymbol{\alpha}_1,\boldsymbol{\alpha}_2,\boldsymbol{\beta}\right|+\left|\boldsymbol{\alpha}_1,\boldsymbol{\alpha}_2,\boldsymbol{\gamma}\right|$.

（4）当看到形如 $A=(k_1\alpha_1+k_2\alpha_2, l_1\alpha_1+l_2\alpha_2)$ 的矩阵，可以改写成矩阵乘法，将其分解为 $A=(\alpha_1,\alpha_2)\begin{pmatrix} k_1 & l_1 \\ k_2 & l_2 \end{pmatrix}$（这个技巧非常重要，在后面的相似会经常使用）.

（5）拉普拉斯展开式，设 A 是 m 阶矩阵，B 是 n 阶矩阵，则：

$$\begin{vmatrix} A & O \\ C & B \end{vmatrix}=|A||B|,\quad \begin{vmatrix} O & A \\ B & C \end{vmatrix}=(-1)^{mn}|A||B|.$$

例 1　设 A,B 均为 n 阶矩阵，且 $|A|=2, |B|=-3$. 求：（1）$\left|2A^*B^{\mathrm{T}}\right|$；（2）$\left|A^{-1}B^*-A^*B^{-1}\right|$.

解析　（1）利用行列式的重要公式，得 $\left|2A^*B^{\mathrm{T}}\right|=2^n\left|A^*\right|\left|B^{\mathrm{T}}\right|=2^n|A|^{n-1}|B|=2^n\cdot 2^{n-1}\cdot(-3)$ $=-6\cdot 4^{n-1}$.

（2）利用 $AA^*=A^*A=|A|E$，得 $A^*=|A|A^{-1}=2A^{-1}$，$B^*=|B|B^{-1}=-3B^{-1}$，

故 $\left|A^{-1}B^*-A^*B^{-1}\right|=\left|A^{-1}\left(-3B^{-1}\right)-2A^{-1}B^{-1}\right|=\left|-5A^{-1}B^{-1}\right|$

$$=(-5)^n\left|A^{-1}\right|\left|B^{-1}\right|=(-5)^n|A|^{-1}\cdot|B|^{-1}=(-5)^n\cdot\frac{1}{2}\cdot\left(-\frac{1}{3}\right)=\frac{(-1)^{n+1}\cdot 5^n}{6}.$$

例 2　设 $\alpha_1,\alpha_2,\alpha_3,\beta,\gamma$ 均是 4 维列向量，且 $|\alpha_1,\alpha_2,\alpha_3,\beta|=c_1$，$|\beta+\gamma,\alpha_3,\alpha_2,\alpha_1|=c_2$，则 $|2\gamma,\alpha_1,\alpha_2,\alpha_3|=$ ________.

解析　利用行列式的性质，将 $|\beta+\gamma,\alpha_3,\alpha_2,\alpha_1|$ 拆成两个行列式之和，得：

$|\beta+\gamma,\alpha_3,\alpha_2,\alpha_1|=|\beta,\alpha_3,\alpha_2,\alpha_1|+|\gamma,\alpha_3,\alpha_2,\alpha_1|=c_2$. 又因为 $|\beta,\alpha_3,\alpha_2,\alpha_1|=|\alpha_1,\alpha_2,\alpha_3,\beta|=c_1$，所以 $|\gamma,\alpha_3,\alpha_2,\alpha_1|=c_2-c_1$，从而有 $|2\gamma,\alpha_1,\alpha_2,\alpha_3|=-2|\gamma,\alpha_3,\alpha_2,\alpha_1|=2(c_1-c_2)$.

例 3　已知 $\alpha_1,\alpha_2,\alpha_3,\alpha_4$ 是 3 维列向量，矩阵 $A=(\alpha_1,\alpha_2,2\alpha_3-\alpha_4+\alpha_2)$，$B=(\alpha_3,\alpha_2,\alpha_1)$，$C=(\alpha_1+2\alpha_2,2\alpha_2+3\alpha_4,\alpha_4+3\alpha_1)$，若 $|B|=-5$，$|C|=40$，则 $|A|=$ ________.

解析　根据行列式的性质，有：

$$|A|=|\alpha_1,\alpha_2,2\alpha_3-\alpha_4+\alpha_2|=|\alpha_1,\alpha_2,2\alpha_3-\alpha_4|=|\alpha_1,\alpha_2,2\alpha_3|-|\alpha_1,\alpha_2,\alpha_4|$$
$$=-2|\alpha_3,\alpha_2,\alpha_1|-|\alpha_1,\alpha_2,\alpha_4|=10-|\alpha_1,\alpha_2,\alpha_4|.$$

由于 $C=(\alpha_1+2\alpha_2,2\alpha_2+3\alpha_4,\alpha_4+3\alpha_1)=(\alpha_1,\alpha_2,\alpha_4)\begin{pmatrix} 1 & 0 & 3 \\ 2 & 2 & 0 \\ 0 & 3 & 1 \end{pmatrix}$，两边取行列式，有

$|C|=|\alpha_1,\alpha_2,\alpha_4|\cdot\begin{vmatrix} 1 & 0 & 3 \\ 2 & 2 & 0 \\ 0 & 3 & 1 \end{vmatrix}=20|\alpha_1,\alpha_2,\alpha_4|$. 又由 $|C|=40$，知 $|\alpha_1,\alpha_2,\alpha_4|=2$，故 $|A|=8$.

喻老线代章节笔记

喻老线代章节笔记

第三章 矩阵专题总结

专题一 秩为 1 的方阵

秩为 1 的矩阵具有如下性质：

（1）n 阶矩阵 $\boldsymbol{A}$ 的秩为 $1 \Leftrightarrow \exists n$ 维非零列向量 $\boldsymbol{\alpha}$ 和 $\boldsymbol{\beta}$，使 $\boldsymbol{A}=\boldsymbol{\alpha}\boldsymbol{\beta}^{\mathrm{T}}$.

例：$A=\begin{pmatrix}2 & 4 & 6\\ -3 & -6 & -9\\ 1 & 2 & 3\end{pmatrix}=\begin{pmatrix}2\\ -3\\ 1\end{pmatrix}(1,2,3)$.

（2）$\mathrm{tr}\left(\boldsymbol{\alpha}\boldsymbol{\beta}^{\mathrm{T}}\right)=\boldsymbol{\beta}^{\mathrm{T}}\boldsymbol{\alpha}=\boldsymbol{\alpha}^{\mathrm{T}}\boldsymbol{\beta}$ （$\boldsymbol{\alpha},\boldsymbol{\beta}$ 为 n 维列向量）.

证明：以 3 维为例，由 $k=\boldsymbol{\alpha}^{\mathrm{T}}\boldsymbol{\beta}=\left(a_1,a_2,a_3\right)\begin{pmatrix}b_1\\ b_2\\ b_3\end{pmatrix}=a_1b_1+a_2b_2+a_3b_3$ ，

$\boldsymbol{A}=\boldsymbol{\alpha}\boldsymbol{\beta}^{\mathrm{T}}=\begin{pmatrix}a_1\\ a_2\\ a_3\end{pmatrix}\left(b_1,b_2,b_3\right)=\begin{pmatrix}a_1b_1 & a_1b_2 & a_1b_3\\ a_2b_1 & a_2b_2 & a_2b_3\\ a_3b_1 & a_3b_2 & a_3b_3\end{pmatrix}$，因此 $k=\boldsymbol{\alpha}^{\mathrm{T}}\boldsymbol{\beta}=\boldsymbol{\beta}^{\mathrm{T}}\boldsymbol{\alpha}=\mathrm{tr}(\boldsymbol{A})$.

（3）若 n 阶方阵 $\boldsymbol{A}=\boldsymbol{\alpha}\boldsymbol{\beta}^{T}$ 的秩为 1，则 $\boldsymbol{A}$ 的特征值为 $\lambda_1=\mathrm{tr}(\boldsymbol{A}),\lambda_2=\ldots=\lambda_n=0$.

且 $\boldsymbol{\alpha}$ 为 $\lambda_1=\mathrm{tr}(\boldsymbol{A})$ 对应的特征向量.

证明：$\boldsymbol{A}\boldsymbol{\alpha}=\boldsymbol{\alpha}\boldsymbol{\beta}^{T}\boldsymbol{\alpha}=\boldsymbol{\alpha}\left(\boldsymbol{\beta}^{T}\boldsymbol{\alpha}\right)=k\boldsymbol{\alpha}=\mathrm{tr}(\boldsymbol{A})\cdot\boldsymbol{\alpha}$.

（4）若 n 阶方阵 $\boldsymbol{A}=\boldsymbol{\alpha}\boldsymbol{\beta}^{\mathrm{T}}$ 的秩为 1，则当 $\mathrm{tr}(\boldsymbol{A})\neq 0$ 时，$\boldsymbol{A}$ 可对角化；当 $\mathrm{tr}(\boldsymbol{A})=0$ 时，$\boldsymbol{A}$ 不可对角化.

例：设秩为 1 的矩阵 $\boldsymbol{A}=\begin{pmatrix}1 & -1 & 1\\ 2 & -2 & 2\\ -1 & 1 & -1\end{pmatrix}$，$tr(\boldsymbol{A})=-2\neq 0$，故 $\boldsymbol{A}$ 可对角化.

（5）$\boldsymbol{A}^{n}=k^{n-1}\boldsymbol{A}$，其中 $k=\boldsymbol{\alpha}^{\mathrm{T}}\boldsymbol{\beta}=\boldsymbol{\beta}^{\mathrm{T}}\boldsymbol{\alpha}=tr(\boldsymbol{A})$.

例 1 （2012）设 $\boldsymbol{\alpha}$ 为 3 维单位列向量，$\boldsymbol{E}$ 为 3 阶单位矩阵，则矩阵 $\boldsymbol{E}-\boldsymbol{\alpha}\boldsymbol{\alpha}^{\mathrm{T}}$ 的秩为 ______.

解析 由于 $r\left(\boldsymbol{\alpha}\boldsymbol{\alpha}^{\mathrm{T}}\right)=1$，且 $\boldsymbol{\alpha}^{\mathrm{T}}\boldsymbol{\alpha}=1\neq 0$，所以 $\boldsymbol{\alpha}\boldsymbol{\alpha}^{\mathrm{T}}$ 可对角化，且特征值为 2 个 0, 剩下 1 个为 1; 从而 $\boldsymbol{A}=\boldsymbol{E}-\boldsymbol{\alpha}\boldsymbol{\alpha}^{\mathrm{T}}$ 也可对角化，其特征值为 2 个 1, 剩下 1 个为 0, 从而其秩为 $r(\boldsymbol{A})=2$.

例 2 （2017）设 $\boldsymbol{\alpha}$ 为 n 维单位列向量，$\boldsymbol{E}$ 为 n 阶单位阵，则（　　）.

A. $\boldsymbol{E}-\boldsymbol{\alpha}\boldsymbol{\alpha}^{\mathrm{T}}$ 不可逆　　*B.* $\boldsymbol{E}+\boldsymbol{\alpha}\boldsymbol{\alpha}^{\mathrm{T}}$ 不可逆

C. $\boldsymbol{E}+2\boldsymbol{\alpha}\boldsymbol{\alpha}^{\mathrm{T}}$ 不可逆　　*D.* $\boldsymbol{E}-2\boldsymbol{\alpha}\boldsymbol{\alpha}^{\mathrm{T}}$ 不可逆

解析　由已知，$r\left(\boldsymbol{\alpha\alpha}^{\mathrm{T}}\right)=1$，$\boldsymbol{\alpha}^{\mathrm{T}}\boldsymbol{\alpha}=1$，$\boldsymbol{\alpha\alpha}^{\mathrm{T}}$ 的特征值为 $1,0,\cdots,0$，故 $\boldsymbol{E}-\boldsymbol{\alpha\alpha}^{\mathrm{T}}$ 的特征值为 $0,1,1,\cdots,1$，从而 $\left|\boldsymbol{E}-\boldsymbol{\alpha\alpha}^{\mathrm{T}}\right|=0$，于是 $\boldsymbol{E}-\boldsymbol{\alpha\alpha}^{\mathrm{T}}$ 不可逆，A 正确．

例 3　设 $\boldsymbol{A}=\boldsymbol{E}+\boldsymbol{\alpha\beta}^{\mathrm{T}}$，其中 $\boldsymbol{\alpha},\boldsymbol{\beta}$ 为 n 维列向量，且 $\boldsymbol{\alpha}^{\mathrm{T}}\boldsymbol{\beta}=2$，求 $\boldsymbol{A}^{-1}$．

解析　设 $\boldsymbol{B}=\boldsymbol{\alpha\beta}^{\mathrm{T}}$，则它是秩为 1 的矩阵，且显然有 $\boldsymbol{B}^2=2\boldsymbol{B}$，从而 $(\boldsymbol{A}-\boldsymbol{E})^2=2(\boldsymbol{A}-\boldsymbol{E})$，整理可得 $\boldsymbol{A}^2-4\boldsymbol{A}+3\boldsymbol{E}=\boldsymbol{O}$．即 $\boldsymbol{A}(\boldsymbol{A}-4\boldsymbol{E})=-3\boldsymbol{E}$，$\boldsymbol{A}^{-1}=\frac{1}{3}(4\boldsymbol{E}-\boldsymbol{A})=\frac{1}{3}\left(3\boldsymbol{E}-\boldsymbol{\alpha\beta}^{\mathrm{T}}\right)=\boldsymbol{E}-\frac{1}{3}\boldsymbol{\alpha\beta}^{\mathrm{T}}$．

例 4　（真题改编）设有 n 阶矩阵 $\boldsymbol{A}=\begin{pmatrix} a & b & \cdots & b\\ b & a & \cdots & b\\ \vdots & \vdots & & \vdots\\ b & b & \cdots & a\end{pmatrix}$，请问 a,b 满足什么条件可使 $\boldsymbol{A}$ 可逆，并当 $\boldsymbol{A}$ 可逆时求其逆．

解析　（1）由于 $|\boldsymbol{A}|=\begin{vmatrix} a & b & \cdots & b\\ b & a & \cdots & b\\ \vdots & \vdots & & \vdots\\ b & b & \cdots & a\end{vmatrix}=\begin{vmatrix} (n-1)b+a & (n-1)b+a & \cdots & (n-1)b+a\\ b & a & \cdots & b\\ \vdots & \vdots & & \vdots\\ b & b & \cdots & a\end{vmatrix}$

$$=\left[(n-1)b+a\right]\begin{vmatrix} 1 & 1 & \cdots & 1\\ b & a & \cdots & b\\ \vdots & \vdots & & \vdots\\ b & b & \cdots & a\end{vmatrix}=\left[(n-1)b+a\right]\begin{vmatrix} 1 & 1 & \cdots & 1\\ 0 & a-b & \cdots & 0\\ \vdots & \vdots & & \vdots\\ 0 & 0 & \cdots & a-b\end{vmatrix}=\left[(n-1)b+a\right](a-b)^{n-1}$$．因此，

当 $a\neq b$ 且 $(n-1)b+a\neq 0$ 时，则 $|\boldsymbol{A}|\neq 0$，$\boldsymbol{A}$ 可逆．

（2）法一：初等变换法：$(A|E)=\left(\begin{array}{cccc|cccc} a & b & \cdots & b & 1 & 0 & \cdots & 0\\ b & a & \cdots & b & 0 & 1 & \cdots & 0\\ \vdots & \vdots & & \vdots & \vdots & \vdots & & \vdots\\ b & b & \cdots & a & 0 & 0 & \cdots & 1\end{array}\right)$ 做初等行变换

$$\to\left(\begin{array}{cccc|cccc} (n-1)b+a & (n-1)b+a & \cdots & (n-1)b+a & 1 & 1 & \cdots & 1\\ b & a & \cdots & b & 0 & 1 & \cdots & 0\\ \vdots & \vdots & & \vdots & \vdots & \vdots & & \vdots\\ b & b & \cdots & a & 0 & 0 & \cdots & 1\end{array}\right),$$

由于 $(n-1)b+a\neq 0\to\left(\begin{array}{cccc|cccc} 1 & 1 & \cdots & 1 & \frac{1}{(n-1)b+a} & \frac{1}{(n-1)b+a} & \cdots & \frac{1}{(n-1)b+a}\\ b & a & \cdots & b & 0 & 1 & \cdots & 0\\ \vdots & \vdots & & \vdots & \vdots & \vdots & & \vdots\\ b & b & \cdots & a & 0 & 0 & \cdots & 1\end{array}\right)$

$$\to\left(\begin{array}{cccc|cccc}1&1&\cdots&1&\frac{1}{(n-1)b+a}&\frac{1}{(n-1)b+a}&\cdots&\frac{1}{(n-1)b+a}\\0&a-b&\cdots&0&-\frac{b}{(n-1)b+a}&1-\frac{b}{(n-1)b+a}&\cdots&-\frac{b}{(n-1)b+a}\\\vdots&\vdots&&\vdots&\vdots&\vdots&&\vdots\\0&0&\cdots&a-b&-\frac{b}{(n-1)b+a}&-\frac{b}{(n-1)b+a}&\cdots&1-\frac{b}{(n-1)b+a}\end{array}\right)$$

$$=\left(\begin{array}{cccc|c}1&1&\cdots&1&\\0&a-b&\cdots&0&\frac{1}{(n-1)b+a}\begin{pmatrix}1&1&\cdots&1\\-b&(n-2)b+a&\cdots&-b\\\vdots&\vdots&&\vdots\\-b&-b&\cdots&(n-2)b+a\end{pmatrix}\\\vdots&\vdots&&\vdots&\\0&0&\cdots&a-b&\end{array}\right)$$

由于$a\neq b\to\left(\begin{array}{cccc|c}1&1&\cdots&1&\\0&1&\cdots&0&\frac{1}{(n-1)b+a}\begin{pmatrix}1&1&\cdots&1\\-\frac{b}{a-b}&\frac{(n-2)b+a}{a-b}&\cdots&-\frac{b}{a-b}\\\vdots&\vdots&&\vdots\\-\frac{b}{a-b}&-\frac{b}{a-b}&\cdots&\frac{(n-2)b+a}{a-b}\end{pmatrix}\\\vdots&\vdots&&\vdots&\\0&0&\cdots&1&\end{array}\right)$

$$\to\left(\begin{array}{cccc|c}1&0&\cdots&0&\\0&1&\cdots&0&\frac{1}{(n-1)b+a}\begin{pmatrix}1+\frac{(n-1)b}{a-b}&1-\frac{a}{a-b}&\cdots&1-\frac{a}{a-b}\\-\frac{b}{a-b}&\frac{(n-2)b+a}{a-b}&\cdots&-\frac{b}{a-b}\\\vdots&\vdots&&\vdots\\-\frac{b}{a-b}&-\frac{b}{a-b}&\cdots&\frac{(n-2)b+a}{a-b}\end{pmatrix}\\\vdots&\vdots&&\vdots&\\0&0&\cdots&1&\end{array}\right)$$

$$=\left(\begin{array}{cccc|c}1&0&\cdots&0&\\0&1&\cdots&0&\frac{1}{[(n-1)b+a](a-b)}\begin{pmatrix}(n-2)b+a&-b&\cdots&-b\\-b&(n-2)b+a&\cdots&-b\\\vdots&\vdots&&\vdots\\-b&-b&\cdots&(n-2)b+a\end{pmatrix}\\\vdots&\vdots&&\vdots&\\0&0&\cdots&1&\end{array}\right)$$

$$=\left(\begin{array}{cccc|c}1&0&\cdots&0&\\0&1&\cdots&0&\frac{1}{(b-a)[(n-1)b+a]}\begin{pmatrix}(2-n)b-a&b&\cdots&b\\b&(2-n)b-a&\cdots&b\\\vdots&\vdots&&\vdots\\b&b&\cdots&(2-n)b-a\end{pmatrix}\\\vdots&\vdots&&\vdots&\\0&0&\cdots&1&\end{array}\right).$$

法二：当$\boldsymbol{A}$可逆时，$\boldsymbol{A}=(a-b)\boldsymbol{E}+\boldsymbol{B}$，其中$\boldsymbol{B}=\begin{pmatrix}b&b&\cdots&b\\b&b&\cdots&b\\\vdots&\vdots&&\vdots\\b&b&\cdots&b\end{pmatrix}$.

如果$b=0$，则$\boldsymbol{A}=a\boldsymbol{E}$，从而$\boldsymbol{A}^{-1}=\frac{1}{a}\boldsymbol{E}$（由于$a\neq b$，从而$a\neq 0$）；

如果 $b\neq 0$，则 $r(\boldsymbol{B})=1$，且 $\boldsymbol{B}^2=nb\boldsymbol{B}$，而 $\boldsymbol{B}=\boldsymbol{A}-(a-b)\boldsymbol{E}=\boldsymbol{A}+(b-a)\boldsymbol{E}$，因而有

$\left[\boldsymbol{A}+(b-a)\boldsymbol{E}\right]^2=nb\left[\boldsymbol{A}+(b-a)\boldsymbol{E}\right]$. 展开可得 $\boldsymbol{A}^2+2(b-a)\boldsymbol{A}+(b-a)^2\boldsymbol{E}=nb\boldsymbol{A}+nb(b-a)\boldsymbol{E}$，

整理可得 $\boldsymbol{A}\left\{\boldsymbol{A}+\left[(2-n)b-2a\right]\boldsymbol{E}\right\}=(b-a)\left[(n-1)b+a\right]\boldsymbol{E}$，

从而可知 $\boldsymbol{A}^{-1}=\dfrac{1}{(b-a)\left[(n-1)b+a\right]}\left\{\boldsymbol{A}+\left[(2-n)b-2a\right]\boldsymbol{E}\right\}$

$$=\frac{1}{(b-a)\left[(n-1)b+a\right]}\begin{pmatrix}(2-n)b-a & b & \cdots & b\\ b & (2-n)b-a & \cdots & b\\ \vdots & \vdots & & \vdots\\ b & b & \cdots & (2-n)b-a\end{pmatrix}.$$

【引申】设 $\boldsymbol{A}=\begin{pmatrix}2&-1&-1\\-1&2&-1\\-1&-1&2\end{pmatrix}$，请快速求其特征值与特征向量.

解析 由于 $\boldsymbol{A}=3\boldsymbol{E}+\begin{pmatrix}-1&-1&-1\\-1&-1&-1\\-1&-1&-1\end{pmatrix}=3\boldsymbol{E}+\boldsymbol{B}$，其中 $r(\boldsymbol{B})=1$，其特征值为 $-3,0,0$, 对应的特征向量分别为 $\boldsymbol{\alpha}_1=(1,1,1)^{\mathrm{T}}$，$\boldsymbol{\alpha}_2=(-1,1,0)^{\mathrm{T}}$，$\boldsymbol{\alpha}_3=(-1,0,1)^{\mathrm{T}}$，从而 $\boldsymbol{A}$ 对应的特征值为 $0,3,3$, 对应的特征向量也分别为 $\boldsymbol{\alpha}_1,\boldsymbol{\alpha}_2,\boldsymbol{\alpha}_3$.

例 5 设 n 阶（$n\geqslant 2$）矩阵 $\boldsymbol{A}=\begin{pmatrix}a&1&1&\cdots&1\\1&a&1&\cdots&1\\1&1&a&\cdots&1\\\vdots&\vdots&\vdots&&\vdots\\1&1&1&\cdots&a\end{pmatrix}$，则 $r(\boldsymbol{A})=$___, $|\boldsymbol{A}|=$___.

解析 利用 $\boldsymbol{A}$ 的特征值及相似矩阵的性质，求 $r(\boldsymbol{A})$ 和 $|\boldsymbol{A}|$.

$$\boldsymbol{A}=\begin{pmatrix}a-1&&&\\&a-1&&\\&&\ddots&\\&&&a-1\end{pmatrix}+\begin{pmatrix}1&1&\cdots&1\\1&1&\cdots&1\\\vdots&\vdots&&\vdots\\1&1&\cdots&1\end{pmatrix}\overset{\text{记}}{=}(a-1)\boldsymbol{E}+\boldsymbol{B}.$$

由 $r(\boldsymbol{B})=1$，知 $\boldsymbol{B}$ 的特征值为 $\lambda_1=\sum\limits_{i=1}^{n}a_{ii}=n,\lambda_2=\lambda_3=\cdots\lambda_n=0$，

故 $\boldsymbol{A}$ 的特征值为 $n+(a-1),(a-1),\cdots,(a-1)$，因此 $|\boldsymbol{A}|=(n+a-1)(a-1)^{n-1}$.

至于 $r(\boldsymbol{A})$ 可以通过说明它也可对角化，然后根据其特征值得到：

因 $tr(\boldsymbol{B})=n\neq 0$，从而 $\boldsymbol{B}$ 可对角化，即 $\boldsymbol{B}\sim diag(n,0,\cdots,0)=\boldsymbol{\Lambda}$，$\boldsymbol{A}=(a-1)\boldsymbol{E}+\boldsymbol{B}$ 也可对角化：$\boldsymbol{A}\sim diag\left[n+(a-1),(a-1),\cdots,(a-1)\right]$（或因为 $\boldsymbol{A}$ 为实对称矩阵，所以它一定可对角化）. 由相似

矩阵有相同的秩，所以 $r(A)=r\left\{diag\left[n+(a-1),(a-1),\ldots,(a-1)\right]\right\}=\begin{cases} n, & a\neq 1-n\text{且}a\neq 1, \\ 1, & a=1, \\ n-1 & a=1-n. \end{cases}$.

例 6　设 n 阶矩阵 $\boldsymbol{A}=\begin{pmatrix} 1 & b & \cdots & b \\ b & 1 & \cdots & b \\ \vdots & \vdots & & \vdots \\ b & b & \cdots & 1 \end{pmatrix}$.

（1）求 $\boldsymbol{A}$ 的特征值与特征向量；

（2）求可逆矩阵 $\boldsymbol{P}$，使得 $\boldsymbol{P}^{-1}\boldsymbol{AP}$ 为对角矩阵.

解析　当 $b=0$ 时，$\boldsymbol{A}=\boldsymbol{E}$：

（1）$\lambda_1=\lambda_2=\cdots=\lambda_n=1$，任意非零列向量均为特征向量.

（2）并且此时 $\boldsymbol{A}$ 本身就为对角矩阵，因此令 $\boldsymbol{P}=\boldsymbol{E}$，即有 $\boldsymbol{P}^{-1}\boldsymbol{AP}=\boldsymbol{E}$.

当 $b\neq 0$ 时：

（1）由于 $\boldsymbol{A}=(1-b)\boldsymbol{E}+\begin{pmatrix} b & b & \cdots & b \\ b & b & \cdots & b \\ \vdots & \vdots & & \vdots \\ b & b & \cdots & b \end{pmatrix}=(1-b)\boldsymbol{E}+\boldsymbol{B}$，其中 $r(\boldsymbol{B})=1$，其特征值

$\lambda_B=nb,0,0,\ldots\ldots,0$，对应的特征向量分别为：

$\boldsymbol{\xi}_1=(1,1,\cdots,1)^{\mathrm{T}}$，$\boldsymbol{\xi}_2=(1,-1,0,\cdots,0)^{\mathrm{T}}$，$\boldsymbol{\xi}_3=(1,0,-1,\cdots,0)^{\mathrm{T}}$，$\cdots$，$\boldsymbol{\xi}_n=(1,0,0,\cdots,-1)^{\mathrm{T}}$.

从而可得 $\boldsymbol{A}=(1-b)\boldsymbol{E}+\boldsymbol{B}$ 的特征值为 $\lambda_1=1+(n-1)b,\lambda_2=\cdots=\lambda_n=1-b$. 对应的特征向量仍然为

$\boldsymbol{\xi}_1,\boldsymbol{\xi}_2,\boldsymbol{\xi}_3,\cdots,\boldsymbol{\xi}_n$.

（2）令 $\boldsymbol{P}=(\boldsymbol{\xi}_1,\boldsymbol{\xi}_2,\cdots,\boldsymbol{\xi}_n)$，即有 $\boldsymbol{P}^{-1}\boldsymbol{AP}=\mathrm{diag}\left(1+(n-1)b,1-b,\cdots,1-b\right)$.

专题二　方阵 A 的高次幂求法总结

求矩阵的高次幂一般有如下方法：

（1）找规律法：即先求出 $\boldsymbol{A}^2,\boldsymbol{A}^3$，观察规律，然后猜测 $\boldsymbol{A}^n$ 的表达式.

（2）秩 1 矩阵的分解：任何一个秩为 1 的矩阵 $\boldsymbol{A}$，一定可以分解成"一列乘以一行"，即 $\boldsymbol{A}=\boldsymbol{\alpha\beta}^{\mathrm{T}}$，其中 $\boldsymbol{\alpha},\boldsymbol{\beta}$ 是非零列向量，则：

$\boldsymbol{A}^n=(\boldsymbol{\alpha\beta}^{\mathrm{T}})^n=(\boldsymbol{\alpha\beta}^{\mathrm{T}})(\boldsymbol{\alpha\beta}^{\mathrm{T}})\cdots(\boldsymbol{\alpha\beta}^{\mathrm{T}})=\boldsymbol{\alpha}(\boldsymbol{\beta}^{\mathrm{T}}\boldsymbol{\alpha})(\boldsymbol{\beta}^{\mathrm{T}}\boldsymbol{\alpha})\cdots(\boldsymbol{\beta}^{\mathrm{T}}\boldsymbol{\alpha})\boldsymbol{\beta}^{\mathrm{T}}$.

（3）二项展开定理：若 $\boldsymbol{A}$ 能写成数量矩阵 $k\boldsymbol{E}$ 与幂零矩阵 $\boldsymbol{B}$ 之和，即 $\boldsymbol{A}=k\boldsymbol{E}+\boldsymbol{B}$，且 $\exists m\in N$，使得 $\boldsymbol{B}^{m-1}\neq\boldsymbol{O},\boldsymbol{B}^m=\boldsymbol{O}$，则由二项展开定理可知：

$\boldsymbol{A}^n=(k\boldsymbol{E}+\boldsymbol{B})^n=(k\boldsymbol{E})^n+C_n^1\boldsymbol{B}(k\boldsymbol{E})^{n-1}+C_n^2\boldsymbol{B}^2(k\boldsymbol{E})^{n-2}+\cdots+C_n^{m-1}\boldsymbol{B}^{m-1}(k\boldsymbol{E})^{n-m+1}$.

（4）相似对角化法：若 $\boldsymbol{A}$ 能够相似对角化，则根据 $\boldsymbol{P}^{-1}\boldsymbol{AP}=\boldsymbol{\Lambda}$ 可以反解出 $\boldsymbol{A}=\boldsymbol{P\Lambda P}^{-1}$，

故 $A^n=\left(P\Lambda P^{-1}\right)^n=P\Lambda^n P^{-1}$，而 $\Lambda^n=\begin{pmatrix}\lambda_1^n & & \\ & \ddots & \\ & & \lambda_n^n\end{pmatrix}$.

例 1　设 $A=\begin{pmatrix}1 & 0 & 1\\ 0 & 2 & 0\\ 1 & 0 & 1\end{pmatrix}$，求 A^n .

解析　$r(A)=2$. 先求 A^2，找出 A^n 的规律，由 $A^2=\begin{pmatrix}1 & 0 & 1\\ 0 & 2 & 0\\ 1 & 0 & 1\end{pmatrix}\begin{pmatrix}1 & 0 & 1\\ 0 & 2 & 0\\ 1 & 0 & 1\end{pmatrix}=\begin{pmatrix}2 & 0 & 2\\ 0 & 4 & 0\\ 2 & 0 & 2\end{pmatrix}=2A$，

即 $A^2=2A$，可知 $A^3=2A^2=2^2A,\cdots,A^n=2^{n-1}A$，故 $A^n=2^{n-1}\begin{pmatrix}1 & 0 & 1\\ 0 & 2 & 0\\ 1 & 0 & 1\end{pmatrix}$.

例 2　设 $A=\begin{pmatrix}2 & -1 & 3\\ a & 1 & b\\ 4 & c & 6\end{pmatrix}$，且 $BA=O$，其中 $B_{3\times3}$ 的秩大于 1，求 A^n .

解析　由 $BA=O$，有 $r(A)+r(B)\leqslant 3$. 又由于 $r(B)>1$，故 $r(A)\leqslant 3-r(B)\leqslant 1$.

显然 $r(A)\geqslant 1$，从而 $r(A)=1$，于是 A 的行向量成比例，即 $\dfrac{a}{2}=\dfrac{1}{-1}=\dfrac{b}{3},\dfrac{2}{4}=\dfrac{-1}{c}=\dfrac{3}{6}$,

解得 $a=-2,b=-3,c=-2$. 由此可知 $A=\begin{pmatrix}2 & -1 & 3\\ -2 & 1 & -3\\ 4 & -2 & 6\end{pmatrix}=\begin{pmatrix}1\\ -1\\ 2\end{pmatrix}(2,-1,3)$.

故 $A^n=9^{n-1}A=9^{n-1}\begin{pmatrix}2 & -1 & 3\\ -2 & 1 & -3\\ 4 & -2 & 6\end{pmatrix}$.

例 3　设 $A=\begin{pmatrix}1 & 2 & 3\\ 0 & 1 & 4\\ 0 & 0 & 1\end{pmatrix}$，求 A^n（$n\geqslant 2$）.

解析　直接求 A^n 不方便，将 A 拆成两个矩阵之和 .

$A=\begin{pmatrix}1 & 2 & 3\\ 0 & 1 & 4\\ 0 & 0 & 1\end{pmatrix}=\begin{pmatrix}1 & 0 & 0\\ 0 & 1 & 0\\ 0 & 0 & 1\end{pmatrix}+\begin{pmatrix}0 & 2 & 3\\ 0 & 0 & 4\\ 0 & 0 & 0\end{pmatrix}\xrightarrow{\text{记}}E+B$. 由于 $B^2=\begin{pmatrix}0 & 2 & 3\\ 0 & 0 & 4\\ 0 & 0 & 0\end{pmatrix}\begin{pmatrix}0 & 2 & 3\\ 0 & 0 & 4\\ 0 & 0 & 0\end{pmatrix}=\begin{pmatrix}0 & 0 & 8\\ 0 & 0 & 0\\ 0 & 0 & 0\end{pmatrix}$,

$B^3=\begin{pmatrix}0 & 0 & 8\\ 0 & 0 & 0\\ 0 & 0 & 0\end{pmatrix}\begin{pmatrix}0 & 2 & 3\\ 0 & 0 & 4\\ 0 & 0 & 0\end{pmatrix}=\begin{pmatrix}0 & 0 & 0\\ 0 & 0 & 0\\ 0 & 0 & 0\end{pmatrix}$，故 $B^n=O(n\geqslant 3)$，从而有：

$A^n=(E+B)^n=E^n+C_n^1E^{n-1}B+C_n^2E^{n-2}B^2$

$$=\begin{pmatrix}1&0&0\\0&1&0\\0&0&1\end{pmatrix}+n\begin{pmatrix}0&2&3\\0&0&4\\0&0&0\end{pmatrix}+\frac{1}{2}n(n-1)\begin{pmatrix}0&0&8\\0&0&0\\0&0&0\end{pmatrix}=\begin{pmatrix}1&2n&4n^2-n\\0&1&4n\\0&0&1\end{pmatrix}.$$

例 4　设 $\boldsymbol{A}=\begin{pmatrix}2&0&1\\0&3&0\\2&0&2\end{pmatrix}$，$\boldsymbol{B}=\begin{pmatrix}1&0&0\\0&-1&0\\0&0&0\end{pmatrix}$，且 $\boldsymbol{AX}+2\boldsymbol{B}=\boldsymbol{BA}+2\boldsymbol{X}$，求 $\boldsymbol{X}^4$.

解析　由 $\boldsymbol{AX}+2\boldsymbol{B}=\boldsymbol{BA}+2\boldsymbol{X}$，知 $(\boldsymbol{A}-2\boldsymbol{E})\boldsymbol{X}=\boldsymbol{B}(\boldsymbol{A}-2\boldsymbol{E})$；又由 $\boldsymbol{A}-2\boldsymbol{E}=\begin{pmatrix}0&0&1\\0&1&0\\2&0&0\end{pmatrix}$ 可逆，可

知 $\boldsymbol{X}=(\boldsymbol{A}-2\boldsymbol{E})^{-1}\boldsymbol{B}(\boldsymbol{A}-2\boldsymbol{E})$，故 $\boldsymbol{X}^4=(\boldsymbol{A}-2\boldsymbol{E})^{-1}\boldsymbol{B}^4(\boldsymbol{A}-2\boldsymbol{E})=\begin{pmatrix}0&0&1\\0&1&0\\2&0&0\end{pmatrix}^{-1}\begin{pmatrix}1&0&0\\0&1&0\\0&0&0\end{pmatrix}\begin{pmatrix}0&0&1\\0&1&0\\2&0&0\end{pmatrix}$

$$=\begin{pmatrix}0&0&\frac{1}{2}\\0&1&0\\1&0&0\end{pmatrix}\begin{pmatrix}1&0&0\\0&1&0\\0&0&0\end{pmatrix}\begin{pmatrix}0&0&1\\0&1&0\\2&0&0\end{pmatrix}=\begin{pmatrix}0&0&0\\0&1&0\\0&0&1\end{pmatrix}.$$

例 5　设 $\boldsymbol{A}=\begin{pmatrix}0&-1&0\\1&0&0\\0&0&1\end{pmatrix}$，$\boldsymbol{B}=\boldsymbol{P}^{-1}\boldsymbol{AP}$，则 $\boldsymbol{B}^{2004}-2\boldsymbol{A}^2=$____.

解析　一般地，若 $\boldsymbol{B}=\boldsymbol{P}^{-1}\boldsymbol{AP}$，则由 $\boldsymbol{B}^2=\boldsymbol{P}^{-1}\boldsymbol{AP}\cdot\boldsymbol{P}^{-1}\boldsymbol{AP}=\boldsymbol{P}^{-1}\boldsymbol{A}^2\boldsymbol{P}$，

可知 $\boldsymbol{B}^n=\boldsymbol{P}^{-1}\boldsymbol{A}^n\boldsymbol{P}$，故 $\boldsymbol{B}^{2004}=\boldsymbol{P}^{-1}\boldsymbol{A}^{2004}\boldsymbol{P}$. 由已知 $\boldsymbol{A}=\begin{pmatrix}0&-1&0\\1&0&0\\0&0&1\end{pmatrix}$，得 $\boldsymbol{A}^2=\begin{pmatrix}-1&0&0\\0&-1&0\\0&0&1\end{pmatrix}$，

$\boldsymbol{A}^4=E$，故 $\boldsymbol{A}^{2004}=(\boldsymbol{A}^4)^{501}=\boldsymbol{E}$，从而 $\boldsymbol{B}^{2004}=\boldsymbol{P}^{-1}\boldsymbol{EP}=\boldsymbol{E}$，于是 $\boldsymbol{B}^{2004}-2\boldsymbol{A}^2=\boldsymbol{E}-2\boldsymbol{A}^2$

$$=\begin{pmatrix}1&0&0\\0&1&0\\0&0&1\end{pmatrix}-\begin{pmatrix}-2&0&0\\0&-2&0\\0&0&2\end{pmatrix}=\begin{pmatrix}3&0&0\\0&3&0\\0&0&-1\end{pmatrix}.$$

例 6　（2016）已知矩阵 $\boldsymbol{A}=\begin{pmatrix}0&-1&1\\2&-3&0\\0&0&0\end{pmatrix}$，求 $\boldsymbol{A}^{99}$；

解析　$|\boldsymbol{A}-\lambda\boldsymbol{E}|=\begin{vmatrix}-\lambda&-1&1\\2&-3-\lambda&0\\0&0&-\lambda\end{vmatrix}=-\lambda(\lambda+1)(\lambda+2)$，故特征值为 $0,-1,-2$.

$$A-0\cdot E=\begin{pmatrix}0&-1&1\\2&-3&0\\0&0&0\end{pmatrix}\to\begin{pmatrix}0&1&-1\\2&0&-3\\0&0&0\end{pmatrix}\to\begin{pmatrix}2&0&-3\\0&1&-1\\0&0&0\end{pmatrix}$$，故特征向量为 $\xi_1=(3,2,2)^{\mathrm T}$；

$$A+E=\begin{pmatrix}1&-1&1\\2&-2&0\\0&0&1\end{pmatrix}\to\begin{pmatrix}1&-1&0\\0&0&1\\0&0&0\end{pmatrix}$$，故特征向量为 $\xi_2=(1,1,0)^{\mathrm T}$；

$$A+2E=\begin{pmatrix}2&-1&1\\2&-1&0\\0&0&2\end{pmatrix}\to\begin{pmatrix}2&-1&0\\0&0&1\\0&0&0\end{pmatrix}$$，故特征向量为 $\xi_3=(1,2,0)^{\mathrm T}$.

令 $P=(\xi_1,\xi_2,\xi_3)$，则 $P^{-1}AP=\Lambda=\begin{pmatrix}0&&\\&-1&\\&&-2\end{pmatrix}$，解得 $A^{99}=P\Lambda^{99}P^{-1}=P\begin{pmatrix}0&&\\&-1&\\&&-2^{99}\end{pmatrix}P^{-1}$.

最终计算可得，$A^{99}=\begin{pmatrix}2^{99}-2&1-2^{99}&2-2^{98}\\2^{100}-2&1-2^{100}&2-2^{99}\\0&0&0\end{pmatrix}$.

专题三　正交矩阵知识总结

1. 与正交矩阵相关的常用结论：

（1）正交矩阵是由两两正交的单位向量拼成；

（2）若 Q 为正交矩阵，则 $|Q|=1$ 或 -1；

（3）若 Q 为正交矩阵，则 Q 的实特征值只可能是 1 或 -1；

（4）若 Q 为正交矩阵，则 $Q^{\mathrm T},Q^*,Q^{-1}$ 均是正交矩阵；

（5）若 A,B 均为正交矩阵，则 AB 和 BA 也是正交矩阵；

（6）若 Q 为正交矩阵，α,β 是列向量，则称 $\beta=Q\alpha$ 为正交变换，且 $\|\alpha\|=\|\beta\|$，一般涉及两种方法：

（1）$|Q|=\pm1$　（2）将 E 还原为 $QQ^{\mathrm T}$ 或 $Q^{\mathrm T}Q$.

2.（可了解）A 为正交矩阵 $\Leftrightarrow a_{ij}=\pm A_{ij}$（即 $A^*=\pm A^{\mathrm T}$）且 $A\neq O$.

【注】“±”是全为正或全部为负，不能在一个矩阵中正号与负号同时出现；并且“+”$\Leftrightarrow |A|=1$；“−”$\Leftrightarrow |A|=-1$.

（即：A 正交且 $|A|=1\Leftrightarrow a_{ij}=A_{ij}$（即 $A^*=A^{\mathrm T}$）且 $A\neq O$；

A 正交且 $|A|=-1\Leftrightarrow a_{ij}=-A_{ij}$（即 $A^*=-A^{\mathrm T}$）且 $A\neq O$）.

例 1　（2013）设 $A=(a_{ij})_{3\times3}$ 为非零矩阵，A_{ij} 为 a_{ij} 的代数余子式，若 $a_{ij}+A_{ij}=0(i=1,2,3)$，则 $|A|=$___.

解析 由题可知 $\boldsymbol{A}$ 为正交矩阵，且 $a_{ij}=-A_{ij}(i=1,2,3)$，所以 $|\boldsymbol{A}|=-1$.

或者：由 $a_{ij}=-A_{ij}$，知 $\boldsymbol{A}^{\mathrm{T}}=-\boldsymbol{A}^*$，故 $|\boldsymbol{A}|=\left|\boldsymbol{A}^{\mathrm{T}}\right|=\left|-\boldsymbol{A}^*\right|=(-1)^3\left|\boldsymbol{A}^*\right|=-|\boldsymbol{A}|^{3-1}=-|\boldsymbol{A}|^2$，

即 $|\boldsymbol{A}|(1+|\boldsymbol{A}|)=0$，解得 $|\boldsymbol{A}|=0$ 或 $|\boldsymbol{A}|=-1$. 又由于 $\boldsymbol{A}\neq\boldsymbol{O}$，不妨设 $a_{11}\neq 0$，则

$|\boldsymbol{A}|=a_{11}A_{11}+a_{12}A_{12}+a_{13}A_{13}=-(a_{11}^2+a_{12}^2+a_{13}^2)\neq 0$，故 $|\boldsymbol{A}|=-1$.

例 2 设有三阶矩阵 $\boldsymbol{A}=\left(a_{ij}\right)_{3\times 3}$，满足 $a_{ij}=A_{ij}$，如果 $\boldsymbol{A}$ 的第三列元素均为相同的正数 a，求 $a=$ ____.

解析 由于 $a_{ij}=A_{ij}$，且 $\boldsymbol{A}\neq\boldsymbol{O}$（第 3 列元素不为 0），从而 $\boldsymbol{A}$ 为正交矩阵，因而第 3 列向量为单位向量，从而有 $3a^2=1$，因而 $a=\dfrac{1}{\sqrt{3}}(a>0)$.

例 3 设 $\boldsymbol{B}$ 是三阶正交矩阵，$|\boldsymbol{B}|<0$，且 $|\boldsymbol{A}-\boldsymbol{B}|=2024$，则 $\left|\boldsymbol{E}-\boldsymbol{B}\boldsymbol{A}^{\mathrm{T}}\right|=$ ____.

解析 由于 $\boldsymbol{B}$ 是三阶正交矩阵，所以 $\boldsymbol{E}=\boldsymbol{B}^{\mathrm{T}}\boldsymbol{B}=\boldsymbol{B}\boldsymbol{B}^{\mathrm{T}}$，又因 $|\boldsymbol{B}|<0$，从而 $|\boldsymbol{B}|=-1$. 故

$\left|\boldsymbol{E}-\boldsymbol{B}\boldsymbol{A}^{\mathrm{T}}\right|=\left|\boldsymbol{B}\boldsymbol{B}^{\mathrm{T}}-\boldsymbol{B}\boldsymbol{A}^{\mathrm{T}}\right|=|\boldsymbol{B}|\left|\boldsymbol{B}^{\mathrm{T}}-\boldsymbol{A}^{\mathrm{T}}\right|=-|\boldsymbol{B}-\boldsymbol{A}|=-(-1)^3|\boldsymbol{A}-\boldsymbol{B}|$

$=|\boldsymbol{A}-\boldsymbol{B}|=2024$.

例 4 设矩阵 $\boldsymbol{A}=\left(a_{ij}\right)_{3\times 3}$，满足 $a_{ij}=A_{ij}$，$a_{33}=-1$，求 $\boldsymbol{A}\boldsymbol{X}=(0,0,1)^{\mathrm{T}}$ 的解 .

解析 法一：由于 $a_{ij}=A_{ij}$，且 $\boldsymbol{A}\neq\boldsymbol{O}$（$a_{33}=-1\neq 0$），从而 $\boldsymbol{A}$ 为正交矩阵且 $|\boldsymbol{A}|=1$，因而第 3 列向量为单位向量，从而有 $a_{13}^2+a_{23}^2+a_{33}^2=1$，而由于 $a_{33}^2=1$，从而 $a_{13}^2+a_{23}^2=0$，所以第 3 列向量为 $\begin{pmatrix}a_{13}\\a_{23}\\a_{33}\end{pmatrix}=\begin{pmatrix}0\\0\\-1\end{pmatrix}$，刚好与 $\boldsymbol{A}\boldsymbol{X}=\begin{pmatrix}0\\0\\1\end{pmatrix}$ 中的 $\begin{pmatrix}0\\0\\1\end{pmatrix}$ 相反，因而可以通过观察

$\boldsymbol{A}\boldsymbol{X}=\begin{pmatrix}0\\0\\1\end{pmatrix}\Leftrightarrow(\alpha_1,\alpha_2,\alpha_3)\begin{pmatrix}x_1\\x_2\\x_3\end{pmatrix}=x_1\alpha_1+x_2\alpha_2+x_3\alpha_3=-\alpha_3$ 得到，只要 $\boldsymbol{X}=\begin{pmatrix}0\\0\\-1\end{pmatrix}$ 即可满足方程，由于 $\boldsymbol{A}$ 可逆，解是唯一的，从而 $\boldsymbol{X}=\begin{pmatrix}0\\0\\-1\end{pmatrix}$.

法二：也可利用克拉默法则，由于 $\boldsymbol{\beta}=-\alpha_3$，从而 $x_1=\dfrac{|\boldsymbol{A}_1|}{|\boldsymbol{A}|}$，其中 $|\boldsymbol{A}_1|=|\boldsymbol{\beta},\boldsymbol{\alpha}_2,\boldsymbol{\alpha}_3|=|-\boldsymbol{\alpha}_3,\boldsymbol{\alpha}_2,\boldsymbol{\alpha}_3|=0$，故 $x_1=0$；

类似 $x_2=\dfrac{|\boldsymbol{A}_2|}{|\boldsymbol{A}|}=\dfrac{|\boldsymbol{\alpha}_1,\boldsymbol{\beta},\boldsymbol{\alpha}_3|}{|\boldsymbol{A}|}=\dfrac{|\boldsymbol{\alpha}_1,-\boldsymbol{\alpha}_3,\boldsymbol{\alpha}_3|}{|\boldsymbol{A}|}=0$；而 $x_3=\dfrac{|\boldsymbol{A}_3|}{|\boldsymbol{A}|}=\dfrac{|\boldsymbol{\alpha}_1,\boldsymbol{\alpha}_2,\boldsymbol{\beta}|}{|\boldsymbol{A}|}=\dfrac{|\boldsymbol{\alpha}_1,\boldsymbol{\alpha}_2,-\boldsymbol{\alpha}_3|}{|\boldsymbol{A}|}=\dfrac{-|\boldsymbol{A}|}{|\boldsymbol{A}|}=-1$，所以解为 $\boldsymbol{X}=\begin{pmatrix}0\\0\\-1\end{pmatrix}$.

专题四　伴随矩阵A^*

伴随矩阵的常用结论一般如下：

（1）核心公式$A^*A=|A|E=AA^*$；（A,A^*可交换）

（2）$|A^*|=|A|^{n-1}$；

（3）$(kA)^*=k^{n-1}A^*$；

（4）$(A^*)^{-1}=(A^{-1})^*=\dfrac{A}{|A|}$；（$A$可逆）

（5）$(A^*)^*=|A|^{n-2}A$；

（6）$R(A^*_{n\times n})=\begin{cases}n, & R(A)=n\\1, & R(A)=n-1\\0, & R(A)<n-1\end{cases}$.

伴随矩阵通常会与代数余子式结合出题，因此看到代数余子式一定要联想到伴随矩阵.

例1　设A为n阶矩阵，且$r(A)<n$，又$A_{11}\neq 0$，证明：存在常数k使得$(A^*)^2=kA^*$.

解析　根据伴随矩阵的秩的公式，由于$r(A)<n$，从而$r(A^*)\leqslant 1$.又因为$A_{11}\neq 0$，从而$A^*\neq O$，因此$r(A^*)=1$，从而$(A^*)^2=kA^*$，其中$k=tr(A^*)$.

例2　设A是$n(n\geqslant 3)$阶可逆方阵，下列结论正确的是（　　）.

①$(A^*)^{-1}=(A^{-1})^*$　　②$(kA)^*=k^{n-1}A^*(k\neq 0)$

③$(A^*)^{\mathrm{T}}=(A^{\mathrm{T}})^*$　　④$(A^*)^*=|A|^{n-2}A$

A. ①②　　B. ②③　　C. ③④　　D. ①②③④

解析　利用伴随矩阵的公式$AA^*=A^*A=|A|E$，由A可逆，知$|A|\neq 0$，故$(A^*)^{-1}=\dfrac{A}{|A|}$.又$A^{-1}(A^{-1})^*=|A^{-1}|E$，知$(A^{-1})^*=\dfrac{A}{|A|}$，故$(A^*)^{-1}=(A^{-1})^*=\dfrac{A}{|A|}$，故结论①正确.

由$(kA)(kA)^*=|kA|E$，知$(kA)^*=k^n|A|\cdot(kA)^{-1}=k^n|A|\cdot\dfrac{1}{k}A^{-1}=k^{n-1}|A|A^{-1}=k^{n-1}A^*$，故结论②正确.

由$A^{\mathrm{T}}(A^{\mathrm{T}})^*=|A^{\mathrm{T}}|E=|A|E$，知$(A^{\mathrm{T}})^*=|A|(A^{\mathrm{T}})^{-1}$，由$(AA^*)^{\mathrm{T}}=(A^*)^{\mathrm{T}}A^{\mathrm{T}}=(|A|E)^{\mathrm{T}}=|A|E$，知$(A^*)^{\mathrm{T}}=|A|(A^{\mathrm{T}})^{-1}$，故$(A^{\mathrm{T}})^*=(A^*)^{\mathrm{T}}$，结论③正确.

由$A^*(A^*)^*=|A^*|E=|A|^{n-1}E$，知$(A^*)^*=|A|^{n-1}(A^*)^{-1}=|A|^{n-1}\cdot\dfrac{A}{|A|}=|A|^{n-2}A$，故结论④正确.综上所述，答案为$D$.

例 3　设 $\boldsymbol{A},\boldsymbol{B}$ 为 2 阶矩阵，且 $|\boldsymbol{A}|=2,|\boldsymbol{B}|=3$，求 $\begin{pmatrix}\boldsymbol{O} & \boldsymbol{A}\\ \boldsymbol{B} & \boldsymbol{O}\end{pmatrix}^*$.

解析　由于 $\begin{vmatrix}\boldsymbol{O} & \boldsymbol{A}\\ \boldsymbol{B} & \boldsymbol{O}\end{vmatrix}=(-1)^{2\times2}|\boldsymbol{A}||\boldsymbol{B}|=|\boldsymbol{A}||\boldsymbol{B}|=6$，因而 $\begin{pmatrix}\boldsymbol{O} & \boldsymbol{A}\\ \boldsymbol{B} & \boldsymbol{O}\end{pmatrix}$ 可逆，

从而 $\begin{pmatrix}\boldsymbol{O} & \boldsymbol{A}\\ \boldsymbol{B} & \boldsymbol{O}\end{pmatrix}^*=|\boldsymbol{A}||\boldsymbol{B}|\begin{pmatrix}\boldsymbol{O} & \boldsymbol{A}\\ \boldsymbol{B} & \boldsymbol{O}\end{pmatrix}^{-1}=|\boldsymbol{A}||\boldsymbol{B}|\begin{pmatrix}\boldsymbol{O} & \boldsymbol{B}^{-1}\\ \boldsymbol{A}^{-1} & \boldsymbol{O}\end{pmatrix}=\begin{pmatrix}\boldsymbol{O} & |\boldsymbol{A}||\boldsymbol{B}|\boldsymbol{B}^{-1}\\ |\boldsymbol{B}||\boldsymbol{A}|\boldsymbol{A}^{-1} & \boldsymbol{O}\end{pmatrix}$

$=\begin{pmatrix}\boldsymbol{O} & |\boldsymbol{A}|\boldsymbol{B}^*\\ |\boldsymbol{B}|\boldsymbol{A}^* & \boldsymbol{O}\end{pmatrix}=\begin{pmatrix}\boldsymbol{O} & 2\boldsymbol{B}^*\\ 3\boldsymbol{A}^* & \boldsymbol{O}\end{pmatrix}$.

例 4　设 $\boldsymbol{A}^*=\begin{pmatrix}1&0&0&0\\0&1&0&0\\1&0&1&0\\0&-3&0&8\end{pmatrix}$，且 $\boldsymbol{ABA}^{-1}=\boldsymbol{BA}^{-1}+3\boldsymbol{E}$，求矩阵 $\boldsymbol{B}$.

解析　由 $|\boldsymbol{A}^*|=|\boldsymbol{A}|^{4-1}=|\boldsymbol{A}|^3=8$，可知 $|\boldsymbol{A}|=2$. 对 $\boldsymbol{ABA}^{-1}=\boldsymbol{BA}^{-1}+3\boldsymbol{E}$ 式两端同时右乘 $\boldsymbol{A}$，得 $\boldsymbol{AB}=\boldsymbol{B}+3\boldsymbol{A}$，再左乘 $\boldsymbol{A}^*$，得 $\boldsymbol{A}^*\boldsymbol{AB}=\boldsymbol{A}^*\boldsymbol{B}+3\boldsymbol{A}^*\boldsymbol{A}$，即 $2\boldsymbol{B}=\boldsymbol{A}^*\boldsymbol{B}+6\boldsymbol{E}$，即 $(2\boldsymbol{E}-\boldsymbol{A}^*)\boldsymbol{B}=6\boldsymbol{E}$. 故

$\boldsymbol{B}=6(2\boldsymbol{E}-\boldsymbol{A}^*)^{-1}=\begin{pmatrix}6&0&0&0\\0&6&0&0\\6&0&6&0\\0&3&0&-1\end{pmatrix}$.

例 5　设 n 阶行列式 $|\boldsymbol{A}|=\begin{vmatrix}0&1&0&\cdots&0\\0&0&2&\cdots&0\\\vdots&\vdots&\vdots&&\vdots\\0&0&0&\cdots&n-1\\n&0&0&\cdots&0\end{vmatrix}$，则 $\boldsymbol{A}$ 的第 k 行元素的代数余子式之和

$A_{k1}+A_{k2}+\cdots+A_{kn}=$ ______ .

解析　法一：根据行列式性质，$A_{k1}+A_{k2}+\cdots+A_{kn}=$

$\begin{vmatrix}0&1&0&\cdots&\cdots&0\\0&0&2&\cdots&\cdots&0\\\vdots&\vdots&\vdots&\vdots&\vdots&\vdots\\1&1&\cdots&1&\cdots&1\\&&&\ddots&&\\&&&&&n-1\\n&0&0&\cdots&\cdots&0\end{vmatrix}$（第 k 行元素全为 1）$=\begin{vmatrix}0&1&0&\cdots&\cdots&0\\0&0&2&\cdots&\cdots&0\\\vdots&\vdots&\vdots&\vdots&\vdots&\vdots\\0&0&\cdots&1&\cdots&0\\&&&&\ddots&\\&&&&&n-1\\n&0&0&\cdots&\cdots&0\end{vmatrix}$

$=\dfrac{(-1)^{n+1}n!}{k}$（按第 1 列展开）.

法二：因为 $|\boldsymbol{A}|=(-1)^{n+1}n!$ （按第 1 列展开），且对 $\boldsymbol{A}$ 分块，$\boldsymbol{A}=\begin{pmatrix}\boldsymbol{O} & \boldsymbol{B}\\ \boldsymbol{C} & \boldsymbol{O}\end{pmatrix}, \boldsymbol{C}=(n), \boldsymbol{B}=$

$$\begin{pmatrix}1 & 0 & \cdots & 0\\ 0 & 2 & \cdots & 0\\ \vdots & \vdots & \ddots & \vdots\\ 0 & 0 & \cdots & n-1\end{pmatrix}$$，可得 $$\boldsymbol{A}^{-1}=\begin{pmatrix}\boldsymbol{O} & \boldsymbol{C}^{-1}\\ \boldsymbol{B}^{-1} & \boldsymbol{O}\end{pmatrix}=\begin{pmatrix}0 & 0 & \cdots & 0 & \frac{1}{n}\\ 1 & 0 & \cdots & 0 & 0\\ 0 & \frac{1}{2} & \cdots & 0 & 0\\ \vdots & \vdots & & \vdots & \vdots\\ 0 & 0 & \cdots & \frac{1}{n-1} & 0\end{pmatrix}.$$

从而 $$\boldsymbol{A}^{*}=\begin{pmatrix}A_{11} & \cdots & A_{k1} & \cdots & A_{n1}\\ A_{12} & \cdots & A_{k2} & \cdots & A_{n2}\\ \vdots & & \vdots & & \vdots\\ A_{1n} & \cdots & A_{kn} & \cdots & A_{nn}\end{pmatrix}=|\boldsymbol{A}|\boldsymbol{A}^{-1}=(-1)^{n+1}n!\begin{pmatrix}0 & 0 & \cdots & 0 & \frac{1}{n}\\ 1 & 0 & \cdots & 0 & 0\\ 0 & \frac{1}{2} & \cdots & 0 & 0\\ \vdots & \vdots & & \vdots & \vdots\\ 0 & 0 & \cdots & \frac{1}{n-1} & 0\end{pmatrix}$$，可知

$A_{k1}+A_{k2}+\cdots+A_{kn}=\dfrac{(-1)^{n+1}n!}{k}$.

【注】本题中 $\left(\boldsymbol{A}^{*}\right)^{-1}=\dfrac{\boldsymbol{A}}{|\boldsymbol{A}|}=\dfrac{(-1)^{n+1}}{n!}\boldsymbol{A}$.

喻老线代章节笔记

喻老线代章节笔记

第四章 向量

第一节 向量及其运算

一、定义及基础运算

1. 定义

矩阵：只含有一行或者一列的矩阵称为向量.

如果只有一行，元素为 n 个，称为 n 维行向量；

如果只有一列，元素为 n 个，称为 n 维列向量.

2. 运算：矩阵的运算

相等、加法、数乘、转置、乘法.

二、特有的概念

1. 内积： 设两个 n 维列向量 $\boldsymbol{\alpha}=(a_1,a_2,\cdots\cdots a_n)^{\mathrm{T}}$ ，$\boldsymbol{\beta}=(b_1,b_2,\cdots\cdots b_n)^{\mathrm{T}}$ ，则称 $\boldsymbol{\alpha}^{\mathrm{T}}\boldsymbol{\beta}=\boldsymbol{\beta}^{\mathrm{T}}\boldsymbol{\alpha}=a_1b_1+a_2b_2+\cdots\cdots+a_nb_n$（即其对应元素相乘相加）得到的实数为向量的内积，记为 $(\boldsymbol{\alpha},\boldsymbol{\beta})$（向量空间（数 1）中也称为点积，记为 $\boldsymbol{\alpha}\boldsymbol{\cdot}\boldsymbol{\beta}$）.

（1）当 $(\boldsymbol{\alpha},\boldsymbol{\beta})=0$ 时，称向量 $\boldsymbol{\alpha}$ 与 $\boldsymbol{\beta}$ 正交.

（2）长度：$\|\boldsymbol{\alpha}\|=\sqrt{(\boldsymbol{\alpha},\boldsymbol{\alpha})}$ ，显然 $\|\boldsymbol{\alpha}\|\geqslant 0$ 且 $\|\boldsymbol{\alpha}\|=0\Leftrightarrow\boldsymbol{\alpha}=\boldsymbol{0}$.

（3）单位向量：长度为 1 的向量；非零向量 $\boldsymbol{\alpha}$ 的单位化：$\dfrac{1}{\|\boldsymbol{\alpha}\|}\boldsymbol{\alpha}$.

第二节 向量组的线性相关性与线性表示

知识回顾

一、线性相关性与线性表示

1. 线性组合

设 $\boldsymbol{\alpha}_1,\boldsymbol{\alpha}_2,\ldots\ldots,\boldsymbol{\alpha}_n$ 均为 m 维的列向量（我们称之为一个向量组），$k_1,k_2,\ldots\ldots k_n$ 是任意一组实数，则称 $k_1\boldsymbol{\alpha}_1+k_2\boldsymbol{\alpha}_2+\ldots\ldots+k_n\boldsymbol{\alpha}_n$ 为向量组 $\boldsymbol{\alpha}_1,\boldsymbol{\alpha}_2,\ldots\ldots\boldsymbol{\alpha}_n$ 的一个线性组合（其结果是一个同类型的向量）.

2. 线性表示

设 $\boldsymbol{\alpha}_1,\boldsymbol{\alpha}_2,\ldots\ldots\boldsymbol{\alpha}_n$ 均为 m 维的列向量，$\boldsymbol{\beta}$ 为与之同类型的向量，如果存在实数 $k_1,k_2,\ldots\ldots k_n$ ，使得 $\boldsymbol{\beta}=k_1\boldsymbol{\alpha}_1+k_2\boldsymbol{\alpha}_2+\ldots\ldots+k_n\boldsymbol{\alpha}_n$ ，则称向量 $\boldsymbol{\beta}$ 能够被向量组 $\boldsymbol{\alpha}_1,\boldsymbol{\alpha}_2,\ldots\ldots\boldsymbol{\alpha}_n$ 线性表示，否则称向量 $\boldsymbol{\beta}$ 不能被 $\boldsymbol{\alpha}_1,\boldsymbol{\alpha}_2,\ldots\ldots\boldsymbol{\alpha}_n$ 线性表示.

3. 线性相关与线性无关

设 $\boldsymbol{\alpha}_1,\boldsymbol{\alpha}_2,\ldots\ldots\boldsymbol{\alpha}_n$ 均为 m 维的列向量，如果存在不全为 0 的实数 $k_1,k_2,\ldots\ldots k_n$，使得 $k_1\boldsymbol{\alpha}_1+k_2\boldsymbol{\alpha}_2+\ldots\ldots+k_n\boldsymbol{\alpha}_n=\mathbf{0}$，则称向量组 $\boldsymbol{\alpha}_1,\boldsymbol{\alpha}_2,\ldots\ldots\boldsymbol{\alpha}_n$ 为线性相关的；否则称向量组为线性无关的（仅当 $k_1=k_2=\ldots\ldots=k_n=0$ 时，才能使得 $k_1\boldsymbol{\alpha}_1+k_2\boldsymbol{\alpha}_2+\ldots\ldots+k_n\boldsymbol{\alpha}_n=\mathbf{0}$）.

【注】（1）所谓向量组的相关无关，即指是否存在非零组合（系数不全为 0）$=\mathbf{0}$.

线性无关：只有零组合（系数全是 0）才能 $=\mathbf{0}$.

线性相关：除了零组合以外，还有其他非零组合（系数不全为 0）$=\mathbf{0}$.

显然，如果向量组 $\boldsymbol{\alpha}_1,\boldsymbol{\alpha}_2,\ldots\ldots\boldsymbol{\alpha}_n$ 线性无关，则 $k_1,k_2,\ldots,k_n$ 中任意 $k_i\neq0$，均使得 $k_1\boldsymbol{\alpha}_1+k_2\boldsymbol{\alpha}_2+\ldots\ldots+k_n\boldsymbol{\alpha}_n\neq\mathbf{0}$.

（2）含有零向量的向量组一定是线性相关的.

例：比如向量组 $\boldsymbol{\alpha}_1=\begin{pmatrix}1\\2\\3\end{pmatrix},\boldsymbol{\alpha}_2=\begin{pmatrix}2\\3\\4\end{pmatrix},\boldsymbol{\alpha}_3=\begin{pmatrix}0\\0\\0\end{pmatrix}$ 线性相关.

（3）每个都“错开”的向量组都是线性无关的.

例：比如 $\boldsymbol{\alpha}_1=\begin{pmatrix}1\\0\\0\\0\end{pmatrix},\boldsymbol{\alpha}_2=\begin{pmatrix}1\\3\\0\\0\end{pmatrix},\boldsymbol{\alpha}_3=\begin{pmatrix}1\\2\\-1\\0\end{pmatrix}$ 线性无关.

（4）对于一个向量 $\boldsymbol{\alpha}$ 来说，线性无关 $\Leftrightarrow\boldsymbol{\alpha}\neq\mathbf{0}$；

对于两个向量 $\boldsymbol{\alpha}_1,\boldsymbol{\alpha}_2$ 来说，线性相关 $\Leftrightarrow$ 对应成比例，即 $\boldsymbol{\alpha}_1=k\boldsymbol{\alpha}_2$ 或 $\boldsymbol{\alpha}_2=k\boldsymbol{\alpha}_1$.

二、重要定理

【定理 1】部分相关 $\Rightarrow$ 整体相关；整体无关 $\Rightarrow$ 部分无关.

如果 m 维的列向量组 $\boldsymbol{\alpha}_1,\boldsymbol{\alpha}_2,\ldots\ldots\boldsymbol{\alpha}_n$ 中的部分向量组 $\boldsymbol{\alpha}_{i1},\boldsymbol{\alpha}_{i2},\ldots\boldsymbol{\alpha}_{ik}$ 线性相关，则 $\boldsymbol{\alpha}_1,\boldsymbol{\alpha}_2,\ldots\ldots\boldsymbol{\alpha}_n$ 也是线性相关的；

如果 m 维的列向量组 $\boldsymbol{\alpha}_1,\boldsymbol{\alpha}_2,\ldots\ldots\boldsymbol{\alpha}_n$ 线性无关，则其中任意部分子向量组也是线性无关的.

【定理 2】本身无关 $\Rightarrow$ “加长”无关；本身相关 $\Rightarrow$ “缩短”相关.

如果 m 维的列向量组 $\boldsymbol{\alpha}_1,\boldsymbol{\alpha}_2,\ldots\ldots\boldsymbol{\alpha}_n$ 线性无关，则其延长向量组（添加维度）$\tilde{\boldsymbol{\alpha}}_1,\tilde{\boldsymbol{\alpha}}_2,\ldots\ldots\tilde{\boldsymbol{\alpha}}_n$ 也是线性无关的；

如果 m 维的列向量组 $\boldsymbol{\alpha}_1,\boldsymbol{\alpha}_2,\ldots\ldots\boldsymbol{\alpha}_n$ 线性相关，则其缩短向量组（删除维度）$\tilde{\boldsymbol{\alpha}}_1,\tilde{\boldsymbol{\alpha}}_2,\ldots\ldots\tilde{\boldsymbol{\alpha}}_n$ 也是线性相关的.

【注】定理 1 说的是个数，定理 2 说的是维度，且均不能倒推.

【定理 3】

向量组线性相关 $\Leftrightarrow$ 其中至少有一个向量能被同组的其余向量表示；

向量组线性无关 $\Leftrightarrow$ 其中所有向量均不可能被同组的其余向量表示.

【注】线性表示对系数没要求；（与线性相关无关不同）

0 向量能被任意向量组线性表示；

任意向量能够被自己所在向量组线性表示．

【定理4】初等行变换不改变列向量之间的线性关系；初等列变换不改变行向量之间的线性关系．

【定理5】如果向量 $\boldsymbol{\beta}$ 能够被向量组 $\boldsymbol{\alpha}_1,\boldsymbol{\alpha}_2,\dots\dots\boldsymbol{\alpha}_n$ 线性表示，则：

$\boldsymbol{\alpha}_1,\boldsymbol{\alpha}_2,\dots\dots\boldsymbol{\alpha}_n$ 线性无关 $\Leftrightarrow$ 表示方式唯一；

$\boldsymbol{\alpha}_1,\boldsymbol{\alpha}_2,\dots\dots\boldsymbol{\alpha}_n$ 线性相关 $\Leftrightarrow$ 表示方式无穷．

例 设向量组 $\boldsymbol{\alpha}_1,\boldsymbol{\alpha}_2,\boldsymbol{\alpha}_3$ 线性无关，$\boldsymbol{\beta}$ 不能被它们线性表示，请证明：$\boldsymbol{\alpha}_1,\boldsymbol{\alpha}_2,\boldsymbol{\alpha}_3,\boldsymbol{\beta}$ 也线性无关．（证明过程见基础篇第40页例5）

【注】向量组 $(I)\boldsymbol{\alpha}_1,\boldsymbol{\alpha}_2,\cdots,\boldsymbol{\alpha}_s$ 线性无关，$\boldsymbol{\beta}$ 不能被 (I) 线性表示，则向量组 $(II)\boldsymbol{\alpha}_1,\boldsymbol{\alpha}_2,\cdots,\boldsymbol{\alpha}_s,\boldsymbol{\beta}$ 也线性无关．

三、向量组等价与极大线性无关组

1. 向量组的相互表示：

设如果两个 m 维向量组 $(I)\boldsymbol{\alpha}_1,\boldsymbol{\alpha}_2,\dots\boldsymbol{\alpha}_s$ 与 $(II)\boldsymbol{\beta}_1,\boldsymbol{\beta}_2,\dots\boldsymbol{\beta}_t$，如果 (I) 中的每个向量 $\boldsymbol{\alpha}_i\,(i=1,2,\dots s)$ 都可以被向量组 (II) 表示，则称向量组 (I) 可以被向量组 (II) 线性表示；反之亦然．

如果 (I) 与 (II) 可以相互表示，则称 (I) 与 (II) 等价．

【注】注意向量组等价与矩阵等价的区别．

2. 向量组的极大线性无关组与秩 $R(I)$

设向量组 $\boldsymbol{\alpha}_{i1},\boldsymbol{\alpha}_{i2},\dots\boldsymbol{\alpha}_{ik}$ 为向量组 (I)：$\boldsymbol{\alpha}_1,\boldsymbol{\alpha}_2,\dots\boldsymbol{\alpha}_n$ 的一个子向量组，且满足两个条件：①线性无关，② (I) 中任意向量均能被它们线性表示；

则称子向量组 $\boldsymbol{\alpha}_{i1},\boldsymbol{\alpha}_{i2},\dots\boldsymbol{\alpha}_{ik}$ 是向量组 (I) 的一个极大线性无关组，而其所含向量的个数 k 称为向量组 (I) 的秩，记为 $R(I)=k$ 或 $r(I)=k$．

向量组的极大无关组可能不唯一，但是秩一定是唯一的．（证明不需要掌握）

显然：

线性无关向量组的极大线性无关组就是该向量组本身；

同一向量组的不同极大无关组之间一定等价；

只由零向量组成的向量组不存在极大线性无关组，从而秩为0；

3. 求向量组的极大无关组与秩

如何求列向量组的极大无关组与秩：对列向量组做初等行变换，化为阶梯形，横线的条数即为秩，每条横线上取一个紧贴横线处的元素不为0的向量即能组成一个极大线性无关组．

【注】这个方法不能保证求出所有的极大无关组．

4. 秩的等价命题

【定理1】m 维向量组 $(I)\boldsymbol{\alpha}_1,\boldsymbol{\alpha}_2,.....\boldsymbol{\alpha}_n$ 的秩 $R(I)\leqslant n$，且：

$R(\boldsymbol{\alpha}_1,\boldsymbol{\alpha}_2,.....\boldsymbol{\alpha}_n)=n\Leftrightarrow\boldsymbol{\alpha}_1,\boldsymbol{\alpha}_2,.....\boldsymbol{\alpha}_n$ 线性无关；

$R(\boldsymbol{\alpha}_1,\boldsymbol{\alpha}_2,.....\boldsymbol{\alpha}_n)<n\Leftrightarrow\boldsymbol{\alpha}_1,\boldsymbol{\alpha}_2,.....\boldsymbol{\alpha}_n$ 线性相关.

【定理2】设向量组 $(I)\boldsymbol{\alpha}_1,\boldsymbol{\alpha}_2,.....\boldsymbol{\alpha}_n$ 的秩 $R(I)=k$，现有同维向量 $\boldsymbol{\beta}$，则：

$R(\boldsymbol{\alpha}_1,\boldsymbol{\alpha}_2,.....\boldsymbol{\alpha}_n,\ \boldsymbol{\beta})=k\Leftrightarrow\boldsymbol{\beta}$ 能被 (I) 表示；

$R(\boldsymbol{\alpha}_1,\boldsymbol{\alpha}_2,.....\boldsymbol{\alpha}_n,\ \boldsymbol{\beta})=k+1\Leftrightarrow\boldsymbol{\beta}$ 不能被 (I) 表示.

【注】**推论**：如果一向量组 (I) 中含有 k 个线性无关的向量，则 $R(I)\geqslant k$.

【定理3】设有两个 m 维向量组 $(I)\boldsymbol{\alpha}_1,\boldsymbol{\alpha}_2,....\boldsymbol{\alpha}_s$ 与 $(II)\boldsymbol{\beta}_1,\boldsymbol{\beta}_2,....\boldsymbol{\beta}_t$，如果向量组 (I) 可以被向量组 (II) 线性表示，那么 $R(I)\leqslant R(II)$，反之亦然.

【注】**推论**：如果两个向量组 (I) 与 (II) 等价，则有 $R(I)=R(II)$.
（注意与矩阵等价不同，这个定理不能倒推）

【定理4】矩阵 $A_{m\times n}$ 的秩 $R(A_{m\times n})=$ 其行向量组的秩 $=$ 其列向量组的秩.（证明过程无须掌握）

【注】**推论**：对于方阵 $\boldsymbol{A}_{n\times n}$，有 $|\boldsymbol{A}|\neq 0\Leftrightarrow R(\boldsymbol{A})=n\Leftrightarrow$ 行、列向量均无关；
$|\boldsymbol{A}|=0\Leftrightarrow R(\boldsymbol{A})<n\Leftrightarrow$ 行、列向量均相关.

【定理5】任意 m 维向量组 $(I)\boldsymbol{\alpha}_1,\boldsymbol{\alpha}_2,.....\boldsymbol{\alpha}_n$ 的秩 $R(I)\leqslant m$，即 m 维空间秩为 m.

【注】**推论1**：当 $m<n$ 时，任意 m 维向量组 $(I)\boldsymbol{\alpha}_1,\boldsymbol{\alpha}_2,.....\boldsymbol{\alpha}_n$ 线性相关；
推论2：当 m 维向量组 (I) 的秩为 m 时，它能表示任意 m 维的向量；
推论3：m 维向量组 $\boldsymbol{\alpha}_1,\boldsymbol{\alpha}_2,.....\boldsymbol{\alpha}_n(m<n)$（线性相关）中任意 m 个线性无关的向量一定是其中一个极大线性无关组.

例 设 m 维向量组 $(\mathrm{I})\boldsymbol{\alpha}_1,\boldsymbol{\alpha}_2,\cdots,\boldsymbol{\alpha}_n,(\mathrm{II})\boldsymbol{\beta}_1,\boldsymbol{\beta}_2,\cdots,\boldsymbol{\beta}_s$，请证明：
若 $r(\mathrm{I})=r(\mathrm{II})$，且 (II) 可由 (I) 线性表出，则 $(\mathrm{I})\cong(\mathrm{II})$.（证明过程见基础篇第 44 页例 8）

【注】两组向量组如果其中一组能被另外一组线性表示，且秩相等，则两组向量组等价.

例 （基础例题）设向量组 $\boldsymbol{\alpha}_1,\boldsymbol{\alpha}_2,\cdots,\boldsymbol{\alpha}_s$ 的秩为 $r(r<s)$，则下列说法错误的是（　　）.

(A) $\boldsymbol{\alpha}_1,\boldsymbol{\alpha}_2,\cdots,\boldsymbol{\alpha}_s$ 中至少有一个由 r 个向量组成的部分组线性无关

(B) $\boldsymbol{\alpha}_1,\boldsymbol{\alpha}_2,\cdots,\boldsymbol{\alpha}_s$ 中任何 r 个线性无关向量组成的部分组与 $\boldsymbol{\alpha}_1,\boldsymbol{\alpha}_2,\cdots,\boldsymbol{\alpha}_s$ 是等价向量组（即是 $\boldsymbol{\alpha}_1,\boldsymbol{\alpha}_2,\cdots,\boldsymbol{\alpha}_s$ 的一个极大线性无关组）

(C) $\boldsymbol{\alpha}_1,\boldsymbol{\alpha}_2,\cdots,\boldsymbol{\alpha}_s$ 中任何 r 个向量的部分组都线性无关

(D) $\boldsymbol{\alpha}_1,\boldsymbol{\alpha}_2,\cdots,\boldsymbol{\alpha}_s$ 中任何 $r+1$ 个向量的部分组都线性相关

（此题正确的 $(A),(B),(D)$ 选项均具有结论性）

四、矩阵等价与向量组等价的区别与联系

1. 区别

矩阵等价

（1）定义：矩阵 $\boldsymbol{A}_{m\times n}$ 通过初等变换变为矩阵 $\boldsymbol{B}_{m\times n}$，即 $\boldsymbol{PAQ}=\boldsymbol{B}$，记为 $\boldsymbol{A}\cong\boldsymbol{B}$.

（2）与秩的关系：$\boldsymbol{A}\cong\boldsymbol{B}\Leftrightarrow R(\boldsymbol{A}_{m\times n})=R(\boldsymbol{B}_{m\times n})$.（充要条件）

向量组等价

（1）定义：同维向量组 (I) 与 (II) 可以相互表示 .

（2）与秩的关系：(I) 与 (II) 等价 $\Rightarrow R(I)=R(II)$.（不能倒推）

2. 联系

$\boldsymbol{AQ}=\boldsymbol{B}$，其中 $\boldsymbol{Q}$ 可逆，$\Leftrightarrow$ $\boldsymbol{A}$ 与 $\boldsymbol{B}$ 的列向量等价；

$\boldsymbol{PA}=\boldsymbol{B}$，其中 $\boldsymbol{P}$ 可逆，$\Leftrightarrow$ $\boldsymbol{A}$ 与 $\boldsymbol{B}$ 的行向量等价 .

五、判断相关无关的常用结论方法

设 $\boldsymbol{\alpha}_1,\boldsymbol{\alpha}_2,....,\boldsymbol{\alpha}_n$ 均为 m 维的列向量：

线性相关：

①存在非零组合 $=\boldsymbol{0}$；

② $n>m\Rightarrow$ 向量组必线性相关；

③线性相关 $\Leftrightarrow r(\boldsymbol{\alpha}_1,\boldsymbol{\alpha}_2,....,\boldsymbol{\alpha}_n)<n\Leftrightarrow$ 行列式 $|\boldsymbol{\alpha}_1,\boldsymbol{\alpha}_2,....,\boldsymbol{\alpha}_n|=0$（$m=n$ 时）；

④线性相关 $\Leftrightarrow$ 至少存在一个向量可以由其余向量线性表示；

⑤当它能表示一个向量 $\boldsymbol{\beta}$ 时，线性相关 $\Leftrightarrow$ 表达方式无穷 .

线性无关：

①利用定义，令 $k_1\boldsymbol{\alpha}_1+k_2\boldsymbol{\alpha}_2+........+k_n\boldsymbol{\alpha}_n=\boldsymbol{0}$，证明 $k_1=k_2=........=k_n=0$；

②线性无关 $\Leftrightarrow r(\boldsymbol{\alpha}_1,\boldsymbol{\alpha}_2,....,\boldsymbol{\alpha}_n)=n\Leftrightarrow|\boldsymbol{\alpha}_1,\boldsymbol{\alpha}_2,....,\boldsymbol{\alpha}_n|\neq0$（$m=n$ 时）；

③线性无关 $\Leftrightarrow$ 向量组内所有向量均不能被其余向量线性表示；

④当它能表示一个向量 $\boldsymbol{\beta}$ 时，线性无关 $\Leftrightarrow$ 表达方式唯一 .

强化例题

一、线性相关性、线性表出的判断

例 1　向量组 $\boldsymbol{\alpha}_1,\boldsymbol{\alpha}_2,\cdots,\boldsymbol{\alpha}_s$ 线性无关的充要条件是（　　）.

$A.$ 存在全为 0 的实数 $k_1,k_2,\cdots,k_s$，使得 $k_1\boldsymbol{\alpha}_1+k_2\boldsymbol{\alpha}_2+\cdots+k_s\boldsymbol{\alpha}_s=\boldsymbol{0}$

$B.$ 存在不全为 0 的实数 $k_1,k_2,\cdots,k_s$，使得 $k_1\boldsymbol{\alpha}_1+k_2\boldsymbol{\alpha}_2+\cdots+k_s\boldsymbol{\alpha}_s\neq\boldsymbol{0}$

C. 每个 $\boldsymbol{\alpha}_i$ 都不能用其余向量线性表示

D. 存在部分组线性无关

解析　A 不正确 . 当 $k_1 = k_2 = \cdots = k_s = 0$ 时 , 对任何 $\boldsymbol{\alpha}_1,\boldsymbol{\alpha}_2,\cdots,\boldsymbol{\alpha}_s$ 都有 $k_1\boldsymbol{\alpha}_1 + k_2\boldsymbol{\alpha}_2 + \cdots + k_s\boldsymbol{\alpha}_s = \mathbf{0}$.

B 不正确 . 当 $\boldsymbol{\alpha}_1,\boldsymbol{\alpha}_2,\cdots,\boldsymbol{\alpha}_s$ 线性相关时 , 也可能存在不全为 0 的数 $k_1,k_2,\cdots,k_s$, 使得 $k_1\boldsymbol{\alpha}_1 + k_2\boldsymbol{\alpha}_2 + \cdots + k_s\boldsymbol{\alpha}_s \neq \mathbf{0}$.

C 正确 . 每个 $\boldsymbol{\alpha}_i$ 都不能用其余向量线性表示 , 这就是由线性无关定义引申的结论 .

D 不正确 . 线性相关的向量组也可能有部分组线性无关 .

例 2　设向量组 $\boldsymbol{\alpha}_1 = (1,1,1,3)^{\mathrm{T}}$, $\boldsymbol{\alpha}_2 = (-1,-3,5,1)^{\mathrm{T}}$, $\boldsymbol{\alpha}_3 = (3,2,-1,a+2)^{\mathrm{T}}$, $\boldsymbol{\alpha}_4 = (-2,-6,10,a)^{\mathrm{T}}$.

（1）当 a 为何值时 , 该向量组线性无关？并将向量 $\boldsymbol{\beta} = (4,1,6,10)^{\mathrm{T}}$ 用 $\boldsymbol{\alpha}_1,\boldsymbol{\alpha}_2,\boldsymbol{\alpha}_3,\boldsymbol{\alpha}_4$ 线性表示 ;

（2）当 a 为何值时 , 该向量组线性相关？并求其一个极大线性无关组 .

解析　（1）对 $\overline{\boldsymbol{A}} = (\boldsymbol{\alpha}_1,\boldsymbol{\alpha}_2,\boldsymbol{\alpha}_3,\boldsymbol{\alpha}_4 \,|\, \boldsymbol{\beta})$ 作初等行变换 , 化为阶梯形矩阵 , 得 :

$$\overline{\boldsymbol{A}} = \begin{pmatrix} 1 & -1 & 3 & -2 & 4 \\ 1 & -3 & 2 & -6 & 1 \\ 1 & 5 & -1 & 10 & 6 \\ 3 & 1 & a+2 & a & 10 \end{pmatrix} \to \begin{pmatrix} 1 & -1 & 3 & -2 & 4 \\ 0 & -2 & -1 & -4 & -3 \\ 0 & 0 & 1 & 0 & 1 \\ 0 & 0 & 0 & a-2 & 1-a \end{pmatrix} \overset{\text{记}}{=} \boldsymbol{B} .$$

当 $a-2 \neq 0$, 即 $a \neq 2$ 时 , $\boldsymbol{\alpha}_1,\boldsymbol{\alpha}_2,\boldsymbol{\alpha}_3,\boldsymbol{\alpha}_4$ 线性无关 . 为求线性表示 , 需将 $\boldsymbol{B}$ 化为最简阶梯形矩阵 ,

$$\text{得 } \boldsymbol{B} \to \begin{pmatrix} 1 & 0 & 0 & 0 & 2 \\ 0 & 1 & 0 & 0 & \dfrac{3a-4}{a-2} \\ 0 & 0 & 1 & 0 & 1 \\ 0 & 0 & 0 & 1 & \dfrac{1-a}{a-2} \end{pmatrix} \text{, 故 } \boldsymbol{\beta} = 2\boldsymbol{\alpha}_1 + \frac{3a-4}{a-2}\boldsymbol{\alpha}_2 + \boldsymbol{\alpha}_3 + \frac{1-a}{a-2}\boldsymbol{\alpha}_4 .$$

（2）当 $a=2$ 时 , 由（1）知 $\boldsymbol{A} = (\boldsymbol{\alpha}_1,\boldsymbol{\alpha}_2,\boldsymbol{\alpha}_3,\boldsymbol{\alpha}_4) \to \begin{pmatrix} 1 & -1 & 3 & -2 \\ 0 & -2 & -1 & -4 \\ 0 & 0 & 1 & 0 \\ 0 & 0 & 0 & 0 \end{pmatrix}$, 故 $r(\boldsymbol{A}) = 3$, $\boldsymbol{\alpha}_1,\boldsymbol{\alpha}_2,\boldsymbol{\alpha}_3$ 为其一个极大线性无关组 .

例 3　设有 n 维向量 $\boldsymbol{\alpha}_1,\boldsymbol{\alpha}_2,\boldsymbol{\alpha}_3,\boldsymbol{\alpha}_4$, 下列命题中正确的是（　　）.

①若 $\boldsymbol{\alpha}_1,\boldsymbol{\alpha}_2,\boldsymbol{\alpha}_3$ 线性无关 , $\boldsymbol{\alpha}_4$ 不能由 $\boldsymbol{\alpha}_1,\boldsymbol{\alpha}_2,\boldsymbol{\alpha}_3$ 线性表示 , 则 $\boldsymbol{\alpha}_1,\boldsymbol{\alpha}_2,\boldsymbol{\alpha}_3,\boldsymbol{\alpha}_4$ 线性无关 .

②若存在 n 阶矩阵 $\boldsymbol{A}$, 使得 $\boldsymbol{A\alpha}_1, \boldsymbol{A\alpha}_2, \boldsymbol{A\alpha}_3, \boldsymbol{A\alpha}_4$ 线性无关 , 则 $\boldsymbol{\alpha}_1,\boldsymbol{\alpha}_2,\boldsymbol{\alpha}_3,\boldsymbol{\alpha}_4$ 线性无关 .

③若 $\boldsymbol{A\beta}_1 = \boldsymbol{\alpha}_1, \boldsymbol{A\beta}_2 = \boldsymbol{\alpha}_2, \boldsymbol{A\beta}_3 = \boldsymbol{\alpha}_3, \boldsymbol{A\beta}_4 = \boldsymbol{\alpha}_4$, 且 $\boldsymbol{A}$ 可逆 , $\boldsymbol{\beta}_1,\boldsymbol{\beta}_2,\boldsymbol{\beta}_3,\boldsymbol{\beta}_4$ 线性无关 , 则 $\boldsymbol{\alpha}_1,\boldsymbol{\alpha}_2,\boldsymbol{\alpha}_3,\boldsymbol{\alpha}_4$ 线性无关 .

④若 $\boldsymbol{\alpha}_1,\boldsymbol{\alpha}_2$ 线性无关 , $\boldsymbol{\alpha}_3,\boldsymbol{\alpha}_4$ 均不能由 $\boldsymbol{\alpha}_1,\boldsymbol{\alpha}_2$ 线性表示 , 则 $\boldsymbol{\alpha}_1,\boldsymbol{\alpha}_2,\boldsymbol{\alpha}_3,\boldsymbol{\alpha}_4$ 线性无关 .

A. ①②③　　B. ①②④

C. ②③④　　D. ①③④

解析　根据基本定理可知，①显然正确；

②正确．由于$(A\boldsymbol{\alpha}_1, A\boldsymbol{\alpha}_2, A\boldsymbol{\alpha}_3, A\boldsymbol{\alpha}_4) = A(\boldsymbol{\alpha}_1, \boldsymbol{\alpha}_2, \boldsymbol{\alpha}_3, \boldsymbol{\alpha}_4)$，故$r(A\boldsymbol{\alpha}_1, A\boldsymbol{\alpha}_2, A\boldsymbol{\alpha}_3, A\boldsymbol{\alpha}_4) \leqslant r(\boldsymbol{\alpha}_1, \boldsymbol{\alpha}_2, \boldsymbol{\alpha}_3, \boldsymbol{\alpha}_4)$，而$r(A\boldsymbol{\alpha}_1, A\boldsymbol{\alpha}_2, A\boldsymbol{\alpha}_3, A\boldsymbol{\alpha}_4) = 4$，故$r(\boldsymbol{\alpha}_1, \boldsymbol{\alpha}_2, \boldsymbol{\alpha}_3, \boldsymbol{\alpha}_4) = 4$，即$\boldsymbol{\alpha}_1, \boldsymbol{\alpha}_2, \boldsymbol{\alpha}_3, \boldsymbol{\alpha}_4$线性无关．

③正确．由于$r(\boldsymbol{\alpha}_1, \boldsymbol{\alpha}_2, \boldsymbol{\alpha}_3, \boldsymbol{\alpha}_4) = r\left(A\left(\boldsymbol{\beta}_1, \boldsymbol{\beta}_2, \boldsymbol{\beta}_3, \boldsymbol{\beta}_4\right)\right)$，当$A$可逆时，$r(\boldsymbol{\alpha}_1, \boldsymbol{\alpha}_2, \boldsymbol{\alpha}_3, \boldsymbol{\alpha}_4) = r(\boldsymbol{\beta}_1, \boldsymbol{\beta}_2, \boldsymbol{\beta}_3, \boldsymbol{\beta}_4) = 4$，所以$\boldsymbol{\alpha}_1, \boldsymbol{\alpha}_2, \boldsymbol{\alpha}_3, \boldsymbol{\alpha}_4$线性无关．

④不正确．例如$\boldsymbol{\alpha}_1 = \begin{pmatrix}1\\0\\0\\0\end{pmatrix}, \boldsymbol{\alpha}_2 = \begin{pmatrix}0\\0\\0\\1\end{pmatrix}$线性无关，且$\boldsymbol{\alpha}_3 = \begin{pmatrix}1\\1\\0\\0\end{pmatrix}, \boldsymbol{\alpha}_4 = \begin{pmatrix}2\\2\\0\\0\end{pmatrix}$都不能由$\boldsymbol{\alpha}_1, \boldsymbol{\alpha}_2$线性表示，但$\boldsymbol{\alpha}_1, \boldsymbol{\alpha}_2, \boldsymbol{\alpha}_3, \boldsymbol{\alpha}_4$线性相关．综合以上选$A$．

例 4　设$A = \begin{pmatrix} a_{11} & a_{12} & a_{13} & a_{14} \\ a_{21} & a_{22} & a_{23} & a_{24} \\ a_{31} & a_{32} & a_{33} & a_{34} \end{pmatrix}$，记$A = (\boldsymbol{\alpha}_1, \boldsymbol{\alpha}_2, \boldsymbol{\alpha}_3, \boldsymbol{\alpha}_4) = \begin{pmatrix}\boldsymbol{\beta}_1\\ \boldsymbol{\beta}_2\\ \boldsymbol{\beta}_3\end{pmatrix}$，且$\begin{vmatrix} a_{12} & a_{14} \\ a_{32} & a_{34} \end{vmatrix} \neq 0$，$\begin{vmatrix} a_{11} & a_{12} & a_{13} \\ a_{21} & a_{22} & a_{23} \\ a_{31} & a_{32} & a_{33} \end{vmatrix} = 0$，下列结论中：①$r(A) = 2$；②$\boldsymbol{\alpha}_2, \boldsymbol{\alpha}_4$线性无关；③$\boldsymbol{\beta}_1, \boldsymbol{\beta}_2, \boldsymbol{\beta}_3$线性相关；④$\boldsymbol{\alpha}_1, \boldsymbol{\alpha}_2, \boldsymbol{\alpha}_3$线性相关，正确的是（　　）．

A. ①③　　B. ②③　　C. ①④　　D. ②④

解析　对于①，由$\begin{vmatrix} a_{12} & a_{14} \\ a_{32} & a_{34} \end{vmatrix} \neq 0$，知$r(A) \geqslant 2$，但$\begin{vmatrix} a_{11} & a_{12} & a_{13} \\ a_{21} & a_{22} & a_{23} \\ a_{31} & a_{32} & a_{33} \end{vmatrix} = 0$，不能得到$r(A) < 3$（所有 3 阶子式全为 0 才可以得到$r(A) = 2$），所以①错误．

对于②，由$\begin{vmatrix} a_{12} & a_{14} \\ a_{32} & a_{34} \end{vmatrix} \neq 0$，知$\begin{pmatrix}a_{12}\\a_{32}\end{pmatrix}$与$\begin{pmatrix}a_{14}\\a_{34}\end{pmatrix}$线性无关，于是增加分量得$\boldsymbol{\alpha}_2 = \begin{pmatrix}a_{12}\\a_{22}\\a_{32}\end{pmatrix}$与$\boldsymbol{\alpha}_4 = \begin{pmatrix}a_{14}\\a_{24}\\a_{34}\end{pmatrix}$仍线性无关，所以②正确．

对于③，由$\begin{vmatrix} a_{11} & a_{12} & a_{13} \\ a_{21} & a_{22} & a_{23} \\ a_{31} & a_{32} & a_{33} \end{vmatrix} = 0$知，$(a_{11}, a_{12}, a_{13}), (a_{21}, a_{22}, a_{23}), (a_{31}, a_{32}, a_{33})$线性相关，但增加分量得$\boldsymbol{\beta}_1, \boldsymbol{\beta}_2, \boldsymbol{\beta}_3$不一定线性相关，故③不正确．

对于④，由$\begin{vmatrix} a_{11} & a_{12} & a_{13} \\ a_{21} & a_{22} & a_{23} \\ a_{31} & a_{32} & a_{33} \end{vmatrix} = 0$知，$\boldsymbol{\alpha}_1, \boldsymbol{\alpha}_2, \boldsymbol{\alpha}_3$线性相关，故④正确．

综上所述，选D．

例 5 （真题）设 $\boldsymbol{\alpha}_1=\begin{pmatrix}0\\0\\c_1\end{pmatrix}$，$\boldsymbol{\alpha}_2=\begin{pmatrix}0\\1\\c_2\end{pmatrix}$，$\boldsymbol{\alpha}_3=\begin{pmatrix}1\\-1\\c_3\end{pmatrix}$，$\boldsymbol{\alpha}_4=\begin{pmatrix}-1\\1\\c_4\end{pmatrix}$（$c_i$ 为任意常数，$i=1,2,3,4$），则下列向量组一定线性相关的是（　　）.

A. $\boldsymbol{\alpha}_1,\boldsymbol{\alpha}_2,\boldsymbol{\alpha}_3$　　B. $\boldsymbol{\alpha}_1,\boldsymbol{\alpha}_2,\boldsymbol{\alpha}_4$　　C. $\boldsymbol{\alpha}_1,\boldsymbol{\alpha}_3,\boldsymbol{\alpha}_4$　　D. $\boldsymbol{\alpha}_2,\boldsymbol{\alpha}_3,\boldsymbol{\alpha}_4$

解析 判别 3 个 3 维向量的线性相关性，用行列式：

由 $|\boldsymbol{\alpha}_1,\boldsymbol{\alpha}_3,\boldsymbol{\alpha}_4|=\begin{vmatrix}0&1&-1\\0&-1&1\\c_1&c_3&c_4\end{vmatrix}=c_1\begin{vmatrix}1&-1\\-1&1\end{vmatrix}=0$，知 $\boldsymbol{\alpha}_1,\boldsymbol{\alpha}_3,\boldsymbol{\alpha}_4$ 一定线性相关，故 C 正确.

例 6 设向量组 (I)$\boldsymbol{\alpha}_1,\boldsymbol{\alpha}_2,\cdots,\boldsymbol{\alpha}_r$ 可由向量组 (II)$\boldsymbol{\beta}_1,\boldsymbol{\beta}_2,\cdots,\boldsymbol{\beta}_s$ 线性表示，则下列选项正确的是（　　）.

A. 若 (I) 线性无关，则 $r\leqslant s$　　B. 若 (I) 线性无关，则 $r>s$

C. 若 (II) 线性无关，则 $r\leqslant s$　　D. 若 (II) 线性相关，则 $r>s$

解析 向量组 (I) 可由向量组 (II) 线性表示，可知 $r(\mathrm{I})\leqslant r(\mathrm{II})$.

若向量组 (I) 线性无关，则 $r(\mathrm{I})=r(\boldsymbol{\alpha}_1,\boldsymbol{\alpha}_2,\cdots,\boldsymbol{\alpha}_r)=r$ ，而 $r(\mathrm{II})=r(\boldsymbol{\beta}_1,\boldsymbol{\beta}_2,\cdots,\boldsymbol{\beta}_s)\leqslant s$ ，所以若向量组 (I) 线性无关，则 $r\leqslant s$ ，A 正确.

例 7 设向量组 (I) $\boldsymbol{\alpha}_1=(1,0,2)^{\mathrm{T}}$ ，$\boldsymbol{\alpha}_2=(1,1,3)^{\mathrm{T}}$ ，$\boldsymbol{\alpha}_3=(1,-1,a+2)^{\mathrm{T}}$ ；向量组 (II) $\boldsymbol{\beta}_1=(1,2,a+3)^{\mathrm{T}}$ ，$\boldsymbol{\beta}_2=(2,1,a+6)^{\mathrm{T}}$ ；$\boldsymbol{\beta}_3=(2,1,a+4)^{\mathrm{T}}$.

（1）当 a 取何值时，向量组 (I) 与向量组 (II) 等价?

（2）当 a 取何值时，向量组 (I) 与向量组 (II) 不等价?

解析 法一：（1）向量组 (I) 与 (II) 等价，即两个向量组可相互线性表示.

$$(\boldsymbol{\alpha}_1,\boldsymbol{\alpha}_2,\boldsymbol{\alpha}_3|\boldsymbol{\beta}_1,\boldsymbol{\beta}_2,\boldsymbol{\beta}_3)=\left(\begin{array}{ccc|ccc}1&1&1&1&2&2\\0&1&-1&2&1&1\\2&3&a+2&a+3&a+6&a+4\end{array}\right)$$

$$\to\left(\begin{array}{ccc|ccc}1&1&1&1&2&2\\0&1&-1&2&1&1\\0&1&a&a+1&a+2&a\end{array}\right)\to\left(\begin{array}{ccc|ccc}1&1&1&1&2&2\\0&1&-1&2&1&1\\0&0&a+1&a-1&a+1&a-1\end{array}\right).$$

当 $a\neq-1$ 时，向量组 (II) $\boldsymbol{\beta}_1,\boldsymbol{\beta}_2,\boldsymbol{\beta}_3$ 可由 (I) $\boldsymbol{\alpha}_1,\boldsymbol{\alpha}_2,\boldsymbol{\alpha}_3$ 线性表示；

当 $a=-1$ 时，β_1 与 β_3 均不能被 (I) 线性表示，从而 (II) 不能被 (I) 线性表示.

由 $(\boldsymbol{\beta}_1,\boldsymbol{\beta}_2,\boldsymbol{\beta}_3|\boldsymbol{\alpha}_1,\boldsymbol{\alpha}_2,\boldsymbol{\alpha}_3)=\left(\begin{array}{ccc|ccc}1&2&2&1&1&1\\2&1&1&0&1&-1\\a+3&a+6&a+4&2&3&a+2\end{array}\right)$，经初等行变换

$$\to\begin{pmatrix}1&2&2&1&1&1\\0&-3&-3&-2&-1&-3\\0&-a&-a-2&-a-1&-a&-1\end{pmatrix}\to\begin{pmatrix}1&2&2&1&1&1\\0&-3&-3&-2&-1&-3\\0&0&-2&-\frac{a}{3}-1&-\frac{2a}{3}&-1+a\end{pmatrix}$$，知 $\boldsymbol{\alpha}_1,\boldsymbol{\alpha}_2,\boldsymbol{\alpha}_3$ 可由 $\boldsymbol{\beta}_1,\boldsymbol{\beta}_2,\boldsymbol{\beta}_3$ 线性表示 .

综上所述，当 $a\neq-1$ 时，向量组 (I) 与 (II) 等价 .

（2）当 $a=-1$ 时，(I) 与 (II) 不等价 .

法二：（1）向量组 (I) 与向量组 (II) 等价，即两个向量组可相互线性表示 . 考虑到向量组 (I) 与 (II) 都是 3 个 3 维向量，且 $|\boldsymbol{\beta}_1,\boldsymbol{\beta}_2,\boldsymbol{\beta}_3|=\begin{vmatrix}1&2&2\\2&1&1\\a+3&a+6&a+4\end{vmatrix}=\begin{vmatrix}1&2&2\\2&1&1\\a&a&a-2\end{vmatrix}=\begin{vmatrix}1&2&0\\2&1&0\\a&a&-2\end{vmatrix}$

$=(-2)\begin{vmatrix}1&2\\2&1\end{vmatrix}=6\neq0$，则向量组 (I) 与 (II) 等价 $\Leftrightarrow r(\text{I})=r(\text{II})=3$；而 $|\boldsymbol{\alpha}_1,\boldsymbol{\alpha}_2,\boldsymbol{\alpha}_3|=\begin{vmatrix}1&1&1\\0&1&-1\\2&3&a+2\end{vmatrix}=$

$\begin{vmatrix}1&1&1\\0&1&-1\\0&1&a\end{vmatrix}=\begin{vmatrix}1&-1\\1&a\end{vmatrix}=a+1$，故当 $a\neq-1$ 时，$r(\text{I})=r(\text{II})=3$，即向量组 (I) 与 (II) 都是 3 维线性无关的向量组 . 所以 (I) 与 (II) 可相互线性表示，从而向量组 (I) 与 (II) 等价 .

（2）当 $a=-1$ 时，$r(\text{I})=2,r(\text{II})=3$，所以向量组 (I) 与 (II) 不等价 .

例 8　设向量组 $\boldsymbol{\alpha}_1=(1,0,1)^{\mathrm T}$，$\boldsymbol{\alpha}_2=(0,1,1)^{\mathrm T}$，$\boldsymbol{\alpha}_3=(1,3,5)^{\mathrm T}$ 不能由向量组 $\boldsymbol{\beta}_1=(1,1,1)^{\mathrm T}$，$\boldsymbol{\beta}_2=(1,2,3)^{\mathrm T}$；$\boldsymbol{\beta}_3=(3,4,a)^{\mathrm T}$ 线性表示 .

（1）求 a 的值；

（2）将 $\boldsymbol{\beta}_1,\boldsymbol{\beta}_2,\boldsymbol{\beta}_3$ 用 $\boldsymbol{\alpha}_1,\boldsymbol{\alpha}_2,\boldsymbol{\alpha}_3$ 线性表示 .

解析　（1）作为 3 个 3 维列向量，若 $\boldsymbol{\beta}_1,\boldsymbol{\beta}_2,\boldsymbol{\beta}_3$ 线性无关，它们可以表示任意 3 维列向量，$\boldsymbol{\alpha}_i(i=1,2,3)$ 可由 $\boldsymbol{\beta}_1,\boldsymbol{\beta}_2,\boldsymbol{\beta}_3$ 线性表示，这与题设矛盾，于是 $\boldsymbol{\beta}_1,\boldsymbol{\beta}_2,\boldsymbol{\beta}_3$ 线性相关，从而

$$|\boldsymbol{\beta}_1,\boldsymbol{\beta}_2,\boldsymbol{\beta}_3|=\begin{vmatrix}1&1&3\\1&2&4\\1&3&a\end{vmatrix}=a-5=0\Rightarrow a=5 .$$

（2）对 $(\boldsymbol{\alpha}_1,\boldsymbol{\alpha}_2,\boldsymbol{\alpha}_3|\boldsymbol{\beta}_1,\boldsymbol{\beta}_2,\boldsymbol{\beta}_3)=\left(\begin{array}{ccc|ccc}1&0&1&1&1&3\\0&1&3&1&2&4\\1&1&5&1&3&5\end{array}\right)$ 做初等行变换 $\to\left(\begin{array}{ccc|ccc}1&0&1&1&1&3\\0&1&3&1&2&4\\0&1&4&0&2&2\end{array}\right)$

$$\to\left(\begin{array}{ccc|ccc}1&0&1&1&1&3\\0&1&3&1&2&4\\0&0&1&-1&0&-2\end{array}\right)\to\left(\begin{array}{ccc|ccc}1&0&0&2&1&5\\0&1&0&4&2&10\\0&0&1&-1&0&-2\end{array}\right),$$

从而 $\boldsymbol{\beta}_1=2\boldsymbol{\alpha}_1+4\boldsymbol{\alpha}_2-\boldsymbol{\alpha}_3$ ，$\boldsymbol{\beta}_2=\boldsymbol{\alpha}_1+2\boldsymbol{\alpha}_2$ ，$\boldsymbol{\beta}_3=5\boldsymbol{\alpha}_1+10\boldsymbol{\alpha}_2-2\boldsymbol{\alpha}_3$.

例 9 （真题）设 $\boldsymbol{\alpha}_1,\boldsymbol{\alpha}_2,\boldsymbol{\alpha}_3$ 均为 n 维列向量，请问："$\boldsymbol{\alpha}_1,\boldsymbol{\alpha}_2,\boldsymbol{\alpha}_3$ 线性无关"是"对任意常数 k_1,k_2 ，均有 $\boldsymbol{\alpha}_1+k_1\boldsymbol{\alpha}_3,\boldsymbol{\alpha}_2+k_2\boldsymbol{\alpha}_3$ 线性无关"的（ ）条件 .

(A) 充分非必要 (B) 必要非充分

(C) 充要 (D) 既非充分也非必要

解析 首先分析充分性，即已知 $\boldsymbol{\alpha}_1,\boldsymbol{\alpha}_2,\boldsymbol{\alpha}_3$ 线性无关，此时矩阵 $r(\boldsymbol{\alpha}_1,\boldsymbol{\alpha}_2,\boldsymbol{\alpha}_3)=3$ ，而矩阵 $(\boldsymbol{\alpha}_1+k_1\boldsymbol{\alpha}_3,\boldsymbol{\alpha}_2+k_2\boldsymbol{\alpha}_3)=(\boldsymbol{\alpha}_1,\boldsymbol{\alpha}_2,\boldsymbol{\alpha}_3)\begin{pmatrix}1&0\\0&1\\k_1&k_2\end{pmatrix}$ ，根据矩阵性质，由于 $r(\boldsymbol{\alpha}_1,\boldsymbol{\alpha}_2,\boldsymbol{\alpha}_3)=3$ ，有

$r(\boldsymbol{\alpha}_1+k_1\boldsymbol{\alpha}_3,\boldsymbol{\alpha}_2+k_2\boldsymbol{\alpha}_3)=r\begin{pmatrix}1&0\\0&1\\k_1&k_2\end{pmatrix}=2$ ，从而对任意常数 k_1,k_2 ，向量组 $\boldsymbol{\alpha}_1+k_1\boldsymbol{\alpha}_3,\boldsymbol{\alpha}_2+k_2\boldsymbol{\alpha}_3$ 是线性无关的 .

或者利用线性无关的定义：令 $c_1(\boldsymbol{\alpha}_1+k_1\boldsymbol{\alpha}_3)+c_2(\boldsymbol{\alpha}_2+k_2\boldsymbol{\alpha}_3)=\mathbf{0}$ ，整理可得 $c_1\boldsymbol{\alpha}_1+c_2\boldsymbol{\alpha}_2+(c_1k_1+c_2k_2)\boldsymbol{\alpha}_3=\mathbf{0}$ ，由于 $\boldsymbol{\alpha}_1,\boldsymbol{\alpha}_2,\boldsymbol{\alpha}_3$ 线性无关，从而有 $c_1=c_2=c_1k_1+c_2k_2=0$ ，解得 $c_1=c_2=0$ ，故 $\boldsymbol{\alpha}_1+k_1\boldsymbol{\alpha}_3,\boldsymbol{\alpha}_2+k_2\boldsymbol{\alpha}_3$ 线性无关 .

接下来分析必要性，列举反例：$\boldsymbol{\alpha}_1,\boldsymbol{\alpha}_2$ 线性无关，而 $\boldsymbol{\alpha}_3=\mathbf{0}$ ，显然 $\boldsymbol{\alpha}_1,\boldsymbol{\alpha}_2,\boldsymbol{\alpha}_3$ 满足"对任意常数 k_1,k_2 ，均有 $\boldsymbol{\alpha}_1+k_1\boldsymbol{\alpha}_3,\boldsymbol{\alpha}_2+k_2\boldsymbol{\alpha}_3$ 线性无关"，但是 $\boldsymbol{\alpha}_1,\boldsymbol{\alpha}_2,\boldsymbol{\alpha}_3$ 是线性相关的，因此"对任意常数 k_1,k_2 ，均有 $\boldsymbol{\alpha}_1+k_1\boldsymbol{\alpha}_3,\boldsymbol{\alpha}_2+k_2\boldsymbol{\alpha}_3$ 线性无关"无法推导出"$\boldsymbol{\alpha}_1,\boldsymbol{\alpha}_2,\boldsymbol{\alpha}_3$ 线性无关".

从而"$\boldsymbol{\alpha}_1,\boldsymbol{\alpha}_2,\boldsymbol{\alpha}_3$ 线性无关"是"对任意常数 k_1,k_2 ，均有 $\boldsymbol{\alpha}_1+k_1\boldsymbol{\alpha}_3,\boldsymbol{\alpha}_2+k_2\boldsymbol{\alpha}_3$ 线性无关"的充分非必要条件，选 (A) .

例 10 设 $\boldsymbol{A},\boldsymbol{B},\boldsymbol{C}$ 均为 n 阶矩阵，若 $\boldsymbol{AB}=\boldsymbol{C}$ 且 $\boldsymbol{B}$ 可逆，则（ ）.

$A.$ 矩阵 $\boldsymbol{C}$ 的行向量组与矩阵 $\boldsymbol{A}$ 的行向量组等价

$B.$ 矩阵 $\boldsymbol{C}$ 的列向量组与矩阵 $\boldsymbol{A}$ 的列向量组等价

$C.$ 矩阵 $\boldsymbol{C}$ 的行向量组与矩阵 $\boldsymbol{B}$ 的行向量组等价

$D.$ 矩阵 $\boldsymbol{C}$ 的列向量组与矩阵 $\boldsymbol{B}$ 的列向量组等价

解析 设 $\boldsymbol{B}=(b_{ij})_{n\times n}$ ，对矩阵 $\boldsymbol{A},\boldsymbol{C}$ 按列分块，记

$\boldsymbol{A}=(\boldsymbol{\alpha}_1,\boldsymbol{\alpha}_2,\cdots,\boldsymbol{\alpha}_n),\boldsymbol{C}=(\boldsymbol{\gamma}_1,\boldsymbol{\gamma}_2,\cdots,\boldsymbol{\gamma}_n),\boldsymbol{B}=(b_{ij})_{n\times n}$.

由 $\boldsymbol{AB}=\boldsymbol{C}$ ，得 $(\boldsymbol{\alpha}_1,\boldsymbol{\alpha}_2,\cdots,\boldsymbol{\alpha}_n)\begin{pmatrix}b_{11}&b_{12}&\cdots&b_{1n}\\b_{21}&b_{22}&\cdots&b_{2n}\\\vdots&\vdots&&\vdots\\b_{n1}&b_{n2}&\cdots&b_{nn}\end{pmatrix}=(\boldsymbol{\gamma}_1,\boldsymbol{\gamma}_2,\cdots,\boldsymbol{\gamma}_n)$ ，

所以 $\begin{cases}\gamma_1 = b_{11}\boldsymbol{\alpha}_1 + b_{21}\boldsymbol{\alpha}_2 + \cdots + b_{n1}\boldsymbol{\alpha}_n \\ \gamma_2 = b_{12}\boldsymbol{\alpha}_1 + b_{22}\boldsymbol{\alpha}_2 + \cdots + b_{n2}\boldsymbol{\alpha}_n \\ \cdots\cdots \\ \gamma_n = b_{1n}\boldsymbol{\alpha}_1 + b_{2n}\boldsymbol{\alpha}_2 + \cdots + b_{nn}\boldsymbol{\alpha}_n\end{cases}$，故 $\boldsymbol{C}$ 的列向量组 $\gamma_1,\gamma_2,\cdots,\gamma_n$ 可由 $\boldsymbol{A}$ 的列向量组 $\boldsymbol{\alpha}_1,\boldsymbol{\alpha}_2,\cdots,\boldsymbol{\alpha}_n$ 线性表示．又因为 $\boldsymbol{B}$ 可逆，所以 $\boldsymbol{A} = \boldsymbol{C}\boldsymbol{B}^{-1}$，即 $\boldsymbol{A}$ 的列向量组也可由 $\boldsymbol{C}$ 的列向量组线性表示，故选 B 正确．

二、证明向量组线性无关的常用手段：定义

即，令 $k_1\boldsymbol{\alpha}_1 + k_2\boldsymbol{\alpha}_2 + \cdots\cdots + k_n\boldsymbol{\alpha}_n = \boldsymbol{0}$，证明 $k_1 = k_2 = \cdots\cdots = k_n = 0$．

例 1　设 $\boldsymbol{A}$ 是 3 阶矩阵，$\boldsymbol{\alpha}_1,\boldsymbol{\alpha}_2$ 为 $\boldsymbol{A}$ 的分别属于特征值 $-1,1$ 的特征向量，且向量 $\boldsymbol{\alpha}_3$ 满足 $\boldsymbol{A}\boldsymbol{\alpha}_3 = \boldsymbol{\alpha}_2 + \boldsymbol{\alpha}_3$，证明：$\boldsymbol{\alpha}_1,\boldsymbol{\alpha}_2,\boldsymbol{\alpha}_3$ 线性无关．

证明　法一：根据特征值特征向量的定义，有 $\boldsymbol{A}\boldsymbol{\alpha}_1 = -\boldsymbol{\alpha}_1$，$\boldsymbol{A}\boldsymbol{\alpha}_2 = \boldsymbol{\alpha}_2$，设

$k_1\boldsymbol{\alpha}_1 + k_2\boldsymbol{\alpha}_2 + k_3\boldsymbol{\alpha}_3 = \boldsymbol{0}$．　　①

用 A 左乘①式，得 $-k_1\boldsymbol{\alpha}_1 + k_2\boldsymbol{\alpha}_2 + k_3(\boldsymbol{\alpha}_2 + \boldsymbol{\alpha}_3) = \boldsymbol{0}$．　　②

①式 − ②式（或把①中 $k_3\boldsymbol{\alpha}_3 = -k_1\boldsymbol{\alpha}_1 - k_2\boldsymbol{\alpha}_2$ 代入②式），得 $2k_1\boldsymbol{\alpha}_1 - k_3\boldsymbol{\alpha}_2 = \boldsymbol{0}$，由 $\boldsymbol{\alpha}_1,\boldsymbol{\alpha}_2$ 是 $\boldsymbol{A}$ 的属于不同特征值的特征向量，可知 $\boldsymbol{\alpha}_1,\boldsymbol{\alpha}_2$ 线性无关，故 $k_1 = k_3 = 0$．代入①式，得 $k_2\boldsymbol{\alpha}_2 = \boldsymbol{0}$．又 $\boldsymbol{\alpha}_2 \neq \boldsymbol{0}$（$\boldsymbol{\alpha}_2$ 是特征向量），所以 $k_2 = 0$，故 $\boldsymbol{\alpha}_1,\boldsymbol{\alpha}_2,\boldsymbol{\alpha}_3$ 线性无关．

法二：由题意有：$\boldsymbol{A}\boldsymbol{\alpha}_1 = -\boldsymbol{\alpha}_1$，$\boldsymbol{A}\boldsymbol{\alpha}_2 = \boldsymbol{\alpha}_2$，$\boldsymbol{\alpha}_1,\boldsymbol{\alpha}_2$ 线性无关，只需证明 $\boldsymbol{\alpha}_3$ 不能被 $\boldsymbol{\alpha}_1,\boldsymbol{\alpha}_2$ 线性表示即可．

反证法，假设 $\boldsymbol{\alpha}_3$ 能被 $\boldsymbol{\alpha}_1,\boldsymbol{\alpha}_2$ 线性表示，即 $\boldsymbol{\alpha}_3 = k_1\boldsymbol{\alpha}_1 + k_2\boldsymbol{\alpha}_2$．①

用 $\boldsymbol{A}$ 左乘①式得 $\boldsymbol{\alpha}_2 + \boldsymbol{\alpha}_3 = -k_1\boldsymbol{\alpha}_1 + k_2\boldsymbol{\alpha}_2$．　②

把①代入②式得，$\boldsymbol{\alpha}_2 + k_1\boldsymbol{\alpha}_1 + k_2\boldsymbol{\alpha}_2 = -k_1\boldsymbol{\alpha}_1 + k_2\boldsymbol{\alpha}_2 \Rightarrow \boldsymbol{\alpha}_2 = -2k_1\boldsymbol{\alpha}_1$，即 $\boldsymbol{\alpha}_1,\boldsymbol{\alpha}_2$ 线性相关，与题设矛盾，从而假设不成立．

故 $\boldsymbol{\alpha}_3$ 不能被 $\boldsymbol{\alpha}_1,\boldsymbol{\alpha}_2$ 线性表示，$\boldsymbol{\alpha}_1,\boldsymbol{\alpha}_2,\boldsymbol{\alpha}_3$ 线性无关．

例 2　设 $\boldsymbol{\alpha}_1,\boldsymbol{\alpha}_2,\boldsymbol{\alpha}_3$ 是 3 个列向量，且 $\boldsymbol{A}\boldsymbol{\alpha}_1 = \boldsymbol{\alpha}_1 \neq \boldsymbol{0}$，$\boldsymbol{A}\boldsymbol{\alpha}_2 = \boldsymbol{\alpha}_1 + \boldsymbol{\alpha}_2$，$\boldsymbol{A}\boldsymbol{\alpha}_3 = \boldsymbol{\alpha}_2 + \boldsymbol{\alpha}_3$，证明：$\boldsymbol{\alpha}_1,\boldsymbol{\alpha}_2,\boldsymbol{\alpha}_3$ 线性无关．

证明　法一：用定义法．设 $k_1\boldsymbol{\alpha}_1 + k_2\boldsymbol{\alpha}_2 + k_3\boldsymbol{\alpha}_3 = \boldsymbol{0}$．　　①

①式两边同乘以 $\boldsymbol{A}$，得 $k_1\boldsymbol{\alpha}_1 + k_2(\boldsymbol{\alpha}_1 + \boldsymbol{\alpha}_2) + k_3(\boldsymbol{\alpha}_2 + \boldsymbol{\alpha}_3) = \boldsymbol{0}$．②

② − ①式得　　$k_2\boldsymbol{\alpha}_1 + k_3\boldsymbol{\alpha}_2 = \boldsymbol{0}$．　　③

③式两边同乘以 $\boldsymbol{A}$ 得　$k_2\boldsymbol{\alpha}_1 + k_3(\boldsymbol{\alpha}_1 + \boldsymbol{\alpha}_2) = \boldsymbol{0}$．　　④

④ − ③式得 $k_3\boldsymbol{\alpha}_1 = \boldsymbol{0}$，结合 $\boldsymbol{\alpha}_1 \neq \boldsymbol{0}$ 可得 $k_3 = 0$．

代入③可得 $k_2 = 0$，把 $k_2 = k_3 = 0$ 代入①可得 $k_1 = 0$，从而 $k_1 = k_2 = k_3 = 0$．

故 $\boldsymbol{\alpha}_1,\boldsymbol{\alpha}_2,\boldsymbol{\alpha}_3$ 线性无关.

法二：设 $k_1\boldsymbol{\alpha}_1+k_2\boldsymbol{\alpha}_2+k_3\boldsymbol{\alpha}_3=\mathbf{0}$.　　　　　　①

由已知条件 $\boldsymbol{A}\boldsymbol{\alpha}_1=\boldsymbol{\alpha}_1$ ，得 $(\boldsymbol{A}-\boldsymbol{E})\boldsymbol{\alpha}_1=\mathbf{0}$ ；由 $\boldsymbol{A}\boldsymbol{\alpha}_2=\boldsymbol{\alpha}_1+\boldsymbol{\alpha}_2$ ，得 $(\boldsymbol{A}-\boldsymbol{E})\boldsymbol{\alpha}_2=\boldsymbol{\alpha}_1$ ；由 $\boldsymbol{A}\boldsymbol{\alpha}_3=\boldsymbol{\alpha}_2+\boldsymbol{\alpha}_3$ ，得 $(\boldsymbol{A}-\boldsymbol{E})\boldsymbol{\alpha}_3=\boldsymbol{\alpha}_2$.

①式两边同乘以 $\boldsymbol{A}-\boldsymbol{E}$ ，得 $k_2\boldsymbol{\alpha}_1+k_3\boldsymbol{\alpha}_2=\mathbf{0}$.　　　　　②

②式两边同乘以 $\boldsymbol{A}-\boldsymbol{E}$ ，得 $k_3\boldsymbol{\alpha}_1=\mathbf{0}$.

由于 $\boldsymbol{\alpha}_1\neq\mathbf{0}$ ，所以 $k_3=0$. 代入②式，得 $k_2=0$. 将 $k_2=k_3=0$ 代入①式，得 $k_1=0$ ，故 $\boldsymbol{\alpha}_1,\boldsymbol{\alpha}_2,\boldsymbol{\alpha}_3$ 线性无关.

例 3　设 $\boldsymbol{\alpha}_1,\boldsymbol{\alpha}_2,\boldsymbol{\alpha}_3$ 是 3 个两两相互正交的非 $\mathbf{0}$ 向量，请证明：$\boldsymbol{\alpha}_1,\boldsymbol{\alpha}_2,\boldsymbol{\alpha}_3$ 线性无关.

【注】若向量组内向量均非 $\mathbf{0}$ 且两两正交，则向量组线性无关.

证明　设 $k_1\boldsymbol{\alpha}_1+k_2\boldsymbol{\alpha}_2+k_3\boldsymbol{\alpha}_3=\mathbf{0}$.　　　　①

用 $\boldsymbol{\alpha}_1^{\mathrm{T}}$ 左乘①式，得 $k_1\boldsymbol{\alpha}_1^{\mathrm{T}}\boldsymbol{\alpha}_1+k_2\boldsymbol{\alpha}_1^{\mathrm{T}}\boldsymbol{\alpha}_2+k_3\boldsymbol{\alpha}_1^{\mathrm{T}}\boldsymbol{\alpha}_3=0$.　②

由于 $\boldsymbol{\alpha}_1$ 与 $\boldsymbol{\alpha}_2,\boldsymbol{\alpha}_3$ 均正交，从而 $\boldsymbol{\alpha}_1^{\mathrm{T}}\boldsymbol{\alpha}_2=\boldsymbol{\alpha}_1^{\mathrm{T}}\boldsymbol{\alpha}_3=0$ ，因此可得 $k_1\boldsymbol{\alpha}_1^{\mathrm{T}}\boldsymbol{\alpha}_1=0$ ，由于 $\boldsymbol{\alpha}_1\neq\mathbf{0}$ ，从而 $\boldsymbol{\alpha}_1^{\mathrm{T}}\boldsymbol{\alpha}_1>0$ ，因此可得 $k_1=0$.

类似的操作，对①式分别左乘 $\boldsymbol{\alpha}_2^{\mathrm{T}}$ 与 $\boldsymbol{\alpha}_3^{\mathrm{T}}$ 可证明：$k_2=k_3=0$ ，故 $\boldsymbol{\alpha}_1,\boldsymbol{\alpha}_2,\boldsymbol{\alpha}_3$ 线性无关.

三、线性表示与相关无关、秩的相互转化

常用反证法以及讨论向量系数是否为 0 .

例 1　设向量组 (I)$\boldsymbol{\alpha}_1,\boldsymbol{\alpha}_2,\boldsymbol{\alpha}_3$ ；(II)$\boldsymbol{\alpha}_1,\boldsymbol{\alpha}_2,\boldsymbol{\alpha}_3,\boldsymbol{\alpha}_4$ ；(III)$\boldsymbol{\alpha}_1,\boldsymbol{\alpha}_2,\boldsymbol{\alpha}_3,\boldsymbol{\alpha}_5$ ，且 $r(\mathrm{I})=r(\mathrm{II})=3$ ，$r(\mathrm{III})=4$. 证明：向量组 $\boldsymbol{\alpha}_1,\boldsymbol{\alpha}_2,\boldsymbol{\alpha}_3,\boldsymbol{\alpha}_5-\boldsymbol{\alpha}_4$ 线性无关.

证明　法一：由 $r(\mathrm{I})=r(\mathrm{II})=3$ ，$r(\mathrm{III})=4$ 可知，$\boldsymbol{\alpha}_4$ 可由 $\boldsymbol{\alpha}_1,\boldsymbol{\alpha}_2,\boldsymbol{\alpha}_3$ 线性表示，$\boldsymbol{\alpha}_5$ 不能被 $\boldsymbol{\alpha}_1,\boldsymbol{\alpha}_2,\boldsymbol{\alpha}_3$ 线性表示，且 $\boldsymbol{\alpha}_1,\boldsymbol{\alpha}_2,\boldsymbol{\alpha}_3$ 线性无关. 现证明 $\boldsymbol{\alpha}_5-\boldsymbol{\alpha}_4$ 也不能被 $\boldsymbol{\alpha}_1,\boldsymbol{\alpha}_2,\boldsymbol{\alpha}_3$ 线性表示.

反证法：假设 $\boldsymbol{\alpha}_5-\boldsymbol{\alpha}_4$ 能被 $\boldsymbol{\alpha}_1,\boldsymbol{\alpha}_2,\boldsymbol{\alpha}_3$ 线性表示，即 $\boldsymbol{\alpha}_5-\boldsymbol{\alpha}_4=k_1\boldsymbol{\alpha}_1+k_2\boldsymbol{\alpha}_2+k_3\boldsymbol{\alpha}_3$. ①

由于 $\boldsymbol{\alpha}_4$ 可由 $\boldsymbol{\alpha}_1,\boldsymbol{\alpha}_2,\boldsymbol{\alpha}_3$ 线性表示，因而 $\boldsymbol{\alpha}_4=l_1\boldsymbol{\alpha}_1+l_2\boldsymbol{\alpha}_2+l_3\boldsymbol{\alpha}_3$ ，代入①中有

$\boldsymbol{\alpha}_5=(k_1+l_1)\boldsymbol{\alpha}_1+(k_2+l_2)\boldsymbol{\alpha}_2+(k_3+l_3)\boldsymbol{\alpha}_3$ ，即 $\boldsymbol{\alpha}_5$ 能被 $\boldsymbol{\alpha}_1,\boldsymbol{\alpha}_2,\boldsymbol{\alpha}_3$ 线性表示，与题设矛盾，从而假设不成立. 即 $\boldsymbol{\alpha}_5-\boldsymbol{\alpha}_4$ 也不能被 $\boldsymbol{\alpha}_1,\boldsymbol{\alpha}_2,\boldsymbol{\alpha}_3$ 线性表示，结合 $\boldsymbol{\alpha}_1,\boldsymbol{\alpha}_2,\boldsymbol{\alpha}_3$ 线性无关，因而 $\boldsymbol{\alpha}_1,\boldsymbol{\alpha}_2,\boldsymbol{\alpha}_3,\boldsymbol{\alpha}_5-\boldsymbol{\alpha}_4$ 线性无关.

法二：定义法：设 $k_1\boldsymbol{\alpha}_1+k_2\boldsymbol{\alpha}_2+k_3\boldsymbol{\alpha}_3+k_4(\boldsymbol{\alpha}_5-\boldsymbol{\alpha}_4)=\mathbf{0}$.　　　①

只要证明 $k_1=k_2=k_3=k_4=0$ 即可.

依题设 $r(\mathrm{I})=r(\mathrm{II})=3$ ，知 $\boldsymbol{\alpha}_1,\boldsymbol{\alpha}_2,\boldsymbol{\alpha}_3$ 线性无关，$\boldsymbol{\alpha}_1,\boldsymbol{\alpha}_2,\boldsymbol{\alpha}_3,\boldsymbol{\alpha}_4$ 线性相关，故 $\boldsymbol{\alpha}_4$ 必可由 $\boldsymbol{\alpha}_1,\boldsymbol{\alpha}_2,\boldsymbol{\alpha}_3$ 线性表示. 设 $\boldsymbol{\alpha}_4=c_1\boldsymbol{\alpha}_1+c_2\boldsymbol{\alpha}_2+c_3\boldsymbol{\alpha}_3$ ，将其代入①式，得

$(k_1-c_1k_4)\boldsymbol{\alpha}_1+(k_2-c_2k_4)\boldsymbol{\alpha}_2+(k_3-c_3k_4)\boldsymbol{\alpha}_3+k_4\boldsymbol{\alpha}_5=\mathbf{0}$.

又 $r(\text{III})=4$ ，即 $\boldsymbol{\alpha}_1,\boldsymbol{\alpha}_2,\boldsymbol{\alpha}_3,\boldsymbol{\alpha}_5$ 线性无关，故 $\begin{cases}k_1-c_1k_4=0,\\k_2-c_2k_4=0,\\k_3-c_3k_4=0,\\k_4=0.\end{cases}$ 所以 $k_1=k_2=k_3=k_4=0$ ，即

$\boldsymbol{\alpha}_1,\boldsymbol{\alpha}_2,\boldsymbol{\alpha}_3,\boldsymbol{\alpha}_5-\boldsymbol{\alpha}_4$ 线性无关 .

例 2 设 $\boldsymbol{\alpha}_1,\boldsymbol{\alpha}_2,\boldsymbol{\alpha}_3,\boldsymbol{\beta}_1,\boldsymbol{\beta}_2$ 均为 n 维列向量，若 $R(\boldsymbol{\alpha}_1,\boldsymbol{\alpha}_2,\boldsymbol{\alpha}_3)=r$ ，向量 $\boldsymbol{\beta}_1$ 可以由 $\boldsymbol{\alpha}_1,\boldsymbol{\alpha}_2,\boldsymbol{\alpha}_3$ 线性表示，而 $\boldsymbol{\beta}_2$ 不能被 $\boldsymbol{\alpha}_1,\boldsymbol{\alpha}_2,\boldsymbol{\alpha}_3$ 线性表示，则对任意常数 k ，定有（　　）.

$(A)R(\boldsymbol{\alpha}_1,\boldsymbol{\alpha}_2,\boldsymbol{\alpha}_3,k\boldsymbol{\beta}_1+\boldsymbol{\beta}_2)=r+1$　　$(B)R(\boldsymbol{\alpha}_1,\boldsymbol{\alpha}_2,\boldsymbol{\alpha}_3,\boldsymbol{\beta}_1+k\boldsymbol{\beta}_2)=r+1$

$(C)R(\boldsymbol{\alpha}_1,\boldsymbol{\alpha}_2,\boldsymbol{\alpha}_3,k\boldsymbol{\beta}_1+\boldsymbol{\beta}_2)=r$　　$(D)R(\boldsymbol{\alpha}_1,\boldsymbol{\alpha}_2,\boldsymbol{\alpha}_3,\boldsymbol{\beta}_1+k\boldsymbol{\beta}_2)=r$

解析 由题向量 $\boldsymbol{\beta}_1$ 可以由 $\boldsymbol{\alpha}_1,\boldsymbol{\alpha}_2,\boldsymbol{\alpha}_3$ 线性表示，即 $\boldsymbol{\beta}_1=c_1\boldsymbol{\alpha}_1+c_2\boldsymbol{\alpha}_2+c_3\boldsymbol{\alpha}_3$. ①
此时假设 $k\boldsymbol{\beta}_1+\boldsymbol{\beta}_2$ 也能被 $\boldsymbol{\alpha}_1,\boldsymbol{\alpha}_2,\boldsymbol{\alpha}_3$ 线性表示，即 $k\boldsymbol{\beta}_1+\boldsymbol{\beta}_2=k_1\boldsymbol{\alpha}_1+k_2\boldsymbol{\alpha}_2+k_3\boldsymbol{\alpha}_3$ ，则把①代入有 $\boldsymbol{\beta}_2=(k_1-kc_1)\boldsymbol{\alpha}_1+(k_2-kc_2)\boldsymbol{\alpha}_2+(k_3-kc_3)\boldsymbol{\alpha}_3$ ，即 $\boldsymbol{\beta}_2$ 能被 $\boldsymbol{\alpha}_1,\boldsymbol{\alpha}_2,\boldsymbol{\alpha}_3$ 线性表示，与题设矛盾，从而假设不成立 . 因而可知 $k\boldsymbol{\beta}_1+\boldsymbol{\beta}_2$ 不能被 $\boldsymbol{\alpha}_1,\boldsymbol{\alpha}_2,\boldsymbol{\alpha}_3$ 线性表示，故 $R(\boldsymbol{\alpha}_1,\boldsymbol{\alpha}_2,\boldsymbol{\alpha}_3,k\boldsymbol{\beta}_1+\boldsymbol{\beta}_2)=r+1$ ，选 (A) .

例 3 设向量组 $\boldsymbol{\beta}_1,\boldsymbol{\beta}_2,\cdots,\boldsymbol{\beta}_n$ 中前 $n-1$ 个向量线性相关，后 $n-1$ 个向量线性无关，证明：

（1）$\boldsymbol{\beta}_1$ 可由 $\boldsymbol{\beta}_2,\boldsymbol{\beta}_3,\cdots,\boldsymbol{\beta}_{n-1}$ 线性表示；

（2）$\boldsymbol{\beta}_n$ 不能由 $\boldsymbol{\beta}_1,\boldsymbol{\beta}_2,\cdots,\boldsymbol{\beta}_{n-1}$ 线性表示 .

证明 （1）依题设，可知 $\boldsymbol{\beta}_2,\boldsymbol{\beta}_3,\cdots,\boldsymbol{\beta}_n$ 线性无关，故 $\boldsymbol{\beta}_2,\boldsymbol{\beta}_3,\cdots,\boldsymbol{\beta}_{n-1}$ 线性无关 . 又由于 $\boldsymbol{\beta}_1,\boldsymbol{\beta}_2,\cdots,\boldsymbol{\beta}_{n-1}$ 线性相关，故 $\boldsymbol{\beta}_1$ 可由 $\boldsymbol{\beta}_2,\boldsymbol{\beta}_3,\cdots,\boldsymbol{\beta}_{n-1}$ 线性表示 .

（2）反证法 .

若 $\boldsymbol{\beta}_n$ 能由 $\boldsymbol{\beta}_1,\boldsymbol{\beta}_2,\cdots,\boldsymbol{\beta}_{n-1}$ 线性表示，即 $\boldsymbol{\beta}_n=k_1\boldsymbol{\beta}_1+k_2\boldsymbol{\beta}_2+\cdots+k_{n-1}\boldsymbol{\beta}_{n-1}$. ①
由（1）知 $\boldsymbol{\beta}_1$ 可由 $\boldsymbol{\beta}_2,\boldsymbol{\beta}_3,\cdots,\boldsymbol{\beta}_{n-1}$ 线性表示，即 $\boldsymbol{\beta}_1=l_2\boldsymbol{\beta}_2+l_3\boldsymbol{\beta}_3+\cdots+l_{n-1}\boldsymbol{\beta}_{n-1}$ ，代入①中可得 $\boldsymbol{\beta}_n=(k_2+k_1l_2)\boldsymbol{\beta}_2+\cdots+(k_{n-1}+k_1l_{n-1})\boldsymbol{\beta}_{n-1}$ ，故 $\boldsymbol{\beta}_n$ 可由 $\boldsymbol{\beta}_2,\boldsymbol{\beta}_3,\cdots,\boldsymbol{\beta}_{n-1}$ 线性表示 . 这与已知后 $n-1$ 个向量线性无关矛盾，所以 $\boldsymbol{\beta}_n$ 不能由 $\boldsymbol{\beta}_1,\boldsymbol{\beta}_2,\cdots,\boldsymbol{\beta}_{n-1}$ 线性表示 .

例 4 （真题）设向量 $\boldsymbol{\beta}$ 可以由向量组 $\boldsymbol{\alpha}_1,\boldsymbol{\alpha}_2,\ldots\ldots\boldsymbol{\alpha}_s$ 线性表示，但不能被 $\boldsymbol{\alpha}_1,\boldsymbol{\alpha}_2,\ldots\ldots\boldsymbol{\alpha}_{s-1}$ 线性表示，请证明：

（1）$\boldsymbol{\alpha}_s$ 不能被 $\boldsymbol{\alpha}_1,\boldsymbol{\alpha}_2,\ldots\ldots\boldsymbol{\alpha}_{s-1}$ 线性表示；

（2）$\boldsymbol{\alpha}_s$ 能被 $\boldsymbol{\alpha}_1,\boldsymbol{\alpha}_2,\ldots\ldots\boldsymbol{\alpha}_{s-1},\boldsymbol{\beta}$ 线性表示 .

证明 （1）由题，$\boldsymbol{\beta}$ 可以由向量组 $\boldsymbol{\alpha}_1,\boldsymbol{\alpha}_2,\ldots\ldots\boldsymbol{\alpha}_s$ 线性表示，即 $\boldsymbol{\beta}=k_1\boldsymbol{\alpha}_1+k_2\boldsymbol{\alpha}_2+\ldots\ldots+k_{s-1}\boldsymbol{\alpha}_{s-1}+k_s\boldsymbol{\alpha}_s$ ① . 现假设 $\boldsymbol{\alpha}_s$ 能被 $\boldsymbol{\alpha}_1,\boldsymbol{\alpha}_2,\ldots\ldots\boldsymbol{\alpha}_{s-1}$ 线性表示，即 $\boldsymbol{\alpha}_s=l_1\boldsymbol{\alpha}_1+l_2\boldsymbol{\alpha}_2+\ldots\ldots+l_{s-1}\boldsymbol{\alpha}_{s-1}$ ，代入①中有 $\boldsymbol{\beta}=(k_1+k_sl_1)\boldsymbol{\alpha}_1+(k_2+k_sl_2)\boldsymbol{\alpha}_2+\ldots\ldots+(k_{s-1}+k_sl_{s-1})\boldsymbol{\alpha}_{s-1}$ ，即 $\boldsymbol{\beta}$ 能被 $\boldsymbol{\alpha}_1,\boldsymbol{\alpha}_2,\ldots\ldots\boldsymbol{\alpha}_{s-1}$ 线性表示，与题设矛盾，从而假设不成立，即 $\boldsymbol{\alpha}_s$ 不能被 $\boldsymbol{\alpha}_1,\boldsymbol{\alpha}_2,\ldots\ldots\boldsymbol{\alpha}_{s-1}$ 线性表示 .

（2）法一：由于向量$\boldsymbol{\beta}$可以由向量组$\boldsymbol{\alpha}_1,\boldsymbol{\alpha}_2,\ldots,\boldsymbol{\alpha}_s$线性表示，因此

$r(\boldsymbol{\alpha}_1,\boldsymbol{\alpha}_2,\ldots,\boldsymbol{\alpha}_{s-1},\boldsymbol{\alpha}_s,\boldsymbol{\beta})=r(\boldsymbol{\alpha}_1,\boldsymbol{\alpha}_2,\ldots,\boldsymbol{\alpha}_{s-1},\boldsymbol{\alpha}_s)$，由（1）知$\boldsymbol{\alpha}_s$不能被$\boldsymbol{\alpha}_1,\boldsymbol{\alpha}_2,\ldots,\boldsymbol{\alpha}_{s-1}$线性表示，从而$r(\boldsymbol{\alpha}_1,\boldsymbol{\alpha}_2,\ldots,\boldsymbol{\alpha}_{s-1},\boldsymbol{\alpha}_s)=r(\boldsymbol{\alpha}_1,\boldsymbol{\alpha}_2,\ldots,\boldsymbol{\alpha}_{s-1})+1$，综合可得：

$r(\boldsymbol{\alpha}_1,\boldsymbol{\alpha}_2,\ldots,\boldsymbol{\alpha}_{s-1},\boldsymbol{\beta},\boldsymbol{\alpha}_s)=r(\boldsymbol{\alpha}_1,\boldsymbol{\alpha}_2,\ldots,\boldsymbol{\alpha}_{s-1},\boldsymbol{\alpha}_s,\boldsymbol{\beta})=r(\boldsymbol{\alpha}_1,\boldsymbol{\alpha}_2,\ldots,\boldsymbol{\alpha}_{s-1})+1$．

由题意，$\boldsymbol{\beta}$不能被$\boldsymbol{\alpha}_1,\boldsymbol{\alpha}_2,\ldots,\boldsymbol{\alpha}_{s-1}$线性表示，从而$r(\boldsymbol{\alpha}_1,\boldsymbol{\alpha}_2,\ldots,\boldsymbol{\alpha}_{s-1},\boldsymbol{\beta})=r(\boldsymbol{\alpha}_1,\boldsymbol{\alpha}_2,\ldots,\boldsymbol{\alpha}_{s-1})+1$，故$r(\boldsymbol{\alpha}_1,\boldsymbol{\alpha}_2,\ldots,\boldsymbol{\alpha}_{s-1},\boldsymbol{\beta},\boldsymbol{\alpha}_s)=r(\boldsymbol{\alpha}_1,\boldsymbol{\alpha}_2,\ldots,\boldsymbol{\alpha}_{s-1},\boldsymbol{\beta})=r(\boldsymbol{\alpha}_1,\boldsymbol{\alpha}_2,\ldots,\boldsymbol{\alpha}_{s-1})+1$，$\boldsymbol{\alpha}_s$能被$\boldsymbol{\alpha}_1,\boldsymbol{\alpha}_2,\ldots,\boldsymbol{\alpha}_{s-1},\boldsymbol{\beta}$线性表示．

法二：由①有$\boldsymbol{\beta}=k_1\boldsymbol{\alpha}_1+k_2\boldsymbol{\alpha}_2+\ldots+k_{s-1}\boldsymbol{\alpha}_{s-1}+k_s\boldsymbol{\alpha}_s$，其中一定有$k_s\neq 0$（否则$\boldsymbol{\beta}=k_1\boldsymbol{\alpha}_1+k_2\boldsymbol{\alpha}_2+\ldots+k_{s-1}\boldsymbol{\alpha}_{s-1}$，$\boldsymbol{\beta}$可由$\boldsymbol{\alpha}_1,\boldsymbol{\alpha}_2,\ldots,\boldsymbol{\alpha}_{s-1}$线性表示，与题设矛盾）．

从而$\boldsymbol{\alpha}_s=\dfrac{1}{k_s}\boldsymbol{\beta}-\dfrac{k_1}{k_s}\boldsymbol{\alpha}_1-\dfrac{k_2}{k_s}\boldsymbol{\alpha}_2-\ldots-\dfrac{k_{s-1}}{k_s}\boldsymbol{\alpha}_{s-1}$，即$\boldsymbol{\alpha}_s$能被$\boldsymbol{\alpha}_1,\boldsymbol{\alpha}_2,\ldots,\boldsymbol{\alpha}_{s-1},\boldsymbol{\beta}$线性表示．

第三节　线性空间（数一）

一、线性空间、基与坐标

全体的n维列向量称为n维线性空间，其中的任意一个极大线性无关组$\boldsymbol{\varepsilon}_1,\boldsymbol{\varepsilon}_2,\ldots,\boldsymbol{\varepsilon}_n$称为该线性空间的一个基，而对任意一个$n$维列向量$\boldsymbol{\alpha}$，显然存在唯一的一组数$c_1,c_2,\ldots,c_n$，使得$\boldsymbol{\alpha}=c_1\boldsymbol{\varepsilon}_1+c_2\boldsymbol{\varepsilon}_2+\ldots+c_n\boldsymbol{\varepsilon}_n$，则有序数组$c_1,c_2,\ldots,c_n$称为$\boldsymbol{\alpha}$在基$\boldsymbol{\varepsilon}_1,\boldsymbol{\varepsilon}_2,\ldots,\boldsymbol{\varepsilon}_n$下的坐标．

二、过渡矩阵

设$\boldsymbol{\alpha}_1,\boldsymbol{\alpha}_2,\ldots,\boldsymbol{\alpha}_n$与$\boldsymbol{\beta}_1,\boldsymbol{\beta}_2,\ldots,\boldsymbol{\beta}_n$是$n$维线性空间的两组基，它们的关系如下：

$(\boldsymbol{\alpha}_1,\boldsymbol{\alpha}_2,\ldots,\boldsymbol{\alpha}_n)\boldsymbol{C}=(\boldsymbol{\beta}_1,\boldsymbol{\beta}_2,\ldots,\boldsymbol{\beta}_n)$则称矩阵$\boldsymbol{C}$为从基$\boldsymbol{\alpha}_1,\boldsymbol{\alpha}_2,\ldots,\boldsymbol{\alpha}_n$到基$\boldsymbol{\beta}_1,\boldsymbol{\beta}_2,\ldots,\boldsymbol{\beta}_n$的过渡矩阵．

显然：（1）$\boldsymbol{C}=(\boldsymbol{\alpha}_1,\boldsymbol{\alpha}_2,\ldots,\boldsymbol{\alpha}_n)^{-1}(\boldsymbol{\beta}_1,\boldsymbol{\beta}_2,\ldots,\boldsymbol{\beta}_n)$；

（2）任一向量$\boldsymbol{\gamma}$在$\boldsymbol{\alpha}_1,\boldsymbol{\alpha}_2,\ldots,\boldsymbol{\alpha}_n$与$\boldsymbol{\beta}_1,\boldsymbol{\beta}_2,\ldots,\boldsymbol{\beta}_n$两组基下的坐标$(x_1,x_2,\ldots,x_n)^{\mathrm{T}}=\boldsymbol{X}$与$(y_1,y_2,\ldots,y_n)^{\mathrm{T}}=\boldsymbol{Y}$的关系是：$\boldsymbol{X}=\boldsymbol{CY}$．

例1　设$\boldsymbol{\alpha}_1=\begin{pmatrix}1\\0\\1\end{pmatrix}$，$\boldsymbol{\alpha}_2=\begin{pmatrix}1\\1\\-1\end{pmatrix}$，$\boldsymbol{\alpha}_3=\begin{pmatrix}1\\-1\\1\end{pmatrix}$与$\boldsymbol{\beta}_1=\begin{pmatrix}3\\0\\1\end{pmatrix}$，$\boldsymbol{\beta}_2=\begin{pmatrix}2\\0\\0\end{pmatrix}$，$\boldsymbol{\beta}_3=\begin{pmatrix}0\\2\\-2\end{pmatrix}$为3维向量空间$R^3$的两组基，从求$\boldsymbol{\alpha}_1,\boldsymbol{\alpha}_2,\boldsymbol{\alpha}_3$到$\boldsymbol{\beta}_1,\boldsymbol{\beta}_2,\boldsymbol{\beta}_3$的过渡矩阵．

解析　设过渡矩阵为$\boldsymbol{P}$，则$(\boldsymbol{\beta}_1,\boldsymbol{\beta}_2,\boldsymbol{\beta}_3)=(\boldsymbol{\alpha}_1,\boldsymbol{\alpha}_2,\boldsymbol{\alpha}_3)\boldsymbol{P}$，从而

$$\boldsymbol{P}=(\boldsymbol{\alpha}_1,\boldsymbol{\alpha}_2,\boldsymbol{\alpha}_3)^{-1}(\boldsymbol{\beta}_1,\boldsymbol{\beta}_2,\boldsymbol{\beta}_3)=\begin{pmatrix}1&1&1\\0&1&-1\\1&-1&1\end{pmatrix}^{-1}\begin{pmatrix}3&2&0\\0&0&2\\1&0&-2\end{pmatrix}$$

$$=\begin{pmatrix}0 & 1 & 1\\ \frac{1}{2} & 0 & -\frac{1}{2}\\ \frac{1}{2} & -1 & -\frac{1}{2}\end{pmatrix}\begin{pmatrix}3 & 2 & 0\\ 0 & 0 & 2\\ 1 & 0 & -2\end{pmatrix}=\begin{pmatrix}1 & 0 & 0\\ 1 & 1 & 1\\ 1 & 1 & -1\end{pmatrix}.$$

例 2 设向量 $\boldsymbol{r}$ 在 R^3 的基 $\boldsymbol{\alpha}_1=(1,0,1)^{\mathrm{T}}$ ，$\boldsymbol{\alpha}_2=(0,2,1)^{\mathrm{T}}$ ，$\boldsymbol{\alpha}_3=(0,1,1)^{\mathrm{T}}$ 下的坐标为 $(x_1,x_2,x_3)^{\mathrm{T}}$，$(y_1,y_2,y_3)^{\mathrm{T}}$ 是 $\boldsymbol{r}$ 在 R^3 的基 $\boldsymbol{\beta}_1,\boldsymbol{\beta}_2,\boldsymbol{\beta}_3$ 下的坐标，且 $y_1=x_1$ ，$y_2=x_2-x_1$ ，$y_3=x_3-x_2$ ，求基 $\boldsymbol{\beta}_1,\boldsymbol{\beta}_2,\boldsymbol{\beta}_3$.

解析 设由基 $\boldsymbol{\alpha}_1,\boldsymbol{\alpha}_2,\boldsymbol{\alpha}_3$ 到基 $\boldsymbol{\beta}_1,\boldsymbol{\beta}_2,\boldsymbol{\beta}_3$ 的过渡矩阵为 $\boldsymbol{C}$，即 $(\boldsymbol{\beta}_1,\boldsymbol{\beta}_2,\boldsymbol{\beta}_3)=(\boldsymbol{\alpha}_1,\boldsymbol{\alpha}_2,\boldsymbol{\alpha}_3)\boldsymbol{C}$. ①

依题设可知：

$\boldsymbol{r}=(\boldsymbol{\alpha}_1,\boldsymbol{\alpha}_2,\boldsymbol{\alpha}_3)\begin{pmatrix}x_1\\x_2\\x_3\end{pmatrix}=(\boldsymbol{\beta}_1,\boldsymbol{\beta}_2,\boldsymbol{\beta}_3)\begin{pmatrix}y_1\\y_2\\y_3\end{pmatrix}$，故 $(\boldsymbol{\alpha}_1,\boldsymbol{\alpha}_2,\boldsymbol{\alpha}_3)\begin{pmatrix}x_1\\x_2\\x_3\end{pmatrix}=(\boldsymbol{\alpha}_1,\boldsymbol{\alpha}_2,\boldsymbol{\alpha}_3)\boldsymbol{C}\begin{pmatrix}y_1\\y_2\\y_3\end{pmatrix}$，即 $\begin{pmatrix}x_1\\x_2\\x_3\end{pmatrix}=\boldsymbol{C}\begin{pmatrix}y_1\\y_2\\y_3\end{pmatrix}$，

所以 $\begin{pmatrix}y_1\\y_2\\y_3\end{pmatrix}=\boldsymbol{C}^{-1}\begin{pmatrix}x_1\\x_2\\x_3\end{pmatrix}$. ②

由已知 $y_1=x_1$ ，$y_2=x_2-x_1$ ，$y_3=x_3-x_2$ ，即 $\begin{pmatrix}y_1\\y_2\\y_3\end{pmatrix}=\begin{pmatrix}1 & 0 & 0\\ -1 & 1 & 0\\ 0 & -1 & 1\end{pmatrix}\begin{pmatrix}x_1\\x_2\\x_3\end{pmatrix}$.

从而可知：$\boldsymbol{C}^{-1}=\begin{pmatrix}1 & 0 & 0\\ -1 & 1 & 0\\ 0 & -1 & 1\end{pmatrix}$，从而 $\boldsymbol{C}=\begin{pmatrix}1 & 0 & 0\\ -1 & 1 & 0\\ 0 & -1 & 1\end{pmatrix}^{-1}=\begin{pmatrix}1 & 0 & 0\\ 1 & 1 & 0\\ 1 & 1 & 1\end{pmatrix}$.

代入①式有 $(\boldsymbol{\beta}_1,\boldsymbol{\beta}_2,\boldsymbol{\beta}_3)=(\boldsymbol{\alpha}_1,\boldsymbol{\alpha}_2,\boldsymbol{\alpha}_3)\begin{pmatrix}1 & 0 & 0\\ 1 & 1 & 0\\ 1 & 1 & 1\end{pmatrix}=(\boldsymbol{\alpha}_1+\boldsymbol{\alpha}_2+\boldsymbol{\alpha}_3,\boldsymbol{\alpha}_2+\boldsymbol{\alpha}_3,\boldsymbol{\alpha}_3)$ ，

从而：$\boldsymbol{\beta}_1=\boldsymbol{\alpha}_1+\boldsymbol{\alpha}_2+\boldsymbol{\alpha}_3=(1,3,3)^{\mathrm{T}}$ ，$\boldsymbol{\beta}_2=\boldsymbol{\alpha}_2+\boldsymbol{\alpha}_3=(0,3,2)^{\mathrm{T}}$ ，$\boldsymbol{\beta}_3=\boldsymbol{\alpha}_3=(0,1,1)^{\mathrm{T}}$.

例 3 设向量组 $\boldsymbol{\alpha}_1,\boldsymbol{\alpha}_2,\boldsymbol{\alpha}_3$ 是 R^3 的一组基，且 $\begin{cases}\boldsymbol{\beta}_1=2\boldsymbol{\alpha}_1+2k\boldsymbol{\alpha}_3\\ \boldsymbol{\beta}_2=2\boldsymbol{\alpha}_2\\ \boldsymbol{\beta}_3=\boldsymbol{\alpha}_1+(k+1)\boldsymbol{\alpha}_3\end{cases}$.

（1）证明：向量组 $\boldsymbol{\beta}_1,\boldsymbol{\beta}_2,\boldsymbol{\beta}_3$ 是 R^3 的一组基 .

（2）当 k 为何值时，存在非零向量 $\boldsymbol{e}$，使得 $\boldsymbol{e}$ 在基 $\boldsymbol{\alpha}_1,\boldsymbol{\alpha}_2,\boldsymbol{\alpha}_3$ 与基 $\boldsymbol{\beta}_1,\boldsymbol{\beta}_2,\boldsymbol{\beta}_3$ 下的坐标相同？并求所有的 $\boldsymbol{e}$.

解析 （1）依题设，可知只要证 $\boldsymbol{\beta}_1,\boldsymbol{\beta}_2,\boldsymbol{\beta}_3$ 线性无关 .

$$(\boldsymbol{\beta}_1,\boldsymbol{\beta}_2,\boldsymbol{\beta}_3)=(2\boldsymbol{\alpha}_1+2k\boldsymbol{\alpha}_3,2\boldsymbol{\alpha}_2,\boldsymbol{\alpha}_1+(k+1)\boldsymbol{\alpha}_3)=(\boldsymbol{\alpha}_1,\boldsymbol{\alpha}_2,\boldsymbol{\alpha}_3)\begin{pmatrix}2&0&1\\0&2&0\\2k&0&k+1\end{pmatrix}.$$

由于 $\boldsymbol{\alpha}_1,\boldsymbol{\alpha}_2,\boldsymbol{\alpha}_3$ 线性无关，且 $\begin{vmatrix}2&0&1\\0&2&0\\2k&0&k+1\end{vmatrix}=4\neq 0$，所以 $\boldsymbol{\beta}_1,\boldsymbol{\beta}_2,\boldsymbol{\beta}_3$ 线性无关，即 $\boldsymbol{\beta}_1,\boldsymbol{\beta}_2,\boldsymbol{\beta}_3$ 为 R^3 的一组基.

（2）即问是否存在不全为 0 的实数 k_1，k_2，k_3，使得 $\boldsymbol{e}=k_1\boldsymbol{\alpha}_1+k_2\boldsymbol{\alpha}_2+k_3\boldsymbol{\alpha}_3=k_1\boldsymbol{\beta}_1+k_2\boldsymbol{\beta}_2+k_3\boldsymbol{\beta}_3$，即 $\boldsymbol{e}=(\boldsymbol{\alpha}_1,\boldsymbol{\alpha}_2,\boldsymbol{\alpha}_3)\begin{pmatrix}k_1\\k_2\\k_3\end{pmatrix}=(\boldsymbol{\beta}_1,\boldsymbol{\beta}_2,\boldsymbol{\beta}_3)\begin{pmatrix}k_1\\k_2\\k_3\end{pmatrix}$，把 $(\boldsymbol{\beta}_1,\boldsymbol{\beta}_2,\boldsymbol{\beta}_3)=(\boldsymbol{\alpha}_1,\boldsymbol{\alpha}_2,\boldsymbol{\alpha}_3)\begin{pmatrix}2&0&1\\0&2&0\\2k&0&k+1\end{pmatrix}=(\boldsymbol{\alpha}_1,\boldsymbol{\alpha}_2,\boldsymbol{\alpha}_3)\boldsymbol{C}$ 代入可得：$(\boldsymbol{\alpha}_1,\boldsymbol{\alpha}_2,\boldsymbol{\alpha}_3)\begin{pmatrix}k_1\\k_2\\k_3\end{pmatrix}=(\boldsymbol{\alpha}_1,\boldsymbol{\alpha}_2,\boldsymbol{\alpha}_3)\boldsymbol{C}\begin{pmatrix}k_1\\k_2\\k_3\end{pmatrix}$. 由于 $(\boldsymbol{\alpha}_1,\boldsymbol{\alpha}_2,\boldsymbol{\alpha}_3)$ 可逆，从而有 $\begin{pmatrix}k_1\\k_2\\k_3\end{pmatrix}=\boldsymbol{C}\begin{pmatrix}k_1\\k_2\\k_3\end{pmatrix}$，

整理可得 $(\boldsymbol{C}-\boldsymbol{E})\begin{pmatrix}k_1\\k_2\\k_3\end{pmatrix}=\begin{pmatrix}0\\0\\0\end{pmatrix}$，即问方程组 $(\boldsymbol{C}-\boldsymbol{E})\begin{pmatrix}k_1\\k_2\\k_3\end{pmatrix}=\begin{pmatrix}0\\0\\0\end{pmatrix}$ 是否有非零解.

由于 $(\boldsymbol{C}-\boldsymbol{E})=\begin{pmatrix}1&0&1\\0&1&0\\2k&0&k\end{pmatrix}$，其行列式 $\begin{vmatrix}1&0&1\\0&1&0\\2k&0&k\end{vmatrix}=-k$，故当 $k=0$ 时方程组有非零解，此时方程组为：$\begin{cases}k_1+k_3=0\\k_2=0\end{cases}$，解得 $\begin{pmatrix}k_1\\k_2\\k_3\end{pmatrix}=c\begin{pmatrix}1\\0\\-1\end{pmatrix}(c\neq 0)$，

代入 $\boldsymbol{e}=k_1\boldsymbol{\alpha}_1+k_2\boldsymbol{\alpha}_2+k_3\boldsymbol{\alpha}_3=k_1\boldsymbol{\beta}_1+k_2\boldsymbol{\beta}_2+k_3\boldsymbol{\beta}_3$ 中可得：$\boldsymbol{e}=c(\boldsymbol{a}_1-\boldsymbol{a}_3)$ 或 $\boldsymbol{e}=c(\boldsymbol{\beta}_1-\boldsymbol{\beta}_3)$ $(c\neq 0)$.

喻老线代章节笔记

第五章 线性方程组

知识回顾

第一节 基础知识

一、定义与相关概念

1. 定义

称$\begin{cases} a_{11}x_1 + a_{12}x_2 + \cdots + a_{1n}x_n = b_1 \\ a_{21}x_1 + a_{22}x_2 + \cdots + a_{2n}x_n = b_2 \\ \quad \vdots \qquad \vdots \qquad\quad \vdots \\ a_{m1}x_1 + a_{m2}x_2 + \cdots + a_{mn}x_n = b_m \end{cases}$为 n 元线性方程组，n 代表未知数的个数，m 代表方程的个数．如果 $b_i\left(i=1,2,....m\right)=0$，则称方程组为线性齐次方程组，否则称为线性非齐次方程组．

使得所有方程成立的一个有序数组 $\left(x_1,x_2,\cdots,x_n\right)$（向量）称为方程组的一个解，解方程组就是求出它所有的解．

2. 相关概念

由全体系数组成的矩阵 $\boldsymbol{A}=\begin{pmatrix} a_{11} & a_{12} & \cdots & a_{1n} \\ a_{21} & a_{22} & \cdots & a_{2n} \\ \vdots & \vdots & & \vdots \\ a_{m1} & a_{m2} & \cdots & a_{mn} \end{pmatrix}$ 称为方程组的系数矩阵，而添加 $\begin{pmatrix} b_1 \\ b_2 \\ \vdots \\ b_m \end{pmatrix}$ 后得到的矩阵 $\overline{\boldsymbol{A}}=\left(\begin{array}{cccc:c} a_{11} & a_{12} & \cdots & a_{1n} & b_1 \\ a_{21} & a_{22} & \cdots & a_{2n} & b_2 \\ \vdots & \vdots & & \vdots & \vdots \\ a_{m1} & a_{m2} & \cdots & a_{mn} & b_m \end{array}\right)$ 称为增广矩阵．

3. 方程组的矩阵表达式

设向量 $\begin{pmatrix} x_1 \\ x_2 \\ \vdots \\ x_n \end{pmatrix}=\boldsymbol{x}$，$\begin{pmatrix} b_1 \\ b_2 \\ \vdots \\ b_m \end{pmatrix}=\boldsymbol{\beta}$，则显然，方程组可以有矩阵表达式：$\boldsymbol{A}_{m\times n}\boldsymbol{x}_{n\times 1}=\boldsymbol{\beta}_{m\times 1}$（$\boldsymbol{\beta}$=0 齐次）．

二、有无解

1. 方程组的向量形式： $\boldsymbol{\alpha}_1=\begin{pmatrix} a_{11} \\ a_{21} \\ \vdots \\ a_{m1} \end{pmatrix},\boldsymbol{\alpha}_2=\begin{pmatrix} a_{12} \\ a_{22} \\ \vdots \\ a_{m2} \end{pmatrix},\cdots\cdots,\boldsymbol{\alpha}_n=\begin{pmatrix} a_{1n} \\ a_{2n} \\ \vdots \\ a_{mn} \end{pmatrix},\boldsymbol{\beta}=\begin{pmatrix} b_1 \\ b_2 \\ \vdots \\ b_m \end{pmatrix}$．

$\boldsymbol{A}_{m\times n}\boldsymbol{x}=\boldsymbol{\beta} \Leftrightarrow x_1\boldsymbol{\alpha}_1+x_2\boldsymbol{\alpha}_2+\cdots\cdots+x_n\boldsymbol{\alpha}_n=\boldsymbol{\beta}$．

2. **有无解：即 β 能否由 $\alpha_1 \ldots\ldots \alpha_n$ 线性表示，以及表示方式是否唯一．**

$$r(\overline{A}) = r(A_{m\times n} \vdots \beta) = \begin{cases} r(A) \Leftrightarrow \text{有解}, \begin{cases} r(A)=n, \text{唯一解} \\ r(A)<n, \text{无穷解} \end{cases} \\ r(A)+1 \Leftrightarrow \text{无解} \end{cases}.$$

显然，齐次方程组 $Ax=0$ 一定有解（零解），$\begin{cases} r(A)=n \Leftrightarrow \text{唯一零解} \\ r(A)<n \Leftrightarrow \text{无穷解(有非零解)} \end{cases}$.

【注】（1）$Ax=\beta$ 有唯一解 $\Rightarrow Ax=0$ 只有零解，但不能倒推．
因为当 $Ax=0$ 只有零解时，$r(A)=n$，但 $r(A,\beta)$ 不一定等于 n，即 $Ax=\beta$ 可能无解．
（2）$Ax=\beta$ 有无穷多个解 $\Rightarrow Ax=0$ 有非零解，但不能倒推．
当 $Ax=0$ 有无穷多个解时，$r(A)<n$，但 $r(A)$ 与 $r(A,\beta)$ 不一定相等，即 $Ax=\beta$ 可能无解．
（3）设 $A_{m\times n}$，若 $r(A)=m$（即行满秩），则非齐次线性方程组 $Ax=\beta$ 有解．事实上，此时 $r(A)=r(A,\beta)=m$，所以 $Ax=\beta$ 有解．

具体方程组的判断方法：通过初等行变换化为阶梯形分析秩（注意是行变换）．
当 A 为方阵 $A_{n\times n}$ 时，可考虑先算行列式：

$$A_{n\times n}x=\beta \begin{cases} |A|\neq 0, \text{唯一解} \\ |A|=0 \begin{cases} r(\overline{A})=r(A), \text{无穷解} \\ r(\overline{A})\neq r(A), \text{无解} \end{cases} \end{cases}$$

$$A_{n\times n}x=0 \begin{cases} |A|\neq 0, \text{唯一零解} \\ |A|=0, \text{无穷解(有非零解)} \end{cases}$$

【注】涉及到方阵时可先算行列式，仅仅只是一种方法和选择，不是定理，原来初等行变换的方法仍然是适用的，只是当未知参数较多时先算行列式可能比较简便．

例 设方程组 $\begin{pmatrix} 1 & 2 & 1 \\ 2 & 3 & a+2 \\ 1 & a & -2 \end{pmatrix}\begin{pmatrix} x_1 \\ x_2 \\ x_3 \end{pmatrix}=\begin{pmatrix} 1 \\ 3 \\ 0 \end{pmatrix}$ 无解，求 a 的值．

解析 $Ax=\beta$ 无解 $\Leftrightarrow r(A)\neq r(A,\beta)$．对增广矩阵作初等行变换，有：

$$(A,\beta)=\left(\begin{array}{ccc|c} 1 & 2 & 1 & 1 \\ 2 & 3 & a+2 & 3 \\ 1 & a & -2 & 0 \end{array}\right) \rightarrow \left(\begin{array}{ccc|c} 1 & 2 & 1 & 1 \\ 0 & -1 & a & 1 \\ 0 & a-2 & -3 & -1 \end{array}\right) \rightarrow \left(\begin{array}{ccc|c} 1 & 2 & 1 & 1 \\ 0 & -1 & a & 1 \\ 0 & 0 & (a+1)(a-3) & a-3 \end{array}\right),$$

所以当 $a=-1$ 时，$r(A)=2$，$r(A,\beta)=3$，方程组无解．

三、解方程组

1. 基础解系的概念

（1）齐次方程组 $\boldsymbol{Ax}=\boldsymbol{0}$ 的所有解称为 $\boldsymbol{Ax}=\boldsymbol{0}$ 的解空间．如果向量组 $\xi_1,\xi_2,\cdots,\xi_s$ 满足 3 个条件：①$\xi_1,\xi_2,\cdots,\xi_s$ 均为 $\boldsymbol{Ax}=0$ 的解；②$\xi_1,\xi_2,\cdots,\xi_s$ 线性无关；③$\boldsymbol{Ax}=0$ 的所有解均能由 $\xi_1,\xi_2,\cdots,\xi_s$ 表示，则称 $\xi_1,\xi_2,\cdots,\xi_s$ 为齐次方程组的一个基础解系（基础解系即为解空间的一个极大线性无关组）．

若 $\xi_1,\xi_2,\cdots,\xi_s$ 是齐次方程组 $\boldsymbol{Ax}=\boldsymbol{0}$ 的基础解系，则 $k_1\xi_1+k_2\xi_2+\cdots+k_s\xi_s$ 是 $\boldsymbol{Ax}=\boldsymbol{0}$ 的通解（其中 k_i 为任意常数）．

【注】当非齐次线性方程组 $\boldsymbol{Ax}=\boldsymbol{\beta}$ 有无穷多解时，它的通解可以表示为：

$$\boldsymbol{x}=\boldsymbol{\eta}^*+k_1\xi_1+k_2\xi_2+\cdots+k_s\xi_s,$$

其中 $\boldsymbol{\eta}^*$ 是方程 $\boldsymbol{Ax}=\boldsymbol{\beta}$ 的一个解，$\xi_1,\xi_2,\cdots,\xi_s$ 为导出组 $\boldsymbol{Ax}=\boldsymbol{0}$ 的基础解系．

（2）齐次方程组 $\boldsymbol{Ax}=\boldsymbol{0}$ 化为阶梯形后每一个方程的第一个未知变量通常称为主变量，其余的未知变量称为自由变量．

2. 解的结构（重要结论）

（1）设 $\xi_1,\xi_2,\cdots,\xi_s$ 是 $\boldsymbol{Ax}=\boldsymbol{0}$ 的解，则 $k_1\xi_1+k_2\xi_2+\cdots+k_s\xi_s$ 也是 $\boldsymbol{Ax}=\boldsymbol{0}$ 的解（$k_1,k_2\cdots k_s$ 为任意常数）.

（2）设 ξ 和 $\boldsymbol{\eta}$ 分别是 $\boldsymbol{Ax}=\boldsymbol{0}$ 和 $\boldsymbol{Ax}=\boldsymbol{\beta}$ 的解，则 $\xi+\boldsymbol{\eta}$ 一定是 $\boldsymbol{Ax}=\boldsymbol{\beta}$ 的解．

（3）设 $\boldsymbol{\eta}_1,\boldsymbol{\eta}_2,\cdots,\boldsymbol{\eta}_s$ 是 $\boldsymbol{Ax}=\boldsymbol{\beta}$ 的解，令 $\boldsymbol{\eta}=k_1\boldsymbol{\eta}_1+k_2\boldsymbol{\eta}_2+\cdots+k_s\boldsymbol{\eta}_s$（$k_1,k_2\cdots k_s$ 为任意常数），则：

①当 $k_1+k_2+\cdots+k_s=1$ 时，$\boldsymbol{\eta}$ 是 $\boldsymbol{Ax}=\boldsymbol{\beta}$ 的解；

②当 $k_1+k_2+\cdots+k_s=0$ 时，$\boldsymbol{\eta}$ 是 $\boldsymbol{Ax}=\boldsymbol{0}$ 的解．

（4）非齐的通解 = 齐的通解 + 非齐的特解．

（5）$\boldsymbol{Ax}=\boldsymbol{0}$ 的任意 $n-r(\boldsymbol{A})$ 个线性无关的解都可构成 $\boldsymbol{Ax}=\boldsymbol{0}$ 的基础解系，即 $\boldsymbol{Ax}=\boldsymbol{0}$ 有 $n-r(\boldsymbol{A})$ 个无关解（无需证明）．

【注】与齐次方程组 $\boldsymbol{A}_{m\times n}\boldsymbol{x}=\boldsymbol{0}$ 的基础解系等价的无关向量组也为 $\boldsymbol{A}_{m\times n}\boldsymbol{x}=\boldsymbol{0}$ 的基础解系．

3. 解齐次方程组 $\boldsymbol{Ax}=\boldsymbol{0}$

方法：初等行变换化为阶梯形

（1）如果有唯一零解，则直接写出；

（2）如果有无穷解（有非零解），则用以下方法可以找到一组基础解系：把自由变量（$n-r(\boldsymbol{A})$ 个）分别设为 $(1,0,0....),(0,1,0.....)\ldots\ldots(0,0,....1)$，再代入原方程组把剩下的主变量求出来，即可得到一组基础解系．

【注】这个方法不是唯一求基础解系的方法，基础解系也不是唯一的．

4. **解非齐次方程组 $A_{m\times n}x=\beta$：通过初等行变换化为阶梯形，此时：**

（1）如果无解，运算结束；

（2）如果有唯一解，直接算（如果 A 是方阵且 $|A|\neq 0$，也有 $x=A^{-1}\beta$）；

（3）如果有无穷多解，则先求出对应齐次方程组的通解，而后任意找一个非齐次的特解即可．

例 求方程组 $\begin{cases}x_1+x_2+x_3+x_4=-1,\\4x_1+3x_2+5x_3-x_4=-1,\\2x_1+x_2+3x_3-3x_4=1\end{cases}$ 的通解．

解析 对增广矩阵作初等行变换为阶梯形矩阵，有 $\overline{A}=\left(\begin{array}{cccc|c}1&1&1&1&-1\\4&3&5&-1&-1\\2&1&3&-3&1\end{array}\right)\to\left(\begin{array}{cccc|c}1&0&2&-4&2\\0&1&-1&5&-3\\0&0&0&0&0\end{array}\right)$．

取自由变量分别为 $x_3=1,x_4=0$ 和 $x_3=0,x_4=1$，可得基础解系为 $\eta_1=(-2,1,1,0)^{\mathrm T},\eta_2=(4,-5,0,1)^{\mathrm T}$．取自由变量 $x_3=x_4=0$，可得 $\eta_0=(2,-3,0,0)^{\mathrm T}$，所以通解为

$k_1(-2,1,1,0)^{\mathrm T}+k_2(4,-5,0,1)^{\mathrm T}+(2,-3,0,0)^{\mathrm T}$（$k_1,k_2$ 为任意常数）．

5. **克拉默法则**

非齐次方程组 $A_{n\times n}x=\beta$ 系数矩阵 A 为方阵 $A_{n\times n}$，且 $|A|\neq 0$，

方程组有唯一解的另类写法：$x=\begin{pmatrix}x_1\\x_2\\\vdots\\x_n\end{pmatrix}=\dfrac{1}{|A|}\begin{pmatrix}|A_1|\\|A_2|\\\vdots\\|A_n|\end{pmatrix}$，即 $x_j=\dfrac{|A_j|}{|A|}$，其中 $|A_j|$ 是用 $\beta=\begin{pmatrix}b_1\\b_2\\\vdots\\b_n\end{pmatrix}$ 取代行列式 $|A|$ 中的第 j 列形成的新行列式．

证明 $$x=A^{-1}\beta=\frac{1}{|A|}A^*\beta=\frac{1}{|A|}\begin{pmatrix}A_{11}&A_{21}&\cdots&A_{n1}\\A_{12}&A_{22}&\cdots&A_{n2}\\\vdots&&\ddots&\vdots\\A_{1n}&A_{2n}&\cdots&A_{nn}\end{pmatrix}\begin{pmatrix}b_1\\b_2\\\vdots\\b_n\end{pmatrix}=\frac{1}{|A|}\begin{pmatrix}b_1A_{11}+b_2A_{21}+\cdots+b_nA_{n1}\\b_1A_{12}+b_2A_{22}+\cdots+b_nA_{n2}\\\vdots\\b_1A_{1n}+b_2A_{2n}+\cdots+b_nA_{nn}\end{pmatrix}=\frac{1}{|A|}\begin{pmatrix}|A_1|\\|A_2|\\\vdots\\|A_n|\end{pmatrix}.$$

第二节 扩展与几何应用

一、扩展

1. **线性齐次方程组 $Ax=0\Leftrightarrow\begin{cases}a_{11}x_1+a_{12}x_2+\cdots+a_{1n}x_n=0\\a_{21}x_1+a_{22}x_2+\cdots+a_{2n}x_n=0\\\quad\vdots\qquad\vdots\qquad\qquad\vdots\\a_{m1}x_1+a_{m2}x_2+\cdots+a_{mn}x_n=0\end{cases}$ 的行向量解读：**

$A_{m\times n}x=0$ 的解 $x=\begin{pmatrix}x_1\\x_2\\\vdots\\x_n\end{pmatrix}$ 是与系数矩阵 $A=\begin{pmatrix}a_{11}&a_{12}&\cdots&a_{1n}\\a_{21}&a_{22}&\cdots&a_{2n}\\\vdots&\vdots&&\vdots\\a_{m2}&a_{m2}&\cdots&a_{mn}\end{pmatrix}$ 的所有 n 维行向量都正交的向

量 . 即：若 $\boldsymbol{A}=\begin{pmatrix}\boldsymbol{\alpha}_1^{\mathrm{T}}\\ \boldsymbol{\alpha}_2^{\mathrm{T}}\\ \vdots\\ \boldsymbol{\alpha}_m^{\mathrm{T}}\end{pmatrix}$, 则 $\boldsymbol{\alpha}_i^{\mathrm{T}}\boldsymbol{x}=\boldsymbol{0}\left(i=1,2....,m\right)$.

2. 矩阵方程组：矩阵分块

该部分内容详见本书基础篇第 66 页 .

3. 两个方程组的公共解

（1）定义

设方程组 (I) 和 (II) 都有 n 个未知数 , 则它们的公共解就是既满足 (I) 又满足 (II) 的 n 维向量 .

（2）三种情形与解法（可互相转化）

①已知两方程组：联立 $\begin{cases}\boldsymbol{Ax}=\boldsymbol{0}\\ \boldsymbol{Bx}=\boldsymbol{0}\end{cases}$, $\begin{pmatrix}\boldsymbol{A}\\ \boldsymbol{B}\end{pmatrix}\boldsymbol{x}=\boldsymbol{0}$ 的解即为公共解 ;

②已知一方程组 $\boldsymbol{Ax}=\boldsymbol{0}$ 和另一个方程组 $\boldsymbol{Bx}=\boldsymbol{0}$ 的通解 $k_1\boldsymbol{\xi}_1+k_2\boldsymbol{\xi}_2+\cdots+k_s\boldsymbol{\xi}_s$: 将 $k_1\boldsymbol{\xi}_1+k_2\boldsymbol{\xi}_2+\cdots+k_s\boldsymbol{\xi}_s$ 代入 $\boldsymbol{Ax}=\boldsymbol{0}$, 解出 $k_1,k_2,\cdots,k_s$ （即在 k_i 间施加约束）代回 , 此时 $k_1\boldsymbol{\xi}_1+k_2\boldsymbol{\xi}_2+\cdots+k_s\boldsymbol{\xi}_s$ 为公共解 ;

③已知两通解：由 $k_1\boldsymbol{\xi}_1+k_2\boldsymbol{\xi}_2+\cdots+k_s\boldsymbol{\xi}_s=l_1\boldsymbol{\eta}_1+l_2\boldsymbol{\eta}_2+\cdots+l_t\boldsymbol{\eta}_t$, 解出 $k_1,k_2,\cdots,k_s,l_1,l_2,\cdots,l_t$ 代回 , 则 $k_1\boldsymbol{\xi}_1+k_2\boldsymbol{\xi}_2+\cdots+k_s\boldsymbol{\xi}_s$ 或 $l_1\boldsymbol{\eta}_1+l_2\boldsymbol{\eta}_2+\cdots+l_t\boldsymbol{\eta}_t$ 为公共解 .

4. 同解

（1）定义

设方程组 (I) 和 (II) 都有 n 个未知数 , 如果 (II) 的每个解也是 (I) 的解 , 且 (I) 的每个解也是 (II) 的解 , 则称 (I) 和 (II) 同解 .

（2）同解的重要关联结论

$\boldsymbol{Ax}=\boldsymbol{0}$ 和 $\boldsymbol{Bx}=\boldsymbol{0}$ 同解

$\Leftrightarrow$ $\boldsymbol{Ax}=\boldsymbol{0}$ 和 $\boldsymbol{Bx}=\boldsymbol{0}$ 的基础解系等价

$\Leftrightarrow$ $\boldsymbol{A}$ 与 $\boldsymbol{B}$ 行向量组等价 $\Leftrightarrow r(\boldsymbol{A})=r(\boldsymbol{B})=r\begin{pmatrix}\boldsymbol{A}\\ \boldsymbol{B}\end{pmatrix}$

$\Rightarrow r(\boldsymbol{A})=r(\boldsymbol{B})$.

$\boldsymbol{Ax}=\boldsymbol{\alpha}$ 和 $\boldsymbol{Bx}=\boldsymbol{\beta}$ 同解

$\Leftrightarrow(\boldsymbol{A},\boldsymbol{\alpha})$ 与 $(\boldsymbol{B},\boldsymbol{\beta})$ 行向量组等价

$\Leftrightarrow r(\boldsymbol{A},\boldsymbol{\alpha})=r(\boldsymbol{B},\boldsymbol{\beta})=r\begin{pmatrix}\boldsymbol{A},\boldsymbol{\alpha}\\ \boldsymbol{B},\boldsymbol{\beta}\end{pmatrix}$

$\Rightarrow r(\boldsymbol{A},\boldsymbol{\alpha})=r(\boldsymbol{B},\boldsymbol{\beta})$.

二、几何应用

1. 讨论平面上的两条直线 $\begin{matrix}L_1:a_1x+b_1y=c_1\\ L_2:a_2x+b_2y=c_2\end{matrix}$ （ $a_i^2+b_i^2\neq0,i=1,2$ ）的关系

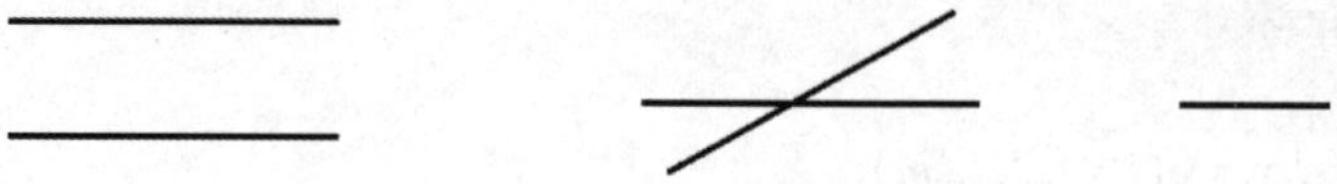

平行　　　　相交　　　　重合

设$\boldsymbol{A}=\begin{pmatrix} a_1 & b_1 \\ a_2 & b_2 \end{pmatrix}$，$\overline{\boldsymbol{A}}=\begin{pmatrix} a_1 & b_1 & c_1 \\ a_2 & b_2 & c_2 \end{pmatrix}$，则

（1）平行：$r(\boldsymbol{A})=1, r(\overline{\boldsymbol{A}})=2$；

（2）相交：$r(\boldsymbol{A})=r(\overline{\boldsymbol{A}})=2$；

（3）重合：$r(\boldsymbol{A})=r(\overline{\boldsymbol{A}})=1$.

【注】这个知识点喻老建议不要硬背，需抓住两个关键点：1. 是否有交点；（公共解，即方程组的解）2. 是否平行.（方向向量(a_1,b_1)与(a_2,b_2)是否成比例）
当然也可考虑是否垂直（方向向量正交或斜率乘积为 -1），但一般较简单.

2.（数一）讨论空间三个平面 $\begin{matrix} \Pi_1: a_1x+b_1y+c_1z=d_1 \\ \Pi_2: a_2x+b_2y+c_2z=d_2 \\ \Pi_3: a_3x+b_3y+c_3z=d_3 \end{matrix}$ **的位置关系**

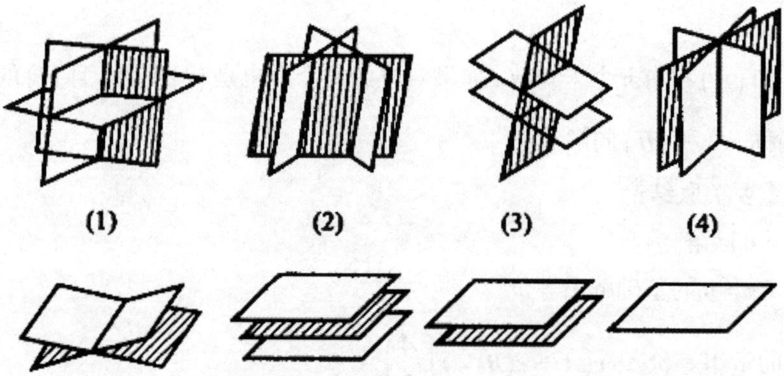

(1)　(2)　(3)　(4)　(5)　(6)　(7)　(8)

设$\boldsymbol{A}=\begin{pmatrix} a_1 & b_1 & c_1 \\ a_2 & b_2 & c_2 \\ a_3 & b_3 & c_3 \end{pmatrix}$，$\overline{\boldsymbol{A}}=\begin{pmatrix} a_1 & b_1 & c_1 & d_1 \\ a_2 & b_2 & c_2 & d_2 \\ a_3 & b_3 & c_3 & d_3 \end{pmatrix}$，则下面的每种情况分别代表上面各图中的哪种或哪几种

1.$r(\boldsymbol{A})=3$　2.$r(\boldsymbol{A})=2, r(\overline{\boldsymbol{A}})=2$　3.$r(\boldsymbol{A})=2, r(\overline{\boldsymbol{A}})=3$

4.$r(\boldsymbol{A})=1, r(\overline{\boldsymbol{A}})=1$　5.$r(\boldsymbol{A})=1, r(\overline{\boldsymbol{A}})=2$

【答案】

$r(\boldsymbol{A})=3$的情况对应图 1；$r(\boldsymbol{A})=2, r(\overline{\boldsymbol{A}})=2$的情况对应图 4,5；

$r(A)=1, r(\overline{A})=1$ 的情况对应图 8;

$r(A)=2, r(\overline{A})=3$ 的情况对应图 2,3;

$r(A)=1, r(\overline{A})=2$ 的情况对应图 6,7.

【注】依旧需要抓住两个关键点：1. 是否有交点；（方程组的解）2. 是否平行 .（法向量对应成比例）至于是否垂直（法向量正交），一般较简单 .

3.（数一）讨论两空间直线 $\begin{array}{l} L_1: \dfrac{x-a_1}{a_3}=\dfrac{y-b_1}{b_3}=\dfrac{z-c_1}{c_3} \\ L_2: \dfrac{x-a_2}{a_4}=\dfrac{y-b_2}{b_4}=\dfrac{z-c_2}{c_4} \end{array}$ **的位置关系，其中** $a_ib_ic_i \neq 0\,(i=1,2,3,4)$.

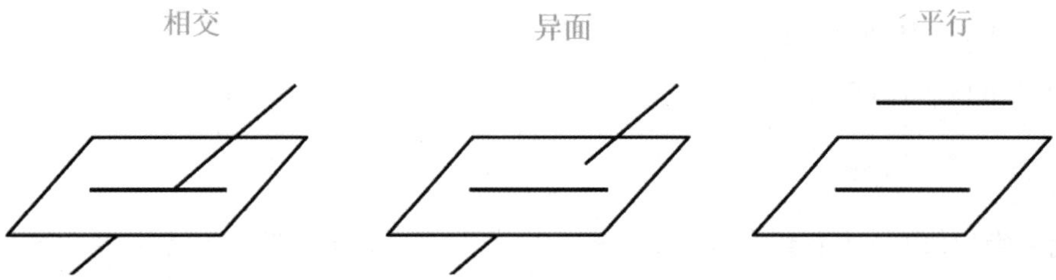

设 $\boldsymbol{\alpha}_i=(a_i,b_i,c_i)^{\mathrm{T}}\,(i=1,2,3,4)$，说明向量 $\boldsymbol{\alpha}_1,\boldsymbol{\alpha}_2,\boldsymbol{\alpha}_3,\boldsymbol{\alpha}_4$ 之间的线性关系分别对应上面的哪种情况 .

【答案】

相交：$\boldsymbol{\alpha}_1-\boldsymbol{\alpha}_2$ 可以被 $\boldsymbol{\alpha}_3$ 与 $\boldsymbol{\alpha}_4$ 唯一的线性表示出来 .

重合：$\boldsymbol{\alpha}_1-\boldsymbol{\alpha}_2$ 可以被 $\boldsymbol{\alpha}_3$ 与 $\boldsymbol{\alpha}_4$ 的线性表示出来，且 $\boldsymbol{\alpha}_3$ 与 $\boldsymbol{\alpha}_4$ 线性相关 .

异面：$\boldsymbol{\alpha}_1-\boldsymbol{\alpha}_2$ 不能被 $\boldsymbol{\alpha}_3$ 与 $\boldsymbol{\alpha}_4$ 的线性表示出来，且 $\boldsymbol{\alpha}_3$ 与 $\boldsymbol{\alpha}_4$ 线性无关 .

平行：$\boldsymbol{\alpha}_1-\boldsymbol{\alpha}_2$ 不能被 $\boldsymbol{\alpha}_3$ 与 $\boldsymbol{\alpha}_4$ 的线性表示出来，且 $\boldsymbol{\alpha}_3$ 与 $\boldsymbol{\alpha}_4$ 线性相关 .

【注】关键点仍然是是否有交点与是否平行（方向向量成比例），但需要注意的是：两条空间直线的交点无法理解为方程组的解，而只能理解为能同时被两组向量组线性表示的向量 .

强化例题

一、方程组解的判定

齐次线性方程组解 $\boldsymbol{Ax}=\boldsymbol{0}$ 的判定：

（1）$\boldsymbol{Ax}=\boldsymbol{0}$ 有非零解 $\Leftrightarrow r(\boldsymbol{A})<n$ （即 $\boldsymbol{A}$ 的列数）$\Leftrightarrow$ 当 $\boldsymbol{A}$ 为 n 阶方阵时，$|\boldsymbol{A}|=0$.

推论： 设 $\boldsymbol{A}$ 是 $m\times n$ 阶矩阵，若 $m<n$，则齐次方程组 $\boldsymbol{Ax}=\boldsymbol{0}$ 必有非零解 .

（2）$\boldsymbol{Ax}=\boldsymbol{0}$ 只有零解 $\Leftrightarrow r(\boldsymbol{A})=n \Leftrightarrow$ 当 $\boldsymbol{A}$ 为 n 阶方阵时，$|\boldsymbol{A}|\neq 0$.

非齐次线性方程组 $\boldsymbol{Ax}=\boldsymbol{b}$ 解的判定：

（1）$\boldsymbol{Ax}=\boldsymbol{b}$ 有唯一解

$\Leftrightarrow r(\boldsymbol{A})=r(\boldsymbol{A},\boldsymbol{b})=n \Leftrightarrow \boldsymbol{b}$ 可由 $\boldsymbol{A}$ 的列向量组唯一线性表示 .

$\Leftrightarrow$ 当 A 为 n 阶方阵时，$|A|\neq 0$，此时可用克拉默法则解 $Ax=b$．

$\Rightarrow A=(\alpha_1,\alpha_2,\dots,\alpha_n)$ 的列向量组线性无关．

$\Rightarrow Ax=0$ 仅有零解．

（2）$Ax=b$ 有无穷多解

$\Leftrightarrow r(A)=r(A,b)<n \Leftrightarrow b$ 可由 A 的列向量组无穷线性表示．

$\Rightarrow$ 当 A 为 n 阶方阵时，$|A|=0$．

$\Rightarrow A=(\alpha_1,\alpha_2,\dots,\alpha_n)$ 的列向量组线性相关．

$\Rightarrow Ax=0$ 有非零解．

（3）$Ax=b$ 无解

$\Leftrightarrow r(A)<r(A,b) \Leftrightarrow r(A)+1=r(A,b)$．

$\Leftrightarrow b$ 不可由 A 的列向量组线性表示．

$\Rightarrow$ 当 A 为 n 阶方阵时，$|A|=0$．

例 1　问 λ 为何值时，方程组 $\begin{cases}2x_1+\lambda x_2-x_3=1,\\ \lambda x_1-x_2+x_3=2,\\ 4x_1+5x_2-5x_3=-1\end{cases}$ 无解、有唯一解、有无穷多个解？当有无穷多解时，求其通解．

解析　方程个数与未知数个数相等，用行列式讨论．

$$|A|=\begin{vmatrix}2&\lambda&-1\\ \lambda&-1&1\\ 4&5&-5\end{vmatrix}=(5\lambda+4)(\lambda-1).$$

当 $\lambda\neq 1$ 且 $\lambda\neq -\dfrac{4}{5}$ 时，$|A|\neq 0$，方程组有唯一解．

当 $\lambda=1$ 时，有 $(A,\beta)=\left(\begin{array}{ccc|c}2&1&-1&1\\ 1&-1&1&2\\ 4&5&-5&-1\end{array}\right)\to\left(\begin{array}{ccc|c}1&0&0&1\\ 0&1&-1&-1\\ 0&0&0&0\end{array}\right)$．故 $r(A)=r(A,\beta)=2<3$，方程组有无穷多个解，可求得通解为 $k(0,1,1)^{\mathrm T}+(1,-1,0)^{\mathrm T}$（$k$ 为任意常数）．

当 $\lambda=-\dfrac{4}{5}$ 时，有 $(A,\beta)=\left(\begin{array}{ccc|c}2&-\frac{4}{5}&-1&1\\ -\frac{4}{5}&-1&1&2\\ 4&5&-5&-1\end{array}\right)\to\left(\begin{array}{ccc|c}10&-4&-5&5\\ 4&5&-5&-10\\ 4&5&-5&-1\end{array}\right)\to\left(\begin{array}{ccc|c}10&-4&-5&5\\ 4&5&-5&-10\\ 0&0&0&9\end{array}\right)$，

$r(A)=2$，$r(A,\beta)=3$，此时方程组无解．

例 2　设 $A=\begin{pmatrix}\lambda&1&1\\ 0&\lambda-1&0\\ 1&1&\lambda\end{pmatrix}$，$\beta=\begin{pmatrix}a\\1\\1\end{pmatrix}$，已知 $Ax=\beta$ 有两个不同的解．

（1）求 λ, a 的值；（2）求 $\boldsymbol{Ax}=\boldsymbol{\beta}$ 的通解．

解析　（1）由 $\boldsymbol{Ax}=\boldsymbol{\beta}$ 有两个不同的解，知 $r(\boldsymbol{A})=r(\overline{\boldsymbol{A}})<3$，故 $|\boldsymbol{A}|=\begin{vmatrix}\lambda & 1 & 1\\ 0 & \lambda-1 & 0\\ 1 & 1 & \lambda\end{vmatrix}=(\lambda+1)(\lambda-1)^2$ $=0$，解得 $\lambda=1$ 或 $\lambda=-1$．

当 $\lambda=1$ 时，由 $\overline{\boldsymbol{A}}=(\boldsymbol{A}|\boldsymbol{\beta})=\left(\begin{array}{ccc|c}1 & 1 & 1 & a\\ 0 & 0 & 0 & 1\\ 1 & 1 & 1 & 1\end{array}\right)$，知 $r(\boldsymbol{A})=1$，$r(\overline{\boldsymbol{A}})=2$，故 $\boldsymbol{Ax}=\boldsymbol{\beta}$ 无解，$\lambda=1$ 舍去．

当 $\lambda=-1$ 时，$\overline{\boldsymbol{A}}=(\boldsymbol{A}|\boldsymbol{\beta})=\left(\begin{array}{ccc|c}-1 & 1 & 1 & a\\ 0 & -2 & 0 & 1\\ 1 & 1 & -1 & 1\end{array}\right)\to\left(\begin{array}{ccc|c}-1 & 1 & 1 & a\\ 0 & 1 & 0 & -\frac{1}{2}\\ 0 & 0 & 0 & a+2\end{array}\right)$，由 $\boldsymbol{Ax}=\boldsymbol{\beta}$ 有解，知 $a=-2$．

综上所述，$\lambda=-1$，$a=-2$．

（2）$\lambda=-1$，$a=-2$ 时，$\overline{\boldsymbol{A}}\to\left(\begin{array}{ccc|c}-1 & 1 & 1 & -2\\ 0 & 1 & 0 & -\frac{1}{2}\\ 0 & 0 & 0 & 0\end{array}\right)\to\left(\begin{array}{ccc|c}1 & 0 & -1 & \frac{3}{2}\\ 0 & 1 & 0 & -\frac{1}{2}\\ 0 & 0 & 0 & 0\end{array}\right)$，可求得通解为

$k(1,0,1)^{\mathrm{T}}+\frac{1}{2}(3,-1,0)^{\mathrm{T}}$，其中 k 为任意常数．

例 3　设 $\boldsymbol{A}=\begin{pmatrix}1 & 1 & 1 & \cdots & 1\\ a_1 & a_2 & a_3 & \cdots & a_n\\ a_1^2 & a_2^2 & a_3^2 & \cdots & a_n^2\\ \vdots & \vdots & \vdots & & \vdots\\ a_1^{n-1} & a_2^{n-1} & a_3^{n-1} & \cdots & a_n^{n-1}\end{pmatrix}$，$\boldsymbol{X}=\begin{pmatrix}x_1\\ x_2\\ x_3\\ \vdots\\ x_n\end{pmatrix}$，$\boldsymbol{\beta}=\begin{pmatrix}1\\ 1\\ 1\\ \vdots\\ 1\end{pmatrix}$，其中 $a_i\neq a_j(i\neq j,i,j=1,2,\cdots,n)$，

求线性方程组 $\boldsymbol{A}^{\mathrm{T}}\boldsymbol{X}=\boldsymbol{\beta}$ 的解．

解析　方程组 $\boldsymbol{A}^{\mathrm{T}}\boldsymbol{X}=\boldsymbol{\beta}$，即 $\begin{pmatrix}1 & a_1 & a_1^2 & \cdots & a_1^{n-1}\\ 1 & a_2 & a_2^2 & \cdots & a_2^{n-1}\\ \vdots & \vdots & \vdots & & \vdots\\ 1 & a_n & a_n^2 & \cdots & a_n^{n-1}\end{pmatrix}\begin{pmatrix}x_1\\ x_2\\ \vdots\\ x_n\end{pmatrix}=\begin{pmatrix}1\\ 1\\ \vdots\\ 1\end{pmatrix}$，其系数行列式为 n 阶范德蒙德行列式．由 $a_i\neq a_j(i\neq j)$，知 $D=\left|\boldsymbol{A}^{\mathrm{T}}\right|\neq 0$，故方程组有唯一解，从而可求得 $D_1=D,D_2=D_3=\cdots=D_n=0$（两列成比例），于是

$$x_1=\frac{D_1}{D}=1,x_2=\frac{D_2}{D}=0,\cdots,x_n=\frac{D_n}{D}=0\ ,$$

即 $\boldsymbol{X}=(1,0,\cdots,0)^{\mathrm{T}}$ 为所求方程组的唯一解．当然也可以在知道是唯一解以后，通过观察得到这个唯一解：$\boldsymbol{X}=(1,0,\cdots,0)^{\mathrm{T}}$，因为 $\boldsymbol{A}^{\mathrm{T}}$ 的第一列刚好 $=\boldsymbol{\beta}$．

例 4　设 $\boldsymbol{A}=\begin{pmatrix}1+a & 2 & 3 & 4\\ 1 & 2+a & 3 & 4\\ 1 & 2 & 3+a & 4\\ 1 & 2 & 3 & 4+a\end{pmatrix}$.

当 a 为何值时，$\boldsymbol{Ax}=\boldsymbol{0}$ 有非零解？并求出全部解；当 a 为何值时，$\boldsymbol{Ax}=\boldsymbol{0}$ 只有零解？

解析　根据行列式技巧 $|\boldsymbol{A}|=a^3(a+\sum_{i=1}^{4}i)=a^3(a+10)$，因此当 $a\neq 0$ 且 $a\neq -10$ 时，$\boldsymbol{Ax}=\boldsymbol{0}$ 只有零解；当 $a=0$ 或 $a=-10$ 时，$\boldsymbol{Ax}=\boldsymbol{0}$ 有非零解．

当 $a=0$ 时，$r(\boldsymbol{A})=1$，即 $\boldsymbol{A}\to\begin{pmatrix}1&2&3&4\\0&0&0&0\\0&0&0&0\\0&0&0&0\end{pmatrix}$，可得 $\boldsymbol{Ax}=\boldsymbol{0}$ 的基础解系为 $\boldsymbol{\eta}_1=(-2,1,0,0)^{\mathrm{T}}$，

$\boldsymbol{\eta}_2=(-3,0,1,0)^{\mathrm{T}}$，$\boldsymbol{\eta}_3=(-4,0,0,1)^{\mathrm{T}}$．所以通解为 $k_1\boldsymbol{\eta}_1+k_2\boldsymbol{\eta}_2+k_3\boldsymbol{\eta}_3$（$k_1,k_2,k_3$ 为任意常数）．

当 $a=-10$ 时，$\boldsymbol{A}=\begin{pmatrix}-9&2&3&4\\1&-8&3&4\\1&2&-7&4\\1&2&3&-6\end{pmatrix}$，经初等行变换 $\to\begin{pmatrix}0&20&30&-50\\0&-10&0&10\\0&0&-10&10\\1&2&3&-6\end{pmatrix}$

$\to\begin{pmatrix}0&0&0&0\\0&-1&0&1\\0&0&-1&1\\1&0&0&-1\end{pmatrix}\to\begin{pmatrix}1&0&0&-1\\0&1&0&-1\\0&0&1&-1\\0&0&0&0\end{pmatrix}$，$r(\boldsymbol{A})=3$．

可得基础解系 $\boldsymbol{\eta}=(1,1,1,1)^{\mathrm{T}}$，所以通解为 $k\boldsymbol{\eta}$（k 为任意常数）．

二、解的结构

常用的结论总结如下（以下提到的 k_i 都为任意常数）：

（1）设 $\boldsymbol{\xi}_1,\boldsymbol{\xi}_2,\cdots,\boldsymbol{\xi}_s$ 是 $\boldsymbol{Ax}=\boldsymbol{0}$ 的解，则 $k_1\boldsymbol{\xi}_1+k_2\boldsymbol{\xi}_2+\cdots+k_s\boldsymbol{\xi}_s$ 也是 $\boldsymbol{Ax}=\boldsymbol{0}$ 的解．

（2）设 $\boldsymbol{\xi}$ 和 $\boldsymbol{\eta}$ 分别是 $\boldsymbol{Ax}=\boldsymbol{0}$ 和 $\boldsymbol{Ax}=\boldsymbol{\beta}$ 的解，则 $\boldsymbol{\xi}+\boldsymbol{\eta}$ 一定是 $\boldsymbol{Ax}=\boldsymbol{\beta}$ 的解．

（3）（常考）设 $\boldsymbol{\eta}_1,\boldsymbol{\eta}_2,\cdots,\boldsymbol{\eta}_s$ 是 $\boldsymbol{Ax}=\boldsymbol{\beta}$ 的解，令 $\boldsymbol{\eta}=k_1\boldsymbol{\eta}_1+k_2\boldsymbol{\eta}_2+\cdots+k_s\boldsymbol{\eta}_s$，则：

当 $k_1+k_2+\cdots+k_s=1$ 时，$\boldsymbol{\eta}$ 是 $\boldsymbol{Ax}=\boldsymbol{\beta}$ 的解；

当 $k_1+k_2+\cdots+k_s=0$ 时，$\boldsymbol{\eta}$ 是 $\boldsymbol{Ax}=\boldsymbol{0}$ 的解．

（4）若 $\boldsymbol{\xi}_1,\boldsymbol{\xi}_2,\cdots,\boldsymbol{\xi}_s$ 是 $\boldsymbol{Ax}=\boldsymbol{0}$ 的基础解系，则 $k_1\boldsymbol{\xi}_1+k_2\boldsymbol{\xi}_2+\cdots+k_s\boldsymbol{\xi}_s$ 是 $\boldsymbol{Ax}=\boldsymbol{0}$ 的通解．

（5）非齐通 = 齐通 + 非齐特．

（6）$\boldsymbol{Ax}=\boldsymbol{0}$ 的任意 $n-r(\boldsymbol{A})$ 个线性无关的解都可构成 $\boldsymbol{Ax}=\boldsymbol{0}$ 的基础解系．

例 1　（1990）$\boldsymbol{\beta}_1$ 和 $\boldsymbol{\beta}_2$ 是 $\boldsymbol{Ax}=\boldsymbol{b}$ 的两个不同的解，$\boldsymbol{\alpha}_1,\boldsymbol{\alpha}_2$ 是 $\boldsymbol{Ax}=\boldsymbol{0}$ 的基础解系，则 $\boldsymbol{Ax}=\boldsymbol{b}$ 的通解可以是（　　）．（该例题在基础篇已出现过）

A. $k_1\boldsymbol{\alpha}_1+k_2(\boldsymbol{\alpha}_1+\boldsymbol{\alpha}_2)+\dfrac{\boldsymbol{\beta}_1-\boldsymbol{\beta}_2}{2}$　　　B. $k_1\boldsymbol{\alpha}_1+k_2(\boldsymbol{\beta}_1-\boldsymbol{\beta}_2)+\dfrac{\boldsymbol{\beta}_1-\boldsymbol{\beta}_2}{2}$

C. $k_1\boldsymbol{\alpha}_1+k_2(\boldsymbol{\alpha}_1-\boldsymbol{\alpha}_2)+\dfrac{\boldsymbol{\beta}_1+\boldsymbol{\beta}_2}{2}$　　　D. $k_1\boldsymbol{\alpha}_1+k_2(\boldsymbol{\beta}_1-\boldsymbol{\beta}_2)+\dfrac{\boldsymbol{\beta}_1+\boldsymbol{\beta}_2}{2}$

解析　选 C .

通解的结构一般形如 $k_1\boldsymbol{\xi}_1+k_2\boldsymbol{\xi}_2+\boldsymbol{\eta}$ ，其中 $\boldsymbol{\xi}_1,\boldsymbol{\xi}_2$ 为 $\boldsymbol{Ax}=\boldsymbol{0}$ 的基础解系，$\boldsymbol{\eta}$ 为 $\boldsymbol{Ax}=\boldsymbol{b}$ 的解 .

（1）由于 $\boldsymbol{\beta}_1$ 和 $\boldsymbol{\beta}_2$ 是 $\boldsymbol{Ax}=\boldsymbol{b}$ 的解，故 $\dfrac{\boldsymbol{\beta}_1+\boldsymbol{\beta}_2}{2}$ 仍是 $\boldsymbol{Ax}=\boldsymbol{b}$ 的解，但 $\dfrac{\boldsymbol{\beta}_1-\boldsymbol{\beta}_2}{2}$ 是 $\boldsymbol{Ax}=\boldsymbol{0}$ 的解，故排除 A、B ；

（2）由于 $\boldsymbol{\alpha}_1$ 和 $\boldsymbol{\alpha}_2$ 是 $\boldsymbol{Ax}=\boldsymbol{0}$ 的基础解系，所以 $\boldsymbol{\alpha}_1,\boldsymbol{\alpha}_2$ 线性无关，故 $r(\boldsymbol{\alpha}_1,\boldsymbol{\alpha}_1-\boldsymbol{\alpha}_2)=r(\boldsymbol{\alpha}_1,-\boldsymbol{\alpha}_2)=2$ ，即 $\boldsymbol{\alpha}_1,\boldsymbol{\alpha}_1-\boldsymbol{\alpha}_2$ 也线性无关，且 $\boldsymbol{\alpha}_1,\boldsymbol{\alpha}_1-\boldsymbol{\alpha}_2$ 均是 $\boldsymbol{Ax}=\boldsymbol{0}$ 的解，故 $\boldsymbol{\alpha}_1,\boldsymbol{\alpha}_1-\boldsymbol{\alpha}_2$ 也是 $\boldsymbol{Ax}=\boldsymbol{0}$ 的基础解系；故 C 选项正确；

（3）虽然 $\boldsymbol{\alpha}_1$ 和 $\boldsymbol{\beta}_1-\boldsymbol{\beta}_2$ 均是 $\boldsymbol{Ax}=\boldsymbol{0}$ 的解，但 $\boldsymbol{\alpha}_1$ 和 $\boldsymbol{\beta}_1-\boldsymbol{\beta}_2$ 不一定线性无关，故不一定构成基础解系，排除 D .

例 2　设 n 阶矩阵 $\boldsymbol{A}$ 的伴随矩阵 $\boldsymbol{A}^*\neq\boldsymbol{O}$ ，$\boldsymbol{\xi}_1,\boldsymbol{\xi}_2,\boldsymbol{\xi}_3,\boldsymbol{\xi}_4$ 是非齐次线性方程组 $\boldsymbol{Ax}=\boldsymbol{\beta}$ 的不同解 . 则齐次线性方程组 $\boldsymbol{Ax}=\boldsymbol{0}$ 的基础解系（　　）.

A. 不存在　　　B. 含一个非零解向量

C. 含两个线性无关的解向量　　　D. 含三个线性无关的解向量

解析　判别基础解系所含解向量的个数，只要确定 $\boldsymbol{A}$ 的秩即可 . 由 $\boldsymbol{A}^*\neq\boldsymbol{O}$ ，得 $r(\boldsymbol{A}^*)\geqslant1$. 由

$$r(\boldsymbol{A}^*)=\begin{cases}n, & r(\boldsymbol{A})=n,\\ 1, & r(\boldsymbol{A})=n-1,\\ 0, & r(\boldsymbol{A})<n-1,\end{cases}$$

知 $r(\boldsymbol{A})=n-1$ 或 $r(\boldsymbol{A})=n$.

由 $\boldsymbol{\xi}_1-\boldsymbol{\xi}_2\neq\boldsymbol{0}$ 是 $\boldsymbol{Ax}=\boldsymbol{0}$ 的非零解，得 $r(\boldsymbol{A})<n$ ，故 $r(\boldsymbol{A})=n-1$ ，所以 $n-r(\boldsymbol{A})=1$. B 正确 .

例 3　设 $\boldsymbol{A}=(\boldsymbol{\alpha}_1,\boldsymbol{\alpha}_2,\boldsymbol{\alpha}_3,\boldsymbol{\alpha}_4)$ 是 4 阶矩阵，$\boldsymbol{A}^*$ 为 $\boldsymbol{A}$ 的伴随矩阵，若 $(1,0,1,0)^{\mathrm{T}}$ 是 $\boldsymbol{Ax}=\boldsymbol{0}$ 的一个基础解系，则 $\boldsymbol{A}^*\boldsymbol{x}=\boldsymbol{0}$ 的一个基础解系为（　　）.

A. $\boldsymbol{\alpha}_1,\boldsymbol{\alpha}_3$　　B. $\boldsymbol{\alpha}_1,\boldsymbol{\alpha}_2$　　C. $\boldsymbol{\alpha}_1,\boldsymbol{\alpha}_2,\boldsymbol{\alpha}_3$　　D. $\boldsymbol{\alpha}_2,\boldsymbol{\alpha}_3,\boldsymbol{\alpha}_4$

解析　由已知，$\boldsymbol{Ax}=\boldsymbol{0}$ 只有一个线性无关的解，则 $4-r(\boldsymbol{A})=1$ ，所以 $r(\boldsymbol{A})=3$ ，故 $r(\boldsymbol{A}^*)=1$. 于是 $\boldsymbol{A}^*\boldsymbol{x}=\boldsymbol{0}$ 的基础解系有 $4-r(\boldsymbol{A}^*)=3$ 个线性无关的向量 . 从而排除 A. B. 选项（个数不够）；

又由 $\boldsymbol{A}\begin{pmatrix}1\\0\\1\\0\end{pmatrix}=\boldsymbol{0}$ ，即 $(\boldsymbol{\alpha}_1,\boldsymbol{\alpha}_2,\boldsymbol{\alpha}_3,\boldsymbol{\alpha}_4)\begin{pmatrix}1\\0\\1\\0\end{pmatrix}=\boldsymbol{0}$ ，得 $\boldsymbol{\alpha}_1+\boldsymbol{\alpha}_3=\boldsymbol{0}$ ，从而 $\boldsymbol{\alpha}_1,\boldsymbol{\alpha}_2,\boldsymbol{\alpha}_3$ 线性相关，排除选项 C（基础解系必须是无关的），所以 D 正确 .

或由 $r(\boldsymbol{A})=3<4$ ，知 $|\boldsymbol{A}|=0$ ，故 $\boldsymbol{A}^*\boldsymbol{A}=\boldsymbol{A}^*(\boldsymbol{\alpha}_1,\boldsymbol{\alpha}_2,\boldsymbol{\alpha}_3,\boldsymbol{\alpha}_4)=|\boldsymbol{A}|\boldsymbol{E}=\boldsymbol{O}$ ，即 $\boldsymbol{A}$ 的列向量 $\boldsymbol{\alpha}_i\,(i=1,2,3,4)$ 都是 $\boldsymbol{A}^*\boldsymbol{x}=\boldsymbol{0}$ 的解 . 再结合 $\boldsymbol{A}^*\boldsymbol{x}=\boldsymbol{0}$ 的基础解系有 $4-r(\boldsymbol{A}^*)=3$ 个线性无关的向量，$r(\boldsymbol{A})=3$ ，

$\boldsymbol{\alpha}_1+\boldsymbol{\alpha}_3=\mathbf{0}$，从而 $\boldsymbol{\alpha}_2,\boldsymbol{\alpha}_3,\boldsymbol{\alpha}_4$ 可以作为 $\boldsymbol{A}^*\boldsymbol{x}=\mathbf{0}$ 的一个基础解系，选 D．

【注】对于 $\boldsymbol{A}^*\boldsymbol{x}=\mathbf{0}$，一定要利用 $\boldsymbol{A}\boldsymbol{A}^*=\boldsymbol{A}^*\boldsymbol{A}=|\boldsymbol{A}|\boldsymbol{E}$ 这个重要公式．

若 $|\boldsymbol{A}|=0$，则 $\boldsymbol{A}^*\boldsymbol{A}=|\boldsymbol{A}|\boldsymbol{E}=\boldsymbol{O}$．

将 $\boldsymbol{A}$ 和 $\boldsymbol{O}$ 进行列分块可得，$\boldsymbol{A}^*(\boldsymbol{\xi}_1,\boldsymbol{\xi}_2,\cdots,\boldsymbol{\xi}_n)=(\mathbf{0},\mathbf{0},\cdots,\mathbf{0})$，故 $\boldsymbol{A}^*\boldsymbol{\xi}_i=\mathbf{0}$，即 $\boldsymbol{A}$ 的每一列都是 $\boldsymbol{A}^*\boldsymbol{x}=\mathbf{0}$ 的解；同理，$\boldsymbol{A}^*$ 的每一列，也都是 $\boldsymbol{A}\boldsymbol{x}=\mathbf{0}$ 的解．

例 4　已知非齐次线性方程组 $\begin{cases}x_1+x_2+x_3+x_4=-1,\\4x_1+3x_2+5x_3-x_4=-1,\\ax_1+x_2+3x_3+bx_4=1\end{cases}$ 有三个线性无关的解．

（1）证明：方程组的系数矩阵 $\boldsymbol{A}$ 的秩 $r(\boldsymbol{A})=2$；

（2）求 a,b 的值及方程组的通解．

解析　（1）设 $\boldsymbol{\xi}_1,\boldsymbol{\xi}_2,\boldsymbol{\xi}_3$ 是方程组的三个线性无关的解，则 $\boldsymbol{\xi}_1-\boldsymbol{\xi}_2,\boldsymbol{\xi}_1-\boldsymbol{\xi}_3$ 是对应齐次线性方程组 $\boldsymbol{A}\boldsymbol{x}=\mathbf{0}$ 的两个线性无关的解．所以 $4-r(\boldsymbol{A})\geqslant 2$，即 $r(\boldsymbol{A})\leqslant 2$．又 $\boldsymbol{A}$ 中有 2 阶子式 $\begin{vmatrix}1&1\\4&3\end{vmatrix}=-1\neq 0$，知 $r(\boldsymbol{A})\geqslant 2$，故 $r(\boldsymbol{A})=2$．

（2）对增广矩阵 $\overline{\boldsymbol{A}}$ 作初等行变换，有：

$$\overline{\boldsymbol{A}}=\begin{pmatrix}1&1&1&1&-1\\4&3&5&-1&-1\\a&1&3&b&1\end{pmatrix}\to\begin{pmatrix}1&0&2&-4&2\\0&1&-1&5&-3\\0&0&4-2a&4a+b-5&4-2a\end{pmatrix}\overset{\text{记}}{=}\boldsymbol{B}.$$

由 $r(\boldsymbol{A})=2$，知 $4-2a=0$，$4a+b-5=0$，解得 $a=2,b=-3$，即 $\boldsymbol{B}=\begin{pmatrix}1&0&2&-4&2\\0&1&-1&5&-3\\0&0&0&0&0\end{pmatrix}$，

可求得通解为 $k_1(-2,1,1,0)^{\mathrm{T}}+k_2(4,-5,0,1)^{\mathrm{T}}+(2,-3,0,0)^{\mathrm{T}}$（$k_1,k_2$ 为任意常数）．

【注】本例中运用结论：若 $\boldsymbol{\xi}_1,\boldsymbol{\xi}_2,\boldsymbol{\xi}_3$ 线性无关，则 $\boldsymbol{\xi}_1-\boldsymbol{\xi}_2,\boldsymbol{\xi}_1-\boldsymbol{\xi}_3$ 线性无关．

证明：设 $k_1(\boldsymbol{\xi}_1-\boldsymbol{\xi}_2)+k_2(\boldsymbol{\xi}_1-\boldsymbol{\xi}_3)=\mathbf{0}$，即 $(k_1+k_2)\boldsymbol{\xi}_1-k_1\boldsymbol{\xi}_2-k_2\boldsymbol{\xi}_3=\mathbf{0}$,

则 $k_1+k_2=0,-k_1=0,-k_2=0$，解得 $k_1=k_2=0$，故 $\boldsymbol{\xi}_1-\boldsymbol{\xi}_2,\boldsymbol{\xi}_1-\boldsymbol{\xi}_3$ 线性无关．

例 5　设 $\boldsymbol{A}=(\boldsymbol{\alpha}_1,\boldsymbol{\alpha}_2,\boldsymbol{\alpha}_3,\boldsymbol{\alpha}_4)$ 是 4 阶矩阵，非齐次线性方程组 $\boldsymbol{A}\boldsymbol{x}=\boldsymbol{\beta}$ 的通解为 $(1,-1,0,1)^{\mathrm{T}}+k(1,0,-3,2)^{\mathrm{T}}$，$k$ 为任意常数，记 $\boldsymbol{B}=(\boldsymbol{\alpha}_2+\boldsymbol{\beta},\boldsymbol{\alpha}_4,\boldsymbol{\alpha}_3,\boldsymbol{\alpha}_2,\boldsymbol{\alpha}_1)$．

（1）证明：$r(\boldsymbol{B})=3$；

（2）求方程组 $\boldsymbol{B}\boldsymbol{x}=\boldsymbol{\beta}$ 的通解．

解析　（1）由 $\boldsymbol{A}\boldsymbol{x}=\boldsymbol{\beta}$ 的通解为 $(1,-1,0,1)^{\mathrm{T}}+k(1,0,-3,2)^{\mathrm{T}}$，知 $r(\boldsymbol{A})=r(\boldsymbol{\alpha}_1,\boldsymbol{\alpha}_2,\boldsymbol{\alpha}_3,\boldsymbol{\alpha}_4)=r(\boldsymbol{\alpha}_1,\boldsymbol{\alpha}_2,\boldsymbol{\alpha}_3,\boldsymbol{\alpha}_4,\boldsymbol{\beta})=3$．

且 $\boldsymbol{\alpha}_1-3\boldsymbol{\alpha}_3+2\boldsymbol{\alpha}_4=\mathbf{0}$ ①　$\boldsymbol{\alpha}_1-\boldsymbol{\alpha}_2+\boldsymbol{\alpha}_4=\boldsymbol{\beta}$ ②

故 $\boldsymbol{B}=(\boldsymbol{\alpha}_2+\boldsymbol{\beta},\boldsymbol{\alpha}_4,\boldsymbol{\alpha}_3,\boldsymbol{\alpha}_2,\boldsymbol{\alpha}_1)=(\boldsymbol{\alpha}_2+\boldsymbol{\alpha}_1-\boldsymbol{\alpha}_2+\boldsymbol{\alpha}_4,\boldsymbol{\alpha}_4,\boldsymbol{\alpha}_3,\boldsymbol{\alpha}_2,\boldsymbol{\alpha}_1)=(\boldsymbol{\alpha}_1+\boldsymbol{\alpha}_4,\boldsymbol{\alpha}_4,\boldsymbol{\alpha}_3,\boldsymbol{\alpha}_2,\boldsymbol{\alpha}_1)$，

$r(\boldsymbol{B})=r(\boldsymbol{\alpha}_1,\boldsymbol{\alpha}_2,\boldsymbol{\alpha}_3,\boldsymbol{\alpha}_4)=3$.

（2）由 $r(\boldsymbol{B})=3$ ，知 $\boldsymbol{Bx}=\boldsymbol{0}$ 有 $5-3=2$ 个基础解．且由 $\boldsymbol{B}=(\boldsymbol{\alpha}_1+\boldsymbol{\alpha}_4,\boldsymbol{\alpha}_4,\boldsymbol{\alpha}_3,\boldsymbol{\alpha}_2,\boldsymbol{\alpha}_1)$ 得

$(\boldsymbol{\alpha}_1+\boldsymbol{\alpha}_4)-\boldsymbol{\alpha}_4+0\boldsymbol{\alpha}_3+0\boldsymbol{\alpha}_2-\boldsymbol{\alpha}_1=\boldsymbol{0}$ ，

由①式可得 $0(\boldsymbol{\alpha}_1+\boldsymbol{\alpha}_4)+2\boldsymbol{\alpha}_4-3\boldsymbol{\alpha}_3+0\boldsymbol{\alpha}_2+\boldsymbol{\alpha}_1=\boldsymbol{0}$ ，从而 $(1,-1,0,0,-1)^{\mathrm{T}}$ 与 $(0,2,-3,0,1)^{\mathrm{T}}$ 为 $\boldsymbol{Bx}=\boldsymbol{0}$ 的一个基础解系．

由②式可得 $\boldsymbol{Bx}=\boldsymbol{\beta}$ 的特解为 $(0,1,0,-1,1)^{\mathrm{T}}$ ，故通解为 $k_1(1,-1,0,0,-1)^{\mathrm{T}}+k_2(0,2,-3,0,1)^{\mathrm{T}}$ $+(0,1,0,-1,1)^{\mathrm{T}}$ ，其中 k_1,k_2 为任意常数．

三、解含参数的矩阵方程

例 1 （2013）设 $\boldsymbol{A}=\begin{pmatrix}1&a\\1&0\end{pmatrix},\boldsymbol{B}=\begin{pmatrix}0&1\\1&b\end{pmatrix}$ ，当 a,b 为何值时，存在矩阵 $\boldsymbol{C}$ ，使得 $\boldsymbol{AC}-\boldsymbol{CA}=\boldsymbol{B}$？并求所有的矩阵 $\boldsymbol{C}$ ．

解析 由已知 $\boldsymbol{AC}-\boldsymbol{CA}=\boldsymbol{B}$ ，可令 $\boldsymbol{C}=\begin{pmatrix}x_1&x_2\\x_3&x_4\end{pmatrix}$ ，故 $\begin{pmatrix}1&a\\1&0\end{pmatrix}\begin{pmatrix}x_1&x_2\\x_3&x_4\end{pmatrix}-\begin{pmatrix}x_1&x_2\\x_3&x_4\end{pmatrix}\begin{pmatrix}1&a\\1&0\end{pmatrix}=\begin{pmatrix}0&1\\1&b\end{pmatrix}$ ，

$\begin{pmatrix}-x_2+ax_3&-ax_1+x_2+ax_4\\x_1-x_3-x_4&x_2-ax_3\end{pmatrix}=\begin{pmatrix}0&1\\1&b\end{pmatrix}$ ，而 $\begin{cases}-x_2+ax_3=0\\-ax_1+x_2+ax_4=1\\x_1-x_3-x_4=1\\x_2-ax_3=b\end{cases}$ ，对增广矩阵（设为 $\overline{\boldsymbol{A}}$ ）作初等行变换，有

$$\left(\begin{array}{cccc|c}0&-1&a&0&0\\-a&1&0&a&1\\1&0&-1&-1&1\\0&1&-a&0&b\end{array}\right)\to\left(\begin{array}{cccc|c}1&0&-1&-1&1\\0&-1&a&0&0\\0&0&0&0&a+1\\0&0&0&0&b\end{array}\right).$$

当 $a\neq-1$ 或 $b\neq0$ 时，方程组无解．

当 $a=-1$ 且 $b=0$ 时，$\overline{\boldsymbol{A}}\to\left(\begin{array}{cccc|c}1&0&-1&-1&1\\0&1&1&0&0\\0&0&0&0&0\\0&0&0&0&0\end{array}\right)$ ，

方程组的通解为 $\boldsymbol{x}=\begin{pmatrix}x_1\\x_2\\x_3\\x_4\end{pmatrix}=\begin{pmatrix}1\\0\\0\\0\end{pmatrix}+k_1\begin{pmatrix}1\\-1\\1\\0\end{pmatrix}+k_2\begin{pmatrix}1\\0\\0\\1\end{pmatrix}=\begin{pmatrix}1+k_1+k_2\\-k_1\\k_1\\k_2\end{pmatrix}$.

故所求矩阵 $\boldsymbol{C}=\begin{pmatrix}x_1&x_2\\x_3&x_4\end{pmatrix}=\begin{pmatrix}1+k_1+k_2&-k_1\\k_1&k_2\end{pmatrix}$ ，其中 k_1,k_2 为任意常数．

例 2　(2018) 已知 a 是常数，矩阵 $\boldsymbol{A}=\begin{pmatrix}1&2&a\\1&3&0\\2&7&-a\end{pmatrix}$ 经过初等列变换化为矩阵 $\boldsymbol{B}=\begin{pmatrix}1&a&2\\0&1&1\\-1&1&1\end{pmatrix}$.

(1) 求 a 的值；(2) 求满足 $\boldsymbol{AP}=\boldsymbol{B}$ 的可逆矩阵 $\boldsymbol{P}$.

解析　依题设，可知 $\boldsymbol{A}$ 与 $\boldsymbol{B}$ 等价，故 $r(\boldsymbol{A})=r(\boldsymbol{B})$. 由于 $\boldsymbol{A}=\begin{pmatrix}1&2&a\\1&3&0\\2&7&-a\end{pmatrix}\to\begin{pmatrix}1&2&a\\1&3&0\\3&9&0\end{pmatrix}\to$

$\begin{pmatrix}1&2&a\\1&3&0\\0&0&0\end{pmatrix}\to\begin{pmatrix}1&2&a\\0&1&-a\\0&0&0\end{pmatrix}$，故对任意的 a，有 $r(\boldsymbol{A})=2$.

又因为 $\boldsymbol{B}=\begin{pmatrix}1&a&2\\0&1&1\\-1&1&1\end{pmatrix}\to\begin{pmatrix}1&a&2\\0&1&1\\0&1+a&3\end{pmatrix}\to\begin{pmatrix}1&a&2\\0&1&1\\0&0&2-a\end{pmatrix}$，所以 $a=2$.

(2) 满足 $\boldsymbol{AP}=\boldsymbol{B}$ 的 $\boldsymbol{P}$，就是 $\boldsymbol{Ax}=\boldsymbol{B}$ 的解.

$$(\boldsymbol{A}\vdots\boldsymbol{B})=\left(\begin{array}{ccc|ccc}1&2&2&1&2&2\\1&3&0&0&1&1\\2&7&-2&-1&1&1\end{array}\right)\to\left(\begin{array}{ccc|ccc}1&0&6&3&4&4\\0&1&-2&-1&-1&-1\\0&0&0&0&0&0\end{array}\right),$$

解得 $\boldsymbol{P}=\begin{pmatrix}3-6k_1&4-6k_2&4-6k_3\\-1+2k_1&-1+2k_2&-1+2k_3\\k_1&k_2&k_3\end{pmatrix}$.

由于 $|\boldsymbol{P}|=\begin{vmatrix}3-6k_1&4-6k_2&4-6k_3\\-1+2k_1&-1+2k_2&-1+2k_3\\k_1&k_2&k_3\end{vmatrix}=\begin{vmatrix}3&4&4\\-1&-1&-1\\k_1&k_2&k_3\end{vmatrix}=k_3-k_2$，故当 $k_2\neq k_3,k_1$ 为任意常数时，$\boldsymbol{P}$ 为所求可逆矩阵.

四、抽象方程组问题

例 1　设 $\boldsymbol{A}$ 是 n 阶矩阵，$\boldsymbol{\alpha}$ 是 n 维非 0 列向量，且秩 $r\begin{pmatrix}\boldsymbol{A}&\boldsymbol{\alpha}\\\boldsymbol{\alpha}^{\mathrm{T}}&\boldsymbol{O}\end{pmatrix}=r(\boldsymbol{A})$，则下列选项正确的是 (　　).

A. 方程组 $\boldsymbol{Ax}=\boldsymbol{\alpha}$ 必有无穷多个解

B. 方程组 $\boldsymbol{Ax}=\boldsymbol{\alpha}$ 必有唯一解

C. 方程组 $\begin{pmatrix}\boldsymbol{A}&\boldsymbol{\alpha}\\\boldsymbol{\alpha}^{\mathrm{T}}&\boldsymbol{O}\end{pmatrix}\begin{pmatrix}\boldsymbol{x}\\\boldsymbol{y}\end{pmatrix}=\boldsymbol{0}$ 只有 0 解

D. 方程组 $\begin{pmatrix}\boldsymbol{A}&\boldsymbol{\alpha}\\\boldsymbol{\alpha}^{\mathrm{T}}&\boldsymbol{O}\end{pmatrix}\begin{pmatrix}\boldsymbol{x}\\\boldsymbol{y}\end{pmatrix}=\boldsymbol{0}$ 必有非零解

解析　由已知，有 $r\begin{pmatrix}\boldsymbol{A}&\boldsymbol{\alpha}\\\boldsymbol{\alpha}^{\mathrm{T}}&\boldsymbol{O}\end{pmatrix}=r(\boldsymbol{A})\leqslant n<n+1$，故 D 正确.

对于 A,B，由 $r(\boldsymbol{A})\leqslant r(\boldsymbol{A},\boldsymbol{\alpha})\leqslant r\begin{pmatrix}\boldsymbol{A}&\boldsymbol{\alpha}\\\boldsymbol{\alpha}^{\mathrm{T}}&\boldsymbol{O}\end{pmatrix}=r(\boldsymbol{A})$，知 $r(\boldsymbol{A})=r(\boldsymbol{A},\boldsymbol{\alpha})$，所以 $\boldsymbol{Ax}=\boldsymbol{\alpha}$ 有解，但不能确定是有无穷多解还是只有唯一解.

例 2 设 4 维列向量组 $\boldsymbol{\alpha}_1,\boldsymbol{\alpha}_2,\boldsymbol{\alpha}_3,\boldsymbol{\alpha}_4$，且 $\boldsymbol{\alpha}_1,\boldsymbol{\alpha}_2,\boldsymbol{\alpha}_3$ 线性无关，$\boldsymbol{\alpha}_4=\boldsymbol{\alpha}_1+\boldsymbol{\alpha}_2+2\boldsymbol{\alpha}_3$，$\boldsymbol{B}=(\boldsymbol{\alpha}_1-\boldsymbol{\alpha}_2,\boldsymbol{\alpha}_2+\boldsymbol{\alpha}_3,-\boldsymbol{\alpha}_1+k\boldsymbol{\alpha}_2+\boldsymbol{\alpha}_3)$，方程组 $\boldsymbol{Bx}=\boldsymbol{\alpha}_4$ 有无穷多解.

（1）求 k 的值；

（2）求方程组的通解.

解析 （1）依题设：$\boldsymbol{B}=(\boldsymbol{\alpha}_1-\boldsymbol{\alpha}_2,\boldsymbol{\alpha}_2+\boldsymbol{\alpha}_3,-\boldsymbol{\alpha}_1+k\boldsymbol{\alpha}_2+\boldsymbol{\alpha}_3)=(\boldsymbol{\alpha}_1,\boldsymbol{\alpha}_2,\boldsymbol{\alpha}_3)\begin{pmatrix}1&0&-1\\-1&1&k\\0&1&1\end{pmatrix}$，由 $\boldsymbol{Bx}=\boldsymbol{\alpha}_4$ 有无穷多解，知 $r(B)<3$. 而 $\boldsymbol{\alpha}_1,\boldsymbol{\alpha}_2,\boldsymbol{\alpha}_3$ 线性无关，故 $r(\boldsymbol{B})=r\begin{pmatrix}1&0&-1\\-1&1&k\\0&1&1\end{pmatrix}<3$，从而

$\begin{vmatrix}1&0&-1\\-1&1&k\\0&1&1\end{vmatrix}=0$，得 $k=2$.

（2）由已知，得 $(\boldsymbol{\alpha}_1,\boldsymbol{\alpha}_2,\boldsymbol{\alpha}_3)\begin{pmatrix}1&0&-1\\-1&1&2\\0&1&1\end{pmatrix}\cdot\boldsymbol{x}=(\boldsymbol{\alpha}_1,\boldsymbol{\alpha}_2,\boldsymbol{\alpha}_3)\begin{pmatrix}1\\1\\2\end{pmatrix}$，又由 $\boldsymbol{\alpha}_1,\boldsymbol{\alpha}_2,\boldsymbol{\alpha}_3$ 线性无关，知

$\begin{pmatrix}1&0&-1\\-1&1&2\\0&1&1\end{pmatrix}\boldsymbol{x}=\begin{pmatrix}1\\1\\2\end{pmatrix}$，解此非齐次线性方程组，得通解为 $(1,2,0)+k_1(1,-1,1)^{\mathrm{T}}$，$k_1$ 为任意常数.

例 3 设 3 阶矩阵 $A=(\boldsymbol{\alpha}_1,\boldsymbol{\alpha}_2,\boldsymbol{\alpha}_3)$ 有 3 个不同的特征值，且 $\boldsymbol{\alpha}_3=\boldsymbol{\alpha}_1+2\boldsymbol{\alpha}_2$.

（1）证明：$r(\boldsymbol{A})=2$；

（2）若 $\boldsymbol{\beta}=\boldsymbol{\alpha}_1+\boldsymbol{\alpha}_2+\boldsymbol{\alpha}_3$，求方程组 $\boldsymbol{Ax}=\boldsymbol{\beta}$ 的通解.

解析 （1）由 $\boldsymbol{A}$ 有 3 个不同的特征值，知 $\boldsymbol{A}\sim\boldsymbol{\Lambda}$（对角矩阵）.

由 $\boldsymbol{\alpha}_3=\boldsymbol{\alpha}_1+2\boldsymbol{\alpha}_2$，知 $\boldsymbol{\alpha}_1,\boldsymbol{\alpha}_2,\boldsymbol{\alpha}_3$ 线性相关，故 $|\boldsymbol{A}|=0$，从而 $\boldsymbol{A}$ 有特征值 $\lambda_3=0$. 设 $\boldsymbol{A}$ 的另外两个特征值分别为 λ_1,λ_2（均不为 0），则 $\boldsymbol{A}\sim\boldsymbol{\Lambda}=\begin{pmatrix}\lambda_1&&\\&\lambda_2&\\&&\lambda_3\end{pmatrix}$，即 $r(\boldsymbol{A})=r(\boldsymbol{\Lambda})=2$.

（2）由 $\boldsymbol{\alpha}_3=\boldsymbol{\alpha}_1+2\boldsymbol{\alpha}_2$，即 $\boldsymbol{\alpha}_1+2\boldsymbol{\alpha}_2-\boldsymbol{\alpha}_3=(\boldsymbol{\alpha}_1,\boldsymbol{\alpha}_2,\boldsymbol{\alpha}_3)\begin{pmatrix}1\\2\\-1\end{pmatrix}=\boldsymbol{0}$，可知 $(1,2,-1)^{\mathrm{T}}$ 是 $\boldsymbol{Ax}=\boldsymbol{0}$ 的一个基础解系.

又由 $(\boldsymbol{\alpha}_1,\boldsymbol{\alpha}_2,\boldsymbol{\alpha}_3)\begin{pmatrix}1\\1\\1\end{pmatrix}=\boldsymbol{\alpha}_1+\boldsymbol{\alpha}_2+\boldsymbol{\alpha}_3=\boldsymbol{\beta}$，知 $(1,1,1)^{\mathrm{T}}$ 是 $\boldsymbol{Ax}=\boldsymbol{\beta}$ 的解，故 $\boldsymbol{Ax}=\boldsymbol{\beta}$ 的通解为 $k(1,2,-1)^{\mathrm{T}}+(1,1,1)^{\mathrm{T}}$，其中 k 为任意常数.

例 4 设 4 阶方阵 $\boldsymbol{A}=\left(\boldsymbol{\alpha}_1,\boldsymbol{\alpha}_2,\boldsymbol{\alpha}_3,\boldsymbol{\alpha}_4\right)$，方程组 $\boldsymbol{Ax}=\boldsymbol{\beta}$ 的通解为 $k(1,-2,4,0)^{\mathrm{T}}+(1,2,2,1)^{\mathrm{T}}$，其中 k 为任意常数 . 若记 $\boldsymbol{B}=\left(\boldsymbol{\alpha}_3,\boldsymbol{\alpha}_2,\boldsymbol{\alpha}_1,\boldsymbol{\beta}-\boldsymbol{\alpha}_4\right)$，求方程组 $\boldsymbol{Bx}=\boldsymbol{\alpha}_1-\boldsymbol{\alpha}_2$ 的通解 .

解析 先定秩：由于 $\boldsymbol{Ax}=\boldsymbol{0}$ 的基础解系中只有 1 个向量，所以 $n-r(\boldsymbol{A})=1$，即 $r(\boldsymbol{A})=3$.
再由 $\boldsymbol{Ax}=\boldsymbol{\beta}$ 的通解为 $k(1,-2,4,0)^{\mathrm{T}}+(1,2,2,1)^{\mathrm{T}}$ 可以看出：$\boldsymbol{\xi}=(1,-2,4,0)^{\mathrm{T}}$ 是 $\boldsymbol{Ax}=\boldsymbol{0}$ 的解，即 $\boldsymbol{\alpha}_1-2\boldsymbol{\alpha}_2+4\boldsymbol{\alpha}_3=\boldsymbol{0}$；（从这里能看出 $r\left(\boldsymbol{\alpha}_1,\boldsymbol{\alpha}_2,\boldsymbol{\alpha}_3\right)\leqslant 2$）$\boldsymbol{\eta}=(1,2,2,1)^{\mathrm{T}}$ 是 $\boldsymbol{Ax}=\boldsymbol{\beta}$ 的解，即 $\boldsymbol{\alpha}_1+2\boldsymbol{\alpha}_2+2\boldsymbol{\alpha}_3+\boldsymbol{\alpha}_4=\boldsymbol{\beta}$.

故 $r(\boldsymbol{B})=r\left(\boldsymbol{\alpha}_3,\boldsymbol{\alpha}_2,\boldsymbol{\alpha}_1,\boldsymbol{\beta}-\boldsymbol{\alpha}_4\right)=r\left(\boldsymbol{\alpha}_3,\boldsymbol{\alpha}_2,\boldsymbol{\alpha}_1,\boldsymbol{\alpha}_1+2\boldsymbol{\alpha}_2+2\boldsymbol{\alpha}_3\right)=r\left(\boldsymbol{\alpha}_3,\boldsymbol{\alpha}_2,\boldsymbol{\alpha}_1\right)\leqslant 2$. 又 $r(\boldsymbol{A})=r\left(\boldsymbol{\alpha}_1,\boldsymbol{\alpha}_2,\boldsymbol{\alpha}_3,\boldsymbol{\alpha}_4\right)=3$，所以必有 $r\left(\boldsymbol{\alpha}_1,\boldsymbol{\alpha}_2,\boldsymbol{\alpha}_3\right)=2$，即 $r(\boldsymbol{B})=2$，故 $\boldsymbol{Bx}=\boldsymbol{0}$ 基础解系中有 2 个向量 . 为此，接下来开始寻找 $\boldsymbol{Bx}=\boldsymbol{0}$ 的两个线性无关解 .
由于 $\boldsymbol{\alpha}_1-2\boldsymbol{\alpha}_2+4\boldsymbol{\alpha}_3=\boldsymbol{0}$，且 $\boldsymbol{B}=\left(\boldsymbol{\alpha}_3,\boldsymbol{\alpha}_2,\boldsymbol{\alpha}_1,\boldsymbol{\beta}-\boldsymbol{\alpha}_4\right)$，故 $\boldsymbol{Bx}=\boldsymbol{0}$ 的一个解是 $\boldsymbol{\xi}_1=(4,-2,1,0)^{\mathrm{T}}$.
由于 $\boldsymbol{\alpha}_1+2\boldsymbol{\alpha}_2+2\boldsymbol{\alpha}_3+\boldsymbol{\alpha}_4=\boldsymbol{\beta}$，故 $\boldsymbol{B}=\left(\boldsymbol{\alpha}_3,\boldsymbol{\alpha}_2,\boldsymbol{\alpha}_1,\boldsymbol{\alpha}_1+2\boldsymbol{\alpha}_2+2\boldsymbol{\alpha}_3\right)$，则 $\boldsymbol{Bx}=\boldsymbol{0}$ 的一个解是 $\boldsymbol{\xi}_2=(2,2,1,-1)^{\mathrm{T}}$.
显然，$\boldsymbol{\xi}_1,\boldsymbol{\xi}_2$ 线性无关，故 $\boldsymbol{Bx}=\boldsymbol{0}$ 的通解是 $k_1\boldsymbol{\xi}_1+k_2\boldsymbol{\xi}_2=k_1(4,-2,1,0)^{\mathrm{T}}+k_2(2,2,1,-1)^{\mathrm{T}}$，其中 k_1,k_2 为任意常数 .
再找出 $\boldsymbol{Bx}=\boldsymbol{\alpha}_1-\boldsymbol{\alpha}_2$ 的一个特解即可 . 由于 $\boldsymbol{B}=\left(\boldsymbol{\alpha}_3,\boldsymbol{\alpha}_2,\boldsymbol{\alpha}_1,\boldsymbol{\beta}-\boldsymbol{\alpha}_4\right)$，故 $\boldsymbol{\eta}^*=(0,-1,1,0)^{\mathrm{T}}$ 为 $\boldsymbol{Bx}=\boldsymbol{\alpha}_1-\boldsymbol{\alpha}_2$ 的一个特解 .
综上，$\boldsymbol{Bx}=\boldsymbol{\alpha}_1-\boldsymbol{\alpha}_2$ 的通解为 $k_1\boldsymbol{\xi}_1+k_2\boldsymbol{\xi}_2+\boldsymbol{\eta}^*=k_1(4,-2,1,0)^{\mathrm{T}}+k_2(2,2,1,-1)^{\mathrm{T}}+(0,-1,1,0)^{\mathrm{T}}$.

五、公共解问题

公共解的解法一般分以下三种情形：

（1）若 $\boldsymbol{Ax}=\boldsymbol{0}$ 和 $\boldsymbol{Bx}=\boldsymbol{0}$ 都已具体给出，则直接联立，求解 $\begin{pmatrix}\boldsymbol{A}\\\boldsymbol{B}\end{pmatrix}\boldsymbol{x}=\boldsymbol{0}$ 即可得到公共解 .

（2）若 $\boldsymbol{Ax}=\boldsymbol{0}$ 具体给出，但 $\boldsymbol{Bx}=\boldsymbol{0}$ 只给出基础解系 $\boldsymbol{\xi}_1,\cdots,\boldsymbol{\xi}_s$ 或通解 $k_1\boldsymbol{\xi}_1+\cdots+k_s\boldsymbol{\xi}_s$（$k_i$ 为任意常数），则此时只需将 $\boldsymbol{Bx}=\boldsymbol{0}$ 的通解代入 $\boldsymbol{Ax}=\boldsymbol{0}$，求出 $k_1,\cdots,k_s$ 需要满足的条件，再将这些条件代回 $\boldsymbol{Bx}=\boldsymbol{0}$ 的通解中化简，即可得到 $\boldsymbol{Ax}=\boldsymbol{0}$ 和 $\boldsymbol{Bx}=\boldsymbol{0}$ 的公共解 .

（3）若 $\boldsymbol{Ax}=\boldsymbol{0}$ 和 $\boldsymbol{Bx}=\boldsymbol{0}$ 给出的均是基础解系或通解，如 $\boldsymbol{\alpha}_1,\boldsymbol{\alpha}_2$ 是 $\boldsymbol{Ax}=\boldsymbol{0}$ 的基础解系，$\boldsymbol{\beta}_1,\boldsymbol{\beta}_2$ 是 $\boldsymbol{Bx}=\boldsymbol{0}$ 的基础解系，则此时只需直接令二者的通解相等，解出任意常数需要满足的条件，再将这些条件代回任意一个通解中，即可得到 $\boldsymbol{Ax}=\boldsymbol{0}$ 和 $\boldsymbol{Bx}=\boldsymbol{0}$ 的公共解 .

例 1 设方程组 (I) $\begin{cases}x_1-x_2+3x_3-2x_4=0,\\x_1+x_2-x_3-6x_4=0\end{cases}$ 与方程组 (II) $\begin{cases}3x_1+ax_2+x_3-2x_4=0,\\2x_2-5x_3+(a-1)x_4=0,\\x_1-x_2+2x_3=0\end{cases}$ 有非零公共解，求 a 的值及所有公共解 .

解析 对联立方程组$\begin{cases}(\mathrm{I}),\\(\mathrm{II})\end{cases}$所得的新方程组的系数矩阵$\boldsymbol{A}$作初等行变换，有：

$$\boldsymbol{A}=\begin{pmatrix}1&-1&3&-2\\1&1&-1&-6\\3&a&1&-2\\0&2&-5&a-1\\1&-1&2&0\end{pmatrix}\to\begin{pmatrix}1&-1&3&-2\\0&1&-2&-2\\0&0&-1&2\\0&0&0&a+1\\0&0&0&0\end{pmatrix}.$$

由方程组 (I) 与方程组 (II) 有非零公共解，知$\begin{cases}(\mathrm{I}),\\(\mathrm{II})\end{cases}$有非零解，故$r(\boldsymbol{A})<4$，得$a=-1$，可求得当$a=-1$时，$\begin{cases}(\mathrm{I}),\\(\mathrm{II})\end{cases}$的一个基础解系为$\boldsymbol{\eta}=(2,6,2,1)^{\mathrm{T}}$，所以方程组 (I) 与方程组 (II) 的所有公共解为$k\boldsymbol{\eta}$，其中k为任意常数．

例 2 设方程组 (I)$\begin{cases}2x_1+3x_2-x_3=0,\\x_1+2x_2+x_3-x_4=0,\end{cases}$，另一个四元齐次线性方程组 (II) 的一个基础解系为$\boldsymbol{\alpha}_1=(2,-1,a+2,1)^{\mathrm{T}}$，$\boldsymbol{\alpha}_2=(-1,2,4,a+8)^{\mathrm{T}}$．

（1）求方程组 (I) 的一个基础解系；

（2）当a为何值时，方程组 (I) 与方程组 (II) 有非零公共解？并求出全部非零公共解．

解析 （1）对方程组 (I) 的系数矩阵A作初等行变换，有$\boldsymbol{A}=\begin{pmatrix}2&3&-1&0\\1&2&1&-1\end{pmatrix}\to\begin{pmatrix}1&0&-5&3\\0&1&3&-2\end{pmatrix}$，

可求得方程组 (I) 的一个基础解系为$\boldsymbol{\beta}_1=(5,-3,1,0)^{\mathrm{T}},\boldsymbol{\beta}_2=(-3,2,0,1)^{\mathrm{T}}$．

（2）法一：由于方程组 (II) 的通解为：

$\boldsymbol{X}=k_1\boldsymbol{\alpha}_1+k_2\boldsymbol{\alpha}_2=\left[2k_1-k_2,-k_1+2k_2,(a+2)k_1+4k_2,k_1+(a+8)k_2\right]^{\mathrm{T}}$，代入方程组

(I)$\begin{cases}2x_1+3x_2-x_3=0\\x_1+2x_2+x_3-x_4=0\end{cases}$中，有$\begin{cases}(a+1)k_1=0\\(a+1)k_1-(a+1)k_2=0\end{cases}$，因此当$a=-1$时方程组有非零解，且此时系数矩阵为$\boldsymbol{O}$，所有的不全为 0 的$k_1,k_2$均满足方程组，故$(II)$中所有的非零的解均满足$(I)$，其全部解为$\boldsymbol{X}=k_1\boldsymbol{\alpha}_1+k_2\boldsymbol{\alpha}_2=(2k_1-k_2,-k_1+2k_2,k_1+4k_2,k_1+7k_2)^{\mathrm{T}}$，$k_1,k_2$不全为 0．

法二：令$\boldsymbol{\gamma}$是方程组 (I) 与方程组 (II) 的一个非零公共解，则$\boldsymbol{\gamma}=k_1\boldsymbol{\beta}_1+k_2\boldsymbol{\beta}_2=l_1\boldsymbol{\alpha}_1+l_2\boldsymbol{\alpha}_2$（$k_1,k_2$不全为 0，$l_1,l_2$不全为 0），即$k_1\boldsymbol{\beta}_1+k_2\boldsymbol{\beta}_2-l_1\boldsymbol{\alpha}_1-l_2\boldsymbol{\alpha}_2=\boldsymbol{0}$．

将$\boldsymbol{\beta}_1,\boldsymbol{\beta}_2,\boldsymbol{\alpha}_1,\boldsymbol{\alpha}_2$代入上式，得方程组 (III)$\begin{cases}5k_1-3k_2-2l_1+l_2=0,\\-3k_1+2k_2+l_1-2l_2=0,\\k_1-(a+2)l_1-4l_2=0,\\k_2-l_1-(a+8)l_2=0,\end{cases}$，且方程组 (III) 有非零解．对系

数矩阵 $\boldsymbol{B}$ 作初等行变换，有 $\boldsymbol{B}=\begin{pmatrix}5&-3&-2&1\\-3&2&1&-2\\1&0&-a-2&-4\\0&1&-1&-a-8\end{pmatrix}\to\begin{pmatrix}1&0&-a-2&-4\\0&1&-1&-a-8\\0&0&-3a-3&2a+2\\0&0&5a+5&-3a-3\end{pmatrix}$

$$\to\begin{pmatrix}1&0&-a-2&-4\\0&1&-1&-a-8\\0&0&-3(a+1)&2(a+1)\\0&0&5(a+1)&-3(a+1)\end{pmatrix}\to\begin{pmatrix}1&0&-a-2&-4\\0&1&-1&-a-8\\0&0&-3(a+1)&2(a+1)\\0&0&0&\frac{1}{3}(a+1)\end{pmatrix}.$$

当 $a=-1$ 时，$r(\boldsymbol{B})<4$，方程组 (III) 有非零解，且 $\boldsymbol{B}\to\begin{pmatrix}1&0&-1&-4\\0&1&-1&-7\\0&0&0&0\\0&0&0&0\end{pmatrix}$，解得其所有非零解为

$$\begin{pmatrix}k_1\\k_2\\l_1\\l_2\end{pmatrix}=c_1\begin{pmatrix}1\\1\\1\\0\end{pmatrix}+c_2\begin{pmatrix}4\\7\\0\\1\end{pmatrix}=\begin{pmatrix}c_1+4c_2\\c_1+7c_2\\c_1\\c_2\end{pmatrix}$$，其中 c_1,c_2 为不全为 0 的任意常数 .

$$\boldsymbol{\gamma}=k_1\boldsymbol{\beta}_1+k_2\boldsymbol{\beta}_2=l_1\boldsymbol{\alpha}_1+l_2\boldsymbol{\alpha}_2=c_1\begin{pmatrix}2\\-1\\1\\1\end{pmatrix}+c_2\begin{pmatrix}-1\\2\\4\\7\end{pmatrix}.$$

法三：由于方程组 (II) 的系数矩阵行向量与基础解系

$\boldsymbol{\alpha}_1=(2,-1,a+2,1)^{\mathrm{T}}$，$\boldsymbol{\alpha}_2=(-1,2,4,a+8)^{\mathrm{T}}$ 相互正交 . 设 (II) 的系数矩阵为 $\boldsymbol{A}$，则 $\boldsymbol{A}(\boldsymbol{\alpha}_1,\boldsymbol{\alpha}_2)=\boldsymbol{O}$.

取转置，得 $\begin{pmatrix}\boldsymbol{\alpha}_1^{\mathrm{T}}\\\boldsymbol{\alpha}_2^{\mathrm{T}}\end{pmatrix}\boldsymbol{A}^{\mathrm{T}}=\boldsymbol{O}$，故 $\boldsymbol{A}^{\mathrm{T}}$ 的列向量均是齐次线性方程组 $\begin{pmatrix}\boldsymbol{\alpha}_1^{\mathrm{T}}\\\boldsymbol{\alpha}_2^{\mathrm{T}}\end{pmatrix}\boldsymbol{x}=\boldsymbol{0}$ 的解向量，求解齐次线性方程组 $\begin{pmatrix}\boldsymbol{\alpha}_1^{\mathrm{T}}\\\boldsymbol{\alpha}_2^{\mathrm{T}}\end{pmatrix}\boldsymbol{x}=\boldsymbol{0}$.

由 $\begin{pmatrix}\boldsymbol{\alpha}_1^{\mathrm{T}}\\\boldsymbol{\alpha}_2^{\mathrm{T}}\end{pmatrix}=\begin{pmatrix}2&-1&a+2&1\\-1&2&4&a+8\end{pmatrix}\to\begin{pmatrix}-1&2&4&a+8\\0&3&a+10&2a+17\end{pmatrix}\to\begin{pmatrix}1&0&\frac{2a+8}{3}&\frac{a+10}{3}\\0&1&\frac{a+10}{3}&\frac{2a+17}{3}\end{pmatrix}$，

得一个基础解系为 $\boldsymbol{\xi}_1=(2a+8,a+10,-3,0)^{\mathrm{T}},\boldsymbol{\xi}_2=(a+10,2a+17,0,-3)^{\mathrm{T}}$.

由四元齐次线性方程组的基础解系有 2 个向量，知 $r(\boldsymbol{A})=2\Rightarrow r(\boldsymbol{A}^{\mathrm{T}})=2$，故

$\boldsymbol{A}=\begin{pmatrix}2a+8&a+10&-3&0\\a+10&2a+17&0&-3\end{pmatrix}$（注意：方程组 (II) 的系数矩阵不一定就是我们取的这个 $\boldsymbol{A}$，但是我们得到的 $\boldsymbol{Ax}=\boldsymbol{0}$ 一定与 (II) 同解）.

从而联立方程组 (I) 与 $\boldsymbol{Ax}=\mathbf{0}$，得到新方程组 (III) 的系数矩阵为

$$\begin{pmatrix}1&2&1&-1\\2&3&-1&0\\2a+8&a+10&-3&0\\a+10&2a+17&0&-3\end{pmatrix}\to\begin{pmatrix}1&2&1&-1\\0&-1&-3&2\\0&-3a-6&-2a-11&2a+8\\0&-3&-a-10&a+7\end{pmatrix}\to$$

$$\begin{pmatrix}1&2&1&-1\\0&-1&-3&2\\0&0&7(a+1)&-4(a+1)\\0&0&-(a+1)&(a+1)\end{pmatrix}\to\begin{pmatrix}1&2&1&-1\\0&-1&-3&2\\0&0&-(a+1)&(a+1)\\0&0&0&(a+1)\end{pmatrix},$$

从而可知，当 $a=-1$ 时，有方程组 (III) 有非零解，此时 (III) 系数矩阵 $\to\begin{pmatrix}1&2&1&-1\\0&-1&-3&2\\0&0&0&0\\0&0&0&0\end{pmatrix}$

$\to\begin{pmatrix}1&0&-5&3\\0&1&3&-2\\0&0&0&0\\0&0&0&0\end{pmatrix}$，与 (I) 同解；

因此所有的非 0 公共解为 $\boldsymbol{X}=k_1\boldsymbol{\beta}_1+k_2\boldsymbol{\beta}_2=(5k_1-3k_2,-3k_1+2k_2,k_1,k_2)^{\mathrm{T}}$，且 k_1,k_2 不同时为 0．

【注】可以验证，当 $a=-1$ 时，方程组 (I) 与 (II) 是同解方程（基础解系等价，或者系数矩阵的行向量组等价）．

例 3　设齐次方程组 $\boldsymbol{Ax}=\mathbf{0}$ 有基础解系 $\boldsymbol{\alpha}_1=(1,1,2,1)^{\mathrm{T}},\boldsymbol{\alpha}_2=(0,-3,1,0)^{\mathrm{T}}$，且 $\boldsymbol{Bx}=\mathbf{0}$ 的基础解系为 $\boldsymbol{\beta}_1=(1,3,0,2)^{\mathrm{T}}$，$\boldsymbol{\beta}_2=(1,2,-1,a)^{\mathrm{T}}$．若 $\boldsymbol{Ax}=\mathbf{0}$ 和 $\boldsymbol{Bx}=\mathbf{0}$ 没有非零公共解，则 a 需要满足什么条件？

解析　令 $k_1\boldsymbol{\alpha}_1+k_2\boldsymbol{\alpha}_2=l_1\boldsymbol{\beta}_1+l_2\boldsymbol{\beta}_2$，即 $k_1(1,1,2,1)^{\mathrm{T}}+k_2(0,-3,1,0)^{\mathrm{T}}=l_1(1,3,0,2)^{\mathrm{T}}+l_2(1,2,-1,a)^{\mathrm{T}}$．

即 $\begin{cases}k_1=l_1+l_2\\k_1-3k_2=3l_1+2l_2\\2k_1+k_2=-l_2\\k_1=2l_1+al_2\end{cases}$，整理为方程组 $\begin{cases}k_1-l_1-l_2=0\\k_1-3k_2-3l_1-2l_2=0\\2k_1+k_2+l_2=0\\k_1-2l_1-al_2=0\end{cases}$．

由于 $\boldsymbol{Ax}=\mathbf{0}$ 和 $\boldsymbol{Bx}=\mathbf{0}$ 没有非零公共解，所以上述以 k_1,k_2,l_1,l_2 为未知数的方程只有零解．

$$D=\begin{vmatrix}1&0&-1&-1\\1&-3&-3&-2\\2&1&0&1\\1&0&-2&-a\end{vmatrix}=\begin{vmatrix}1&0&-1&-1\\0&-3&-2&-1\\0&1&2&3\\0&0&-1&1-a\end{vmatrix}=\begin{vmatrix}1&0&-1&-1\\0&1&2&3\\0&3&2&1\\0&0&-1&1-a\end{vmatrix}=\begin{vmatrix}1&0&-1&-1\\0&1&2&3\\0&0&-4&-8\\0&0&-1&1-a\end{vmatrix}$$

$$=\begin{vmatrix}1&0&-1&-1\\0&1&2&3\\0&0&0&4a-12\\0&0&-1&1-a\end{vmatrix}=4\begin{vmatrix}1&0&-1&-1\\0&1&2&3\\0&0&1&a-1\\0&0&0&a-3\end{vmatrix}=4(a-3).$$

故当 $a \neq 3$ 时，方程组 $\begin{cases} k_1 - l_1 - l_2 = 0 \\ k_1 - 3k_2 - 3l_1 - 2l_2 = 0 \\ 2k_1 + k_2 + l_2 = 0 \\ k_1 - 2l_1 - al_2 = 0 \end{cases}$ 只有零解，即 $\boldsymbol{Ax}=\boldsymbol{0}$ 和 $\boldsymbol{Bx}=\boldsymbol{0}$ 没有非零公共解.

六、同解问题

齐次方程组的同解：

（1）$\boldsymbol{Ax}=\boldsymbol{0}$ 和 $\boldsymbol{Bx}=\boldsymbol{0}$ 同解 $\Leftrightarrow$ $\boldsymbol{Ax}=\boldsymbol{0}$ 和 $\boldsymbol{Bx}=\boldsymbol{0}$ 有等价的基础解系.

（2）$\boldsymbol{Ax}=\boldsymbol{0}$ 和 $\boldsymbol{Bx}=\boldsymbol{0}$ 同解 $\Rightarrow n-r(\boldsymbol{A})=n-r(\boldsymbol{B}) \Leftrightarrow r(\boldsymbol{A})=r(\boldsymbol{B})$.（秩相同只是同解的必要条件）

（3）$\boldsymbol{Ax}=\boldsymbol{0}$ 的解都是 $\boldsymbol{Bx}=\boldsymbol{0}$ 的解 $\Leftrightarrow$ $\boldsymbol{Ax}=\boldsymbol{0}$ 和 $\begin{cases}\boldsymbol{Ax}=\boldsymbol{0}\\ \boldsymbol{Bx}=\boldsymbol{0}\end{cases}$ 同解 $\Leftrightarrow r(\boldsymbol{A})=r\begin{pmatrix}\boldsymbol{A}\\ \boldsymbol{B}\end{pmatrix}$，故 $r(\boldsymbol{A})\geqslant r(\boldsymbol{B})$.

（4）$\boldsymbol{Ax}=\boldsymbol{0}$ 和 $\boldsymbol{Bx}=\boldsymbol{0}$ 同解 $\Leftrightarrow r(\boldsymbol{A})=r(\boldsymbol{B})=r\begin{pmatrix}\boldsymbol{A}\\ \boldsymbol{B}\end{pmatrix}$.

（5）若 $\boldsymbol{Ax}=\boldsymbol{0}$ 的解都是 $\boldsymbol{Bx}=\boldsymbol{0}$ 的解，且 $r(\boldsymbol{A})=r(\boldsymbol{B})$，则 $\boldsymbol{Ax}=\boldsymbol{0}$ 和 $\boldsymbol{Bx}=\boldsymbol{0}$ 同解.

非齐次方程组的同解：

（1）$\boldsymbol{Ax}=\boldsymbol{\alpha}$ 与 $\boldsymbol{Bx}=\boldsymbol{\beta}$ 同解 $\Leftrightarrow (\boldsymbol{A},\boldsymbol{\alpha})$ 与 $(\boldsymbol{B},\boldsymbol{\beta})$ 行向量组等价；

（2）$\boldsymbol{Ax}=\boldsymbol{\alpha}$ 与 $\boldsymbol{Bx}=\boldsymbol{\beta}$ 同解 $\Leftrightarrow r(\boldsymbol{A},\boldsymbol{\alpha})=r(\boldsymbol{B},\boldsymbol{\beta})=r\begin{pmatrix}\boldsymbol{A},\boldsymbol{\alpha}\\ \boldsymbol{B},\boldsymbol{\beta}\end{pmatrix}$；

（3）$\boldsymbol{Ax}=\boldsymbol{\alpha}$ 与 $\boldsymbol{Bx}=\boldsymbol{\beta}$ 同解 $\Rightarrow r(\boldsymbol{A},\boldsymbol{\alpha})=r(\boldsymbol{B},\boldsymbol{\beta})$.

常考题型：确定未知参数，使 $\boldsymbol{Ax}=\boldsymbol{\alpha}$ 与 $\boldsymbol{Bx}=\boldsymbol{\beta}$ 同解.

（法一）由 $\boldsymbol{Ax}=\boldsymbol{\alpha}$ 与 $\boldsymbol{Bx}=\boldsymbol{\beta}$ 同解 $\Leftrightarrow (\boldsymbol{A},\boldsymbol{\alpha})$ 与 $(\boldsymbol{B},\boldsymbol{\beta})$ 行等价.

验证 $r(\boldsymbol{A},\boldsymbol{\alpha})=r(\boldsymbol{B},\boldsymbol{\beta})=r\begin{pmatrix}\boldsymbol{A},\boldsymbol{\alpha}\\ \boldsymbol{B},\boldsymbol{\beta}\end{pmatrix}$；

（法二）先求 $\boldsymbol{Ax}=\boldsymbol{\alpha}$ 的通解，再将通解代入 $\boldsymbol{Bx}=\boldsymbol{\beta}$，确定可能的参数值.（此时 $\boldsymbol{Ax}=\boldsymbol{\alpha}$ 的解都是 $\boldsymbol{Bx}=\boldsymbol{\beta}$ 的解）最后检验参数，确保 $\boldsymbol{Ax}=\boldsymbol{\alpha}$ 与 $\boldsymbol{Bx}=\boldsymbol{\beta}$ 同解（最简单的检验方法：将参数代回，求 $r(\boldsymbol{B},\boldsymbol{\beta})$. 若 $r(\boldsymbol{A},\boldsymbol{\alpha})=r(\boldsymbol{B},\boldsymbol{\beta})$，则 $\boldsymbol{Ax}=\boldsymbol{\alpha}$ 与 $\boldsymbol{Bx}=\boldsymbol{\beta}$ 同解. 若 $r(\boldsymbol{A},\boldsymbol{\alpha})\neq r(\boldsymbol{B},\boldsymbol{\beta})$，则 $\boldsymbol{Ax}=\boldsymbol{\alpha}$ 与 $\boldsymbol{Bx}=\boldsymbol{\beta}$ 不同解.

例 1 （2005）已知方程组 (I) $\begin{cases} x_1+2x_2+3x_3=0 \\ 2x_1+3x_2+5x_3=0 \\ x_1+x_2+ax_3=0 \end{cases}$ 与方程组 (II) $\begin{cases} x_1+bx_2+cx_3=0 \\ 2x_1+b^2x_2+(c+1)x_3=0 \end{cases}$ 同解，求 a,b,c 的值.

解析 设方程组 (I) 的系数矩阵为 $\boldsymbol{A}$，(II) 的系数矩阵为 $\boldsymbol{B}$，方程组 (I) 与方程组 (II) 同解，则 $3-r(\boldsymbol{A})=3-r(\boldsymbol{B})$，故 $r(\boldsymbol{A})=r(\boldsymbol{B})$. 依题设，可知 $r(\boldsymbol{B})\leqslant 2$，故 $r(\boldsymbol{A})=r(\boldsymbol{B})\leqslant 2$.

对 $\boldsymbol{A}$ 作初等行变换，有 $\boldsymbol{A}=\begin{pmatrix}1&2&3\\2&3&5\\1&1&a\end{pmatrix}\to\begin{pmatrix}1&0&1\\0&1&1\\0&0&a-2\end{pmatrix}$.

由 $r(\boldsymbol{A})\leqslant 2$，得 $a=2$，故 $\boldsymbol{A}\to\begin{pmatrix}1&0&1\\0&1&1\\0&0&0\end{pmatrix}$，可求得一个基础解系为 $(-1,-1,1)^{\mathrm{T}}$.

将 $x_1=-1,x_2=-1,x_3=1$ 代入方程组 (II)，得 $\begin{cases}-b+c-1=0,\\-b^2+c-1=0.\end{cases}$

解得 $b=1,c=2$ 或 $b=0,c=1$.

当 $b=1,c=2$ 时，对 $\boldsymbol{B}$ 作初等行变换，有 $\boldsymbol{B}=\begin{pmatrix}1&1&2\\2&1&3\end{pmatrix}\to\begin{pmatrix}1&0&1\\0&1&1\end{pmatrix}$，

故方程组 (I) 与方程组 (II) 同解.

当 $b=0,c=1$ 时，对 $\boldsymbol{B}$ 作初等行变换，有 $\boldsymbol{B}=\begin{pmatrix}1&0&1\\2&0&2\end{pmatrix}\to\begin{pmatrix}1&0&1\\0&0&0\end{pmatrix}$，

即方程组 (I) 与方程组 (II) 不同解.

综上所述，当 $a=2,b=1,c=2$ 时，方程组 (I) 与方程组 (II) 同解.

例 2　设有齐次线性方程组 $\boldsymbol{Ax}=\boldsymbol{0}$ 和 $\boldsymbol{Bx}=\boldsymbol{0}$，其中 $\boldsymbol{A},\boldsymbol{B}$ 均为 $m\times n$ 实矩阵，判断以下命题正确的是（　　）.

①若 $\boldsymbol{Ax}=\boldsymbol{0}$ 的解均为 $\boldsymbol{Bx}=\boldsymbol{0}$ 的解，且 $\boldsymbol{B}$ 行向量组线性无关，则 $\boldsymbol{A}$ 的行向量组也线性无关；

②若 $r(\boldsymbol{A})=r(\boldsymbol{B})$，则 $\boldsymbol{Ax}=\boldsymbol{0}$ 与 $\boldsymbol{Bx}=\boldsymbol{0}$ 同解；

③若 $r(\boldsymbol{A})=r(\boldsymbol{B})$，且 $\boldsymbol{Ax}=\boldsymbol{0}$ 的解均为 $\boldsymbol{Bx}=\boldsymbol{0}$ 的解，则 $\boldsymbol{A}^{\mathrm{T}}\boldsymbol{Bx}=\boldsymbol{0}$ 与 $\boldsymbol{Bx}=\boldsymbol{0}$ 同解.

④若 $\boldsymbol{Ax}=\boldsymbol{0}$ 的基础解系可由 $\boldsymbol{Bx}=\boldsymbol{0}$ 的基础解系线性表示，则 $\begin{pmatrix}\boldsymbol{A}^{\mathrm{T}}\boldsymbol{A}\\\boldsymbol{B}^{\mathrm{T}}\boldsymbol{B}\end{pmatrix}\boldsymbol{x}=\boldsymbol{0}$ 与 $\boldsymbol{Ax}=\boldsymbol{0}$ 同解.

A. ①②　　*B.*①③　　*C.*①④　　*D.*③④

解析　选 *C*；对①：由 $\boldsymbol{B}$ 行向量组线性无关，故 $r(\boldsymbol{B})=m$，又由 $\boldsymbol{Ax}=\boldsymbol{0}$ 的解均为 $\boldsymbol{Bx}=\boldsymbol{0}$ 的解，可推出 $r(\boldsymbol{A})\geqslant r(\boldsymbol{B})$；

再由夹逼准则：$m\geqslant r(\boldsymbol{A})\geqslant r(\boldsymbol{B})=m\Rightarrow r(\boldsymbol{A})=m$，因此①成立.

对②：秩相等只是必要条件，故错误；

对③：由 $r(\boldsymbol{A})=r(\boldsymbol{B})$，且 $\boldsymbol{Ax}=\boldsymbol{0}$ 的解均为 $\boldsymbol{Bx}=\boldsymbol{0}$ 的解，可推出 $\boldsymbol{Ax}=\boldsymbol{0}$ 与 $\boldsymbol{Bx}=\boldsymbol{0}$ 同解；

再利用反例思想：令 $\boldsymbol{A}=\begin{pmatrix}1&0\\0&0\end{pmatrix}$，$\boldsymbol{B}=\begin{pmatrix}0&0\\1&0\end{pmatrix}$，$\boldsymbol{A}^{\mathrm{T}}\boldsymbol{B}=\begin{pmatrix}1&0\\0&0\end{pmatrix}\begin{pmatrix}0&0\\1&0\end{pmatrix}=\begin{pmatrix}0&0\\0&0\end{pmatrix}$.

此时 $\boldsymbol{A}^{\mathrm{T}}\boldsymbol{Bx}=\boldsymbol{0}$ 与 $\boldsymbol{Bx}=\boldsymbol{0}$ 不同解；

对④：$\boldsymbol{Ax}=\boldsymbol{0}$ 的基础解系可由 $\boldsymbol{Bx}=\boldsymbol{0}$ 的基础解系线性表示即 $\boldsymbol{Ax}=\boldsymbol{0}$ 解都是 $\boldsymbol{Bx}=\boldsymbol{0}$ 的解 $\Rightarrow$

$\boldsymbol{Ax}=\boldsymbol{0}$ 与 $\begin{pmatrix}\boldsymbol{A}\\\boldsymbol{B}\end{pmatrix}\boldsymbol{x}=\boldsymbol{0}$ 同解.

由 $\boldsymbol{Ax}=\mathbf{0}$ 与 $\boldsymbol{A}^{\mathrm{T}}\boldsymbol{Ax}=\mathbf{0}$ 同解 $\Leftrightarrow$ $\boldsymbol{A}$ 与 $\boldsymbol{A}^{\mathrm{T}}\boldsymbol{A}$ 行等价；

$\boldsymbol{Bx}=\mathbf{0}$ 与 $\boldsymbol{B}^{\mathrm{T}}\boldsymbol{Bx}=\mathbf{0}$ 同解 $\Leftrightarrow$ $\boldsymbol{B}$ 与 $\boldsymbol{B}^{\mathrm{T}}\boldsymbol{B}$ 行等价 . 即 $\begin{pmatrix}\boldsymbol{A}\\\boldsymbol{B}\end{pmatrix}$ 与 $\begin{pmatrix}\boldsymbol{A}^{\mathrm{T}}\boldsymbol{A}\\\boldsymbol{B}^{\mathrm{T}}\boldsymbol{B}\end{pmatrix}$ 行等价 $\Leftrightarrow$ $\begin{pmatrix}\boldsymbol{A}\\\boldsymbol{B}\end{pmatrix}\boldsymbol{x}=\mathbf{0}$ 与

$\begin{pmatrix}\boldsymbol{A}^{\mathrm{T}}\boldsymbol{A}\\\boldsymbol{B}^{\mathrm{T}}\boldsymbol{B}\end{pmatrix}\boldsymbol{x}=\mathbf{0}$ 同解，因此可得 $\begin{pmatrix}\boldsymbol{A}^{\mathrm{T}}\boldsymbol{A}\\\boldsymbol{B}^{\mathrm{T}}\boldsymbol{B}\end{pmatrix}\boldsymbol{x}=\mathbf{0}$ 与 $\boldsymbol{Ax}=\mathbf{0}$ 同解 .

例 3 （1998）设非齐次线性方程组 (I) 与 (II) 为:

$$(I)\begin{cases}x_1+x_2-2x_4=-6,\\4x_1-x_2-x_3-x_4=1,\\3x_1-x_2-x_3=3,\end{cases}\quad (II)\begin{cases}x_1+mx_2-x_3-x_4=-5,\\nx_2-x_3-2x_4=-11,\\x_3-2x_4=-t+1.\end{cases}$$

（1）求方程组 (I) 的通解；

（2）当 m,n,t 为何值时，方程组 (I) 与 (II) 同解？

解析 （1）$\bar{\boldsymbol{A}}=\begin{pmatrix}1&1&0&-2&-6\\4&-1&-1&-1&1\\3&-1&-1&0&3\end{pmatrix}\to\begin{pmatrix}1&1&0&-2&-6\\0&-5&-1&7&25\\0&-4&-1&6&21\end{pmatrix}$

$\to\begin{pmatrix}1&1&0&-2&-6\\0&-1&0&1&4\\0&-4&-1&6&21\end{pmatrix}\to\begin{pmatrix}1&0&0&-1&-2\\0&1&0&-1&-4\\0&0&1&-2&-5\end{pmatrix}$，故 $\boldsymbol{Ax}=\mathbf{0}$ 的基础解系中仅有 1 个向量，令自由变量 $x_4=1$，得基础解系为 $\boldsymbol{\xi}=(1,1,2,1)^{\mathrm{T}}$；再令 $x_4=0$，得原方程的一个特解为 $\boldsymbol{\eta}=(-2,-4,-5,0)^{\mathrm{T}}$，所以方程组 (I) 的通解为：$k\boldsymbol{\xi}+\boldsymbol{\eta}=k(1,1,2,1)^{\mathrm{T}}+(-2,-4,-5,0)^{\mathrm{T}},k$ 为任意常数.

（2）由于两方程组同解，因此 (I) 的特解 $\boldsymbol{\eta}=(-2,-4,-5,0)^{\mathrm{T}}$ 一定也是 (II) 的解，把它代入 (II) 中有 $\begin{cases}-2-4m+5=-5\\-4n+5=-11\\-5=-t+1\end{cases}$，从而可得 $m=2,n=4,t=6$.

再验证 $m=2,n=4,t=6$ 是否即为所求，选择直接对 (II) 的增广矩阵做初等行变换：

$\bar{B}=\begin{pmatrix}1&2&-1&-1&-5\\0&4&-1&-2&-11\\0&0&1&-2&-5\end{pmatrix}\to\begin{pmatrix}1&0&0&-1&-2\\0&1&0&-1&-4\\0&0&1&-2&-5\end{pmatrix}$，由于 $\bar{A}$ 和 $\bar{B}$ 的行最简形相同，所以两个方程组同解 . 综上所述，$m=2,n=4,t=6$ 即为所求 .

例 4 若方程组 $(I)\begin{cases}x_1-x_3=a\\2x_1+3x_2+x_3=2\end{cases}$ 和 $(II)\begin{cases}x_1+3x_2+2x_3=1\\x_1+bx_2+x_3=1\end{cases}$ 同解，求 a 和 b .

解析 设方程组 (I) 为 $\boldsymbol{Ax}=\boldsymbol{\xi}$，方程组 (II) 为 $\boldsymbol{Bx}=\boldsymbol{\eta}$.

首先，需要 $\boldsymbol{Ax}=\mathbf{0}$ 和 $\boldsymbol{Bx}=\mathbf{0}$ 同解，即 $r(\boldsymbol{A})=r(\boldsymbol{B})=r\begin{pmatrix}\boldsymbol{A}\\\boldsymbol{B}\end{pmatrix}$. 显然 $r(\boldsymbol{A})=2$，

所以需要 $r(\boldsymbol{B})=r\begin{pmatrix}\boldsymbol{A}\\\boldsymbol{B}\end{pmatrix}=2$.

$$\begin{pmatrix}\boldsymbol{A}\\\boldsymbol{B}\end{pmatrix}=\begin{pmatrix}1&0&-1\\2&3&1\\1&3&2\\1&b&1\end{pmatrix}\to\begin{pmatrix}1&0&-1\\0&3&3\\0&3&3\\0&b&2\end{pmatrix}\to\begin{pmatrix}1&0&-1\\0&1&1\\0&b&2\\0&0&0\end{pmatrix}\to\begin{pmatrix}1&0&-1\\0&1&1\\0&0&2-b\\0&0&0\end{pmatrix}$$

,要使得 $r\begin{pmatrix}\boldsymbol{A}\\\boldsymbol{B}\end{pmatrix}=2$,必有 $b=2$.

将 $b=2$ 代回 $\boldsymbol{B}$ 矩阵中,得 $\boldsymbol{B}=\begin{pmatrix}1&3&2\\1&2&1\end{pmatrix}$,

显然 $r(\boldsymbol{B})=2$. 故 $b=2$ 时,可保证 $\boldsymbol{Ax}=\boldsymbol{0}$ 和 $\boldsymbol{Bx}=\boldsymbol{0}$ 同解 .

然后再考虑 $\boldsymbol{Ax}=\boldsymbol{\xi}$ 和 $\boldsymbol{Bx}=\boldsymbol{\eta}$ 同解,即它们增广矩阵的行向量等价,即 $r\begin{pmatrix}\boldsymbol{A}&\boldsymbol{\xi}\\\boldsymbol{B}&\boldsymbol{\eta}\end{pmatrix}=r(\boldsymbol{A},\boldsymbol{\xi})=$

$r(\boldsymbol{B},\boldsymbol{\eta})=2$.

由于 $\begin{pmatrix}\boldsymbol{A}&\boldsymbol{\xi}\\\boldsymbol{B}&\boldsymbol{\eta}\end{pmatrix}=\begin{pmatrix}1&0&-1&a\\2&3&1&2\\1&3&2&1\\1&2&1&1\end{pmatrix}\to\begin{pmatrix}1&2&1&1\\2&3&1&2\\1&3&2&1\\1&0&-1&a\end{pmatrix}\to\begin{pmatrix}1&2&1&1\\0&-1&-1&0\\0&1&1&0\\0&-2&-2&a-1\end{pmatrix}\to\begin{pmatrix}1&2&1&1\\0&1&1&0\\0&0&0&a-1\\0&0&0&0\end{pmatrix}$

从而要使得两方程组同解,必有 $a=1$. 综上, $a=1,b=2$ 时,方程组 (I) 和方程组 (II) 同解 .

(也可以在求出 $b=2$ 后求 $(II)\begin{cases}x_1+3x_2+2x_3=1\\x_1+2x_2+x_3=1\end{cases}$ 的一特解 $(1,0,0)^{\mathrm{T}}$,再代入 $(I)\begin{cases}x_1-x_3=a\\2x_1+3x_2+x_3=2\end{cases}$,即可求得 $a=1$)

七、方程组的几何应用

例 1　设 $\boldsymbol{\alpha}_1=(a_1,a_2,a_3)^{\mathrm{T}}$, $\boldsymbol{\alpha}_2=(b_1,b_2,b_3)^{\mathrm{T}}$, $\boldsymbol{\alpha}_3=(c_1,c_2,c_3)^{\mathrm{T}}$,其中 $a_i^2+b_i^2\neq0(i=1,2,3)$,则三条直线 $a_ix+b_iy+c_i=0(i=1,2,3)$ 交于一点的充要条件为(　　).

A. $\boldsymbol{\alpha}_1,\boldsymbol{\alpha}_2,\boldsymbol{\alpha}_3$ 线性无关

B. $\boldsymbol{\alpha}_1,\boldsymbol{\alpha}_2,\boldsymbol{\alpha}_3$ 线性相关

C. $r(\boldsymbol{\alpha}_1,\boldsymbol{\alpha}_2,\boldsymbol{\alpha}_3)=r(\boldsymbol{\alpha}_1,\boldsymbol{\alpha}_2)$

D. $\boldsymbol{\alpha}_1,\boldsymbol{\alpha}_2,\boldsymbol{\alpha}_3$ 线性相关,而 $\boldsymbol{\alpha}_1,\boldsymbol{\alpha}_2$ 线性无关

解析　三条直线交于一点,等价于有唯一的 x,y 满足 $\begin{cases}a_1x+b_1y+c_1=0,\\a_2x+b_2y+c_2=0,\\a_3x+b_3y+c_3=0.\end{cases}$

写成向量形式,即有唯一的 x,y 使得下列等式成立: $x\begin{pmatrix}a_1\\a_2\\a_3\end{pmatrix}+y\begin{pmatrix}b_1\\b_2\\b_3\end{pmatrix}=-\begin{pmatrix}c_1\\c_2\\c_3\end{pmatrix}$,即 $x\boldsymbol{\alpha}_1+y\boldsymbol{\alpha}_2=-\boldsymbol{\alpha}_3$,

所以 $\boldsymbol{\alpha}_3$ 可由 $\boldsymbol{\alpha}_1,\boldsymbol{\alpha}_2$ 线性表示,且表示方法唯一,从而 $\boldsymbol{\alpha}_1,\boldsymbol{\alpha}_2,\boldsymbol{\alpha}_3$ 线性相关,而 $\boldsymbol{\alpha}_1,\boldsymbol{\alpha}_2$ 线性无关,故 D 正确 .

例2 （仅数1）设矩阵$\begin{pmatrix} a_1 & b_1 & c_1 \\ a_2 & b_2 & c_2 \\ a_3 & b_3 & c_3 \end{pmatrix}$是满秩的，则直线$\frac{x-a_3}{a_1-a_2}=\frac{y-b_3}{b_1-b_2}=\frac{z-c_3}{c_1-c_2}$与

$\frac{x-a_1}{a_2-a_3}=\frac{y-b_1}{b_2-b_3}=\frac{z-c_1}{c_2-c_3}$（ ）.

A.相交于一点 B.重合 C.平行但不重合 D.异面

解析 首先讨论两条直线的方向向量的关系.

记$\boldsymbol{A}=\begin{pmatrix} a_1 & b_1 & c_1 \\ a_2 & b_2 & c_2 \\ a_3 & b_3 & c_3 \end{pmatrix}$，则由已知，有$r(\boldsymbol{A})=3$.又由于$\boldsymbol{A}$经初等变换后秩不变，

且$\boldsymbol{A}=\begin{pmatrix} a_1 & b_1 & c_1 \\ a_2 & b_2 & c_2 \\ a_3 & b_3 & c_3 \end{pmatrix}\to\begin{pmatrix} a_1 & b_1 & c_1 \\ a_2-a_1 & b_2-b_1 & c_2-c_1 \\ a_3-a_2 & b_3-b_2 & c_3-c_2 \end{pmatrix}\overset{记}{=}\boldsymbol{B}$，

故两条直线的方向向量$\boldsymbol{\alpha}=(a_1-a_2,b_1-b_2,c_1-c_2),\boldsymbol{\beta}=(a_2-a_3,b_2-b_3,c_2-c_3)$线性无关，故直线不平行，排除$B,C$.

法一：把直线参数化表示上面的点，令$\frac{x-a_3}{a_1-a_2}=\frac{y-b_3}{b_1-b_2}=\frac{z-c_3}{c_1-c_2}=t_1$，可得$\begin{cases} x=t_1(a_1-a_2)+a_3 \\ y=t_1(b_1-b_2)+b_3 \\ z=t_1(c_1-c_2)+c_3 \end{cases}$.

令$\frac{x-a_1}{a_2-a_3}=\frac{y-b_1}{b_2-b_3}=\frac{z-c_1}{c_2-c_3}=t_2$，可得$\begin{cases} x=t_2(a_2-a_3)+a_1 \\ y=t_2(b_2-b_3)+b_1 \\ z=t_2(c_2-c_3)+c_1 \end{cases}$.

则两直线是否有公共点，即是否存在t_1与t_2满足$\begin{cases} t_1(a_1-a_2)+a_3=t_2(a_2-a_3)+a_1 \\ t_1(b_1-b_2)+b_3=t_2(b_2-b_3)+b_1 \\ t_1(c_1-c_2)+c_3=t_2(c_2-c_3)+c_1 \end{cases}$，整理为

$\begin{cases} t_1(a_1-a_2)-t_2(a_2-a_3)=a_1-a_3 \\ t_1(b_1-b_2)-t_2(b_2-b_3)=b_1-b_3 \\ t_1(c_1-c_2)-t_2(c_2-c_3)=c_1-c_3 \end{cases}$.显然$t_1=1,t_2=-1$满足条件，因此两直线有公共交点.

综合考虑：两直线不平行，但是有交点，从而共面，选A.

法二：由于两条直线分别过点(a_3,b_3,c_3)和点(a_1,b_1,c_1)，记这两点连线的方向向量为

$\boldsymbol{\gamma}=(a_3-a_1,b_3-b_1,c_3-c_1)$，若$\boldsymbol{\alpha},\boldsymbol{\beta},\boldsymbol{\gamma}$共面，则两直线相交；若$\boldsymbol{\alpha},\boldsymbol{\beta},\boldsymbol{\gamma}$不共面，则两直线异面.

而观察到$\boldsymbol{\alpha}+\boldsymbol{\beta}+\boldsymbol{\gamma}=\boldsymbol{0}$，即$\boldsymbol{\alpha},\boldsymbol{\beta},\boldsymbol{\gamma}$线性相关，故$\boldsymbol{\alpha},\boldsymbol{\beta},\boldsymbol{\gamma}$共面.（混合积$(\boldsymbol{\alpha}\times\boldsymbol{\beta})\cdot\boldsymbol{\gamma}=|\boldsymbol{\alpha},\boldsymbol{\beta},\boldsymbol{\gamma}|=0$）

A正确.

喻老线代章节笔记

喻老线代章节笔记

第六章 特征值与特征向量

知识回顾

第一节 基础知识

一、基本定义

1. 定义

设 $A_{n\times n}$ 是 n 阶方阵，如果有向量 $\boldsymbol{\alpha}_{n\times 1}\neq \mathbf{0}$，使得 $A\boldsymbol{\alpha}=\lambda\boldsymbol{\alpha}$，则称 λ 为方阵 A 的一个特征值，$\boldsymbol{\alpha}$ 是 λ 对应的一个特征向量.

将 $A\boldsymbol{\alpha}=\lambda\boldsymbol{\alpha}$ 变形为 $(\lambda E-A)\boldsymbol{\alpha}=\mathbf{0},\boldsymbol{\alpha}\neq\mathbf{0}$，即齐次线性方程组 $(\lambda E-A)\boldsymbol{x}=\mathbf{0}$ 有非零解. 称 $|\lambda E-A|$ 为 A 的特征多项式，即

$$|\lambda E-A|=\begin{vmatrix}\lambda-a_{11} & -a_{12} & \cdots & -a_{1n}\\ -a_{21} & \lambda-a_{22} & \cdots & -a_{2n}\\ \vdots & \vdots & & \vdots\\ -a_{n1} & -a_{n2} & \cdots & \lambda-a_{nn}\end{vmatrix}=\lambda^n-\sum_{i=1}^{n}a_{ii}\lambda^{n-1}+\cdots+(-1)^n|A|.$$

【注】（1）与可逆和行列式一样，特征值特征向量的概念只针对方阵；
（2）特征向量不为 $\mathbf{0}$（特征值可能为 0）.

2. 求特征值与特征向量的方法

整理 $A\boldsymbol{\alpha}=\lambda\boldsymbol{\alpha}$ 可得：$(A-\lambda E)\boldsymbol{\alpha}=\mathbf{0}$，由于 $\boldsymbol{\alpha}\neq\mathbf{0}$ 从而有：

①通过 $|A-\lambda E|=0$，求出 $\lambda_1,\cdots,\lambda_n$（算上重数一定是 n 个）；

②对每个不同的 λ_i，解线性方程组 $(A-\lambda_i E)\boldsymbol{x}=\mathbf{0}$，其中所有的非零解即为对应的特征向量.

【注】（1）特征向量一旦存在即一定是无穷多个，只不过人们往往取其一个极大无关组.（齐次方程组的基础解系）
（2）显然①②公式也可分别写为：$|\lambda E-A|=0$ 与 $(\lambda_i E-A)\boldsymbol{x}=\mathbf{0}$.
（3）上（下）三角，对角矩阵的特征值为其对角线元素；当然也有：$\boldsymbol{O}$ 矩阵的特征值全部为 0，特征向量为所有非 $\mathbf{0}$ 向量.

二、特征值与特征向量性质

1. n 阶方阵 A 的特征值（算上重数）一共有 n 个，且其和为 A 的对角线元素之和（称为迹，记为 $tr(A)$）；特征值之积为 A 的行列式 $|A|$.

即：$\sum_{i=1}^{n}\lambda_i=\sum_{i=1}^{n}a_{ii}=tr(A)$，$\prod_{i=1}^{n}\lambda_i=|A|$（无需证明）.

【注】A 特征值 λ_A 均 $\neq 0 \Leftrightarrow |A| \neq 0 \Leftrightarrow A$ 可逆 $\Leftrightarrow R(A)=n$；

A 至少有一个特征值 $=0 \Leftrightarrow |A|=0 \Leftrightarrow A$ 不可逆 $\Leftrightarrow R(A)<n$.

2. 设 A 是 n 阶方阵，如 $A\alpha=\lambda\alpha(\alpha \neq 0)$，则定有：$f(A)\alpha = f(\lambda)\alpha$，其中 $f(A)=a_k A^k + a_{k-1}A^{k-1}+\cdots+a_1 A + a_0 E$ 为多项式矩阵，即：

$$A\alpha=\lambda\alpha \Rightarrow f(A)\alpha = f(\lambda)\alpha = \left(a_k\lambda^k + a_{k-1}\lambda^{k-1}+\cdots+a_1\lambda+a_0\right)\alpha\left(\alpha \neq 0\right).$$

【注】此结论不能倒推 .

如果 A 是可逆矩阵，则：$A\alpha=\lambda\alpha \Leftrightarrow A^{-1}\alpha = \frac{1}{\lambda}\alpha\left(\alpha \neq 0\right)$.

A 与 A^{T} 有相同的特征值，特征向量不一定相同 .

当然也有：$A\alpha=\lambda\alpha\left(\alpha \neq 0\right) \Rightarrow f\left(A^{-1}\right)\alpha = f\left(\frac{1}{\lambda}\right)\alpha$.

3. $1 \leqslant$ 任意 k 重特征值对应的无关特征向量的个数 $\leqslant k$（无需证明）.

【注】1 重特征值对应 1 个无关的特征向量，即 $\left(A-\lambda_i E\right)x=0$ 的基础解系只有 1 个无关的向量 .

4. 不同特征值对应的特征向量线性无关 .

【注】设 $A\alpha_1=\lambda_1\alpha_1, \alpha_1 \neq 0, A\alpha_2=\lambda_2\alpha_2, \alpha_2 \neq 0, \lambda_1 \neq \lambda_2$. 证明：α_1,α_2 线性无关 .

证明：设 $k_1\alpha_1+k_2\alpha_2=0$, ①

A 左乘①式，得 $k_1A\alpha_1+k_2A\alpha_2=0$，即 $k_1\lambda_1\alpha_1+k_2\lambda_2\alpha_2=0$. ②

①$\cdot\lambda_1-$②，得 $k_2\lambda_1\alpha_2-k_2\lambda_2\alpha_2=0$，即 $k_2\left(\lambda_1-\lambda_2\right)\alpha_2=0$.

由 $\lambda_1-\lambda_2\neq 0, \alpha_2 \neq 0$，得 $k_2=0$. 代入①式，得 $k_1\alpha_1=0$. 又由 $\alpha_1 \neq 0$，知 $k_1=0$，故 α_1,α_2 线性无关 .

5. 设 A 为 n 阶矩阵，$A\alpha_1=\lambda_1\alpha_1, A\alpha_2=\lambda_2\alpha_2, \lambda_1 \neq \lambda_2$，其中 $\alpha_1 \neq 0, \alpha_2 \neq 0$，则 $\alpha_1+\alpha_2$ 不是 A 的特征向量 .

【注】证明：(反证法)

若 $\alpha_1+\alpha_2$ 是 A 的特征向量，则存在 λ_0，使得 $A\left(\alpha_1+\alpha_2\right)=\lambda_0\left(\alpha_1+\alpha_2\right)$,

故 $\lambda_1\alpha_1+\lambda_2\alpha_2=\lambda_0\alpha_1+\lambda_0\alpha_2$，即 $\left(\lambda_1-\lambda_0\right)\alpha_1+\left(\lambda_2-\lambda_0\right)\alpha_2=0$. 又因为 α_1,α_2 线性无关，所以 $\lambda_1=\lambda_0, \lambda_2=\lambda_0$，即 $\lambda_1=\lambda_2$，矛盾 .

总而言之，不同特征值对应的特征向量之和不是 A 的特征向量 .

第二节　矩阵的相似与对角化

一、矩阵的相似

1. 定义

设有方阵 $A_{n\times n}$ 与 $B_{n\times n}$，如果存在可逆矩阵 P，使得 $P^{-1}AP=B$，则称 $A_{n\times n}$ 与 $B_{n\times n}$ 相似，记为 $A\sim B$．

2. 相似的性质

$A\sim B\Leftrightarrow A\sim C, B\sim C \quad \Leftrightarrow A^{\mathrm{T}}\sim B^{\mathrm{T}} \quad \Leftrightarrow A^{-1}\sim B^{-1}$（若可逆）．

$A\sim B\left(P^{-1}AP=B\right)\Rightarrow \lambda_A=\lambda_B, \alpha_B=P^{-1}\alpha_A$（相似矩阵的特征值相同）．

$A\sim B\Rightarrow A^{*}\sim B^{*}$（若可逆）．

$A\sim B\Rightarrow f(A)\sim f(B)$．

$A\sim B\Rightarrow |\lambda E-A|=|\lambda E-B|$．

【注】上面性质中，第一排的均是充要条件；下面仅是单向条件；

以上性质均可用相似定义证明．

例：证 $A\sim B$ 推 $A^{\mathrm{T}}\sim B^{\mathrm{T}}$：

由 $A\sim B$，知存在可逆矩阵 P，使得 $P^{-1}AP=B$，两边再同时取转置，得：

$P^{\mathrm{T}}A^{\mathrm{T}}\left(P^{-1}\right)^{\mathrm{T}}=B^{\mathrm{T}}\Leftrightarrow P^{\mathrm{T}}A^{\mathrm{T}}\left(P^{\mathrm{T}}\right)^{-1}=B^{\mathrm{T}}$，故 $A^{\mathrm{T}}\sim B^{\mathrm{T}}$．

例：证若 A、B 可逆，且 $A\sim B$，则 $A^{-1}\sim B^{-1}$：

由 $A\sim B$ 知存在可逆矩阵 P，使得 $P^{-1}AP=B$，两边同时取逆，得：

$P^{-1}A^{-1}\left(P^{-1}\right)^{-1}=B^{-1}\Leftrightarrow P^{-1}A^{-1}P=B^{-1}$ 故 $A^{-1}\sim B^{-1}$．

例：设 A，B 是可逆矩阵，且 $A\sim B$，请证明 $A^{*}\sim B^{*}$：

由于 $A\sim B$，因而 $|A|=|B|=c$，且 $A^{-1}\sim B^{-1}$，且 $A^{*}=cA^{-1}, B^{*}=cB^{-1}$，从而由 $A^{-1}\sim B^{-1}$，可推 $cA^{-1}\sim cB^{-1}$，即 $A^{*}\sim B^{*}$．

3. $A^{*}, A^{-1}, A^{\mathrm{T}}, P^{-1}AP$ 特征值之间的联系（必考）

矩阵	A	kA	A^k	$f(A)$	A^{-1}	A^{*}	$P^{-1}AP$	A^{T}
特征值	λ	$k\lambda$	λ^k	$f(\lambda)$	$\frac{1}{\lambda}$	$\frac{\lvert A\rvert}{\lambda}$	λ	λ
对应特征向量	α	α	α	α	α	α	$P^{-1}\alpha$	

【注】（1）设 $A_{m\times n}, B_{n\times m}$，则 AB 与 BA 有相同的非零特征值（且重数相同）．

（2）A^{T} 和 A 属于不同特征值的特征向量正交．

（3）上表中计算 A^{-1}, A^{*} 的特征值的方法是针对 A 的非零特征值 λ 而言的，(因为 0 不能做分母) 这里给一个适用范围更广的 A^{*} 的特征值公式：假设 n 阶矩阵 A 的特征值为 $\lambda_1,\lambda_2,\cdots,\lambda_n$，则 A^{*} 的特征值为 $\prod\limits_{i\neq 1}\lambda_i, \prod\limits_{i\neq 2}\lambda_i, \cdots, \prod\limits_{i\neq n}\lambda_i$．

二、矩阵的对角化

1. 定义

如果方阵 $\boldsymbol{A}$ 可以与对角矩阵相似，则称 $\boldsymbol{A}$ 可对角化．即存在可逆矩阵 $\boldsymbol{P}$，使得 $\boldsymbol{P}^{-1}\boldsymbol{A}\boldsymbol{P}=\boldsymbol{\Lambda}$（$\boldsymbol{\Lambda}$ 为对角矩阵）．

2. 好处

（1）$\boldsymbol{A}$ 的特征值与秩一目了然：$\boldsymbol{\Lambda}=\begin{pmatrix}\lambda_1 & & & \\ & \lambda_2 & & \\ & & \ddots & \\ & & & \lambda_n\end{pmatrix}$；

（2）倒求 $\boldsymbol{A}$ 与 $\boldsymbol{A}^n$、$f(\boldsymbol{A})$．

3. 矩阵可对角化的条件：

（1）n 阶方阵 $\boldsymbol{A}\sim\boldsymbol{\Lambda}$ 的充要条件

$\Leftrightarrow$ $\boldsymbol{A}$ 恰有 n 个线性无关的特征向量；

$\Leftrightarrow$ 对于 $\boldsymbol{A}$ 的每个 k_i 重特征值 λ_i，都有 k_i 个无关特征向量；

$\Leftrightarrow$ 对于 $\boldsymbol{A}$ 的每个 k_i 重特征值 λ_i，$r(\lambda_i\boldsymbol{E}-\boldsymbol{A})=n-k_i$．

（2）充分条件

①n 阶矩阵 $\boldsymbol{A}$ 有 n 个不同的特征值 $\Rightarrow \boldsymbol{A}\sim\boldsymbol{\Lambda}$．

②n 阶矩阵 $\boldsymbol{A}$ 是实对称矩阵 $\Rightarrow \boldsymbol{A}\sim\boldsymbol{\Lambda}$．

③n 阶幂等矩阵 $\boldsymbol{A}$ 可对角化，即 $\boldsymbol{A}^2=\boldsymbol{A}\Rightarrow\boldsymbol{A}\sim\boldsymbol{\Lambda}$．

【注】证明：设 n 阶幂等矩阵 $\boldsymbol{A}$，即满足 $\boldsymbol{A}^2=\boldsymbol{A}$，证明 $\boldsymbol{A}$ 可对角化：

设 $\boldsymbol{A}$ 的特征值为 λ，由于 $\boldsymbol{A}^2=\boldsymbol{A}$，则 $\lambda^2=\lambda$，从而 $\lambda=1$ 或 $\lambda=0$．且 $\boldsymbol{A}^2=\boldsymbol{A}\Leftrightarrow\boldsymbol{A}(\boldsymbol{A}-\boldsymbol{E})=\boldsymbol{O}$ $\Leftrightarrow(\boldsymbol{A}-\boldsymbol{E})\boldsymbol{A}=\boldsymbol{O}$，因此 $\boldsymbol{A}-\boldsymbol{E}$ 中非零的列向量为特征值 $\lambda=0$ 对应的特征向量，而 $\boldsymbol{A}$ 中非零的列向量又为特征值 $\lambda=1$ 对应的特征向量．

由于 $\boldsymbol{A}-\boldsymbol{A}^2=\boldsymbol{A}(\boldsymbol{E}-\boldsymbol{A})=\boldsymbol{O}$，故 $r(\boldsymbol{A})+r(\boldsymbol{E}-\boldsymbol{A})\leqslant n$．另一方面，因为 $r(\boldsymbol{A})+r(\boldsymbol{E}-\boldsymbol{A})\geqslant r(\boldsymbol{A}+\boldsymbol{E}-\boldsymbol{A})=r(\boldsymbol{E})=n$，所以 $r(\boldsymbol{A})+r(\boldsymbol{E}-\boldsymbol{A})=n$．

对于特征值 1，因为 $(1\boldsymbol{E}-\boldsymbol{A})\boldsymbol{\alpha}=\boldsymbol{0}$ 的解空间的维数为 $n-r(\boldsymbol{E}-\boldsymbol{A})=r(\boldsymbol{A})$，所以 $\boldsymbol{A}$ 的对应于特征值 1 的线性无关的特征向量个数为 $r(\boldsymbol{A})$．

对于特征值 0，因为 $(0\boldsymbol{E}-\boldsymbol{A})\boldsymbol{\alpha}=\boldsymbol{0}$ 的解空间的维数为 $n-r(\boldsymbol{A})=r(\boldsymbol{E}-\boldsymbol{A})$，所以 $\boldsymbol{A}$ 的对应于特征值 0 的线性无关的特征向量个数为 $r(\boldsymbol{E}-\boldsymbol{A})$．又由 $r(\boldsymbol{A})+r(\boldsymbol{E}-\boldsymbol{A})=n$，知 $\boldsymbol{A}$ 有 n 个线性无关的特征向量，故 $\boldsymbol{A}$ 可相似对角化．

（3）必要条件：若 $\boldsymbol{A}\sim\boldsymbol{\Lambda}$，则非零特征值的个数（重根按重数计）等于 $r(\boldsymbol{A})$．

（4）常用结论：

①若 $\boldsymbol{A}^k=\boldsymbol{O}$ 且 $\boldsymbol{A}\neq\boldsymbol{O}$，则 $\boldsymbol{A}$ 不可对角化；

②若 $\boldsymbol{A}$ 的特征值为 k（n 重），但 $\boldsymbol{A}\neq k\boldsymbol{E}$，则 $\boldsymbol{A}$ 不可对角化；

③若 $\boldsymbol{A}=\boldsymbol{\alpha}\boldsymbol{\beta}^{\mathrm{T}}$ 秩为 1，则当 $\mathrm{tr}(\boldsymbol{A})\neq 0$ 时，$\boldsymbol{A}$ 可对角化；当 $\mathrm{tr}(\boldsymbol{A})=0$ 时，$\boldsymbol{A}$ 不可对角化．

【注】证明：若 n 阶方阵 $\boldsymbol{A}$ 满足 $r(\boldsymbol{A})=1$ ，则 $\boldsymbol{A}$ 能相似对角化 $\Leftrightarrow \operatorname{tr}(\boldsymbol{A})\neq 0$ ：

由于 $r(\boldsymbol{A})=1$ ，故 $\lambda_1=\lambda_2=\cdots=\lambda_{n-1}=0,\lambda_n=\operatorname{tr}(\boldsymbol{A})$.

（1）若 $\operatorname{tr}(\boldsymbol{A})\neq 0$ ，则 0 是 $n-1$ 重根，且属于特征值 0 的线性无关特征向量个数为 $n-r(\boldsymbol{A})=n-1$ 个，所以此时 $\boldsymbol{A}$ 能相似对角化 .

（2）若 $\operatorname{tr}(\boldsymbol{A})=0$ ，则 0 是 n 重根，但属于特征值 0 的线性无关特征向量个数仍为 $n-r(\boldsymbol{A})=n-1$ 个，所以此时 $\boldsymbol{A}$ 不能相似对角化 .

由此可以总结出秩 1 矩阵的主要结论（前面专题已总结过）：

①若 $r(\boldsymbol{A})=1$ ，则 $\boldsymbol{A}$ 一定可以被分解为一列乘以一行，即 $\boldsymbol{A}=\boldsymbol{\alpha}\boldsymbol{\beta}^{\mathrm{T}}$. 且 $(\boldsymbol{\alpha}^{\mathrm{T}}\boldsymbol{\beta}=\boldsymbol{\beta}^{\mathrm{T}}\boldsymbol{\alpha}=\operatorname{tr}(\boldsymbol{A}))$

②若 $\boldsymbol{A}$ 是方阵，且 $r(\boldsymbol{A})=1$ ，则 $\boldsymbol{A}^n=[\operatorname{tr}(\boldsymbol{A})]^{n-1}\boldsymbol{A}$.

③若 $\boldsymbol{A}$ 是 n 阶方阵，且 $r(\boldsymbol{A})=1$ ，则 $\boldsymbol{A}$ 的特征值为 $\lambda_1=\lambda_2=\cdots=\lambda_{n-1}=0,\lambda_n=\operatorname{tr}(\boldsymbol{A})$.

④若 $\boldsymbol{A}$ 是 n 阶方阵，且 $r(\boldsymbol{A})=1$ ，则“$\boldsymbol{A}$ 能相似对角化 $\Leftrightarrow \operatorname{tr}(\boldsymbol{A})\neq 0$”.

⑤ $\boldsymbol{A}\boldsymbol{\alpha}=\boldsymbol{\alpha}\boldsymbol{\beta}^{\mathrm{T}}\boldsymbol{\alpha}=(\boldsymbol{\beta}^{\mathrm{T}}\boldsymbol{\alpha})\boldsymbol{\alpha}$.

4. 求可逆矩阵 $\boldsymbol{P}$ 的常规步骤

（1）由 $|\lambda\boldsymbol{E}-\boldsymbol{A}|=0$ ，求 $\boldsymbol{A}$ 的特征值 $\lambda_1,\lambda_2,\cdots,\lambda_n$ ；

（2）对每个 λ_i ，由 $(\lambda_i\boldsymbol{E}-\boldsymbol{A})\boldsymbol{x}=\boldsymbol{0}$ ，求基础解系，这些基础解系构成了 $\boldsymbol{A}$ 的一组特征向量 $\boldsymbol{\alpha}_1,\boldsymbol{\alpha}_2,\cdots,\boldsymbol{\alpha}_n$ ；

（3）令 $\boldsymbol{P}=(\boldsymbol{\alpha}_1,\boldsymbol{\alpha}_2,\cdots,\boldsymbol{\alpha}_n)$ ，当 $\boldsymbol{P}$ 可逆时，有 $\boldsymbol{P}^{-1}\boldsymbol{A}\boldsymbol{P}=\boldsymbol{\Lambda}=\begin{pmatrix}\lambda_1 & & & \\ & \lambda_2 & & \\ & & \ddots & \\ & & & \lambda_n\end{pmatrix}$.

【注】（1）可逆矩阵 $\boldsymbol{P}$ 不是唯一的 . 对角矩阵 $\boldsymbol{\Lambda}$ 也不是唯一的 .

（2）$\boldsymbol{P}=(\boldsymbol{\alpha}_1,\boldsymbol{\alpha}_2,\cdots,\boldsymbol{\alpha}_n)$ 中向量的排列顺序与 $\boldsymbol{\Lambda}$ 中 $\lambda_1,\lambda_2,\cdots,\lambda_n$ 的排列顺序一致 .

强化例题

一、特征值与特征向量定义、求法、性质

解题思路：

设 $\boldsymbol{A}$ 是 n 阶矩阵，$\boldsymbol{\alpha}$ 是 n 维非零列向量，如果 $\boldsymbol{A}\boldsymbol{\alpha}=\lambda\boldsymbol{\alpha}$ ，则称 λ 是矩阵 $\boldsymbol{A}$ 的特征值，$\boldsymbol{\alpha}$ 是矩阵 $\boldsymbol{A}$ 属于特征值 λ 的特征向量 .

若矩阵 $\boldsymbol{A}$ 的元素已给出，则由特征方程 $|\lambda\boldsymbol{E}-\boldsymbol{A}|=0$ 可先求出矩阵 $\boldsymbol{A}$ 的 n 个特征值 $\lambda_1,\lambda_2,\cdots,\lambda_n$ ，然后再解齐次线性方程组 $(\lambda_i\boldsymbol{E}-\boldsymbol{A})\boldsymbol{x}=\boldsymbol{0}$ ，其非零解就是矩阵 $\boldsymbol{A}$ 属于特征值 λ_i 的特征向量 . 若矩阵 $\boldsymbol{A}$ 的元素没有具体给出，则应当利用特征值的定义、性质来求特征值 .

例 1 设 $A=\begin{pmatrix}17 & -2 & -2\\ -2 & 14 & -4\\ -2 & -4 & 14\end{pmatrix}$，求 A 的全部特征值和特征向量．

解析 法一：由于 $|\lambda E-A|=\begin{vmatrix}\lambda-17 & 2 & 2\\ 2 & \lambda-14 & 4\\ 2 & 4 & \lambda-14\end{vmatrix}=\begin{vmatrix}\lambda-17 & 2 & 2\\ 2 & \lambda-14 & 4\\ 0 & 18-\lambda & \lambda-18\end{vmatrix}$

$=\begin{vmatrix}\lambda-17 & 4 & 2\\ 2 & \lambda-10 & 4\\ 0 & 0 & \lambda-18\end{vmatrix}=(\lambda-18)\begin{vmatrix}\lambda-17 & 4\\ 2 & \lambda-10\end{vmatrix}$

$=(\lambda-18)(\lambda^2-27\lambda+162)=(\lambda-18)^2(\lambda-9)=0$．故 A 的特征值为 $\lambda_1=\lambda_2=18,\lambda_3=9$．

对于 $\lambda_1=\lambda_2=18$，对方程 $(18E-A)x=0$ 的系数矩阵作初等行变换，有 $18E-A=\begin{pmatrix}1 & 2 & 2\\ 2 & 4 & 4\\ 2 & 4 & 4\end{pmatrix}$

$\to\begin{pmatrix}1 & 2 & 2\\ 0 & 0 & 0\\ 0 & 0 & 0\end{pmatrix}$，解得基础解系为 $\alpha_1=\begin{pmatrix}-2\\ 1\\ 0\end{pmatrix},\alpha_2=\begin{pmatrix}-2\\ 0\\ 1\end{pmatrix}$，故 $\lambda=18$ 对应的全体特征向量为

$k_1\alpha_1+k_2\alpha_2$（k_1,k_2 不同时为 0）．

对于 $\lambda_3=9$，对方程 $(9E-A)x=0$ 的系数矩阵作初等行变换，

有 $9E-A=\begin{pmatrix}-8 & 2 & 2\\ 2 & -5 & 4\\ 2 & 4 & -5\end{pmatrix}\to\begin{pmatrix}2 & 0 & -1\\ 0 & 1 & -1\\ 0 & 0 & 0\end{pmatrix}$．解得基础解系为 $\alpha_3=\begin{pmatrix}1\\ 2\\ 2\end{pmatrix}$，故 $k_3\alpha_3\,(k_3\neq 0)$ 为 $\lambda=9$ 对应的全体特征向量．

法二：由于 $A=\begin{pmatrix}17 & -2 & -2\\ -2 & 14 & -4\\ -2 & -4 & 14\end{pmatrix}=18E-\begin{pmatrix}1 & 2 & 2\\ 2 & 4 & 4\\ 2 & 4 & 4\end{pmatrix}=18E-B$，而 $r(B)=1$，

从而 $\lambda_B=0,0,9$．又由于 $B=\begin{pmatrix}1 & 2 & 2\\ 2 & 4 & 4\\ 2 & 4 & 4\end{pmatrix}\to\begin{pmatrix}1 & 2 & 2\\ 0 & 0 & 0\\ 0 & 0 & 0\end{pmatrix}$，从而方程 $Bx=0$ 的基础解系为

$\alpha_1=\begin{pmatrix}-2\\ 1\\ 0\end{pmatrix},\alpha_2=\begin{pmatrix}-2\\ 0\\ 1\end{pmatrix}$，故 $\lambda_B=0$ 对应的全体特征向量为 $k_1\alpha_1+k_2\alpha_2$（k_1,k_2 不同时为 0）．由于

$B-9E=\begin{pmatrix}-8 & 2 & 2\\ 2 & -5 & 4\\ 2 & 4 & -5\end{pmatrix}\to\begin{pmatrix}2 & 0 & -1\\ 0 & 1 & -1\\ 0 & 0 & 0\end{pmatrix}$，从而方程 $(B-9E)x=0$ 的基础解系为 $\alpha_3=\begin{pmatrix}1\\ 2\\ 2\end{pmatrix}$，

故 $k_3\boldsymbol{\alpha}_3\left(k_3\neq 0\right)$ 为 $\lambda_B=9$ 对应的全体特征向量（或由于 $\boldsymbol{B}=\begin{pmatrix}1&2&2\\2&4&4\\2&4&4\end{pmatrix}=\begin{pmatrix}1\\2\\2\end{pmatrix}(1,2,2)$，所以

$k_3\boldsymbol{\alpha}_3\left(k_3\neq 0\right)$，$\boldsymbol{\alpha}_3=\begin{pmatrix}1\\2\\2\end{pmatrix}$ 为 $\lambda_B=9$ 对应的全体特征向量）.

由特征值与特征向量的性质，矩阵 $\boldsymbol{A}$ 的特征值为 $\lambda_A=18-\lambda_B=18,18,9$，其中特征值 18 对应的特征向量为 $k_1\boldsymbol{\alpha}_1+k_2\boldsymbol{\alpha}_2$（$k_1,k_2$ 不同时为 0）；特征值 9 对应的特征向量为 $k_3\boldsymbol{\alpha}_3\left(k_3\neq 0\right)$.

例 2　（1）设 $\boldsymbol{\alpha}$ 是 $\boldsymbol{A}$ 的特征向量，证明：$\boldsymbol{\alpha}$ 是 $\boldsymbol{A}^2$ 的特征向量；

（2）若 $\boldsymbol{\alpha}$ 是 $\boldsymbol{A}^2$ 的特征向量，问 $\boldsymbol{\alpha}$ 是否是 $\boldsymbol{A}$ 的特征向量?

（3）若 n 阶矩阵 $\boldsymbol{A}$ 可逆，$\boldsymbol{\alpha}$ 是 $\boldsymbol{A}^3$ 与 $\boldsymbol{A}^5$ 的特征向量，问 $\boldsymbol{\alpha}$ 是否是 $\boldsymbol{A}$ 的特征向量?（并说明：为何 $\boldsymbol{A}$ 与 $\boldsymbol{A}+\boldsymbol{E}$ 这样的一次矩阵多项式会有完全相同的特征向量）

解析　（1）设 $\boldsymbol{A\alpha}=\lambda\boldsymbol{\alpha}\left(\boldsymbol{\alpha}\neq\boldsymbol{0}\right)$，则 $\boldsymbol{A}^2\boldsymbol{\alpha}=\lambda\boldsymbol{A\alpha}=\lambda^2\boldsymbol{\alpha}$，故 $\boldsymbol{\alpha}$ 是 $\boldsymbol{A}^2$ 的特征向量.

（2）若 $\boldsymbol{\alpha}$ 是 $\boldsymbol{A}^2$ 的特征向量，则 $\boldsymbol{\alpha}$ 不一定是 $\boldsymbol{A}$ 的特征向量.

如 $\boldsymbol{A}=\begin{pmatrix}0&1\\0&0\end{pmatrix}$，$\boldsymbol{A}^2=\begin{pmatrix}0&0\\0&0\end{pmatrix}$，取 $\boldsymbol{\alpha}=\begin{pmatrix}0\\1\end{pmatrix}$，则 $\boldsymbol{A}^2\boldsymbol{\alpha}=\begin{pmatrix}0&0\\0&0\end{pmatrix}\begin{pmatrix}0\\1\end{pmatrix}=\boldsymbol{0}=0\boldsymbol{\alpha}$.

即 $\boldsymbol{\alpha}$ 是 $\boldsymbol{A}^2$ 的特征向量，但因为 $\boldsymbol{A\alpha}=\begin{pmatrix}0&1\\0&0\end{pmatrix}\begin{pmatrix}0\\1\end{pmatrix}=\begin{pmatrix}1\\0\end{pmatrix}\neq\lambda\begin{pmatrix}0\\1\end{pmatrix}$，所以 $\boldsymbol{\alpha}$ 不是 $\boldsymbol{A}$ 的特征向量.

（3）由 $\boldsymbol{A}$ 可逆，知 $\boldsymbol{A}^3$ 和 $\boldsymbol{A}^5$ 都可逆，故 $\boldsymbol{A}^3$ 和 $\boldsymbol{A}^5$ 的特征值全部不为 0.

设 $\boldsymbol{A}^3\boldsymbol{\alpha}=\lambda\boldsymbol{\alpha}$，两边同时左乘 $\boldsymbol{A}^3$，得 $\boldsymbol{A}^6\boldsymbol{\alpha}=\lambda\boldsymbol{A}^3\boldsymbol{\alpha}=\lambda^2\boldsymbol{\alpha}$. ①

设 $\boldsymbol{A}^5\boldsymbol{\alpha}=\mu\boldsymbol{\alpha}$，两边同时左乘 $\boldsymbol{A}$，得 $\boldsymbol{A}^6\boldsymbol{\alpha}=\mu\boldsymbol{A\alpha}$. ②

由①式和②式，知 $\boldsymbol{A\alpha}=\dfrac{\lambda^2}{\mu}\boldsymbol{\alpha}$，即 $\boldsymbol{\alpha}$ 是 $\boldsymbol{A}$ 的特征向量（之所以 $\boldsymbol{A}$ 与 $\boldsymbol{A}+\boldsymbol{E}$ 有相同的特征向量，原因是它们互为对方的矩阵多项式，或者如下说明，首先显然 $\boldsymbol{A}$ 的特征向量一定为 $\boldsymbol{A}+\boldsymbol{E}$ 的特征向量；其次设 $\left(\boldsymbol{A}+\boldsymbol{E}\right)\boldsymbol{\alpha}=u\boldsymbol{\alpha},\boldsymbol{\alpha}\neq\boldsymbol{0}$，则 $\boldsymbol{A\alpha}=u\boldsymbol{\alpha}-\boldsymbol{\alpha}=\left(u-1\right)\boldsymbol{\alpha}$，从而 $\boldsymbol{A}+\boldsymbol{E}$ 的特征向量也一定是 $\boldsymbol{A}$ 的特征向量）.

例 3　（2013 年改编）设向量 $\boldsymbol{\alpha}=\begin{pmatrix}a_1\\a_2\\a_3\end{pmatrix}$ 与 $\boldsymbol{\beta}=\begin{pmatrix}b_1\\b_2\\b_3\end{pmatrix}$ 为相互正交的单位向量，矩阵

$\boldsymbol{A}=2\boldsymbol{\alpha\alpha}^{\mathrm{T}}+\boldsymbol{\beta\beta}^{\mathrm{T}}$，请证明：$\boldsymbol{A}$ 的所有特征值为 2,1,0.

证明　由于 $\boldsymbol{\alpha}^{\mathrm{T}}\boldsymbol{\beta}=\boldsymbol{\beta}^{\mathrm{T}}\boldsymbol{\alpha}=0$；$\boldsymbol{\alpha}^{\mathrm{T}}\boldsymbol{\alpha}=\boldsymbol{\beta}^{\mathrm{T}}\boldsymbol{\beta}=1$（可推出 $\boldsymbol{\alpha}\neq\boldsymbol{0},\boldsymbol{\beta}\neq\boldsymbol{0}$），从而 $\boldsymbol{A\alpha}=2\boldsymbol{\alpha\alpha}^{\mathrm{T}}\boldsymbol{\alpha}+\boldsymbol{\beta\beta}^{\mathrm{T}}\boldsymbol{\alpha}=2\boldsymbol{\alpha}$，$\boldsymbol{A\beta}=2\boldsymbol{\alpha\alpha}^{\mathrm{T}}\boldsymbol{\beta}+\boldsymbol{\beta\beta}^{\mathrm{T}}\boldsymbol{\beta}=\boldsymbol{\beta}$，即 $\boldsymbol{\alpha}$ 与 $\boldsymbol{\beta}$ 为 $\boldsymbol{A}$ 的对应特征值 2 与 1 的特征向量，故有特征值 2 与 1;

法一：又因为 $r\left(\boldsymbol{\alpha\alpha}^{\mathrm{T}}\right)=r\left(\boldsymbol{\beta\beta}^{\mathrm{T}}\right)=1$，从而 $r\left(\boldsymbol{A}\right)=r\left(2\boldsymbol{\alpha\alpha}^{\mathrm{T}}+\boldsymbol{\beta\beta}^{\mathrm{T}}\right)\leqslant r\left(2\boldsymbol{\alpha\alpha}^{\mathrm{T}}\right)+r\left(\boldsymbol{\beta\beta}^{\mathrm{T}}\right)=1+1=2$，所以 $r\left(\boldsymbol{A}\right)<3$，$\left|\boldsymbol{A}\right|=0$ 从而至少有一个特征值为 0, 因而 $\boldsymbol{A}$ 的特征值为 2,1,0, 得证.

法二：设矩阵 $C=\begin{pmatrix}\boldsymbol{\alpha}^{\mathrm{T}}\\ \boldsymbol{\beta}^{\mathrm{T}}\end{pmatrix}_{2\times3}=\begin{pmatrix}a_1 & a_2 & a_3\\ b_1 & b_2 & b_3\end{pmatrix}$，由于 $r(C)\leqslant 2<3$，所以 $Cx=\mathbf{0}$ 定有非零解，即存在 $\boldsymbol{\gamma}\neq\mathbf{0}$，使得 $C\boldsymbol{\gamma}=\mathbf{0}$，即使得 $\boldsymbol{\alpha}^{\mathrm{T}}\boldsymbol{\gamma}=\boldsymbol{\beta}^{\mathrm{T}}\boldsymbol{\gamma}=0$，所以此时有 $A\boldsymbol{\gamma}=2\boldsymbol{\alpha}\boldsymbol{\alpha}^{\mathrm{T}}\boldsymbol{\gamma}+\boldsymbol{\beta}\boldsymbol{\beta}^{\mathrm{T}}\boldsymbol{\gamma}=\mathbf{0}$，从而可证 0 也为 A 的一个特征值.

例 4　设方阵 $A=\begin{pmatrix}1 & 1 & 1\\ a_{21} & a_{22} & a_{23}\\ a_{31} & a_{32} & a_{33}\end{pmatrix}$ 有三个特征向量 $\boldsymbol{\alpha}_1=(1,1,1)^{\mathrm{T}}$，$\boldsymbol{\alpha}_2=(1,1,0)^{\mathrm{T}},\boldsymbol{\alpha}_3=(1,0,0)^{\mathrm{T}}$ 求 A.

解析　直接使用特征值与特征向量的定义，假设 $\boldsymbol{\alpha}_1,\boldsymbol{\alpha}_2,\boldsymbol{\alpha}_3$ 分别是属于特征值 $\lambda_1,\lambda_2,\lambda_3$ 的特征向量，则由定义可知 $\begin{cases}A\boldsymbol{\alpha}_1=\lambda_1\boldsymbol{\alpha}_1\\ A\boldsymbol{\alpha}_2=\lambda_2\boldsymbol{\alpha}_2\\ A\boldsymbol{\alpha}_3=\lambda_3\boldsymbol{\alpha}_3\end{cases}$，然后利用矩阵乘法即可（注意到 $\boldsymbol{\alpha}_3=(1,0,0)^{\mathrm{T}}$ 中的零元素最多，所以从第三个等式突破）.

（1）$A\boldsymbol{\alpha}_3=\lambda_3\boldsymbol{\alpha}_3$，即 $\begin{pmatrix}1 & 1 & 1\\ a_{21} & a_{22} & a_{23}\\ a_{31} & a_{32} & a_{33}\end{pmatrix}\begin{pmatrix}1\\0\\0\end{pmatrix}=\begin{pmatrix}\lambda_3\\0\\0\end{pmatrix}$，故 $\begin{cases}\lambda_3=1\\ a_{21}=0\\ a_{31}=0\end{cases}$，代入可知 $A=\begin{pmatrix}1 & 1 & 1\\ 0 & a_{22} & a_{23}\\ 0 & a_{32} & a_{33}\end{pmatrix}$；

（2）$A\boldsymbol{\alpha}_2=\lambda_2\boldsymbol{\alpha}_2$，即 $\begin{pmatrix}1 & 1 & 1\\ 0 & a_{22} & a_{23}\\ 0 & a_{32} & a_{33}\end{pmatrix}\begin{pmatrix}1\\1\\0\end{pmatrix}=\begin{pmatrix}\lambda_2\\ \lambda_2\\0\end{pmatrix}$，故 $\begin{cases}\lambda_2=2\\ a_{22}=2\\ a_{32}=0\end{cases}$，代入可知 $A=\begin{pmatrix}1 & 1 & 1\\ 0 & 2 & a_{23}\\ 0 & 0 & a_{33}\end{pmatrix}$；

（3）$A\boldsymbol{\alpha}_1=\lambda_1\boldsymbol{\alpha}_1$，即 $\begin{pmatrix}1 & 1 & 1\\ 0 & 2 & a_{23}\\ 0 & 0 & a_{33}\end{pmatrix}\begin{pmatrix}1\\1\\1\end{pmatrix}=\begin{pmatrix}\lambda_1\\ \lambda_1\\ \lambda_1\end{pmatrix}$，故 $\begin{cases}\lambda_1=3\\ a_{23}=1\\ a_{33}=3\end{cases}$，代入可知 $A=\begin{pmatrix}1 & 1 & 1\\ 0 & 2 & 1\\ 0 & 0 & 3\end{pmatrix}$.

二、判断相似矩阵

证明不相似：

（1）利用必要条件

$|A|=|B|$，$r(A)=r(B)$，$\mathrm{tr}(A)=\mathrm{tr}(B)$，$|\lambda E-A|=|\lambda E-B|$. 若以上条件中有一个不成立，则可判定 A 与 B 不相似（选择题常用）.

（2）利用相似的传递性

若能证明出 A 能相似对角化，但 B 不能相似对角化，则 A 和 B 一定不相似.

（3）利用相似的性质

$A\sim B\Rightarrow f(A)\sim f(B)\Rightarrow r[f(A)]=r[f(B)]$，其中 $f(x)=a_kx^k+a_{k-1}x^{k-1}+\cdots+a_1x+a_0$ 是 x 的任意 k 次多项式. 可利用这一性质的逆否命题证明两个矩阵不相似.

证明相似：

（1）利用相似的定义

如果能通过题干的条件直接凑出 $\boldsymbol{P}^{-1}\boldsymbol{AP}=\boldsymbol{B}$ ，则说明相似．

（2）利用相似的传递性

若能够证明出 $\boldsymbol{A}$ 和 $\boldsymbol{B}$ 均能相似对角化，且 $\boldsymbol{A}$ 和 $\boldsymbol{B}$ 的特征值相同，则 $\boldsymbol{A}$ 和 $\boldsymbol{B}$ 就相似于同一个对角阵 $\boldsymbol{\Lambda}$ ，那么根据相似的传递性可以间接证明出 $\boldsymbol{A}\sim\boldsymbol{B}$（所以特征值相同的实对称矩阵一定相似）．

例 1　设 $\boldsymbol{A}$ ，$\boldsymbol{B}$ 是可逆矩阵，且 $\boldsymbol{A}$ 与 $\boldsymbol{B}$ 相似，则下列结论错误的是（　　）．

A. $\boldsymbol{A}^{\mathrm{T}}$ 与 $\boldsymbol{B}^{\mathrm{T}}$ 相似　　B. $\boldsymbol{A}^{-1}$ 与 $\boldsymbol{B}^{-1}$ 相似

C. $\boldsymbol{A}+\boldsymbol{A}^{\mathrm{T}}$ 与 $\boldsymbol{B}+\boldsymbol{B}^{\mathrm{T}}$ 相似　　D. $\boldsymbol{A}+\boldsymbol{A}^{-1}$ 与 $\boldsymbol{B}+\boldsymbol{B}^{-1}$ 相似

解析　由 $\boldsymbol{A}\sim\boldsymbol{B}$ ，知存在可逆矩阵 $\boldsymbol{P}$ ，使得 $\boldsymbol{P}^{-1}\boldsymbol{AP}=\boldsymbol{B}$ ，故

$$\boldsymbol{B}^{\mathrm{T}}=\left(\boldsymbol{P}^{-1}\boldsymbol{AP}\right)^{\mathrm{T}}=\boldsymbol{P}^{\mathrm{T}}\boldsymbol{A}^{\mathrm{T}}\left(\boldsymbol{P}^{-1}\right)^{\mathrm{T}}=\boldsymbol{P}^{\mathrm{T}}\boldsymbol{A}^{\mathrm{T}}\left(\boldsymbol{P}^{\mathrm{T}}\right)^{-1}=\boldsymbol{P}_1^{-1}\boldsymbol{A}^{\mathrm{T}}\boldsymbol{P}_1,$$

其中，$\boldsymbol{P}_1=\left(\boldsymbol{P}^{\mathrm{T}}\right)^{-1}$ ，于是 $\boldsymbol{A}^{\mathrm{T}}\sim\boldsymbol{B}^{\mathrm{T}}$ ．同时，由 $\boldsymbol{B}^{-1}=\left(\boldsymbol{P}^{-1}\boldsymbol{AP}\right)^{-1}=\boldsymbol{P}^{-1}\boldsymbol{A}^{-1}\boldsymbol{P}$ ，知 $\boldsymbol{A}^{-1}\sim\boldsymbol{B}^{-1}$ ．又因为 $\boldsymbol{P}^{-1}\left(\boldsymbol{A}+\boldsymbol{A}^{-1}\right)\boldsymbol{P}=\boldsymbol{P}^{-1}\boldsymbol{AP}+\boldsymbol{P}^{-1}\boldsymbol{A}^{-1}\boldsymbol{P}=\boldsymbol{B}+\boldsymbol{B}^{-1}$ ，所以 $\boldsymbol{A}+\boldsymbol{A}^{-1}$ 与 $\boldsymbol{B}+\boldsymbol{B}^{-1}$ 相似，从而 A,B,D 均排除，选 C ．

【注】下列推导是错误的：$\boldsymbol{P}^{-1}\boldsymbol{AP}=\boldsymbol{B}\Rightarrow\boldsymbol{P}^{-1}\left(\boldsymbol{A}+\boldsymbol{A}^{\mathrm{T}}\right)\boldsymbol{P}=\boldsymbol{P}^{-1}\boldsymbol{AP}+\boldsymbol{P}^{-1}\boldsymbol{A}^{\mathrm{T}}\boldsymbol{P}=\boldsymbol{B}+\boldsymbol{B}^{\mathrm{T}}$.

从解答过程可以看出，在 $\boldsymbol{B}^{\mathrm{T}}=\boldsymbol{P}_1^{-1}\boldsymbol{A}^{\mathrm{T}}\boldsymbol{P}_1$ 与 $\boldsymbol{B}=\boldsymbol{P}^{-1}\boldsymbol{AP}$ 中，$\boldsymbol{P}$ 与 $\boldsymbol{P}_1$ 不一定相同．

例 2　设 $\boldsymbol{A}=\begin{pmatrix}2&0&0\\0&2&1\\0&0&1\end{pmatrix}$ ，$\boldsymbol{B}=\begin{pmatrix}2&1&0\\0&2&0\\0&0&1\end{pmatrix}$ ，$\boldsymbol{C}=\begin{pmatrix}1&&\\&2&\\&&2\end{pmatrix}$ ，则（　　）．

A. $\boldsymbol{A}$ 与 $\boldsymbol{C}$ 相似，$\boldsymbol{B}$ 与 $\boldsymbol{C}$ 相似　　B. $\boldsymbol{A}$ 与 $\boldsymbol{C}$ 相似，$\boldsymbol{B}$ 与 $\boldsymbol{C}$ 不相似

C. $\boldsymbol{A}$ 与 $\boldsymbol{C}$ 不相似，$\boldsymbol{B}$ 与 $\boldsymbol{C}$ 相似　　D. $\boldsymbol{A}$ 与 $\boldsymbol{C}$ 不相似，$\boldsymbol{B}$ 与 $\boldsymbol{C}$ 不相似

解析　可以检验 $\boldsymbol{A},\boldsymbol{B},\boldsymbol{C}$ 两两相似的必要条件都满足，特征根都是 $2,2,1$ ，故利用相似的必要条件不能判断．

考虑到 $\boldsymbol{C}$ 为对角矩阵，故只需判断 $\boldsymbol{A}$ 与 $\boldsymbol{B}$ 是否相似于对角矩阵即可．

接下来分析 $\lambda_1=\lambda_2=2$ ，由 $2\boldsymbol{E}-\boldsymbol{A}=\begin{pmatrix}0&0&0\\0&0&-1\\0&0&1\end{pmatrix}\to\begin{pmatrix}0&0&0\\0&0&0\\0&0&1\end{pmatrix}$ ，知 $r\left(2\boldsymbol{E}-\boldsymbol{A}\right)=1$ ，即 $\boldsymbol{A}$ 的二重特征值 2 对应两个线性无关的特征向量，故 $\boldsymbol{A}\sim\boldsymbol{C}$ ．

由 $2\boldsymbol{E}-\boldsymbol{B}=\begin{pmatrix}0&-1&0\\0&0&0\\0&0&1\end{pmatrix}\to\begin{pmatrix}0&0&0\\0&1&0\\0&0&1\end{pmatrix}$ ，知 $r\left(2\boldsymbol{E}-\boldsymbol{B}\right)=2$ ，即 $\boldsymbol{B}$ 的二重特征值 2 对应一个线性无关的特征向量，故 $\boldsymbol{B}$ 与 $\boldsymbol{C}$ 不相似，选项 B 正确．

例 3 设 3 阶矩阵 $\boldsymbol{A}$ 与 $\boldsymbol{B}$ 乘积可交换，$\boldsymbol{\alpha}_1,\boldsymbol{\alpha}_2,\boldsymbol{\alpha}_3$ 是线性无关的 3 维列向量，且满足 $\boldsymbol{A\alpha}_1=\boldsymbol{\alpha}_1+\boldsymbol{\alpha}_2+\boldsymbol{\alpha}_3,\boldsymbol{A\alpha}_2=\boldsymbol{\alpha}_3,\boldsymbol{A\alpha}_3=2\boldsymbol{\alpha}_2+\boldsymbol{\alpha}_3$，请证明 $\boldsymbol{B}$ 与对角矩阵相似．

解析 $\boldsymbol{A}(\boldsymbol{\alpha}_1,\boldsymbol{\alpha}_2,\boldsymbol{\alpha}_3)=(\boldsymbol{\alpha}_1,\boldsymbol{\alpha}_2,\boldsymbol{\alpha}_3)\begin{pmatrix}1&0&0\\1&0&2\\1&1&1\end{pmatrix}$，因为 $\boldsymbol{\alpha}_1,\boldsymbol{\alpha}_2,\boldsymbol{\alpha}_3$ 线性无关，故矩阵 $\boldsymbol{P}=(\boldsymbol{\alpha}_1,\boldsymbol{\alpha}_2,\boldsymbol{\alpha}_3)$ 可逆，

且有 $\boldsymbol{P}^{-1}\boldsymbol{AP}=\boldsymbol{C},\boldsymbol{C}=\begin{pmatrix}1&0&0\\1&0&2\\1&1&1\end{pmatrix}$．由于 $\boldsymbol{A}$ 与 $\boldsymbol{C}$ 相似，故 $\boldsymbol{A}$ 与 $\boldsymbol{C}$ 具有相同的特征值．

由 $|\lambda\boldsymbol{E}-\boldsymbol{C}|=\begin{vmatrix}\lambda-1&0&0\\-1&\lambda&-2\\-1&-1&\lambda-1\end{vmatrix}=(\lambda-1)(\lambda+1)(\lambda-2)=0$，得特征值 $\lambda_1=-1,\lambda_2=1,\lambda_3=2$．由于 $\boldsymbol{A}$ 的特征值互异，故 $\boldsymbol{A}$ 与对角矩阵相似．

另一方面，设 $\boldsymbol{\alpha}(\boldsymbol{\alpha}\neq\boldsymbol{0})$ 是 $\boldsymbol{A}$ 的特征值 λ 对应的特征向量，则有 $\boldsymbol{A\alpha}=\lambda\boldsymbol{\alpha}$，由于 $\boldsymbol{AB}=\boldsymbol{BA}$，则 $\boldsymbol{AB\alpha}=\boldsymbol{BA\alpha}=\lambda\boldsymbol{B\alpha}\Rightarrow\boldsymbol{A}(\boldsymbol{B\alpha})=\lambda(\boldsymbol{B\alpha})$．

若 $\boldsymbol{B\alpha}\neq\boldsymbol{0}$，则 $\boldsymbol{B\alpha}$ 也是 $\boldsymbol{A}$ 的特征向量，由于 $\boldsymbol{A}$ 的特征值全是单根，故 λ 所对应的特征向量均线性相关，所以 $\boldsymbol{B\alpha}$ 与 $\boldsymbol{\alpha}$ 线性相关，存在数 $\mu\neq0$ 使得 $\boldsymbol{B\alpha}=\mu\boldsymbol{\alpha}$．这说明 $\boldsymbol{\alpha}$ 也是 $\boldsymbol{B}$ 的特征向量；

若 $\boldsymbol{B\alpha}=\boldsymbol{0}$，则有 $\boldsymbol{B\alpha}=0\boldsymbol{\alpha}$，$\boldsymbol{\alpha}$ 也是 $\boldsymbol{B}$ 的特征向量．

由于 $\boldsymbol{A}$ 的特征向量都是 $\boldsymbol{B}$ 的特征向量，且 $\boldsymbol{A}$ 与对角矩阵相似，所以 $\boldsymbol{B}$ 也与对角矩阵相似．

（此题也可用前面例题结论：“与对角线元素互不相同的对角矩阵可交换的矩阵，一定也是对角矩阵”来证明 $\boldsymbol{B}$ 与对角矩阵相似．）

例 4 设矩阵 $\boldsymbol{A}=\begin{pmatrix}1&0&1\\0&1&1\\0&0&2\end{pmatrix}$，下列与矩阵 $\boldsymbol{A}$ 相似的矩阵为（　　）．

(A) $\begin{pmatrix}1&1&0\\0&1&0\\0&0&2\end{pmatrix}$　(B) $\begin{pmatrix}1&1&1\\0&1&0\\0&0&2\end{pmatrix}$　(C) $\begin{pmatrix}1&0&0\\1&1&0\\1&0&2\end{pmatrix}$　(D) $\begin{pmatrix}1&0&0\\0&1&0\\1&0&2\end{pmatrix}$

解析 题目中的 5 个矩阵具有相同的特征值 1,1,2，相同的迹，相同的行列式，相同的秩．

由于 $\lambda=1$ 是矩阵 A 的二重特征值，又 $r(\boldsymbol{E}-\boldsymbol{A})=r\begin{pmatrix}0&0&-1\\0&0&-1\\0&0&-1\end{pmatrix}=1$，故 $\boldsymbol{A}$ 属于特征值 $\lambda=1$ 的线性无关的特征向量有 2 个，从而矩阵 $\boldsymbol{A}$ 可对角化，且相似于 $\boldsymbol{\Lambda}=\begin{pmatrix}1&0&0\\0&1&0\\0&0&2\end{pmatrix}$．

对于选项 (A) 中的矩阵 $\boldsymbol{B}_1=\begin{pmatrix}1&1&0\\0&1&0\\0&0&2\end{pmatrix}$，由于 $\lambda=1$ 是其二重特征值，又 $r(\boldsymbol{E}-\boldsymbol{B}_1)=r\begin{pmatrix}0&-1&0\\0&0&0\\0&0&-1\end{pmatrix}$

$=2$，故 $\boldsymbol{B}_1$ 属于特征值 $\lambda=1$ 的线性无关的特征向量只有 1 个，从而矩阵 $\boldsymbol{B}_1$ 不能对角化，与矩阵 $\boldsymbol{A}$ 不相似．

对于选项 (B) 中的矩阵 $\boldsymbol{B}_2=\begin{pmatrix}1&1&1\\0&1&0\\0&0&2\end{pmatrix}$，由于 $\lambda=1$ 是其二重特征值，又 $r\left(\boldsymbol{E}-\boldsymbol{B}_2\right)=$

$r\begin{pmatrix}0&-1&-1\\0&0&0\\0&0&-1\end{pmatrix}=2$，故 $\boldsymbol{B}_2$ 属于特征值 $\lambda=1$ 的线性无关的特征向量只有 1 个，从而矩阵 $\boldsymbol{B}_2$ 不能对角化，与矩阵 $\boldsymbol{A}$ 不相似．

对于选项 (C) 中的矩阵 $\boldsymbol{B}_3=\begin{pmatrix}1&0&0\\1&1&0\\1&0&2\end{pmatrix}$，由于 $\lambda=1$ 是其二重特征值，

又 $r\left(\boldsymbol{E}-\boldsymbol{B}_3\right)=r\begin{pmatrix}0&0&0\\-1&0&0\\-1&0&-1\end{pmatrix}=2$，故 $\boldsymbol{B}_3$ 属于特征值 $\lambda=1$ 的线性无关的特征向量只有 1 个，从而矩阵 $\boldsymbol{B}_3$ 不能对角化，与矩阵 $\boldsymbol{A}$ 不相似．

对于选项 (D) 中的矩阵 $\boldsymbol{B}_4=\begin{pmatrix}1&0&0\\0&1&0\\1&0&2\end{pmatrix}$，由于 $\lambda=1$ 是其二重特征值，

又 $r\left(\boldsymbol{E}-\boldsymbol{B}_4\right)=r\begin{pmatrix}0&0&0\\0&0&0\\-1&0&-1\end{pmatrix}=1$，故 B_4 属于特征值 $\lambda=1$ 的线性无关的特征向量有 2 个，从而矩阵 $\boldsymbol{B}_4$ 能对角化，且相似于 $\boldsymbol{\Lambda}=\begin{pmatrix}1&0&0\\0&1&0\\0&0&2\end{pmatrix}$．由于矩阵 $\boldsymbol{A}$ 与 $\boldsymbol{B}_4$ 均相似于对角矩阵 $\boldsymbol{\Lambda}$，所以 $\boldsymbol{A}$ 与 $\boldsymbol{B}_4$ 相似，正确选项为 (D)．

【注】若矩阵 $\boldsymbol{A}$ 与 $\boldsymbol{B}$ 相似，则存在可逆矩阵 $\boldsymbol{P}$，使得 $\boldsymbol{P}^{-1}\boldsymbol{A}\boldsymbol{P}=\boldsymbol{B}$，于是 $\boldsymbol{P}^{-1}(\boldsymbol{E}-\boldsymbol{A})\boldsymbol{P}=\boldsymbol{E}-\boldsymbol{B}$，即矩阵 $\boldsymbol{E}-\boldsymbol{A}$ 与 $\boldsymbol{E}-\boldsymbol{B}$ 相似，从而 $r(\boldsymbol{E}-\boldsymbol{A})=r(\boldsymbol{E}-\boldsymbol{B})$．所以通过 $r\left(\boldsymbol{E}-\boldsymbol{B}_i\right)$ 也可判断选项 $(A)(B)(C)$ 均不正确．

三、具体矩阵的相似对角化

例 1 （2015 年）设 $\boldsymbol{A}=\begin{pmatrix}0&2&-3\\-1&3&-3\\1&-2&a\end{pmatrix}$ 和 $\boldsymbol{B}=\begin{pmatrix}1&-2&0\\0&b&0\\0&3&1\end{pmatrix}$ 相似．

（1）求 a,b；

（2）求可逆矩阵 $\boldsymbol{P}$，使得 $\boldsymbol{P}^{-1}\boldsymbol{AP}$ 为对角矩阵.

解析 （1）由于 $\boldsymbol{A},\boldsymbol{B}$ 相似，故 $|\boldsymbol{A}|=|\boldsymbol{B}|$ 且 $\operatorname{tr}(\boldsymbol{A})=\operatorname{tr}(\boldsymbol{B})$，即 $\begin{cases}2a-3=b\\a+3=b+2\end{cases}$，故 $a=4,b=5$.

（2）由题设和第（1）问得，$|\lambda\boldsymbol{E}-\boldsymbol{B}|=\begin{vmatrix}\lambda-1&2&0\\0&\lambda-5&0\\0&-3&\lambda-1\end{vmatrix}=(\lambda-1)^2(\lambda-5)$.

从而 $\boldsymbol{B}$ 的特征值为 1,1,5. 由于 $\boldsymbol{A}$ 和 $\boldsymbol{B}$ 相似，故 $\boldsymbol{A}$ 的特征值也为 1,1,5. 由第（1）问可得，

$\boldsymbol{A}=\begin{pmatrix}0&2&-3\\-1&3&-3\\1&-2&4\end{pmatrix}$. 考虑 $\boldsymbol{A}$ 的属于特征值 5 的特征向量.

$$5\boldsymbol{E}-\boldsymbol{A}=\begin{pmatrix}5&-2&3\\1&2&3\\-1&2&1\end{pmatrix}\xrightarrow[r_2^*\times\frac{1}{2}]{r_2-r_3}\begin{pmatrix}5&-2&3\\1&0&1\\-1&2&1\end{pmatrix}\xrightarrow[r_3^*\times\frac{1}{2}]{r_3+r_2^{**}}\begin{pmatrix}5&-2&3\\1&0&1\\0&1&1\end{pmatrix}\xrightarrow{r_1-5r_2^{**}+2r_3^{**}}\begin{pmatrix}0&0&0\\1&0&1\\0&1&1\end{pmatrix}.$$

于是 $r(5\boldsymbol{E}-\boldsymbol{A})=2$，求得 $\boldsymbol{\xi}_1=(-1,-1,1)^{\mathrm{T}}$ 为 $(5\boldsymbol{E}-\boldsymbol{A})\boldsymbol{x}=\boldsymbol{0}$ 的一个基础解系. $(-1,-1,1)^{\mathrm{T}}$ 为 $\boldsymbol{A}$ 的属于特征值 5 的特征向量.

考虑 $\boldsymbol{A}$ 的属于特征值 1 的特征向量. $\boldsymbol{E}-\boldsymbol{A}=\begin{pmatrix}1&-2&3\\1&-2&3\\-1&2&-3\end{pmatrix}\to\begin{pmatrix}1&-2&3\\0&0&0\\0&0&0\end{pmatrix}$.

于是，$r(\boldsymbol{E}-\boldsymbol{A})=1$，求得 $\boldsymbol{\xi}_2=(2,1,0)^{\mathrm{T}}$ 和 $\boldsymbol{\xi}_3=(-3,0,1)^{\mathrm{T}}$ 为 $(\boldsymbol{E}-\boldsymbol{A})\boldsymbol{x}=\boldsymbol{0}$ 的一个基础解系. $(2,1,0)^{\mathrm{T}}$ 和 $(-3,0,1)^{\mathrm{T}}$ 为 $\boldsymbol{A}$ 的属于特征值 1 的两个线性无关的特征向量.

取 $\boldsymbol{P}=\begin{pmatrix}-1&2&-3\\-1&1&0\\1&0&1\end{pmatrix}$，则 $\boldsymbol{P}^{-1}\boldsymbol{AP}=\begin{pmatrix}5&0&0\\0&1&0\\0&0&1\end{pmatrix}$.

例 2 已知矩阵 $\boldsymbol{A}=\begin{pmatrix}1&2&3\\0&0&0\\0&0&0\end{pmatrix}$ 和 $\boldsymbol{B}=\begin{pmatrix}2&-2&4\\1&-1&2\\0&0&0\end{pmatrix}$，试求可逆矩阵 $\boldsymbol{P}$，使 $\boldsymbol{P}^{-1}\boldsymbol{AP}=\boldsymbol{B}$.

解析 由 $|\lambda\boldsymbol{E}-\boldsymbol{A}|=\begin{vmatrix}\lambda-1&-2&-3\\0&\lambda&0\\0&0&\lambda\end{vmatrix}=\lambda^2(\lambda-1)=0$，得到矩阵 $\boldsymbol{A}$ 的特征值：$\lambda_1=\lambda_2=0,\lambda_3=1$.

对于 $\lambda_1=\lambda_2=0$，解齐次线性方程组 $(0\boldsymbol{E}-\boldsymbol{A})\boldsymbol{x}=\boldsymbol{0}$，得基础解系：$\boldsymbol{\alpha}_1=(-2,1,0)^{\mathrm{T}},\boldsymbol{\alpha}_2=(-3,0,1)^{\mathrm{T}}$.

对于 $\lambda_3=1$，解齐次线性方程组 $(\boldsymbol{E}-\boldsymbol{A})\boldsymbol{x}=\boldsymbol{0}$，得基础解系：$\boldsymbol{\alpha}_3=(1,0,0)^{\mathrm{T}}$.

令 $P_1=(\alpha_1,\alpha_2,\alpha_3)=\begin{pmatrix}-2&-3&1\\1&0&0\\0&1&0\end{pmatrix}$，得 $P_1^{-1}AP_1=\begin{pmatrix}0&&\\&0&\\&&1\end{pmatrix}$.

由 $|\lambda E-B|=\begin{vmatrix}\lambda-2&2&-4\\-1&\lambda+1&-2\\0&0&\lambda\end{vmatrix}=\lambda^2(\lambda-1)=0$，得到矩阵 B 的特征值：$\lambda_1=\lambda_2=0,\lambda_3=1$.

对于 $\lambda_1=\lambda_2=0$，解齐次线性方程组 $(0E-B)x=0$，得基础解系：$\beta_1=(1,1,0)^T,\beta_2=(-2,0,1)^T$. 对于 $\lambda_3=1$，解齐次线性方程组 $(E-B)x=0$，得基础解系：$\beta_3=(2,1,0)^T$.

$P_2=(\beta_1,\beta_2,\beta_3)=\begin{pmatrix}1&-2&2\\1&0&1\\0&1&0\end{pmatrix}$，得 $P_2^{-1}BP_2=\begin{pmatrix}0&&\\&0&\\&&1\end{pmatrix}$. 由 $P_1^{-1}AP_1=P_2^{-1}BP_2$，

有 $P_2P_1^{-1}AP_1P_2^{-1}=(P_1P_2^{-1})^{-1}AP_1P_2^{-1}=B$.

记 $P=P_1P_2^{-1}=\begin{pmatrix}-2&-3&1\\1&0&0\\0&1&0\end{pmatrix}\begin{pmatrix}1&-2&2\\1&0&1\\0&1&0\end{pmatrix}^{-1}=\begin{pmatrix}3&-5&3\\-1&2&-2\\0&0&1\end{pmatrix}$，$P$ 即为所求可逆矩阵 .（由于本题的 A 与 B 均为秩为 1 的方阵，因此也可根据前面整理的性质快速得到其特征值与非 0 特征值对应的特征向量）

四、抽象矩阵的相似对角化

例 1　（2020 年）设 A 为 2 阶矩阵，$P=(\alpha,A\alpha)$，其中 α 是非零向量且不是 A 的特征向量 .

（1）证明 P 为可逆矩阵；

（2）若 $A^2\alpha+A\alpha-6\alpha=0$，求 $P^{-1}AP$，并判断 A 是否相似于对角矩阵 .

解析　（1）即证 $\alpha,A\alpha$ 线性无关

法一：由于 α 是非零向量且不是 A 的特征向量，从而 $A\alpha\neq\lambda\alpha$，

设 $\alpha=kA\alpha$，由于 $\alpha\neq0$，从而 $k\neq0$，从而 $A\alpha=\frac{1}{k}\alpha(\alpha\neq0)$，即与题设矛盾，从而假设不成立，$\alpha\neq kA\alpha$. 即 α 与 $A\alpha$ 对应不成比例，因而 $\alpha,A\alpha$ 线性无关，从而 P 可逆 .

法二：令 $k_1\alpha+k_2A\alpha=0$，若 $k_2\neq0$，则 $A\alpha=-\frac{k_1}{k_2}\alpha$（$\alpha\neq0$），即 α 是 A 的特征向量，与题设矛盾，因此 $k_2=0$. 代入 $k_1\alpha+k_2A\alpha=0$ 中有 $k_1\alpha=0$，由于 $\alpha\neq0$，从而 $k_1=0$，于是 $\alpha,A\alpha$ 线性无关，从而 P 可逆 .

（2）由（1）可知 P 可逆，此时 $AP=A(\alpha,A\alpha)=(A\alpha,A^2\alpha)$，由于 $A^2\alpha=6\alpha-A\alpha$，从而

$AP=A(\alpha,A\alpha)=(A\alpha,6\alpha-A\alpha)=(\alpha,A\alpha)\begin{pmatrix}0&6\\1&-1\end{pmatrix}=PB$，即 $P^{-1}AP=B$，$A\sim B$，通过计算知 $\lambda_B=-3,2$，特征值互不相同，从而 B 可对角化，因此知 A 也可对角化 .

例 2　设 3 阶矩阵 A 有 3 个不同的特征值 $\lambda_1,\lambda_2,\lambda_3$，对应的特征向量分别为 $\boldsymbol{\alpha}_1,\boldsymbol{\alpha}_2,\boldsymbol{\alpha}_3$，令 $\boldsymbol{\beta}=\boldsymbol{\alpha}_1+\boldsymbol{\alpha}_2+\boldsymbol{\alpha}_3$.

（1）证明：$\boldsymbol{\beta},A\boldsymbol{\beta},A^2\boldsymbol{\beta}$ 线性无关；

（2）若 $A^3\boldsymbol{\beta}=A\boldsymbol{\beta}$，求秩 $r(A-E)$ 及行列式 $|A+2E|$.

解析　（1）由题设 $A\boldsymbol{\alpha}_1=\lambda_1\boldsymbol{\alpha}_1,A\boldsymbol{\alpha}_2=\lambda_2\boldsymbol{\alpha}_2,A\boldsymbol{\alpha}_3=\lambda_3\boldsymbol{\alpha}_3$，且 $\boldsymbol{\alpha}_1,\boldsymbol{\alpha}_2,\boldsymbol{\alpha}_3$ 线性无关．则

$A\boldsymbol{\beta}=A(\boldsymbol{\alpha}_1+\boldsymbol{\alpha}_2+\boldsymbol{\alpha}_3)=\lambda_1\boldsymbol{\alpha}_1+\lambda_2\boldsymbol{\alpha}_2+\lambda_3\boldsymbol{\alpha}_3$，$A^2\boldsymbol{\beta}=\lambda_1^2\boldsymbol{\alpha}_1+\lambda_2^2\boldsymbol{\alpha}_2+\lambda_3^2\boldsymbol{\alpha}_3$．

法一：$(\boldsymbol{\beta},A\boldsymbol{\beta},A^2\boldsymbol{\beta})=(\boldsymbol{\alpha}_1+\boldsymbol{\alpha}_2+\boldsymbol{\alpha}_3,\lambda_1\boldsymbol{\alpha}_1+\lambda_2\boldsymbol{\alpha}_2+\lambda_3\boldsymbol{\alpha}_3,\lambda_1^2\boldsymbol{\alpha}_1+\lambda_2^2\boldsymbol{\alpha}_2+\lambda_3^2\boldsymbol{\alpha}_3)$

$=(\boldsymbol{\alpha}_1,\boldsymbol{\alpha}_2,\boldsymbol{\alpha}_3)\begin{pmatrix}1&\lambda_1&\lambda_1^2\\1&\lambda_2&\lambda_2^2\\1&\lambda_3&\lambda_3^2\end{pmatrix}$，由于 $\lambda_1,\lambda_2,\lambda_3$ 互不相同，从而 $\begin{vmatrix}1&\lambda_1&\lambda_1^2\\1&\lambda_2&\lambda_2^2\\1&\lambda_3&\lambda_3^2\end{vmatrix}\neq0$，矩阵 $\begin{pmatrix}1&\lambda_1&\lambda_1^2\\1&\lambda_2&\lambda_2^2\\1&\lambda_3&\lambda_3^2\end{pmatrix}$ 可逆，

从而 $r(\boldsymbol{\beta},A\boldsymbol{\beta},A^2\boldsymbol{\beta})=r(\boldsymbol{\alpha}_1,\boldsymbol{\alpha}_2,\boldsymbol{\alpha}_3)=3$，即 $\boldsymbol{\beta},A\boldsymbol{\beta},A^2\boldsymbol{\beta}$ 线性无关．

法二：用定义法证明线性无关．设 $k_1\boldsymbol{\beta}+k_2A\boldsymbol{\beta}+k_3A^2\boldsymbol{\beta}=\mathbf{0}$ ①

将 $\boldsymbol{\beta},A\boldsymbol{\beta},A^2\boldsymbol{\beta}$ 代入①式，整理得 $(k_1+k_2\lambda_1+k_3\lambda_1^2)\boldsymbol{\alpha}_1+(k_1+k_2\lambda_2+k_3\lambda_2^2)\boldsymbol{\alpha}_2+(k_1+k_2\lambda_3+k_3\lambda_3^2)\boldsymbol{\alpha}_3=\mathbf{0}$．

又因为 $\boldsymbol{\alpha}_1,\boldsymbol{\alpha}_2,\boldsymbol{\alpha}_3$ 分别是 3 个不同特征值对应的特征向量，所以它们必线性无关，从而

$\begin{cases}k_1+k_2\lambda_1+k_3\lambda_1^2=0\\k_1+k_2\lambda_2+k_3\lambda_2^2=0\\k_1+k_2\lambda_3+k_3\lambda_3^2=0\end{cases}$ ②，其系数行列式 $\begin{vmatrix}1&\lambda_1&\lambda_1^2\\1&\lambda_2&\lambda_2^2\\1&\lambda_3&\lambda_3^2\end{vmatrix}\neq0$，于是方程组②只有零解 $k_1=k_2=k_3=0$，

即 $\boldsymbol{\beta},A\boldsymbol{\beta},A^2\boldsymbol{\beta}$ 线性无关．

（2）法一：由 $A^3\boldsymbol{\beta}=A\boldsymbol{\beta}$ 可知 $\lambda_1^3\boldsymbol{\alpha}_1+\lambda_2^3\boldsymbol{\alpha}_2+\lambda_3^3\boldsymbol{\alpha}_3=\lambda_1\boldsymbol{\alpha}_1+\lambda_2\boldsymbol{\alpha}_2+\lambda_3\boldsymbol{\alpha}_3$，整理可得

$(\lambda_1^3-\lambda_1)\boldsymbol{\alpha}_1+(\lambda_2^3-\lambda_2)\boldsymbol{\alpha}_2+(\lambda_3^3-\lambda_3)\boldsymbol{\alpha}_3=\mathbf{0}$，由于 $\boldsymbol{\alpha}_1,\boldsymbol{\alpha}_2,\boldsymbol{\alpha}_3$ 线性无关，从而

$\lambda_i^3-\lambda_i=0(i=1,2,3)$，由于 $\lambda_1,\lambda_2,\lambda_3$ 互不相同，进而 $\Rightarrow\lambda_A=-1,0,1$．从而 $\Rightarrow\lambda_{A-E}=-2,-1,0$，

$\lambda_{A+2E}=1,2,3$，并且 $A-E$ 可对角化（特征值互不相同），因而 $r(A-E)=2$，$|A+2E|=6$．

法二：令 $P=(\boldsymbol{\beta},A\boldsymbol{\beta},A^2\boldsymbol{\beta})$，则 P 可逆，$AP=A(\boldsymbol{\beta},A\boldsymbol{\beta},A^2\boldsymbol{\beta})=(A\boldsymbol{\beta},A^2\boldsymbol{\beta},A^3\boldsymbol{\beta})$，

由 $A^3\boldsymbol{\beta}=A\boldsymbol{\beta}$，知 $AP=(A\boldsymbol{\beta},A^2\boldsymbol{\beta},A\boldsymbol{\beta})=(\boldsymbol{\beta},A\boldsymbol{\beta},A^2\boldsymbol{\beta})\begin{pmatrix}0&0&0\\1&0&1\\0&1&0\end{pmatrix}=PB$．

故 $P^{-1}AP=B$，$A\sim B$．从而 $A-E\sim B-E$，$A+2E\sim B+2E$，于是

$r(A-E)=r(B-E)=r\begin{pmatrix}-1&0&0\\1&-1&1\\0&1&-1\end{pmatrix}=2$，$|A+2E|=|B+2E|=\begin{vmatrix}2&0&0\\1&2&1\\0&1&2\end{vmatrix}=6$．

例 3　设 n 阶矩阵 A 有 n 个不同的特征值，证明：A 的特征向量也是 B 的特征向量的充要条件是 $AB=BA$．

解析 由 $\boldsymbol{A}$ 有 n 个不同的特征值，不妨设 $\boldsymbol{A\alpha}_i=\lambda_i\boldsymbol{\alpha}_i\ (i=1,2,\ldots,n)$，$\lambda_i$ 互不相同，可知

$\boldsymbol{\alpha}_1,\boldsymbol{\alpha}_2,\ldots,\boldsymbol{\alpha}_n$ 线性无关，且令 $\boldsymbol{P}=(\boldsymbol{\alpha}_1,\boldsymbol{\alpha}_2,\ldots,\boldsymbol{\alpha}_n)$，即有 $\boldsymbol{P}^{-1}\boldsymbol{AP}=\boldsymbol{\Lambda}_1=\begin{pmatrix}\lambda_1&&\\&\ddots&\\&&\lambda_n\end{pmatrix}$.

必要性：$\boldsymbol{A}$ 的特征向量也是 $\boldsymbol{B}$ 的特征向量，即 $\boldsymbol{B\alpha}_i=k_i\boldsymbol{\alpha}_i\ (i=1,2,\ldots,n)$，

故仍令 $\boldsymbol{P}=(\boldsymbol{\alpha}_1,\boldsymbol{\alpha}_2,\ldots,\boldsymbol{\alpha}_n)$，即有 $\boldsymbol{P}^{-1}\boldsymbol{BP}=\boldsymbol{\Lambda}_2=\begin{pmatrix}k_1&&\\&\ddots&\\&&k_n\end{pmatrix}$，从而 $\boldsymbol{A}=\boldsymbol{P\Lambda}_1\boldsymbol{P}^{-1}$，$\boldsymbol{B}=\boldsymbol{P\Lambda}_2\boldsymbol{P}^{-1}$，

于是 $\boldsymbol{AB}=\boldsymbol{P\Lambda}_1\boldsymbol{P}^{-1}\boldsymbol{P\Lambda}_2\boldsymbol{P}^{-1}=\boldsymbol{P\Lambda}_1\boldsymbol{\Lambda}_2\boldsymbol{P}^{-1}$．$\boldsymbol{BA}=\boldsymbol{P\Lambda}_2\boldsymbol{P}^{-1}\boldsymbol{P\Lambda}_1\boldsymbol{P}^{-1}=\boldsymbol{P\Lambda}_2\boldsymbol{\Lambda}_1\boldsymbol{P}^{-1}$，由于 $\boldsymbol{\Lambda}_1\boldsymbol{\Lambda}_2=\boldsymbol{\Lambda}_2\boldsymbol{\Lambda}_1$，故 $\boldsymbol{AB}=\boldsymbol{BA}$．

充分性：法一：由题知 $\boldsymbol{A}=\boldsymbol{P\Lambda}_1\boldsymbol{P}^{-1},\boldsymbol{\Lambda}_1=\begin{pmatrix}\lambda_1&&\\&\ddots&\\&&\lambda_n\end{pmatrix}$，$\boldsymbol{P}=(\boldsymbol{\alpha}_1,\boldsymbol{\alpha}_2,\ldots,\boldsymbol{\alpha}_n)$，$\lambda_i$ 互不相同．又因为

$\boldsymbol{AB}=\boldsymbol{BA}$，因此 $\boldsymbol{P\Lambda}_1\boldsymbol{P}^{-1}\boldsymbol{B}=\boldsymbol{BP\Lambda}_1\boldsymbol{P}^{-1}$，整理可得 $\boldsymbol{\Lambda}_1\boldsymbol{P}^{-1}\boldsymbol{BP}=\boldsymbol{P}^{-1}\boldsymbol{BP\Lambda}_1$，由于 $\boldsymbol{\Lambda}_1$ 是对角线元素互不相同的对角矩阵，而 $\boldsymbol{P}^{-1}\boldsymbol{BP}$ 可和它交换，根据前期结论，$\boldsymbol{P}^{-1}\boldsymbol{BP}$ 也为对角矩阵，即 $\boldsymbol{P}^{-1}\boldsymbol{BP}=\boldsymbol{\Lambda}_2\Leftrightarrow\boldsymbol{B\alpha}_i=k_i\boldsymbol{\alpha}_i\ (i=1,2,\ldots,n)$，从而 $\boldsymbol{\alpha}_i$ 一定也为 $\boldsymbol{B}$ 的特征向量．

法二：对 $\boldsymbol{A\alpha}_1=\lambda_1\boldsymbol{\alpha}_1\ (\boldsymbol{\alpha}_1\neq\boldsymbol{0})$ 两边同时左乘 $\boldsymbol{B}$，得 $\boldsymbol{BA\alpha}_1=\boldsymbol{AB\alpha}_1=\lambda_1\boldsymbol{B\alpha}_1$．

若 $\boldsymbol{B\alpha}_1=\boldsymbol{0}$，则 $\boldsymbol{B\alpha}_1=\boldsymbol{0}=0\boldsymbol{\alpha}_1\ (\boldsymbol{\alpha}_1\neq\boldsymbol{0})$，即 $\boldsymbol{\alpha}_1$ 也是 $\boldsymbol{B}$ 的特征向量．

若 $\boldsymbol{B\alpha}_1\neq\boldsymbol{0}$，则由上式，知 $\boldsymbol{B\alpha}_1$ 也是 $\boldsymbol{A}$ 的对应于特征值 λ_1 的特征向量．又因为 $\boldsymbol{A}$ 有 n 个不同的特征值，λ_1 是一重特征值，所以对应的线性无关的特征向量只有一个，即方程组 $(\boldsymbol{A}-\lambda_1\boldsymbol{E})\boldsymbol{x}=\boldsymbol{0}$ 的基础解系中只有一个无关的向量，从而 $\boldsymbol{B\alpha}_1,\boldsymbol{\alpha}_1$ 是线性相关的，即有 $\boldsymbol{B\alpha}_1=\mu_1\boldsymbol{\alpha}_1$，于是 $\boldsymbol{\alpha}_1$ 也是 $\boldsymbol{B}$ 的特征向量．其余的 $\boldsymbol{\alpha}_i\ (i=2,\ldots,n)$ 证明类似，故 $\boldsymbol{A}$ 的所有特征向量也是 $\boldsymbol{B}$ 的特征向量．

例 4 设 $\boldsymbol{A}$ 为 3 阶矩阵，$\boldsymbol{\alpha}_1,\boldsymbol{\alpha}_2,\boldsymbol{\alpha}_3$ 是线性无关的 3 维列向量，且满足

$\boldsymbol{A\alpha}_1=\boldsymbol{\alpha}_1+\boldsymbol{\alpha}_2+\boldsymbol{\alpha}_3,\boldsymbol{A\alpha}_2=2\boldsymbol{\alpha}_2+\boldsymbol{\alpha}_3,\boldsymbol{A\alpha}_3=2\boldsymbol{\alpha}_2+3\boldsymbol{\alpha}_3.$

（1）求矩阵 $\boldsymbol{B}$，使得 $\boldsymbol{A}(\boldsymbol{\alpha}_1,\boldsymbol{\alpha}_2,\boldsymbol{\alpha}_3)=(\boldsymbol{\alpha}_1,\boldsymbol{\alpha}_2,\boldsymbol{\alpha}_3)\boldsymbol{B}$；

（2）求矩阵 $\boldsymbol{A}$ 的特征值；

（3）求可逆矩阵 $\boldsymbol{P}$，使得 $\boldsymbol{P}^{-1}\boldsymbol{AP}$ 为对角矩阵．

解析 （1）由已知，有 $\boldsymbol{A}(\boldsymbol{\alpha}_1,\boldsymbol{\alpha}_2,\boldsymbol{\alpha}_3)=(\boldsymbol{\alpha}_1+\boldsymbol{\alpha}_2+\boldsymbol{\alpha}_3,2\boldsymbol{\alpha}_2+\boldsymbol{\alpha}_3,2\boldsymbol{\alpha}_2+3\boldsymbol{\alpha}_3)$

$=(\boldsymbol{\alpha}_1,\boldsymbol{\alpha}_2,\boldsymbol{\alpha}_3)\begin{pmatrix}1&0&0\\1&2&2\\1&1&3\end{pmatrix}$，故所求矩阵 $\boldsymbol{B}=\begin{pmatrix}1&0&0\\1&2&2\\1&1&3\end{pmatrix}$．

（2）因为 $\boldsymbol{\alpha}_1,\boldsymbol{\alpha}_2,\boldsymbol{\alpha}_3$ 线性无关，所以矩阵 $\boldsymbol{C}=(\boldsymbol{\alpha}_1,\boldsymbol{\alpha}_2,\boldsymbol{\alpha}_3)$ 可逆，从而 $\boldsymbol{C}^{-1}\boldsymbol{AC}=\boldsymbol{B}$，即 $\boldsymbol{A}\sim\boldsymbol{B}$．因此

$\boldsymbol{A}$ 与 $\boldsymbol{B}$ 有相同的特征值 . 又因为 $|\lambda\boldsymbol{E}-\boldsymbol{B}|=\begin{vmatrix}\lambda-1 & 0 & 0\\ -1 & \lambda-2 & -2\\ -1 & -1 & \lambda-3\end{vmatrix}=(\lambda-1)^2(\lambda-4)$, 所以 $\boldsymbol{B}$ 的特征值为 1,1,4, 从而 $\boldsymbol{A}$ 的特征值为 1,1,4.

（3）先求 $\boldsymbol{B}$ 的特征向量 . 对于 $\lambda_1=\lambda_2=1$ ，由 $(\boldsymbol{E}-\boldsymbol{B})\boldsymbol{x}=\boldsymbol{0}$ ，可解得基础解系 $\boldsymbol{\eta}_1=(-1,1,0)^{\mathrm{T}}$, $\boldsymbol{\eta}_2=(-2,0,1)^{\mathrm{T}}$.

对于 $\lambda_3=4$ ，由 $(4\boldsymbol{E}-\boldsymbol{B})\boldsymbol{x}=\boldsymbol{0}$ ，可解得基础解系 $\boldsymbol{\eta}_3=(0,1,1)^{\mathrm{T}}$. 令 $\boldsymbol{P}_1=(\boldsymbol{\eta}_1,\boldsymbol{\eta}_2,\boldsymbol{\eta}_3)$ ，则

$$\boldsymbol{P}_1^{-1}\boldsymbol{B}\boldsymbol{P}_1=\boldsymbol{\Lambda}=\begin{pmatrix}1 & & \\ & 1 & \\ & & 4\end{pmatrix}，故 \boldsymbol{P}_1^{-1}\boldsymbol{C}^{-1}\boldsymbol{A}\boldsymbol{C}\boldsymbol{P}_1=(\boldsymbol{C}\boldsymbol{P}_1)^{-1}\boldsymbol{A}(\boldsymbol{C}\boldsymbol{P}_1)=\begin{pmatrix}1 & & \\ & 1 & \\ & & 4\end{pmatrix}.$$

于是 $\boldsymbol{P}=\boldsymbol{C}\boldsymbol{P}_1=(\boldsymbol{\alpha}_1,\boldsymbol{\alpha}_2,\boldsymbol{\alpha}_3)\begin{pmatrix}-1 & -2 & 0\\ 1 & 0 & 1\\ 0 & 1 & 1\end{pmatrix}=(-\boldsymbol{\alpha}_1+\boldsymbol{\alpha}_2,-2\boldsymbol{\alpha}_1+\boldsymbol{\alpha}_3,\boldsymbol{\alpha}_2+\boldsymbol{\alpha}_3)$.

喻老线代章节笔记

第七章 二次型

知识回顾

第一节 实对称矩阵

一、实对称矩阵

1. 实对称 $\left(A^{\mathrm{T}}=A\right)$ 矩阵的特性

(1)特征值均为实数且必可相似对角化.(不要求证明,背住即可)

【注】两个实对称矩阵相似的充要条件是特征值相同.

(2)对应于不同特征值的特征向量彼此正交.

即: $A\alpha_1=\lambda_1\alpha_1, A\alpha_2=\lambda_2\alpha_2, \lambda_1\neq\lambda_2(\alpha_1,\alpha_2\neq\mathbf{0})$,则 $\alpha_1^{\mathrm{T}}\alpha_2=\alpha_2^{\mathrm{T}}\alpha_1=0$.

(3)总存在正交矩阵 Q ,使得 $Q^{\mathrm{T}}AQ=Q^{-1}AQ=diag\left(\lambda_1,\lambda_2,\cdots\cdots\lambda_n\right)$.

2. 实对称矩阵的常用结论(设实对称矩阵 A)

(1) k 重特征值一定有 k 个线性无关的特征向量;

(2)非零特征值的个数(重根按重数计)等于矩阵的秩;

(3) n 阶实对称阵 A 属于 $\lambda_1,\lambda_2,\ldots,\lambda_n$ 的单位正交特征向量为 $\xi_1,\xi_2,\ldots,\xi_n$,则实对称矩阵

$A=\lambda_1\xi_1\xi_1^{\mathrm{T}}+\lambda_2\xi_2\xi_2^{\mathrm{T}}+\cdots+\lambda_n\xi_n\xi_n^{\mathrm{T}}$;

(4) $A^{\mathrm{T}},A^{*},A^{-1}$ (若 A 可逆)为实对称阵.

3. 实对称矩阵用正交矩阵对角化的步骤(找 Q 的方法)

(1)求出 A 的特征值 λ ;

(2)求出对应的线性无关特征向量 α ;

(3)令 $P=\left(\alpha_1,\alpha_2\cdots\alpha_n\right)$;

(4)对同一个多重特征值对应的特征向量施密特正交化,单重特征值对应的特征向量单位化即得 Q ,由正交单位化后的向量构成正交矩阵 Q ,则 $Q^{-1}AQ=\Lambda$. 显然, Q 不唯一.

【注】(1)该找 Q 的方法中只能对同一个多重特征值对应的特征向量正交化.
(2)实对称矩阵可以用正交矩阵对角化,也可以用可逆矩阵对角化.
(3)施密特正交单位化过程,例:设 $\alpha_1,\alpha_2,\alpha_3$ 是 A 的某个三重特征值对应的特征向量.

(i) 施密特正交化 $\beta_1=\alpha_1$ $\quad \beta_2=\alpha_2-\dfrac{(\alpha_2,\beta_1)}{(\beta_1,\beta_1)}\beta_1$ $\quad \beta_3=\alpha_3-\dfrac{(\alpha_3,\beta_1)}{(\beta_1,\beta_1)}\beta_1-\dfrac{(\alpha_3,\beta_2)}{(\beta_2,\beta_2)}\beta_2$

(ii) 单位化 $\gamma_1=\dfrac{1}{\|\beta_1\|}\beta_1$ $\quad \gamma_2=\dfrac{1}{\|\beta_2\|}\beta_2$ $\quad \gamma_3=\dfrac{1}{\|\beta_3\|}\beta_3$

例 设$A=\begin{pmatrix}1&1&1\\1&1&1\\1&1&1\end{pmatrix}$，求正交矩阵$Q$，使得$Q^{-1}AQ=\Lambda$.

解析 由于$r(A)=1$，$tr(A)=3$，所以A的特征值为，$\lambda_1=\lambda_2=0,\lambda_3=3$.

对于$\lambda_1=\lambda_2=0$，由$Ax=0$，得基础解系$\alpha_1=(-1,1,0)^T,\alpha_2=(-1,0,1)^T$.

对于$\lambda_3=3$，由$(A-3E)x=0$，得基础解系$\alpha_3=(1,1,1)^T$.

对二重特征值0的特征向量α_1,α_2正交化，得$\beta_1=\alpha_1=\begin{pmatrix}-1\\1\\0\end{pmatrix},\beta_2=\begin{pmatrix}-1\\0\\1\end{pmatrix}-\frac{1}{2}\begin{pmatrix}-1\\1\\0\end{pmatrix}=\frac{1}{2}\begin{pmatrix}-1\\-1\\2\end{pmatrix}$，

单位化得$\eta_1=\frac{1}{\sqrt{2}}\begin{pmatrix}-1\\1\\0\end{pmatrix},\eta_2=\frac{1}{\sqrt{6}}\begin{pmatrix}-1\\-1\\2\end{pmatrix},\eta_3=\frac{1}{\sqrt{3}}\begin{pmatrix}1\\1\\1\end{pmatrix}$.

令$Q=(\eta_1,\eta_2,\eta_3)$，则Q为正交矩阵，且$Q^{-1}AQ=\Lambda=\begin{pmatrix}0&&\\&0&\\&&3\end{pmatrix}$.

【注】注意区分：
对于普通矩阵的相似对角化问题，题干一般形如"求可逆矩阵P，使得$P^{-1}AP=\Lambda$"；对于实对称矩阵的相似对角化问题，题干一般形如"求正交矩阵Q，使得$Q^TAQ=\Lambda$".

二、正交矩阵

1. 定义

如果方阵Q满足$Q^TQ=QQ^T=E$，则称Q为正交矩阵.

2. 性质

Q为正交矩阵$\Leftrightarrow\begin{cases}①(\alpha_i,\alpha_j)=0,i\neq j\\②(\alpha_i,\alpha_i)=1\end{cases}$.（行、列向量均有此特点：两两正交且长度为1, 称为标准单位向量组）

Q为正交矩阵$\Rightarrow|Q|=\pm1$且$\lambda=\pm1$（注意仅为必要条件）

3. 矩阵的合同

（1）定义：设同阶方阵A,B，如果存在可逆矩阵C，使得$C^TAC=B$，则称A,B合同，记为$A\simeq B$.

（2）性质：

$A\simeq B\Leftrightarrow A\simeq D,B\simeq D\Leftrightarrow A^T\simeq B^T\Leftrightarrow A^{-1}\simeq B^{-1}$（$A,B$可逆）.

$$A \simeq B \Rightarrow \begin{cases} R(A)=R(B) \\ \lambda_A\text{与}\lambda_B\text{的正负号个数相同} \end{cases}$$（注意仅仅是必要条件）.

【注】矩阵的合同是一个比较边缘的概念，除了定义（以及定义引申出的简单定理）以及重要的必要条件外，其余不需要深究.

推论： 两个实对称矩阵合同的充要条件是特征值的正、负号个数相同.

三、矩阵的三大变换

1. 等价

$A \cong B$: $PAQ = B$.（其中 A,B 为同类型矩阵，不一定是方阵）

$A \cong B \Leftrightarrow A \cong C, B \cong C \Leftrightarrow A^{\mathrm{T}} \cong B^{\mathrm{T}} \Leftrightarrow A^{-1} \cong B^{-1}$.（A,B 为同阶方阵且可逆）

$\Leftrightarrow R(A) = R(B)$.

2. 合同

$A \simeq B: C^{\mathrm{T}}AC = B$（其中 A,B 为同阶方阵）

$A \simeq B \Leftrightarrow A \simeq D, B \simeq D \Leftrightarrow A^{\mathrm{T}} \simeq B^{\mathrm{T}} \Leftrightarrow A^{-1} \simeq B^{-1}$.（A,B 可逆）

$$\Rightarrow \begin{cases} R(A)=R(B) \\ A,B\text{的特征值正、负号个数相同} \end{cases}.$$

3. 相似

$A \sim B: P^{-1}AP = B$.（其中 A,B 为同阶方阵）

$A \sim B \Leftrightarrow A \sim C, B \sim C \Leftrightarrow A^{\mathrm{T}} \sim B^{\mathrm{T}} \Leftrightarrow A^{-1} \sim B^{-1}$.（A,B 可逆）

$$\Rightarrow \begin{cases} R(A)=R(B) \\ \lambda_A=\lambda_B, \alpha_B = P^{-1}\alpha_A \\ f(A) \sim f(B) \end{cases}$$

【注】如果 A,B 为同阶实对称矩阵，则：

$A \simeq B: C^{\mathrm{T}}AC = B \Leftrightarrow A,B$ 特征值的正、负号个数（正负惯性指数）相同.

$A \sim B: P^{-1}AP = B \Leftrightarrow A,B$ 特征值相同.

因此，对于实对称矩阵，相似 $\Rightarrow$ 合同；但合同不能 $\Rightarrow$ 相似.

例 下列矩阵中，与 $\Lambda = \begin{pmatrix} 1 & & \\ & -1 & \\ & & 0 \end{pmatrix}$ 相似的矩阵是___；与 Λ 合同的矩阵是___.

$$A = \begin{pmatrix} 1 & 0 & 0 \\ 0 & 1 & -1 \\ 0 & 2 & -2 \end{pmatrix} \qquad B = \begin{pmatrix} 1 & 0 & 0 \\ 0 & -\frac{1}{2} & \frac{1}{2} \\ 0 & \frac{1}{2} & -\frac{1}{2} \end{pmatrix}$$

$$C=\begin{pmatrix}1&0&0\\0&-1&-2\\0&-2&-4\end{pmatrix}\qquad D=\begin{pmatrix}1&0&0\\0&-1&2\\0&2&2\end{pmatrix}$$

解析 由$|\lambda\boldsymbol{E}-\boldsymbol{A}|=\lambda(\lambda-1)(\lambda+1)=0$，得$\lambda_A=1,-1,0$，故$\boldsymbol{A}\sim\boldsymbol{\Lambda}$，但$\boldsymbol{A}$不是对称矩阵，从而$\boldsymbol{A}$与$\boldsymbol{\Lambda}$不合同（由合同的定义可知，与对称矩阵合同的矩阵一定也是对称矩阵）.

由$|\lambda\boldsymbol{E}-\boldsymbol{B}|=\lambda(\lambda+1)(\lambda-1)=0$，得$\lambda_B=1,-1,0$，又因为$\boldsymbol{B}$为实对称矩阵，所以$\boldsymbol{B}\sim\boldsymbol{\Lambda}$且$\boldsymbol{B}\simeq\boldsymbol{\Lambda}$.

由$|\lambda\boldsymbol{E}-\boldsymbol{C}|=\lambda(\lambda-1)(\lambda+5)=0$，得$\lambda_C=1,-5,0$，与$\boldsymbol{\Lambda}$的特征值不同，故$\boldsymbol{C}$与$\boldsymbol{\Lambda}$不相似.但$\boldsymbol{C}$是实对称矩阵，且秩为2，正惯性指数$p=1$，从而$\boldsymbol{C}\simeq\boldsymbol{\Lambda}$.

由$|\lambda\boldsymbol{E}-\boldsymbol{D}|=(\lambda-1)(\lambda-3)(\lambda+2)=0$，得$\lambda_D=1,3,-2$，与$\boldsymbol{\Lambda}$的特征值不同，虽$\boldsymbol{D}$为实对称矩阵，但其秩为3，故$\boldsymbol{D}$与$\boldsymbol{\Lambda}$不相似，也不合同.

第二节 二次型

一、定义及相关

1. 定义：只含有二次项的n元二次函数

$$f(x_1,x_2\cdots x_n)=a_{11}x_1^2+a_{22}x_2^2+\cdots+a_{nn}x_n^2+2a_{12}x_1x_2+2a_{13}x_1x_3+\cdots+2a_{n-1,n}x_{n-1}x_n$$

称为n元二次型，简称二次型.

2. 矩阵表示

$$f(x_1,x_2\cdots x_n)=a_{11}x_1^2+a_{22}x_2^2+\cdots+a_{nn}x_n^2+2a_{12}x_1x_2+2a_{13}x_1x_3+\cdots+2a_{n-1,n}x_{n-1}x_n$$

$$=(x_1,x_2,\cdots,x_n)\begin{pmatrix}a_{11}&a_{12}&\cdots&a_{1n}\\a_{12}&a_{22}&\cdots&a_{2n}\\\vdots&\vdots&\ddots&\vdots\\a_{1n}&a_{2n}&\cdots&a_{nn}\end{pmatrix}\begin{pmatrix}x_1\\x_2\\\vdots\\x_n\end{pmatrix}=\boldsymbol{x}^{\mathrm{T}}\boldsymbol{A}\boldsymbol{x}，其中\boldsymbol{A}=\boldsymbol{A}^{\mathrm{T}},\boldsymbol{x}=\begin{pmatrix}x_1\\x_2\\\vdots\\x_n\end{pmatrix}.$$

【注】满足$f(\ )=\boldsymbol{x}^{\mathrm{T}}\boldsymbol{A}\boldsymbol{x}$的矩阵$\boldsymbol{A}$有无数多个，但是其中对称的是唯一的，而这个唯一的对称矩阵就称为二次型的矩阵.

二次型矩阵的秩就称为二次型的秩.

二、标准形其对应的矩阵变换

1. 标准形

二次型$f(x_1,x_2\cdots x_n)$通过换元法得到的只有平方项$k_1y_1^2+k_2y_2^2+\cdots+k_ny_n^2$的形式称为二次型的标准形.

2. 原理

多元函数“一一对应”的换元法：令$\boldsymbol{x}=\boldsymbol{C}\boldsymbol{y}$，其中$\boldsymbol{C}$可逆.

此时，二次型$f=\boldsymbol{x}^{\mathrm{T}}\boldsymbol{A}\boldsymbol{x}=\boldsymbol{y}^{\mathrm{T}}\boldsymbol{C}^{\mathrm{T}}\boldsymbol{A}\boldsymbol{C}\boldsymbol{y}$，如果$\boldsymbol{C}$能使得$\boldsymbol{C}^{\mathrm{T}}\boldsymbol{A}\boldsymbol{C}=$对角阵$\boldsymbol{\Lambda}=\begin{pmatrix}k_1 & & & \\ & k_2 & & \\ & & \ddots & \\ & & & k_n\end{pmatrix}$，则

二次型$f=\boldsymbol{y}^{\mathrm{T}}\boldsymbol{\Lambda}\boldsymbol{y}=k_1y_1^2+k_2y_2^2+\cdots+k_ny_n^2$．

【注】二次型换元法得标准形有几个需要注意的地方：

（1）$\boldsymbol{x}=\boldsymbol{C}\boldsymbol{y}$中的$\boldsymbol{C}$必须是可逆换元法才是合理的，只要$\boldsymbol{C}$可逆，那么换元后的两种形式之间的矩阵至少是合同的；

（2）$\boldsymbol{C}$可逆且$\boldsymbol{C}^{\mathrm{T}}\boldsymbol{A}\boldsymbol{C}=\boldsymbol{\Lambda}$（对角矩阵），二次型才能转化为标准形；

（3）二次型化为标准形实质上就是将矩阵$\boldsymbol{A}$化为对角矩阵．由于$\boldsymbol{A}$是实对称矩阵，故一定可以用正交矩阵将其化为对角矩阵，即二次型总可以利用正交变换化为标准形．

3. 二次型化标准形的方法

（1）正交变换法：

①求$\boldsymbol{A}$的特征值，即由$|\lambda\boldsymbol{E}-\boldsymbol{A}|=0$，得$\lambda_1,\lambda_2,\cdots,\lambda_n$；

②求$\boldsymbol{A}$的特征向量，即由$(\lambda_i\boldsymbol{E}-\boldsymbol{A})\boldsymbol{x}=\boldsymbol{0}\ (i=1,2,\cdots,n)$得$\boldsymbol{\alpha}_1,\boldsymbol{\alpha}_2,\cdots,\boldsymbol{\alpha}_n$；

③对$\boldsymbol{\alpha}_1,\boldsymbol{\alpha}_2,\cdots,\boldsymbol{\alpha}_n$进行施密特正交化、单位化，得$\boldsymbol{\eta}_1,\boldsymbol{\eta}_2,\cdots,\boldsymbol{\eta}_n$（正交化只针对重特征值对应的特征向量）；

④$\boldsymbol{Q}=(\boldsymbol{\eta}_1,\boldsymbol{\eta}_2,\cdots,\boldsymbol{\eta}_n)$，则$\boldsymbol{x}=\boldsymbol{Q}\boldsymbol{y}$为正交变换；

⑤写出标准形$\lambda_1y_1^2+\lambda_2y_2^2+\cdots+\lambda_ny_n^2$．

（2）配方法：

通过整理函数形式找到可逆矩阵$\boldsymbol{C}$，使得当做换元法$\boldsymbol{x}=\boldsymbol{C}\boldsymbol{y}$时，二次型变成标准形：

$$f=\boldsymbol{x}^{\mathrm{T}}\boldsymbol{A}\boldsymbol{x}=\boldsymbol{y}^{\mathrm{T}}\boldsymbol{C}^{\mathrm{T}}\boldsymbol{A}\boldsymbol{C}\boldsymbol{y}=\boldsymbol{y}^{\mathrm{T}}\boldsymbol{\Lambda}\boldsymbol{y}=k_1y_1^2+k_2y_2^2+\cdots+k_ny_n^2.$$

注意配方时一次一个字母．

例 用配方法化$f(x_1,x_2,x_3)=x_1^2+5x_2^2+5x_3^2+2x_1x_2-4x_1x_3$为标准形，并写出所做的线性变换．

解析
$$\begin{aligned}f(x_1,x_2,x_3)&=x_1^2+5x_2^2+5x_3^2+2x_1x_2-4x_1x_3\\&=x_1^2+2x_1(x_2-2x_3)+(x_2-2x_3)^2-(x_2-2x_3)^2+5x_2^2+5x_3^2\\&=(x_1+x_2-2x_3)^2+4x_2^2+4x_2x_3+x_3^2=(x_1+x_2-2x_3)^2+(2x_2+x_3)^2.\end{aligned}$$

令$\begin{cases}y_1=x_1+x_2-2x_3,\\y_2=2x_2+x_3,\\y_3=x_3\end{cases}$或$\begin{cases}x_1=y_1-\dfrac{1}{2}y_2+\dfrac{5}{2}y_3,\\x_2=\dfrac{1}{2}y_2-\dfrac{1}{2}y_3,\\x_3=y_3,\end{cases}$，因此标准形为$y_1^2+y_2^2$．

【注】（1）正交法变换得到的标准形的平方项系数为二次型矩阵 $\boldsymbol{A}$ 的特征值；配方法得到的标准形系数一般只与 $\boldsymbol{A}$ 的特征值正、负号个数相同．
（2）二次型换元法的核心："一一对应"：即 $\boldsymbol{x}=\boldsymbol{C}\boldsymbol{y}$ 中的 $\boldsymbol{C}$ 必须是可逆的．并且只要 $\boldsymbol{C}$ 可逆，则二次型新旧形式矩阵之间至少是合同的．
通俗地说：二次型经可逆变换后正、负惯性指数（特征值的正、负号个数）不变；经正交变换后特征值不变．

4. 规范形

平方项系数只为 1,–1 或 0 的标准形，且规定顺序：1 在前面，–1 在后面，最后是 0.（如果有的话）
【定理】二次型的标准形形式不唯一，但规范形形式是唯一的．

三、正定二次型

1. 定义

如果任一非零向量 $\boldsymbol{x}$，都能使二次型 $f=\boldsymbol{x}^{\mathrm{T}}\boldsymbol{A}\boldsymbol{x}>0$，则称 f 为正定二次型，其矩阵 $\boldsymbol{A}$ 称为正定矩阵．

或：如果对任一向量 $\boldsymbol{x}$，二次型 $f=\boldsymbol{x}^{\mathrm{T}}\boldsymbol{A}\boldsymbol{x}\geqslant 0$，并且仅当 $\boldsymbol{x}=\boldsymbol{0}$ 时，$f=\boldsymbol{x}^{\mathrm{T}}\boldsymbol{A}\boldsymbol{x}=0$，其余情况都 $f=\boldsymbol{x}^{\mathrm{T}}\boldsymbol{A}\boldsymbol{x}>0$，那么称 f 为正定二次型，其矩阵 $\boldsymbol{A}$ 称为正定矩阵．

【注】正定矩阵的概念只针对对称矩阵．

2. 二次型 f 正定（实对称矩阵 A 正定）的充要条件

$\Leftrightarrow$ 矩阵 $\boldsymbol{A}$ 的特征值全部为正数．即：实对称阵 $\boldsymbol{A}$ 正定 $\Leftrightarrow$ 其正惯性指数 $p=n=r(\boldsymbol{A})$（证正定常用）．

$\Leftrightarrow$ $\boldsymbol{A}$ 与单位阵 $\boldsymbol{E}$ 合同（习惯上写成：存在可逆矩阵 $\boldsymbol{C}$，使得 $\boldsymbol{A}=\boldsymbol{C}^{\mathrm{T}}\boldsymbol{C}$）．

$\Leftrightarrow$ $\boldsymbol{A}$ 的所有顺序主子式全大于 0（证正定常用）．

【注】顺序主子式：对于 n 阶矩阵 $\boldsymbol{A}=\left(a_{ij}\right)_{n\times n}$，子式 $P_k=\begin{vmatrix} a_{11} & a_{12} & \cdots & a_{1k} \\ a_{21} & a_{22} & \cdots & a_{2k} \\ \vdots & \vdots & & \vdots \\ a_{k1} & a_{k2} & \cdots & a_{kk} \end{vmatrix},(k=1,2,....,n)$．
称为 $\boldsymbol{A}$ 的顺序主子式．

3. 二次型 f 正定（实对称矩阵 A 正定）的必要条件

（1）$\boldsymbol{A}$ 是实对称矩阵；

（2）$\boldsymbol{A}$ 的主对角线元素 a_{ii} 均 >0（常用）；

（3）$|\boldsymbol{A}|>0$（常用），从而 $\boldsymbol{A}$ 可逆．

【注】若 $\boldsymbol{A}$ 为正定矩阵，则 $f(\boldsymbol{A})=a_m\boldsymbol{A}^m+a_{m-1}\boldsymbol{A}^{m-1}+\cdots+a_0\boldsymbol{E}$（其中 $a_i\geqslant 0$ 且不全为 0），$\boldsymbol{A}^{-1},\boldsymbol{A}^*$ 都是正定矩阵．

证明：设矩阵 $\boldsymbol{A}$ 正定，则 $\left(\boldsymbol{A}^{-1}\right)^{\mathrm{T}}=\left(\boldsymbol{A}^{\mathrm{T}}\right)^{-1}=\boldsymbol{A}^{-1}$，即 $\boldsymbol{A}^{-1}$ 为实对称矩阵．设 $\boldsymbol{A}$ 的特征值为 $\lambda_1,\lambda_2,\cdots,\lambda_n$，由 $\boldsymbol{A}$ 正定，知 $\lambda_i>0(i=1,2,\cdots,n)$．又因为 $\boldsymbol{A}^{-1}$ 的特征值为 $\frac{1}{\lambda_1},\frac{1}{\lambda_2},\cdots,\frac{1}{\lambda_n}$，且全大于 0，所以 $\boldsymbol{A}^{-1}$ 是正定矩阵．

同理可证 $\boldsymbol{A}^*$ 也是正定矩阵．

例　设 $f\left(x_1,x_2,\cdots,x_n\right)=\boldsymbol{x}^{\mathrm{T}}\boldsymbol{A}\boldsymbol{x}$，$\boldsymbol{A}^{\mathrm{T}}=\boldsymbol{A}$，则 f 正定的充要条件是（　　）．

A. $|\boldsymbol{A}|>0$　　　　B. f 的负惯性指数为 0

C. f 的秩为 n　　　　D. $\boldsymbol{A}=\boldsymbol{M}^{\mathrm{T}}\boldsymbol{M}$，$\boldsymbol{M}$ 为 n 阶可逆矩阵

解析　由 f 的负惯性指数为 0，未必得到正惯性指数为 n，而 $|\boldsymbol{A}|>0$ 及 f 的秩为 n 都不能判定 $\boldsymbol{A}$ 正定，故排除 A,B,C，即 D 正确．

或直接由基础班结论："正定矩阵一定与单位阵合同"即可．

强化例题

一、实对称矩阵的相似对角化

1. 实对称矩阵对角化的步骤：

（1）求出 $\boldsymbol{A}$ 的所有互不相同的特征值 $\lambda_1,\cdots,\lambda_s$，设它们的重数依次为 $k_1,\cdots,k_s\left(k_1+\cdots+k_s=n\right)$；

（2）对每一个 k_i 重特征值 λ_i，求出方程组 $\left(\boldsymbol{A}-\lambda_i\boldsymbol{E}\right)\boldsymbol{x}=\boldsymbol{0}$ 的基础解系，得到 k_i 个线性无关的特征向量，再将其正交化、单位化，便可得到 k_i 个两两正交的单位特征向量．由于 $k_1+\cdots+k_s=n$，故总共可得到 n 个两两正交的单位特征向量；

（3）将这 n 个两两正交的单位特征向量拼成正交矩阵 $\boldsymbol{Q}$，最终有 $\boldsymbol{Q}^{\mathrm{T}}\boldsymbol{A}\boldsymbol{Q}=\boldsymbol{Q}^{-1}\boldsymbol{A}\boldsymbol{Q}=\boldsymbol{\Lambda}$．

（$\boldsymbol{\Lambda}$ 中对角线上元素的排列次序必须和 $\boldsymbol{Q}$ 中每一列的单位特征向量的排列次序相对应）

2. 避免正交化的小技巧，直接求二重特征值的正交特征向量：

（1）先随便求一个特征向量 $\boldsymbol{\alpha}_1$；

（2）求与 $\boldsymbol{\alpha}_1$ 正交的特征向量 $\boldsymbol{\alpha}_2$，即求 $\boldsymbol{\alpha}_2\perp\boldsymbol{\alpha}_1$ 且 $\boldsymbol{\alpha}_2\perp$ 另外特征值的特征向量 $\boldsymbol{\alpha}$；或 $\boldsymbol{\alpha}_2$ 为原特征值的特征向量且 $\boldsymbol{\alpha}_2\perp\boldsymbol{\alpha}_1$．（可用观察法等）．

例 1　设 $\boldsymbol{A}=\left(a_{ij}\right)_{3\times 3}$ 是实对称矩阵，$\boldsymbol{\alpha}=(1,1,1)^{\mathrm{T}}$ 是方程 $\boldsymbol{A}\boldsymbol{x}=\boldsymbol{\beta}$ 的一个解，其中 $\boldsymbol{\beta}=(3,3,3)^{\mathrm{T}}$．又 $\boldsymbol{\alpha}_1=(-1,2,-1)^{\mathrm{T}},\boldsymbol{\alpha}_2=(0,-1,1)^{\mathrm{T}}$ 与 $\boldsymbol{A}$ 的每一行向量均正交．

（1）求 $\boldsymbol{A}$ 的特征值与特征向量；

（2）求正交矩阵 $\boldsymbol{P}$，使得 $\boldsymbol{P}^{-1}\boldsymbol{AP}=\boldsymbol{\Lambda}$，其中 $\boldsymbol{\Lambda}$ 为对角矩阵；

（3）写出 $\boldsymbol{Ax}=\boldsymbol{\beta}$ 的通解．

解析 （1）由已知，有 $\boldsymbol{A}\begin{pmatrix}1\\1\\1\end{pmatrix}=\begin{pmatrix}3\\3\\3\end{pmatrix}=3\begin{pmatrix}1\\1\\1\end{pmatrix}$，故 $\lambda_3=3$ 是 $\boldsymbol{A}$ 的特征值，$\boldsymbol{\alpha}=(1,1,1)^{\mathrm{T}}$ 是其对应的特征向量．又因为 $\boldsymbol{A\alpha}_1=\boldsymbol{0}=0\boldsymbol{\alpha}_1,\boldsymbol{A\alpha}_2=\boldsymbol{0}=0\boldsymbol{\alpha}_2$，且 $\boldsymbol{\alpha}_1,\boldsymbol{\alpha}_2$ 线性无关，所以 $\lambda_1=\lambda_2=0$ 是 $\boldsymbol{A}$ 的二重特征值，$\boldsymbol{\alpha}_1,\boldsymbol{\alpha}_2$ 是其对应的特征向量．

综上所述，$\boldsymbol{A}$ 的特征值为 $0,0,3$，$\lambda_1=\lambda_2=0$ 对应的特征向量为 $k_1\boldsymbol{\alpha}_1+k_2\boldsymbol{\alpha}_2$（$k_1,k_2$ 不全为 0），$\lambda_3=3$ 对应的特征向量为 $k_3\boldsymbol{\alpha}\,(k_3\neq0)$．

（2）对 $\boldsymbol{\alpha}_1,\boldsymbol{\alpha}_2$ 正交化，有 $\boldsymbol{\xi}_1=\boldsymbol{\alpha}_1=(-1,2,-1)^{\mathrm{T}}$，$\boldsymbol{\xi}_2=\boldsymbol{\alpha}_2-\dfrac{(\boldsymbol{\alpha}_2,\boldsymbol{\xi}_1)}{(\boldsymbol{\xi}_1,\boldsymbol{\xi}_1)}\boldsymbol{\xi}_1=\dfrac{1}{2}(-1,0,1)^{\mathrm{T}}$．

再将 $\boldsymbol{\xi}_1,\boldsymbol{\xi}_2,\boldsymbol{\alpha}$ 单位化，得 $\boldsymbol{\eta}_1=\dfrac{1}{\sqrt6}(-1,2,-1)^{\mathrm{T}},\boldsymbol{\eta}_2=\dfrac{1}{\sqrt2}(-1,0,1)^{\mathrm{T}},\boldsymbol{\eta}=\dfrac{1}{\sqrt3}(1,1,1)^{\mathrm{T}}$．

取 $\boldsymbol{P}=(\boldsymbol{\eta}_1,\boldsymbol{\eta}_2,\boldsymbol{\eta})$，则 $\boldsymbol{P}^{\mathrm{T}}\boldsymbol{AP}=\boldsymbol{\Lambda}=\mathrm{diag}(0,0,3)$．

（3）由于 $\boldsymbol{\alpha}_1,\boldsymbol{\alpha}_2$ 是 $\boldsymbol{Ax}=\boldsymbol{0}$ 的基础解系，故 $\boldsymbol{Ax}=\boldsymbol{\beta}$ 的通解为

$\boldsymbol{x}=\boldsymbol{\alpha}+c_1\boldsymbol{\alpha}_1+c_2\boldsymbol{\alpha}_2=(1,1,1)^{\mathrm{T}}+c_1(-1,2,-1)^{\mathrm{T}}+c_2(0,-1,1)^{\mathrm{T}}$，其中 c_1,c_2 为任意常数．

例 2 设 $\boldsymbol{A}=\begin{pmatrix}0&-1&1\\-1&0&1\\1&1&0\end{pmatrix}$，求一个正交矩阵 $\boldsymbol{Q}$，使得 $\boldsymbol{Q}^{\mathrm{T}}\boldsymbol{AQ}$ 为对角矩阵．

解析 先求特征值：

$$|\boldsymbol{A}-\lambda\boldsymbol{E}|=\begin{vmatrix}-\lambda&-1&1\\-1&-\lambda&1\\1&1&-\lambda\end{vmatrix}=\begin{vmatrix}-\lambda&-1-\lambda&1\\-1&-\lambda-1&1\\1&2&-\lambda\end{vmatrix}=\begin{vmatrix}-\lambda&-1-\lambda&1\\\lambda-1&0&0\\1&2&-\lambda\end{vmatrix}=-(\lambda-1)^2(\lambda+2),$$ 故特征值为

$\lambda_1=-2,\lambda_2=\lambda_3=1$．

再求不同特征值对应的特征向量，并将重特征值对应的特征向量正交化：$\lambda_1=-2$ 时，$\boldsymbol{A}+2\boldsymbol{E}=\begin{pmatrix}2&-1&1\\-1&2&1\\1&1&2\end{pmatrix}\to\begin{pmatrix}0&-3&-3\\0&3&3\\1&1&2\end{pmatrix}\to\begin{pmatrix}1&0&1\\0&1&1\\0&0&0\end{pmatrix}$，特征向量为 $\boldsymbol{\xi}_1=(-1,-1,1)^{\mathrm{T}}$．

$\lambda_2=\lambda_3=1$ 时，$\boldsymbol{A}-\boldsymbol{E}=\begin{pmatrix}-1&-1&1\\-1&-1&1\\1&1&-1\end{pmatrix}\to\begin{pmatrix}1&1&-1\\0&0&0\\0&0&0\end{pmatrix}$，特征向量为 $\boldsymbol{\xi}_2=(-1,1,0)^{\mathrm{T}},\boldsymbol{\xi}_3=(1,0,1)^{\mathrm{T}}$；将

其正交化，即 $\begin{cases}\boldsymbol{\beta}_1=\boldsymbol{\xi}_2=(-1,1,0)^{\mathrm{T}}\\\boldsymbol{\beta}_2=\boldsymbol{\xi}_3-\dfrac{(\boldsymbol{\xi}_3,\boldsymbol{\beta}_1)}{(\boldsymbol{\beta}_1,\boldsymbol{\beta}_1)}\boldsymbol{\beta}_1=(1,0,1)^{\mathrm{T}}-\dfrac{-1}{2}(-1,1,0)^{\mathrm{T}}=\dfrac{1}{2}(1,1,2)^{\mathrm{T}}\end{cases}$，再将特征向量单位化．

令$\begin{cases}\eta_1=\dfrac{\xi_1}{\|\xi_1\|}=\dfrac{1}{\sqrt{3}}(-1,-1,1)^{\mathrm{T}}\\ \eta_2=\dfrac{\beta_1}{\|\beta_1\|}=\dfrac{1}{\sqrt{2}}(-1,1,0)^{\mathrm{T}}\\ \eta_3=\dfrac{\beta_2}{\|\beta_2\|}=\dfrac{1}{\sqrt{6}}(1,1,2)^{\mathrm{T}}\end{cases}$，故 η_1，η_2，η_3 为矩阵 A 的两两正交的单位特征向量 . 令

$Q=(\eta_1,\eta_2,\eta_3)$，则 Q 为正交矩阵，且 $Q^{\mathrm{T}}AQ=\Lambda=\begin{pmatrix}-2&&\\&1&\\&&1\end{pmatrix}$.

【注】这里可以使用避免正交化的小技巧：令特征值 1 对应的特征向量为 $\xi=(x_1,x_2,x_3)^{\mathrm{T}}$，则由正交性可知 $(\xi,\xi_1)=0$，即 $-x_1-x_2+x_3=0$. 取其中一个解 $\xi_2=(-1,1,0)^{\mathrm{T}}$ 作为特征值 1 对应的一个特征向量，假设另一个向量为 $\xi_3=(x_1,x_2,x_3)^{\mathrm{T}}$. 为了得到两两正交的向量，可以直接让 ξ_3 与 ξ_1,ξ_2 都正交，即 $\begin{cases}(\xi_1,\xi_3)=0\\(\xi_2,\xi_3)=0\end{cases}$，故 $\begin{cases}-x_1-x_2+x_3=0\\-x_1+x_2=0\end{cases}$，取该方程组的一个解 $\xi_3=(1,1,2)^{\mathrm{T}}$ 作为特征值 1 的另外一个特征向量，这样 ξ_1,ξ_2,ξ_3 就两两正交了 .

例 3　设实对称矩阵 $A=\begin{pmatrix}0&1&-1\\1&0&-1\\-1&-1&0\end{pmatrix}$，求正交矩阵 Q，使 $Q^{\mathrm{T}}(2A+A^*)Q$ 为对角阵 .

解析　$|\lambda E-A|=\begin{vmatrix}\lambda&-1&1\\-1&\lambda&1\\1&1&\lambda\end{vmatrix}=\begin{vmatrix}\lambda+1&-(\lambda+1)&0\\-1&\lambda&1\\1&1&\lambda\end{vmatrix}=(\lambda+1)\begin{vmatrix}1&0&0\\-1&\lambda-1&1\\1&2&\lambda\end{vmatrix}$

$=(\lambda+1)^2(\lambda-2)$，故 $\lambda_1=\lambda_2=-1,\lambda_3=2$.

对于 $\lambda_1=\lambda_2=-1$： $-E-A=\begin{pmatrix}-1&-1&1\\-1&-1&1\\1&1&-1\end{pmatrix}\to\begin{pmatrix}1&1&-1\\0&0&0\\0&0&0\end{pmatrix}$，求得特征向量 $\alpha_1=(1,-1,0)^{\mathrm{T}}$

$\alpha_2=(1,1,2)^{\mathrm{T}}$（已正交）；

对于 $\lambda_3=2$，则有 $2E-A=\begin{pmatrix}2&-1&1\\-1&2&1\\1&1&2\end{pmatrix}\to\begin{pmatrix}1&0&1\\0&1&1\\0&0&0\end{pmatrix}$， $\alpha_3=(1,1,-1)^{\mathrm{T}}$.

对 α_1 α_2 α_3 单位化： $e_1=\dfrac{\alpha_1}{\|\alpha_1\|}=\dfrac{1}{\sqrt{2}}\begin{pmatrix}1\\-1\\0\end{pmatrix}$， $e_2=\dfrac{\alpha_2}{\|\alpha_2\|}=\dfrac{1}{\sqrt{6}}\begin{pmatrix}1\\1\\2\end{pmatrix}$， $e_3=\dfrac{\alpha_3}{\|\alpha_3\|}=\dfrac{1}{\sqrt{3}}\begin{pmatrix}1\\1\\-1\end{pmatrix}$，

令 $Q=(e_1,e_2,e_3)=\begin{pmatrix}\frac{1}{\sqrt{2}} & \frac{1}{\sqrt{6}} & \frac{1}{\sqrt{3}}\\ -\frac{1}{\sqrt{2}} & \frac{1}{\sqrt{6}} & \frac{1}{\sqrt{3}}\\ 0 & \frac{2}{\sqrt{6}} & -\frac{1}{\sqrt{3}}\end{pmatrix}$，而 $Q^{\mathrm{T}}AQ=Q^{-1}AQ=\Lambda\Rightarrow Q^{\mathrm{T}}(2A+A^*)Q=2\Lambda+\Lambda^*$

$$=\begin{pmatrix}-4 & & \\ & -4 & \\ & & 5\end{pmatrix}.$$

二、已知特征值或特征向量，反求矩阵 A

若 A 为实对称矩阵，则可用 $A=P\Lambda P^{-1}$ 或 $A=P\Lambda P^{\mathrm{T}}$ 来求（前者的计算量在于求逆，后者在于正交单位化）

补充解法：当具有二重根时，如特征值为 $\lambda_1,\lambda_1,\lambda_3$，可利用 $A-\lambda_1E$ 的特征值 $0,0,\lambda_3-\lambda_1$，则 $A-\lambda_1E$ 为秩为 1 的实对称矩阵 .

例 1　设 3 阶实对称矩阵 A 的三个特征值分别是 -1,1,1, 其中 -1 对应的特征向量为 $\begin{pmatrix}0\\1\\1\end{pmatrix}$.

（1）求 A；（2）求 $B=A^3-5A^2$ 的一个相似对角阵；（3）求 $|A^*-5E|$.

解析　（1）设 1 对应的特征向量为 $x=\begin{pmatrix}x_1\\x_2\\x_3\end{pmatrix}$，由于实对称矩阵不同特征值对应的特征向量相互正交，因此 $x_2+x_3=0$，求得基础解系 $\begin{pmatrix}0\\1\\-1\end{pmatrix}$，$\begin{pmatrix}1\\0\\0\end{pmatrix}$ 即为 1 对应的特征向量 . 此时，令

$P=\begin{pmatrix}1 & 0 & 0\\ 0 & 1 & 1\\ 0 & -1 & 1\end{pmatrix}$，即有 $P^{-1}AP=\Lambda=diag(1,1,-1)$，从而 $A=P\Lambda P^{-1}=A=\begin{pmatrix}1 & 0 & 0\\ 0 & 0 & -1\\ 0 & -1 & 0\end{pmatrix}$.

（2）由于 $B=A^3-5A^2$，从而 $\lambda_B=\lambda_A^3-5\lambda_A^2=-6,-4,-4$，且 B 也为实对称矩阵，因此

$B\sim\begin{pmatrix}-6 & 0 & 0\\ 0 & -4 & 0\\ 0 & 0 & -4\end{pmatrix}$.

（3）由于 A 的特征值为 -1,1,1, 所以 $A^*=|A|A^{-1}$ 的特征值为 1,-1,-1, 进而 A^*-5E 的特征值为 -4,-6,-6, 从而 $|A^*-5E|=-144$.

例 2 （真题改编）设 3 阶实对称矩阵 $\boldsymbol{A}$ 的特征值为 $\lambda_1=1$，$\lambda_2=2$，$\lambda_3=-2$，$\boldsymbol{\alpha}_1=(1,-1,1)^{\mathrm{T}}$ 是 $\boldsymbol{A}$ 的属于 λ_1 的一个特征向量，记 $\boldsymbol{B}=\boldsymbol{A}^5-4\boldsymbol{A}^3+\boldsymbol{E}$，其中 $\boldsymbol{E}$ 为 3 阶单位矩阵．求矩阵 $\boldsymbol{B}$．

解析 由特征值与特征向量的关系，$\boldsymbol{B}$ 的特征值 $\lambda_B=\lambda_A^5-4\lambda_A^3+1$，分别为 $\mu_1=-2$，$\mu_2=1,\mu_3=1$；而 $\boldsymbol{\alpha}_1$ 是 $\boldsymbol{B}$ 的对应于特征值 $\mu_1=-2$ 的特征向量．

又由 $\boldsymbol{A}$ 是实对称矩阵，知 $\boldsymbol{B}$ 也是实对称矩阵，故 $\boldsymbol{B}$ 的不同特征值对应的特征向量必正交．

设 $\mu_2=\mu_3=1$ 对应的特征向量为 $\boldsymbol{\alpha}=(x_1,x_2,x_3)^{\mathrm{T}}$，则 $\boldsymbol{\alpha}_1^{\mathrm{T}}\boldsymbol{\alpha}=0$，即 $x_1-x_2+x_3=0$，

得基础解系 $\boldsymbol{\alpha}_2=(1,1,0)^{\mathrm{T}},\boldsymbol{\alpha}_3=(-1,0,1)^{\mathrm{T}}$，即为 $\mu_2=\mu_3=1$ 所对应的特征向量．

此时令 $\boldsymbol{P}=(\boldsymbol{\alpha}_1,\boldsymbol{\alpha}_2,\boldsymbol{\alpha}_3)=\begin{pmatrix}1&1&-1\\-1&1&0\\1&0&1\end{pmatrix}$，即有 $\boldsymbol{P}^{-1}\boldsymbol{B}\boldsymbol{P}=\begin{pmatrix}-2&&\\&1&\\&&1\end{pmatrix}$，从而

$$\boldsymbol{B}=\boldsymbol{P}\begin{pmatrix}-2&&\\&1&\\&&1\end{pmatrix}\boldsymbol{P}^{-1}=\begin{pmatrix}0&1&-1\\1&0&1\\-1&1&0\end{pmatrix}.$$

例 3 （2011）设 $\boldsymbol{A}$ 为 3 阶实对称矩阵，$r(\boldsymbol{A})=2$，且 $\boldsymbol{A}\begin{pmatrix}1&1\\0&0\\-1&1\end{pmatrix}=\begin{pmatrix}-1&1\\0&0\\1&1\end{pmatrix}$．

（1）求 $\boldsymbol{A}$ 的所有特征值与特征向量；（2）求矩阵 $\boldsymbol{A}$．

解析 （1）由题意，$\boldsymbol{A}\begin{pmatrix}1\\0\\-1\end{pmatrix}=\begin{pmatrix}-1\\0\\1\end{pmatrix}=-\begin{pmatrix}1\\0\\-1\end{pmatrix},\boldsymbol{A}\begin{pmatrix}1\\0\\1\end{pmatrix}=\begin{pmatrix}1\\0\\1\end{pmatrix}$，故 $\lambda_1=1,\lambda_2=-1$ 是 $\boldsymbol{A}$ 的两个特征值，

且对应的特征向量分别为 $\boldsymbol{\alpha}_1=(1,0,1)^{\mathrm{T}}$，$\boldsymbol{\alpha}_2=(1,0,-1)^{\mathrm{T}}$．

又由 $r(\boldsymbol{A})=2$，知 $|\boldsymbol{A}|=0$，故 $\lambda_3=0$ 是 $\boldsymbol{A}$ 的特征值．

令 $\boldsymbol{\alpha}_3=(x_1,x_2,x_3)^{\mathrm{T}}$ 是 $\lambda_3=0$ 对应的特征向量，由 $\boldsymbol{A}$ 是实对称矩阵，得 $\begin{cases}\boldsymbol{\alpha}_1^{\mathrm{T}}\boldsymbol{\alpha}_3=0,\\\boldsymbol{\alpha}_2^{\mathrm{T}}\boldsymbol{\alpha}_3=0,\end{cases}$ 即 $\begin{cases}x_1+x_3=0,\\x_1-x_3=0,\end{cases}$ 解得的一个基础解系 $\boldsymbol{\alpha}_3=(0,1,0)^{\mathrm{T}}$ 为 $\boldsymbol{A}$ 的对应于特征值 $\lambda_3=0$ 的特征向量．

故 $\boldsymbol{A}$ 的全部特征值为 1,−1,0, 分别对应的全部特征向量为 $k_1\boldsymbol{\alpha}_1,k_2\boldsymbol{\alpha}_2,k_3\boldsymbol{\alpha}_3$（$k_1,k_2,k_3$ 均不为 0）．

（2）由（1）可知，令 $\boldsymbol{P}=(\boldsymbol{\alpha}_1,\boldsymbol{\alpha}_2,\boldsymbol{\alpha}_3)$，即有 $\boldsymbol{P}^{-1}\boldsymbol{A}\boldsymbol{P}=\boldsymbol{\Lambda}=diag(1,-1,0)$，从而 $\boldsymbol{A}=\boldsymbol{P}\boldsymbol{\Lambda}\boldsymbol{P}^{-1}$

$$=\begin{pmatrix}0&0&1\\0&0&0\\1&0&0\end{pmatrix}.$$

例 4 设 $\boldsymbol{A}$ 是 3 阶实对称矩阵，存在可逆矩阵 $\boldsymbol{P}$，使得 $\boldsymbol{P}^{-1}\boldsymbol{A}\boldsymbol{P}=\mathrm{diag}(1,2,-1)$，且 $\boldsymbol{\alpha}_1=(1,a+1,2)^{\mathrm{T}}$，$\boldsymbol{\alpha}_2=(a-1,-a,1)^{\mathrm{T}}$ 分别为 $\boldsymbol{A}$ 的特征值 $\lambda_1=1,\lambda_2=2$ 对应的特征向量，$\boldsymbol{A}^*$ 的特征值 λ_0 对应的特征向量为 $\boldsymbol{\beta}=(2,-5a,2a+1)^{\mathrm{T}}$．

（1）求 a 与 λ_0 的值；

（2）求矩阵 $\boldsymbol{A}$.

解析 （1）由题可知 $\boldsymbol{A}$ 的特征值为 $\lambda_1=1,\lambda_2=2,\lambda_3=-1$ ，所以 $|\boldsymbol{A}|=\lambda_1\lambda_2\lambda_3=-2$ ，从而 $\boldsymbol{A}$ 可逆且 $\boldsymbol{A}^*=|\boldsymbol{A}|\boldsymbol{A}^{-1}=-2\boldsymbol{A}^{-1}$.

由于 $\boldsymbol{A}^*$ 的特征值 λ_0 对应的特征向量为 $\boldsymbol{\beta}$ ，即 $\boldsymbol{A}^*\boldsymbol{\beta}=\lambda_0\boldsymbol{\beta}\Rightarrow -2\boldsymbol{A}^{-1}\boldsymbol{\beta}=\lambda_0\boldsymbol{\beta}\Rightarrow -\dfrac{2}{\lambda_0}\boldsymbol{\beta}=\boldsymbol{A}\boldsymbol{\beta}$ ，故 $\boldsymbol{\beta}$ 也是 $\boldsymbol{A}$ 的一个特征向量 .

由于 $\boldsymbol{A}$ 的特征值都是一重的，所以每个特征值对应的特征向量一定是成比例的，而 $\boldsymbol{\beta}$ 显然与 $\boldsymbol{\alpha}_1,\boldsymbol{\alpha}_2$ 均不成比例，所以它一定是 $\lambda_3=-1$ 对应的特征向量 . 从而 $\boldsymbol{A}\boldsymbol{\beta}=-\dfrac{2}{\lambda_0}\boldsymbol{\beta}=-\boldsymbol{\beta}$

$\Rightarrow -\dfrac{2}{\lambda_0}=-1\Rightarrow \lambda_0=2$.

此时我们知道：$\boldsymbol{A}$ 的特征值为 $\lambda_1=1,\lambda_2=2,\lambda_3=-1$ ，对应的特征向量分别是 $\boldsymbol{\alpha}_1,\boldsymbol{\alpha}_2,\boldsymbol{\beta}$.

由 $\boldsymbol{A}$ 是实对称矩阵，知 $\boldsymbol{\alpha}_1,\boldsymbol{\alpha}_2$ 两两正交，故 $\boldsymbol{\alpha}_1^{\mathrm{T}}\boldsymbol{\alpha}_2=a-1-a(a+1)+2=0\Leftrightarrow a^2=1$ ，解得 $a=1$ 或 $a=-1$.

当 $a=1$ 时， $\boldsymbol{\alpha}_1=(1,2,2)^{\mathrm{T}},\boldsymbol{\alpha}_2=(0,-1,1)^{\mathrm{T}},\boldsymbol{\beta}=(2,-5,3)^{\mathrm{T}}$ ，显然 $\boldsymbol{\beta}$ 与 $\boldsymbol{\alpha}_1,\boldsymbol{\alpha}_2$ 均不正交，所以 $a=1$ 不合题意，舍去 .

当 $a=-1$ 时， $\boldsymbol{\alpha}_1=(1,0,2)^{\mathrm{T}},\boldsymbol{\alpha}_2=(-2,1,1)^{\mathrm{T}},\boldsymbol{\beta}=(2,5,-1)^{\mathrm{T}}$ ，两两正交，符合题意 .

综上所述， $a=-1,\lambda_0=2$.

（2）由（1）可知，令 $\boldsymbol{P}=(\boldsymbol{\alpha}_1,\boldsymbol{\alpha}_2,\boldsymbol{\beta})=\begin{pmatrix}1&-2&2\\0&1&5\\2&1&-1\end{pmatrix}$ ，即有 $\boldsymbol{P}^{-1}\boldsymbol{A}\boldsymbol{P}=\boldsymbol{\Lambda}=\begin{pmatrix}1&&\\&2&\\&&-1\end{pmatrix}$ ，从而

$$\boldsymbol{A}=\boldsymbol{P}\boldsymbol{\Lambda}\boldsymbol{P}^{-1}=\begin{pmatrix}1&-2&2\\0&1&5\\2&1&-1\end{pmatrix}\begin{pmatrix}1&&\\&2&\\&&-1\end{pmatrix}\begin{pmatrix}1&-2&2\\0&1&5\\2&1&-1\end{pmatrix}^{-1}=\begin{pmatrix}\frac{7}{5}&-1&-\frac{1}{5}\\-1&-\frac{1}{2}&\frac{1}{2}\\-\frac{1}{5}&\frac{1}{2}&\frac{11}{10}\end{pmatrix}.$$

三、正负惯性指数

例 1 二次型 $f=x_1^2+4x_2^2+4x_3^2-4x_1x_2+4x_1x_3-8x_2x_3$ 的规范形为（ ）.

A. $f=z_1^2+z_2^2+z_3^2$ B. $f=z_1^2+z_2^2-z_3^2$

C. $f=z_1^2-z_2^2$ D. $f=z_1^2$

解析 判别规范形，只需确定二次型的秩及正、负惯性指数，一般可通过求二次型的矩阵 $\boldsymbol{A}$ 的特征值来确定 .

f的矩阵为$A=\begin{pmatrix}1&-2&2\\-2&4&-4\\2&-4&4\end{pmatrix}$，由$|\lambda E-A|=\lambda^2(\lambda-9)=0$，得$\lambda_1=9$，$\lambda_2=\lambda_3=0$，正惯性指数$p=1$，负惯性指数$q=0$，$D$正确．

例 2　设A是3阶实对称矩阵，E是3阶单位矩阵，$A^2+A=2E$，且$|A|=4$，则二次型x^TAx的规范形为______．

解析　设A的特征值为λ，由$A^2+A=2E$，知$\lambda^2+\lambda=2$，故$\lambda=-2$或1．由于$|A|=4=\lambda_1\lambda_2\lambda_3$，故$A$的特征值为$\lambda_1=\lambda_2=-2,\lambda_3=1$，从而二次型$x^TAx$的正惯性指数$p=1$，负惯性指数$q=2$，于是规范形为$y_1^2-y_2^2-y_3^2$．

四、利用正交变换将二次型化为标准形

例 1　（真题）设$A=\begin{pmatrix}1&0&1\\0&1&1\\-1&0&a\\0&a&-1\end{pmatrix}$，二次型$f(x_1,x_2,x_3)=x^T(A^TA)x$的秩为2．

（1）求实数a的值；

（2）求正交变换$x=Qy$将f化为标准形．

解析　（1）由$r(A^TA)=r(A)=2$，对A做初等变换$\to\begin{pmatrix}1&0&1\\0&1&1\\0&0&a+1\\0&0&0\end{pmatrix}$，$a=-1$．从而可知

$$A^TA=\begin{pmatrix}2&0&1-a\\0&1+a^2&1-a\\1-a&1-a&3+a^2\end{pmatrix}=\begin{pmatrix}2&0&2\\0&2&2\\2&2&4\end{pmatrix}.$$

（2）由（1）可知f的矩阵为$B=A^TA=\begin{pmatrix}2&0&2\\0&2&2\\2&2&4\end{pmatrix}$．

由$|\lambda E-B|=\begin{vmatrix}\lambda-2&0&-2\\0&\lambda-2&-2\\-2&-2&\lambda-4\end{vmatrix}=\lambda(\lambda-2)(\lambda-6)=0$．得$\lambda_1=0$，$\lambda_2=2$，$\lambda_3=6$．

对于$\lambda_1=0$，由$(0E-B)\alpha=0$，得$\alpha_1=(1,1,-1)^T$．

对于$\lambda_2=2$，由$(2E-B)\alpha=0$，得$\alpha_2=(1,-1,0)^T$．

对于$\lambda_3=6$，由$(6E-B)\alpha=0$，得$\alpha_3=(1,1,2)^T$．

将$\alpha_1,\alpha_2,\alpha_3$单位化，得$\eta_1=\frac{1}{\sqrt{3}}\begin{pmatrix}1\\1\\-1\end{pmatrix},\eta_2=\frac{1}{\sqrt{2}}\begin{pmatrix}1\\-1\\0\end{pmatrix},\eta_3=\frac{1}{\sqrt{6}}\begin{pmatrix}1\\1\\2\end{pmatrix}$．

令 $Q=(\eta_1,\eta_2,\eta_3)$，则 $x=Qy$ 为正交变换，标准形为 $2y_2^2+6y_3^2$.

例 2　设二次型 $f(x_1,x_2,x_3)=x_1^2+x_2^2+x_3^2-4x_1x_2-4x_1x_3+2ax_2x_3$ 经过正交变换的标准形为 $3y_1^2+3y_2^2+by_3^2$，求 a,b 的值及所用的正交变换 .

解析　记 $A=\begin{pmatrix}1&-2&-2\\-2&1&a\\-2&a&1\end{pmatrix}$，$\Lambda=\begin{pmatrix}3&&\\&3&\\&&b\end{pmatrix}$. 依题设，可知 $A\sim\Lambda$，

故 $\begin{cases}\sum\limits_{i=1}^{3}a_{ii}=1+1+1=3+3+b\\|3E-A|=0\end{cases}$，解得 $a=-2,b=-3$.

因为相似矩阵有相同的特征值，所以 A 的特征值为 $\lambda_1=\lambda_2=3$，$\lambda_3=-3$.

对于 $\lambda_1=\lambda_2=3$，由 $(3E-A)x=0$，得 $\alpha_1=(-1,1,0)^{\mathrm{T}},\alpha_2=(-1,0,1)^{\mathrm{T}}$.

对于 $\lambda_3=-3$，由 $(-3E-A)x=0$，得 $\alpha_3=(1,1,1)^{\mathrm{T}}$.

将 α_1,α_2 正交化，得 $\beta_1=\alpha_1=\begin{pmatrix}-1\\1\\0\end{pmatrix},\beta_2=\begin{pmatrix}-1\\0\\1\end{pmatrix}-\frac{1}{2}\begin{pmatrix}-1\\1\\0\end{pmatrix}=\frac{1}{2}\begin{pmatrix}-1\\-1\\2\end{pmatrix}$.

单位化得 $\eta_1=\frac{1}{\sqrt{2}}\begin{pmatrix}-1\\1\\0\end{pmatrix},\eta_2=\frac{1}{\sqrt{6}}\begin{pmatrix}-1\\-1\\2\end{pmatrix},\eta_3=\frac{1}{\sqrt{3}}\begin{pmatrix}1\\1\\1\end{pmatrix}$.

令 $Q=(\eta_1,\eta_2,\eta_3)$，则正交变换为 $x=Qy$，标准形为 $3y_1^2+3y_2^2-3y_3^2$.

例 3　二次型 $f(x_1,x_2,x_3)=x^{\mathrm{T}}Ax$，$A=(a_{ij})_{3\times3}$ 为实对称矩阵，且 $\sum\limits_{i=1}^{3}a_{ii}=2$，矩阵 A 的行向量与矩阵 B 的列向量均正交，其中 $B=\begin{pmatrix}1&-1&0\\1&1&2\\1&0&1\end{pmatrix}$.

（1）用正交变换化二次型为标准形，并求出所作的正交变换；
（2）求该二次型 .

解析　（1）由已知 $AB=O$，即 B 的列向量都是 $Ax=0$ 的解 . 令
$\alpha_1=(1,1,1)^{\mathrm{T}},\alpha_2=(-1,1,0)^{\mathrm{T}},\alpha_3=(0,2,1)^{\mathrm{T}}$，

则 $A\alpha_1=0,A\alpha_2=0,A\alpha_3=0$，故 $\alpha_1,\alpha_2,\alpha_3$ 是 A 对应于 $\lambda=0$ 的特征向量，且 α_1 与 α_2 线性无关（且正交），$\alpha_3=\alpha_1+\alpha_2$，从而 $\lambda=0$ 至少是二重特征值 .

设 A 的 3 个特征值分别为 $\lambda_1,\lambda_2,\lambda_3$，由于 $\sum\limits_{i=1}^{3}\lambda_i=\sum\limits_{i=1}^{3}a_{ii}=2$，故 $\lambda_1=\lambda_2=0$，$\lambda_3=2$.

设 $\lambda_3=2$ 对应的特征向量为 $x=(x_1,x_2,x_3)^{\mathrm{T}}$，则 x 与 α_1,α_2 均正交，故

$\begin{cases}\boldsymbol{\alpha}_1^{\mathrm{T}}\boldsymbol{x}=x_1+x_2+x_3=0\\ \boldsymbol{\alpha}_2^{\mathrm{T}}\boldsymbol{x}=-x_1+x_2=0\end{cases}$ 解得 $\boldsymbol{x}=(1,1,-2)^{\mathrm{T}}$，将 $\boldsymbol{\alpha}_1,\boldsymbol{\alpha}_2,\boldsymbol{x}$ 单位化，得：

$$\boldsymbol{\eta}_1=\left(\frac{1}{\sqrt{3}},\frac{1}{\sqrt{3}},\frac{1}{\sqrt{3}}\right)^{\mathrm{T}},\boldsymbol{\eta}_2=\left(\frac{-1}{\sqrt{2}},\frac{1}{\sqrt{2}},0\right)^{\mathrm{T}},\boldsymbol{\eta}_3=\left(\frac{1}{\sqrt{6}},\frac{1}{\sqrt{6}},\frac{-2}{\sqrt{6}}\right)^{\mathrm{T}},$$

故所求正交变换为 $\boldsymbol{x}=\boldsymbol{Q}\boldsymbol{y}$，$\boldsymbol{Q}=(\boldsymbol{\eta}_1,\boldsymbol{\eta}_2,\boldsymbol{\eta}_3)$，标准形为 $f=2y_3^2$．

（2）由 $\boldsymbol{Q}^{\mathrm{T}}\boldsymbol{A}\boldsymbol{Q}=\begin{pmatrix}0&&\\&0&\\&&2\end{pmatrix}$，得 $\boldsymbol{A}=\boldsymbol{Q}\begin{pmatrix}0&&\\&0&\\&&2\end{pmatrix}\boldsymbol{Q}^{\mathrm{T}}=\begin{pmatrix}\frac{1}{3}&\frac{1}{3}&-\frac{2}{3}\\ \frac{1}{3}&\frac{1}{3}&-\frac{2}{3}\\ -\frac{2}{3}&-\frac{2}{3}&\frac{4}{3}\end{pmatrix}$，故所求二次型为

$$f=\frac{1}{3}x_1^2+\frac{1}{3}x_2^2+\frac{4}{3}x_3^2+\frac{2}{3}x_1x_2-\frac{4}{3}x_1x_3-\frac{4}{3}x_2x_3.$$

例 4　设二次型 $f(x_1,x_2,x_3)=x_1^2+5x_2^2+5x_3^2+2x_1x_2-4x_1x_3$．

（1）用正交变换化二次型为标准形，并写出所用的正交变换；

（2）当 $\boldsymbol{x}^{\mathrm{T}}\boldsymbol{x}=2$ 时，求 $f(x_1,x_2,x_3)$ 的最大值．

解析　（1）二次型的矩阵 $\boldsymbol{A}=\begin{pmatrix}1&1&-2\\1&5&0\\-2&0&5\end{pmatrix}$．由 $|\lambda\boldsymbol{E}-\boldsymbol{A}|=\begin{vmatrix}\lambda-1&-1&2\\-1&\lambda-5&0\\2&0&\lambda-5\end{vmatrix}$

$=\lambda(\lambda-5)(\lambda-6)=0$，得 $\lambda_1=0$，$\lambda_2=5$，$\lambda_3=6$．

对于 $\lambda_1=0$，由 $(0\boldsymbol{E}-\boldsymbol{A})\boldsymbol{x}=\boldsymbol{0}$，得 $\boldsymbol{\alpha}_1=(5,-1,2)^{\mathrm{T}}$．

对于 $\lambda_2=5$，由 $(5\boldsymbol{E}-\boldsymbol{A})\boldsymbol{x}=\boldsymbol{0}$，得 $\boldsymbol{\alpha}_2=(0,2,1)^{\mathrm{T}}$．

对于 $\lambda_3=6$，由 $(6\boldsymbol{E}-\boldsymbol{A})\boldsymbol{x}=\boldsymbol{0}$，得 $\boldsymbol{\alpha}_3=(1,1,-2)^{\mathrm{T}}$．

因为三个特征值互不相同，所以只需对特征向量进行单位化，得：

$$\boldsymbol{\eta}_1=\frac{1}{\sqrt{30}}\begin{pmatrix}5\\-1\\2\end{pmatrix},\boldsymbol{\eta}_2=\frac{1}{\sqrt{5}}\begin{pmatrix}0\\2\\1\end{pmatrix},\boldsymbol{\eta}_3=\frac{1}{\sqrt{6}}\begin{pmatrix}1\\1\\-2\end{pmatrix}.$$

令 $\boldsymbol{Q}=(\boldsymbol{\eta}_1,\boldsymbol{\eta}_2,\boldsymbol{\eta}_3)$，则 $\boldsymbol{x}=\boldsymbol{Q}\boldsymbol{y}$ 为正交变换，二次型的标准形为 $5y_2^2+6y_3^2$．

（2）当 $\boldsymbol{x}^{\mathrm{T}}\boldsymbol{x}=2$ 时，由 $\boldsymbol{x}^{\mathrm{T}}\boldsymbol{x}\overset{\boldsymbol{x}=\boldsymbol{Q}\boldsymbol{y}}{=}(\boldsymbol{Q}\boldsymbol{y})^{\mathrm{T}}\boldsymbol{Q}\boldsymbol{y}=\boldsymbol{y}^{\mathrm{T}}\boldsymbol{Q}^{\mathrm{T}}\boldsymbol{Q}\boldsymbol{y}=\boldsymbol{y}^{\mathrm{T}}\boldsymbol{y}=y_1^2+y_2^2+y_3^2=2$，

知 $\boldsymbol{x}^{\mathrm{T}}\boldsymbol{A}\boldsymbol{x}\overset{\boldsymbol{x}=\boldsymbol{Q}\boldsymbol{y}}{=}\boldsymbol{y}^{\mathrm{T}}\boldsymbol{A}\boldsymbol{y}=0y_1^2+5y_2^2+6y_3^2\leqslant 6y_1^2+6y_2^2+6y_3^2=6(y_1^2+y_2^2+y_3^2)$

$=6\times2=12$，故 $f(x_1,x_2,x_3)$ 最大值为 12．

【注】**二次型最值**：设 n 元二次型 $f=\boldsymbol{x}^{\mathrm{T}}\boldsymbol{A}\boldsymbol{x}$，$\boldsymbol{A}$ 的特征值 $\lambda_1,\lambda_2,\cdots,\lambda_n$ 中的最大值为 λ^*，最小值为 λ_*，且 $\boldsymbol{x}^{\mathrm{T}}\boldsymbol{x}=M(M>0)$，则 $M\lambda_*\leqslant \boldsymbol{x}^{\mathrm{T}}\boldsymbol{A}\boldsymbol{x}\leqslant M\lambda^*$，
即二次型 $f=\boldsymbol{x}^{\mathrm{T}}\boldsymbol{A}\boldsymbol{x}$ 的最大值为 $M\lambda^*$，最小值为 $M\lambda_*$.

例 5 （真题）二次型 $f(x_1,x_2,x_3)$ 在正交变换 $\boldsymbol{x}=\boldsymbol{P}\boldsymbol{y}$ 下的标准形为 $2y_1^2+y_2^2-y_3^2$，其中 $\boldsymbol{P}=(\boldsymbol{e}_1,\boldsymbol{e}_2,\boldsymbol{e}_3)$，若 $\boldsymbol{Q}=(\boldsymbol{e}_1,-\boldsymbol{e}_3,\boldsymbol{e}_2)$，则 $f(x_1,x_2,x_3)$ 在正交变换 $\boldsymbol{x}=\boldsymbol{Q}\boldsymbol{y}$ 下的标准形为（　　）.

A. $2y_1^2-y_2^2+y_3^2$　　　　B. $2y_1^2+y_2^2-y_3^2$

C. $2y_1^2-y_2^2-y_3^2$　　　　D. $2y_1^2+y_2^2+y_3^2$

解析 法一：由 f 在正交变换 $\boldsymbol{x}=\boldsymbol{P}\boldsymbol{y}$ 下的标准形为 $2y_1^2+y_2^2-y_3^2$，可知 $\boldsymbol{A}$ 的特征值为 $2,1,-1$.
由已知 $\boldsymbol{P}=(\boldsymbol{e}_1,\boldsymbol{e}_2,\boldsymbol{e}_3)$，可知 $2,1,-1$ 对应的特征向量依次为 $\boldsymbol{e}_1,\boldsymbol{e}_2,\boldsymbol{e}_3$，故 $\boldsymbol{e}_3$ 是 -1 对应的特征向量，而 $-\boldsymbol{e}_3$ 仍是 -1 对应的特征向量，从而当 $\boldsymbol{Q}=(\boldsymbol{e}_1,-\boldsymbol{e}_3,\boldsymbol{e}_2)$ 时，二次型在正交变换 $\boldsymbol{x}=\boldsymbol{Q}\boldsymbol{y}$ 下的标准形应为 $2y_1^2-y_2^2+y_3^2$，A 正确 .

法二：先求出正交矩阵 $\boldsymbol{Q}$ 与正交矩阵 $\boldsymbol{P}$ 的关系 . 由于 $\boldsymbol{Q}=(\boldsymbol{e}_1,-\boldsymbol{e}_3,\boldsymbol{e}_2)=(\boldsymbol{e}_1,\boldsymbol{e}_2,\boldsymbol{e}_3)\begin{pmatrix}1&0&0\\0&0&1\\0&-1&0\end{pmatrix}$

$=\boldsymbol{P}\begin{pmatrix}1&0&0\\0&0&1\\0&-1&0\end{pmatrix}=\boldsymbol{P}\boldsymbol{C}$，故在换元法 $\boldsymbol{x}=\boldsymbol{Q}\boldsymbol{y}$ 下，$f=\boldsymbol{x}^{\mathrm{T}}\boldsymbol{A}\boldsymbol{x}=\boldsymbol{y}^{\mathrm{T}}\boldsymbol{Q}^{\mathrm{T}}\boldsymbol{A}\boldsymbol{Q}\boldsymbol{y}=\boldsymbol{y}^{\mathrm{T}}\boldsymbol{C}^{\mathrm{T}}\boldsymbol{P}^{\mathrm{T}}\boldsymbol{A}\boldsymbol{P}\boldsymbol{C}\boldsymbol{y}$

$=\boldsymbol{y}^{\mathrm{T}}\boldsymbol{C}^{\mathrm{T}}\begin{pmatrix}2&&\\&1&\\&&-1\end{pmatrix}\boldsymbol{C}\boldsymbol{y}=\boldsymbol{y}^{\mathrm{T}}\begin{pmatrix}2&&\\&-1&\\&&1\end{pmatrix}\boldsymbol{y}=2y_1^2-y_2^2+y_3^2$，$A$ 正确 .

例 6 已知二次型 $f(x_1,x_2,x_3)=(1-a)x_1^2+(1-a)x_2^2+2x_3^2+2(1+a)x_1x_2$ 的秩为 2 .
（1）求 a 的值；
（2）求正交变换 $\boldsymbol{x}=\boldsymbol{Q}\boldsymbol{y}$ 化 $f(x_1,x_2,x_3)$ 为标准形；
（3）求方程 $f(x_1,x_2,x_3)=0$ 的全部解 .

解析 （1）由二次型的矩阵 $\boldsymbol{A}=\begin{pmatrix}1-a&1+a&0\\1+a&1-a&0\\0&0&2\end{pmatrix}$ 的秩为 2，可知

$|\boldsymbol{A}|=2\begin{vmatrix}1-a&1+a\\1+a&1-a\end{vmatrix}=-8a=0$，解得 $a=0$. 从而可得 $\boldsymbol{A}=\begin{pmatrix}1&1&0\\1&1&0\\0&0&2\end{pmatrix}$.

（2）由 $|\lambda\boldsymbol{E}-\boldsymbol{A}|=\begin{vmatrix}\lambda-1&-1&0\\-1&\lambda-1&0\\0&0&\lambda-2\end{vmatrix}=\lambda(\lambda-2)^2=0$，得特征值为 $\lambda_1=\lambda_2=2$，$\lambda_3=0$.

对于 $\lambda_1=\lambda_2=2$，由 $(2\boldsymbol{E}-\boldsymbol{A})\boldsymbol{x}=\boldsymbol{0}$，得 $\boldsymbol{\alpha}_1=(1,1,0)^{\mathrm{T}},\boldsymbol{\alpha}_2=(0,0,1)^{\mathrm{T}}$.

对于 $\lambda_3=0$，由 $(0\boldsymbol{E}-\boldsymbol{A})\boldsymbol{x}=\boldsymbol{0}$，得 $\boldsymbol{\alpha}_3=(1,-1,0)^{\mathrm{T}}$.

由于 $\boldsymbol{\alpha}_1,\boldsymbol{\alpha}_2,\boldsymbol{\alpha}_3$ 已经两两正交，故只需单位化，得 $\boldsymbol{\eta}_1=\frac{1}{\sqrt{2}}(1,1,0)^{\mathrm{T}},\boldsymbol{\eta}_2=(0,0,1)^{\mathrm{T}},\boldsymbol{\eta}_3=\frac{1}{\sqrt{2}}(1,-1,0)^{\mathrm{T}}$.

令 $\boldsymbol{Q}=(\boldsymbol{\eta}_1,\boldsymbol{\eta}_2,\boldsymbol{\eta}_3)$，则在正交变换 $\boldsymbol{x}=\boldsymbol{Q}\boldsymbol{y}$ 下，$f(x_1,x_2,x_3)=\boldsymbol{x}^{\mathrm{T}}\boldsymbol{A}\boldsymbol{x}=\boldsymbol{y}^{\mathrm{T}}\boldsymbol{\Lambda}\boldsymbol{y}=2y_1^2+2y_2^2$.

（3）由（2）知，在正交变换 $\boldsymbol{x}=\boldsymbol{Q}\boldsymbol{y}$ 下，$f(x_1,x_2,x_3)=2y_1^2+2y_2^2$. 从而可得

$f(x_1,x_2,x_3)=0\Leftrightarrow y_1=y_2=0$，即全部解为 $\boldsymbol{y}=\begin{pmatrix}y_1\\y_2\\y_3\end{pmatrix}=\begin{pmatrix}0\\0\\k\end{pmatrix}$，其中 k 为任意常数. 由于 $\boldsymbol{x}=\boldsymbol{Q}\boldsymbol{y}$，从

而 $\boldsymbol{x}=\begin{pmatrix}\frac{1}{\sqrt{2}}&0&\frac{1}{\sqrt{2}}\\\frac{1}{\sqrt{2}}&0&-\frac{1}{\sqrt{2}}\\0&1&0\end{pmatrix}\begin{pmatrix}0\\0\\k\end{pmatrix}=k\begin{pmatrix}\frac{1}{\sqrt{2}}\\-\frac{1}{\sqrt{2}}\\0\end{pmatrix}=c\begin{pmatrix}1\\-1\\0\end{pmatrix}$，即全部解为 $\boldsymbol{x}=c\begin{pmatrix}1\\-1\\0\end{pmatrix}$，其中 c 为任意常数.

五、利用配方法将二次型转为标准形

例 1 （2014 年）设二次型 $f(x_1,x_2,x_3)=x_1^2-x_2^2+2ax_1x_3+4x_2x_3$ 的负惯性指数为 1，则 a 的取值范围是______.

解析 $f(x_1,x_2,x_3)=x_1^2-x_2^2+2ax_1x_3+4x_2x_3$

$=(x_1+ax_3)^2-a^2x_3^2-x_2^2+4x_2x_3=(x_1+ax_3)^2-(x_2-2x_3)^2+(4-a^2)x_3^2$

由于负惯性指数为 1，故 $4-a^2\geqslant 0$，解得 $-2\leqslant a\leqslant 2$.

例 2 （2004 年）二次型 $f(x_1,x_2,x_3)=(x_1+x_2)^2+(x_2-x_3)^2+(x_3+x_1)^2$ 的秩为______

解析 对于变换 $\begin{cases}y_1=x_1+x_2\\y_2=x_2-x_3\\y_3=x_1+x_3\end{cases}$ 而言，其对应的变换矩阵 $\boldsymbol{P}=\begin{pmatrix}1&1&0\\0&1&-1\\1&0&1\end{pmatrix}\to\begin{pmatrix}1&1&0\\0&1&-1\\0&-1&1\end{pmatrix}$

$\to\begin{pmatrix}1&1&0\\0&1&-1\\0&0&0\end{pmatrix}$ 不满秩. 即 $\begin{cases}y_1=x_1+x_2\\y_2=x_2-x_3\\y_3=x_1+x_3\end{cases}$ 不是可逆的线性变换，所以无法通过 $f=(x_1+x_2)^2$ $+(x_2-x_3)^2+(x_3+x_1)^2$ 看出秩.

由于 $f=(x_1+x_2)^2+(x_2-x_3)^2+(x_3+x_1)^2=2x_1^2+2x_2^2+2x_3^2+2x_1x_2+2x_1x_3-2x_2x_3$,

故该二次型对应的矩阵为 $\boldsymbol{A}=\begin{pmatrix}2&1&1\\1&2&-1\\1&-1&2\end{pmatrix}\to\begin{pmatrix}0&3&-3\\0&3&-3\\1&-1&2\end{pmatrix}\to\begin{pmatrix}1&-1&2\\0&1&-1\\0&0&0\end{pmatrix}$，显然 $r(\boldsymbol{A})=2$，故二

次型 $f(x_1,x_2,x_3)=(x_1+x_2)^2+(x_2-x_3)^2+(x_3+x_1)^2$ 的秩为 2.

例 3　若二次型 $f(x_1,x_2,x_3)=x_1^2+2x_2^2+ax_3^2+2x_1x_2-2x_1x_3$ 经可逆线性变换 $\boldsymbol{x}=\boldsymbol{P}\boldsymbol{y}$ 化为二次型 $g(y_1,y_2,y_3)=y_1^2+5y_2^2+8y_3^2+4y_1y_2-4y_1y_3-4y_2y_3$，求 a 与矩阵 $\boldsymbol{P}$.

解析　二次型 $f(x_1,x_2,x_3)=x_1^2+2x_2^2+ax_3^2+2x_1x_2-2x_1x_3$ 的矩阵为 $\boldsymbol{A}=\begin{pmatrix}1&1&-1\\1&2&0\\-1&0&a\end{pmatrix}$，二次型

$g(y_1,y_2,y_3)=y_1^2+5y_2^2+8y_3^2+4y_1y_2-4y_1y_3-4y_2y_3$ 的矩阵为 $\boldsymbol{B}=\begin{pmatrix}1&2&-2\\2&5&-2\\-2&-2&8\end{pmatrix}$. 由题设知

$\boldsymbol{P}^{\mathrm{T}}\boldsymbol{A}\boldsymbol{P}=\boldsymbol{B}$，所以 $r(\boldsymbol{A})=r(\boldsymbol{B})$，又 $|\boldsymbol{B}|=\begin{vmatrix}1&2&-2\\2&5&-2\\-2&-2&8\end{vmatrix}=0$，$|\boldsymbol{A}|=\begin{vmatrix}1&1&-1\\1&2&0\\-1&0&a\end{vmatrix}=a-2$；从而 $a=2$.

对二次型 $f(x_1,x_2,x_3)$ 配方得：

$$\begin{aligned}f(x_1,x_2,x_3)&=x_1^2+2x_2^2+2x_3^2+2x_1x_2-2x_1x_3=x_1^2+2x_1(x_2-x_3)+(x_2-x_3)^2-(x_2-x_3)^2+2x_2^2+2x_3^2\\&=(x_1+x_2-x_3)^2+x_2^2+2x_2x_3+x_3^2\\&=(x_1+x_2-x_3)^2+(x_2+x_3)^2.\end{aligned}$$

作可逆线性变换 $\begin{cases}z_1=x_1+x_2-x_3\\z_2=x_2+x_3\\z_3=x_3\end{cases}$，即 $\begin{pmatrix}x_1\\x_2\\x_3\end{pmatrix}=\begin{pmatrix}1&-1&2\\0&1&-1\\0&0&1\end{pmatrix}\begin{pmatrix}z_1\\z_2\\z_3\end{pmatrix}$，得 $f(x_1,x_2,x_3)=z_1^2+z_2^2$.

对二次型 $g(y_1,y_2,y_3)$ 配方得：

$$\begin{aligned}g(y_1,y_2,y_3)&=y_1^2+5y_2^2+8y_3^2+4y_1y_2-4y_1y_3-4y_2y_3\\&=y_1^2+4y_1(y_2-y_3)+[2(y_2-y_3)]^2-[2(y_2-y_3)]^2+5y_2^2+8y_3^2-4y_2y_3\\&=(y_1+2y_2-2y_3)^2+y_2^2+4y_3^2+4y_2y_3=(y_1+2y_2-2y_3)^2+(y_2+2y_3)^2.\end{aligned}$$

作可逆线性变换，即 $\begin{cases}z_1=y_1+2y_2-2y_3\\z_2=y_2+2y_3\\z_3=y_3\end{cases}$，$\begin{pmatrix}y_1\\y_2\\y_3\end{pmatrix}=\begin{pmatrix}1&-2&6\\0&1&-2\\0&0&1\end{pmatrix}\begin{pmatrix}z_1\\z_2\\z_3\end{pmatrix}$，得 $g(y_1,y_2,y_3)=z_1^2+z_2^2$.

综上，作可逆线性变换：

$$\begin{pmatrix}x_1\\x_2\\x_3\end{pmatrix}=\begin{pmatrix}1&-1&2\\0&1&-1\\0&0&1\end{pmatrix}\begin{pmatrix}1&-2&6\\0&1&-2\\0&0&1\end{pmatrix}^{-1}\begin{pmatrix}y_1\\y_2\\y_3\end{pmatrix}=\begin{pmatrix}1&-1&2\\0&1&-1\\0&0&1\end{pmatrix}\begin{pmatrix}1&2&-2\\0&1&2\\0&0&1\end{pmatrix}\begin{pmatrix}y_1\\y_2\\y_3\end{pmatrix}=\begin{pmatrix}1&1&-2\\0&1&1\\0&0&1\end{pmatrix}\begin{pmatrix}y_1\\y_2\\y_3\end{pmatrix},$$

二次型 $f(x_1,x_2,x_3)=x_1^2+2x_2^2+2x_3^2+2x_1x_2-2x_1x_3$ 化为二次型 $g(y_1,y_2,y_3)=y_1^2+5y_2^2+8y_1^2+4y_1y_2-4y_1y_3-4y_2y_3$.

【注】本题的矩阵 $\boldsymbol{P}$ 不唯一，用配方法化二次型为标准形是常规问题，本题求的是将二次型 $f(x_1,x_2,x_3)$ 化为 $g(y_1,y_2,y_3)$ 的可逆线性变换，不是常规问题，但我们借助标准形将问题转化为常规问题.

六、相似与合同的传递性（真题难点）

例 1 （真题改编）设 $\boldsymbol{A}=\begin{pmatrix}2&1&0\\1&2&0\\0&0&1\end{pmatrix}$ 与 $\boldsymbol{B}=\begin{pmatrix}a&b&c\\0&1&0\\-1&-2&4\end{pmatrix}$ 相似.

（1）求 a,b,c 的值；

（2）求可逆矩阵 $\boldsymbol{P}$，使得 $\boldsymbol{P}^{-1}\boldsymbol{AP}=\boldsymbol{B}$.

解析 （1）由 $\boldsymbol{A}\sim\boldsymbol{B}$，知 $\begin{cases}\sum\limits_{i=1}^{3}a_{ii}=\sum\limits_{i=1}^{3}b_{ii},\\|\boldsymbol{A}|=|\boldsymbol{B}|.\end{cases}$，即 $\begin{cases}5=a+5,\\3=4a+c,\end{cases}$ 解得 $a=0$，$c=3$.

由 $|\lambda\boldsymbol{E}-\boldsymbol{A}|=(\lambda-1)^2(\lambda-3)$，知 $\boldsymbol{A}$ 的特征值为 $\lambda_1=\lambda_2=1$，$\lambda_3=3$.

由于 $\boldsymbol{A}$ 是实对称矩阵，知 $\boldsymbol{A}$ 必相似于对角矩阵，故 $\boldsymbol{B}=\begin{pmatrix}0&b&3\\0&1&0\\-1&-2&4\end{pmatrix}$ 也可对角化，且与 $\boldsymbol{A}$ 有相同的特征值，为 $\mu_1=\mu_2=1$，$\mu_3=3$，故 $r(\boldsymbol{E}-\boldsymbol{B})=r\begin{pmatrix}1&-b&-3\\0&0&0\\1&2&-3\end{pmatrix}=1$，从而知 $b=-2$.

综上所述，$a=0,b=-2,c=3$.

（2）由 $(\boldsymbol{E}-\boldsymbol{A})\boldsymbol{x}=\boldsymbol{0}$ 得 $\boldsymbol{A}$ 的特征向量为 $\boldsymbol{\alpha}_1=(-1,1,0)^{\mathrm{T}}$，$\boldsymbol{\alpha}_2=(0,0,1)^{\mathrm{T}}$.

由 $(3\boldsymbol{E}-\boldsymbol{A})\boldsymbol{x}=\boldsymbol{0}$，得 $\boldsymbol{A}$ 的特征向量为 $\boldsymbol{\alpha}_3=(1,1,0)^{\mathrm{T}}$. 令 $\boldsymbol{P}_1=(\boldsymbol{\alpha}_1,\boldsymbol{\alpha}_2,\boldsymbol{\alpha}_3)$，则 $\boldsymbol{P}_1^{-1}\boldsymbol{AP}_1=\begin{pmatrix}1&&\\&1&\\&&3\end{pmatrix}$.

由 $(\boldsymbol{E}-\boldsymbol{B})\boldsymbol{x}=\boldsymbol{0}$，得 $\boldsymbol{B}$ 的特征向量为 $\boldsymbol{\beta}_1=(-2,1,0)^{\mathrm{T}}$，$\boldsymbol{\beta}_2=(3,0,1)^{\mathrm{T}}$.

由 $(3\boldsymbol{E}-\boldsymbol{B})\boldsymbol{x}=\boldsymbol{0}$，得 $\boldsymbol{B}$ 的特征向量为 $\boldsymbol{\beta}_3=(1,0,1)^{\mathrm{T}}$.

令 $\boldsymbol{P}_2=(\boldsymbol{\beta}_1,\boldsymbol{\beta}_2,\boldsymbol{\beta}_3)$，则 $\boldsymbol{P}_2^{-1}\boldsymbol{BP}_2=\begin{pmatrix}1&&\\&1&\\&&3\end{pmatrix}$. 故 $\boldsymbol{P}_1^{-1}\boldsymbol{AP}_1=\boldsymbol{P}_2^{-1}\boldsymbol{BP}_2$. 即 $(\boldsymbol{P}_1\boldsymbol{P}_2^{-1})^{-1}\boldsymbol{A}(\boldsymbol{P}_1\boldsymbol{P}_2^{-1})=\boldsymbol{B}$. 所以

$$\boldsymbol{P}=\boldsymbol{P}_1\boldsymbol{P}_2^{-1}=\begin{pmatrix}-1&0&1\\1&0&1\\0&1&0\end{pmatrix}\begin{pmatrix}-2&3&1\\1&0&0\\0&1&1\end{pmatrix}^{-1}=\begin{pmatrix}-1&0&1\\1&0&1\\0&1&0\end{pmatrix}\begin{pmatrix}0&1&0\\\frac{1}{2}&1&-\frac{1}{2}\\-\frac{1}{2}&-1&\frac{3}{2}\end{pmatrix}=\begin{pmatrix}-\frac{1}{2}&-2&\frac{3}{2}\\-\frac{1}{2}&0&\frac{3}{2}\\\frac{1}{2}&1&-\frac{1}{2}\end{pmatrix}.$$

则 $\boldsymbol{P}^{-1}\boldsymbol{AP}=\boldsymbol{B}$.

例2 （真题改编）设二次型 $f(x_1,x_2,x_3)=\boldsymbol{x}^{\mathrm{T}}\boldsymbol{Ax}=x_1^2+x_2^2+2x_3^2+2x_2x_3$ ，

$g(y_1,y_2,y_3)=\boldsymbol{y}^{\mathrm{T}}\boldsymbol{By}=\sum\limits_{i=1}^{3}\sum\limits_{j=1}^{3}A_{ij}y_iy_j$ ，其中 A_{ij} 是 $\boldsymbol{A}$ 中 $a_{ij}(i,j=1,2,3)$ 的代数余子式，$\boldsymbol{A}$ 、$\boldsymbol{B}$ 均是实对称矩阵.

（1）求可逆矩阵 $\boldsymbol{C}$ ，使得 $\boldsymbol{C}^{\mathrm{T}}\boldsymbol{AC}=\boldsymbol{E}$（其中 $\boldsymbol{E}$ 为3阶单位阵）；

（2）求 $\boldsymbol{B}$ 及可逆矩阵 $\boldsymbol{P}$ ，使得 $\boldsymbol{P}^{\mathrm{T}}\boldsymbol{AP}=\boldsymbol{B}$.

解析 （1）用配方法将 $f(x_1,x_2,x_3)$ 化为规范形：

$$f(x_1,x_2,x_3)=x^{\mathrm{T}}\boldsymbol{A}x=x_1^2+x_2^2+2x_3^2+2x_2x_3=x_1^2+x_2^2+2x_2x_3+x_3^2+x_3^2=x_1^2+(x_2+x_3)^2+x_3^2$$

令 $\begin{cases}z_1=x_1\\z_2=x_2+x_3\\z_3=x_3\end{cases}$ ，即 $\begin{pmatrix}z_1\\z_2\\z_3\end{pmatrix}=\begin{pmatrix}1&0&0\\0&1&1\\0&0&1\end{pmatrix}\begin{pmatrix}x_1\\x_3\\x_3\end{pmatrix}$ ，故 $\begin{pmatrix}x_1\\x_2\\x_3\end{pmatrix}=\begin{pmatrix}1&0&0\\0&1&1\\0&0&1\end{pmatrix}^{-1}\begin{pmatrix}z_1\\z_2\\z_3\end{pmatrix}=\begin{pmatrix}1&0&0\\0&1&-1\\0&0&1\end{pmatrix}\begin{pmatrix}z_1\\z_2\\z_3\end{pmatrix}$

记为 $\boldsymbol{x}=\boldsymbol{Cz}$ ，则 $f=\boldsymbol{x}^{\mathrm{T}}\boldsymbol{Ax}\xlongequal{\boldsymbol{x}=\boldsymbol{Cz}}\boldsymbol{z}^{\mathrm{T}}\boldsymbol{C}^{\mathrm{T}}\boldsymbol{ACz}=\boldsymbol{z}^{\mathrm{T}}\boldsymbol{Ez}=z_1^2+z_2^2+z_3^2$ ，故 $\boldsymbol{C}=\begin{pmatrix}1&0&0\\0&1&-1\\0&0&1\end{pmatrix}$ ，使得 $\boldsymbol{C}^{\mathrm{T}}\boldsymbol{AC}=\boldsymbol{E}$.

（2）由已知 $\boldsymbol{A}=\begin{pmatrix}1&0&0\\0&1&1\\0&1&2\end{pmatrix}$ ，$|\boldsymbol{A}|=1$ ，$\boldsymbol{A}$ 可逆，$\boldsymbol{A}^{\mathrm{T}}=\boldsymbol{A}$. 由 $\boldsymbol{A}^*\boldsymbol{A}=|\boldsymbol{A}|\boldsymbol{E}=\boldsymbol{E}$ ，故 $\boldsymbol{A}^*=\boldsymbol{A}^{-1}$ ，

$(\boldsymbol{A}^*)^{\mathrm{T}}=(\boldsymbol{A}^{-1})^{\mathrm{T}}=(\boldsymbol{A}^{\mathrm{T}})^{-1}=\boldsymbol{A}^{-1}=\boldsymbol{A}^*$ ，即 $\boldsymbol{A}^*$ 是实对称矩阵，从而 $A_{ij}=A_{ji}$.

故 $g(y_1,y_2,y_3)=\boldsymbol{y}^{\mathrm{T}}\boldsymbol{By}=\sum\limits_{i=1}^{3}\sum\limits_{j=1}^{3}A_{ij}y_iy_j=(y_1,y_2,y_3)\begin{pmatrix}A_{11}&A_{21}&A_{31}\\A_{12}&A_{22}&A_{32}\\A_{13}&A_{23}&A_{33}\end{pmatrix}\begin{pmatrix}y_1\\y_2\\y_3\end{pmatrix}=\boldsymbol{y}^{\mathrm{T}}\boldsymbol{A}^*\boldsymbol{y}=\boldsymbol{y}^{\mathrm{T}}\boldsymbol{A}^{-1}\boldsymbol{y}$.

从而 $\boldsymbol{B}=\boldsymbol{A}^{-1}=\begin{pmatrix}1&0&0\\0&1&1\\0&1&2\end{pmatrix}^{-1}=\begin{pmatrix}1&0&0\\0&2&-1\\0&-1&1\end{pmatrix}$.

用配方法将 $g(y_1,y_2,y_3)$ 化为规范形：$g(y_1,y_2,y_3)=y_1^2+2y_2^2+y_3^2-2y_2y_3=y_1^2+y_2^2+(y_2-y_3)^2$ ，

令 $\begin{cases}z_1=y_1\\z_2=y_2\\z_3=y_2-y_3\end{cases}$ ，即 $\begin{pmatrix}z_1\\z_2\\z_3\end{pmatrix}=\begin{pmatrix}1&0&0\\0&1&0\\0&1&-1\end{pmatrix}\begin{pmatrix}y_1\\y_2\\y_3\end{pmatrix}$.

记作 $\boldsymbol{Z}=\boldsymbol{C}_1\boldsymbol{Y}$ ，则 $\boldsymbol{Y}=\boldsymbol{C}_1^{-1}\boldsymbol{z}$.

由 $\boldsymbol{x}^{\mathrm{T}}\boldsymbol{Ax}\xlongequal{\boldsymbol{x}=\boldsymbol{Cz}}\boldsymbol{z}^{\mathrm{T}}\boldsymbol{C}^{\mathrm{T}}\boldsymbol{ACz}=z_1^2+z_2^2+z_3^2$ ，$\boldsymbol{y}^{\mathrm{T}}\boldsymbol{By}\xlongequal{\boldsymbol{y}=\boldsymbol{C}_1^{-1}\boldsymbol{z}}\boldsymbol{z}^{\mathrm{T}}(\boldsymbol{C}_1^{-1})^{\mathrm{T}}\boldsymbol{BC}_1^{-1}\boldsymbol{z}=z_1^2+z_2^2+z_3^2$ ，

得 $\boldsymbol{C}^{\mathrm{T}}\boldsymbol{AC}=(\boldsymbol{C}_1^{-1})^{\mathrm{T}}\boldsymbol{BC}_1^{-1}=(\boldsymbol{C}_1^{\mathrm{T}})^{-1}\boldsymbol{BC}_1^{-1}$ ，则 $\boldsymbol{C}_1^{\mathrm{T}}\boldsymbol{C}^{\mathrm{T}}\boldsymbol{ACC}_1=\boldsymbol{B}$ ，即 $(\boldsymbol{CC}_1)^{\mathrm{T}}\boldsymbol{A}(\boldsymbol{CC}_1)=\boldsymbol{B}$.

令 $\boldsymbol{P}=\boldsymbol{C}\boldsymbol{C}_1$，则 $\boldsymbol{P}^{\mathrm{T}}\boldsymbol{A}\boldsymbol{P}=\boldsymbol{B}$，$\boldsymbol{P}=\boldsymbol{C}\boldsymbol{C}_1=\begin{pmatrix}1&0&0\\0&1&-1\\0&0&1\end{pmatrix}\begin{pmatrix}1&0&0\\0&1&0\\0&1&-1\end{pmatrix}=\begin{pmatrix}1&0&0\\0&0&1\\0&1&-1\end{pmatrix}$.

七、正定二次型

对于具体型的矩阵 $\boldsymbol{A}$，判断是否是正定矩阵，最快的方法是利用顺序主子式，其次是特征值等方法.

对于抽象型矩阵 $\boldsymbol{A}$，判断是否为正定矩阵，最根本的方法是直接使用正定的定义：

（1）先证明 $\boldsymbol{A}$ 是实对称矩阵；

（2）然后证明 $\boldsymbol{x}^{\mathrm{T}}\boldsymbol{A}\boldsymbol{x}\geqslant 0$，且等号仅在 $\boldsymbol{x}=\boldsymbol{0}$ 时才取到.

例 1　设二次型 $f(x_1,x_2,x_3)=x_1^2+4x_2^2+4x_3^2+2tx_1x_2-2x_1x_3+4x_2x_3$ 正定，则 t 的取值范围为___.

解析　用顺序主子式全大于 0 确定 t 的取值范围. 令 $\boldsymbol{A}=\begin{pmatrix}1&t&-1\\t&4&2\\-1&2&4\end{pmatrix}$，则 $a_{11}=1>0$，

$\begin{vmatrix}a_{11}&a_{12}\\a_{21}&a_{22}\end{vmatrix}=\begin{vmatrix}1&t\\t&4\end{vmatrix}=4-t^2>0$，$|\boldsymbol{A}|=-4t^2-4t+8>0$，解得 $-2<t<2$，且 $-2<t<1$，故 t 的取值范围为 $(-2,1)$.

例 2　设 $f(x_1,x_2,x_3)=(x_1+kx_2-2x_3)^2+(2x_2+3x_3)^2+(x_1+3x_2+kx_3)^2$ 正定，则 k 的取值范围为________.

解析　法一：由已知，$f(x_1,x_2,x_3)\geqslant 0$，且等号成立的充要条件是 $\begin{cases}x_1+kx_2-2x_3=0,\\2x_2+3x_3=0,\\x_1+3x_2+kx_3=0.\end{cases}$　①

由正定的定义，知 f 正定 $\Leftrightarrow$ 对任意 $\boldsymbol{x}=(x_1,x_2,x_3)^{\mathrm{T}}\neq\boldsymbol{0}$，有 $f(x_1,x_2,x_3)>0$，故 f 正定 $\Leftrightarrow$ 方程组①只有零解，即系数行列式 $\begin{vmatrix}1&k&-2\\0&2&3\\1&3&k\end{vmatrix}=5k-5\neq 0$，解得 $k\neq 1$，即 k 的取值范围为 $(-\infty,1)\cup(1,+\infty)$.

法二：由 $f(x_1,x_2,x_3)=(x_1+kx_2-2x_3)^2+(2x_2+3x_3)^2+(x_1+3x_2+kx_3)^2$，

$$=(x_1+kx_2-2x_3,2x_2+3x_3,x_1+3x_2+kx_3)\begin{pmatrix}x_1+kx_2-2x_3\\2x_2+3x_3\\x_1+3x_2+kx_3\end{pmatrix}$$

$=(x_1,x_2,x_3)\begin{pmatrix}1&0&1\\k&2&3\\-2&3&k\end{pmatrix}\begin{pmatrix}1&k&-2\\0&2&3\\1&3&k\end{pmatrix}\begin{pmatrix}x_1\\x_2\\x_3\end{pmatrix}=\boldsymbol{x}^{\mathrm{T}}\boldsymbol{A}^{\mathrm{T}}\boldsymbol{A}\boldsymbol{x}$，其中 $\boldsymbol{A}=\begin{pmatrix}1&k&-2\\0&2&3\\1&3&k\end{pmatrix}$，$\boldsymbol{x}=\begin{pmatrix}x_1\\x_2\\x_3\end{pmatrix}$，从而二次型矩阵为 $\boldsymbol{A}^{\mathrm{T}}\boldsymbol{A}$，由基础班例题结论可知，$\boldsymbol{A}^{\mathrm{T}}\boldsymbol{A}$ 正定 $\Leftrightarrow r(\boldsymbol{A})=n\Leftrightarrow|\boldsymbol{A}|\neq 0\Leftrightarrow k\neq 1$.

例 3 设 $\boldsymbol{A}_{m\times m}$ 正定，$\boldsymbol{B}$ 是 $m\times n$ 矩阵，证明：$\boldsymbol{B}^{\mathrm{T}}\boldsymbol{AB}$ 正定的充分必要条件是 $r(\boldsymbol{B})=n$.

证明 必要性 $(\Rightarrow)$. 法一（用方程组）：由 $\boldsymbol{B}^{\mathrm{T}}\boldsymbol{AB}$ 正定，知对任意 $\boldsymbol{x}\neq\boldsymbol{0}$ ，

$\boldsymbol{x}^{\mathrm{T}}\left(\boldsymbol{B}^{\mathrm{T}}\boldsymbol{AB}\right)\boldsymbol{x}=\left(\boldsymbol{Bx}\right)^{\mathrm{T}}\boldsymbol{A}\left(\boldsymbol{Bx}\right)>0$ ，故必有 $\boldsymbol{Bx}\neq\boldsymbol{0}$ ，即 $\boldsymbol{Bx}=\boldsymbol{0}$ 只有零解，从而 $r(\boldsymbol{B})=n$.

或者用反证法：若 $r(\boldsymbol{B})<n$ ，则 $\boldsymbol{Bx}=\boldsymbol{0}$ 有非零解，故存 $\boldsymbol{x}=\left(x_1,x_2,\cdots,x_n\right)^{\mathrm{T}}\neq\boldsymbol{0}$ ，使得 $\boldsymbol{Bx}=\boldsymbol{0}$ ，从而使得 $\boldsymbol{x}^{\mathrm{T}}\left(\boldsymbol{B}^{\mathrm{T}}\boldsymbol{AB}\right)\boldsymbol{x}=\boldsymbol{x}^{\mathrm{T}}\boldsymbol{B}^{\mathrm{T}}\boldsymbol{A}\left(\boldsymbol{Bx}\right)=0$ ，这与 $\boldsymbol{B}^{\mathrm{T}}\boldsymbol{AB}$ 正定矛盾 .

法二（用秩）：由 $\boldsymbol{B}^{\mathrm{T}}\boldsymbol{AB}$ 正定，得 $\left|\boldsymbol{B}^{\mathrm{T}}\boldsymbol{AB}\right|\neq 0$ ，故 $n=r\left(\boldsymbol{B}^{\mathrm{T}}\boldsymbol{AB}\right)\leqslant r\left(\boldsymbol{B}\right)\leqslant\min\{m,n\}\leqslant n$ ，即 $r(\boldsymbol{B})=n$.

法三（用秩）：由 $\boldsymbol{A}$ 正定，知 $\boldsymbol{A}=\boldsymbol{D}^{\mathrm{T}}\boldsymbol{D}$ ，其中 $\boldsymbol{D}$ 可逆，那么 $n=r\left(\boldsymbol{B}^{\mathrm{T}}\boldsymbol{AB}\right)=r\left(\boldsymbol{B}^{\mathrm{T}}\boldsymbol{D}^{\mathrm{T}}\boldsymbol{DB}\right)=r[\left(\boldsymbol{DB}\right)^{\mathrm{T}}\left(\boldsymbol{DB}\right)]=r\left(\boldsymbol{DB}\right)=r\left(\boldsymbol{B}\right)$.

充分性 $(\Leftarrow)$. 法一（用定义）：先证 $\boldsymbol{B}^{\mathrm{T}}\boldsymbol{AB}$ 是对称矩阵 . 因为 $\left(\boldsymbol{B}^{\mathrm{T}}\boldsymbol{AB}\right)^{\mathrm{T}}=\boldsymbol{B}^{\mathrm{T}}\boldsymbol{A}^{\mathrm{T}}\left(\boldsymbol{B}^{\mathrm{T}}\right)^{\mathrm{T}}=\boldsymbol{B}^{\mathrm{T}}\boldsymbol{AB}$ ，所以 $\boldsymbol{B}^{\mathrm{T}}\boldsymbol{AB}$ 对称 . 由 $r(\boldsymbol{B})=n$ ，得 $\boldsymbol{Bx}=\boldsymbol{0}$ 只有零解，故对任意 $\boldsymbol{x}\neq\boldsymbol{0}$ ，有 $\boldsymbol{Bx}\neq\boldsymbol{0}$.

又因为 $\boldsymbol{A}$ 正定，所以对 $\boldsymbol{Bx}\neq\boldsymbol{0}$ ，必有 $\left(\boldsymbol{Bx}\right)^{\mathrm{T}}\boldsymbol{A}\left(\boldsymbol{Bx}\right)>0$ ，从而对任意 $\boldsymbol{x}\neq\boldsymbol{0}$ ，恒有 $\boldsymbol{x}^{\mathrm{T}}\left(\boldsymbol{B}^{\mathrm{T}}\boldsymbol{AB}\right)\boldsymbol{x}=\left(\boldsymbol{Bx}\right)^{\mathrm{T}}\boldsymbol{A}\left(\boldsymbol{Bx}\right)>0$ ，于是 $\boldsymbol{B}^{\mathrm{T}}\boldsymbol{AB}$ 正定 .

法二（用特征值）：设 λ 是 $\boldsymbol{B}^{\mathrm{T}}\boldsymbol{AB}$ 的任一特征值，$\boldsymbol{\alpha}$ 是其对应的特征向量，即 $\boldsymbol{B}^{\mathrm{T}}\boldsymbol{AB\alpha}=\lambda\boldsymbol{\alpha}$，$\boldsymbol{\alpha}\neq\boldsymbol{0}$ ，用 $\boldsymbol{\alpha}^{\mathrm{T}}$ 左乘式子，得 $\left(\boldsymbol{B\alpha}\right)^{\mathrm{T}}\boldsymbol{A}\left(\boldsymbol{B\alpha}\right)=\lambda\boldsymbol{\alpha}^{\mathrm{T}}\boldsymbol{\alpha}$.

又由 $r(\boldsymbol{B})=n$ ，知当 $\boldsymbol{\alpha}\neq\boldsymbol{0}$ 时，有 $\boldsymbol{B\alpha}\neq\boldsymbol{0}$ ，及 $\boldsymbol{\alpha}^{\mathrm{T}}\boldsymbol{\alpha}=\|\boldsymbol{\alpha}\|^2>0$. 而 $\boldsymbol{A}$ 正定，故 $\lambda\boldsymbol{\alpha}^{\mathrm{T}}\boldsymbol{\alpha}=\left(\boldsymbol{B\alpha}\right)^{\mathrm{T}}\boldsymbol{A}\left(\boldsymbol{B\alpha}\right)>0$ ，因此 $\lambda>0$ ，即 $\boldsymbol{B}^{\mathrm{T}}\boldsymbol{AB}$ 正定 .

例 4 设 n 阶实对称矩阵，$\boldsymbol{A}=\begin{pmatrix}\boldsymbol{A}_1 & & \\ & \boldsymbol{A}_2 & \\ & & \boldsymbol{A}_3\end{pmatrix}$，其中 $\boldsymbol{A}_i\ (i=1,2,3)$ 为 n_i 阶实对称矩阵，$\sum\limits_{i=1}^{3}n_i=n$.

证明：$\boldsymbol{A}$ 正定的充要条件是 $\boldsymbol{A}_i\ (i=1,2,3)$ 正定 .（此例题具有结论性）

证明 法一：由 $|\boldsymbol{A}-\lambda\boldsymbol{E}|=\begin{vmatrix}\boldsymbol{A}_1-\lambda\boldsymbol{E}_1 & & \\ & \boldsymbol{A}_2-\lambda\boldsymbol{E}_2 & \\ & & \boldsymbol{A}_3-\lambda\boldsymbol{E}_3\end{vmatrix}=|\boldsymbol{A}_1-\lambda\boldsymbol{E}_1||\boldsymbol{A}_2-\lambda\boldsymbol{E}_2||\boldsymbol{A}_3-\lambda\boldsymbol{E}_3|$ ，（其中 $\boldsymbol{E}_i\ (i=1,2,3)$ 为 n_i 阶单位阵）可知，$\boldsymbol{A}$ 的特征值为 $\boldsymbol{A}_i\ (i=1,2,3)$ 的特征值的合集，从而 $\boldsymbol{A}$ 的特征值均 $>0\Leftrightarrow\boldsymbol{A}_i\ (i=1,2,3)$ 的特征值均 >0 . 从而 $\boldsymbol{A}$ 正定 $\Leftrightarrow\boldsymbol{A}_i\ (i=1,2,3)$ 正定 .

法二：

充分性：已知 $\boldsymbol{A}_i\ (i=1,2,3)$ 均正定，证明 $\boldsymbol{A}$ 正定 .

对任意 n 维列向量 $\boldsymbol{X}=\begin{pmatrix}\boldsymbol{X}_1\\\boldsymbol{X}_2\\\boldsymbol{X}_3\end{pmatrix}\neq\boldsymbol{0}$ ，其中 $\boldsymbol{X}_i\ (i=1,2,3)$ 为 n_i 维列向量，有 $\boldsymbol{X}^{\mathrm{T}}\boldsymbol{A}\boldsymbol{X}=$

$\left(\boldsymbol{X}_1^{\mathrm{T}},\boldsymbol{X}_2^{\mathrm{T}},\boldsymbol{X}_3^{\mathrm{T}}\right)\begin{pmatrix}\boldsymbol{A}_1&&\\&\boldsymbol{A}_2&\\&&\boldsymbol{A}_3\end{pmatrix}\begin{pmatrix}\boldsymbol{X}_1\\\boldsymbol{X}_2\\\boldsymbol{X}_3\end{pmatrix}=\boldsymbol{X}_1^{\mathrm{T}}\boldsymbol{A}_1\boldsymbol{X}_1+\boldsymbol{X}_2^{\mathrm{T}}\boldsymbol{A}_2\boldsymbol{X}_2+\boldsymbol{X}_3^{\mathrm{T}}\boldsymbol{A}_3\boldsymbol{X}_3$. 由于 $\boldsymbol{A}_i\ (i=1,2,3)$ 均正定，且 $\boldsymbol{X}_1,\boldsymbol{X}_2,\boldsymbol{X}_3$ 中至少有一个 $\neq\boldsymbol{0}$ （ $\boldsymbol{X}\neq\boldsymbol{0}$ ），从而 $\boldsymbol{X}_1^{\mathrm{T}}\boldsymbol{A}_1\boldsymbol{X}_1\geqslant0,\boldsymbol{X}_2^{\mathrm{T}}\boldsymbol{A}_2\boldsymbol{X}_2\geqslant0,\boldsymbol{X}_3^{\mathrm{T}}\boldsymbol{A}_3\boldsymbol{X}_3\geqslant0$ 且至少有一个 >0 ，从而 $\boldsymbol{X}_1^{\mathrm{T}}\boldsymbol{A}_1\boldsymbol{X}_1+\boldsymbol{X}_2^{\mathrm{T}}\boldsymbol{A}_2\boldsymbol{X}_2+\boldsymbol{X}_3^{\mathrm{T}}\boldsymbol{A}_3\boldsymbol{X}_3>0$ ，即对任意 $\boldsymbol{X}\neq\boldsymbol{0}$ ，均有 $\boldsymbol{X}^{\mathrm{T}}\boldsymbol{A}\boldsymbol{X}>0$ ，从而 $\boldsymbol{A}$ 正定 .

必要性：已知 $\boldsymbol{A}$ 正定，证明 $\boldsymbol{A}_i\ (i=1,2,3)$ 均正定 .

反证法：假设 $\boldsymbol{A}_i\ (i=1,2,3)$ 中存在某个不正定，不妨设 $\boldsymbol{A}_1$ 不正定（如果 $\boldsymbol{A}_2$ ， $\boldsymbol{A}_3$ 不正定证明方法类似），即存在 $\boldsymbol{X}_1\neq\boldsymbol{0}$ ，使得，使得 $\boldsymbol{X}_1^{\mathrm{T}}\boldsymbol{A}_1\boldsymbol{X}_1\leqslant0$.

此时取 $\boldsymbol{X}=\begin{pmatrix}\boldsymbol{X}_1\\\boldsymbol{0}_2\\\boldsymbol{0}_3\end{pmatrix}$ ，其中 $\boldsymbol{0}_2$ ， $\boldsymbol{0}_3$ 分别是 n_2 维和 n_3 维的 $\boldsymbol{0}$ 向量，由于 $\boldsymbol{X}_1\neq\boldsymbol{0}$ ，显然 $\boldsymbol{X}\neq\boldsymbol{0}$ ，但是

$$\boldsymbol{X}^{\mathrm{T}}\boldsymbol{A}\boldsymbol{X}=\left(\boldsymbol{X}_1^{\mathrm{T}},\boldsymbol{0}_2^{\mathrm{T}},\boldsymbol{0}_3^{\mathrm{T}}\right)\begin{pmatrix}\boldsymbol{A}_1&&\\&\boldsymbol{A}_2&\\&&\boldsymbol{A}_3\end{pmatrix}\begin{pmatrix}\boldsymbol{X}_1\\\boldsymbol{0}_2\\\boldsymbol{0}_3\end{pmatrix}=\boldsymbol{X}_1^{\mathrm{T}}\boldsymbol{A}_1\boldsymbol{X}_1\leqslant0,$$

即存在 $\boldsymbol{X}\neq\boldsymbol{0}$ ，使得 $\boldsymbol{X}^{\mathrm{T}}\boldsymbol{A}\boldsymbol{X}\leqslant0$ ，从而 $\boldsymbol{A}$ 不正定，与已知矛盾，因而假设不成立，从而 $\boldsymbol{A}_i$ $(i=1,2,3)$ 均正定 .

喻老线代章节笔记

喻老线代章节笔记